职业技能鉴定教材

无线电装接工

（初级、中级、高级）（第2版）

人力资源和社会保障部教材办公室组织编写

编 审 人 员

主　　编　沈百渭　刘进峰

编　　者　陈光华　张志钢　刘进峰　王春阳

　　　　　戴子平　杨金生　唐修波　徐国权

主　　审　范传立

审　　稿　范传立　严　毅

U0319378

中国劳动社会保障出版社

图书在版编目（CIP）数据

无线电装接工：初级、中级、高级/人力资源和社会保障部教材办公室组织编写. —2 版. —北京：中国劳动社会保障出版社，2014

职业技能鉴定教材

ISBN 978 - 7 - 5167 - 1009 - 8

Ⅰ.①无… Ⅱ.①人… Ⅲ.①无线电技术-职业技能-鉴定-教材 Ⅳ.①TN014

中国版本图书馆 CIP 数据核字（2014）第 115242 号

中国劳动社会保障出版社出版发行

（北京市惠新东街 1 号 邮政编码：100029）

*

三河市华骏印务包装有限公司印刷装订 新华书店经销

787 毫米×1092 毫米 16 开本 27 印张 593 千字

2014 年 6 月第 2 版 2021 年 6 月第 7 次印刷

定价：52.00 元

读者服务部电话：（010）64929211/84209101/64921644

营销中心电话：（010）64962347

出版社网址：http://www.class.com.cn

修 订 说 明

1994 年以来，人力资源和社会保障部职业技能鉴定中心、教材办公室和中国劳动社会保障出版社组织有关方面专家，依据《中华人民共和国职业技能鉴定规范》，编写出版了《职业技能鉴定教材》（以下简称《教材》）及其配套的《职业技能鉴定指导》（以下简称《指导》）200 余种，作为考前培训的权威性教材，受到全国各级培训、鉴定机构的欢迎，有力地推动了职业技能培训、鉴定工作的开展。

人力资源和社会保障部从 2000 年开始陆续制定并颁布了《国家职业技能标准》。同时，社会经济、技术不断发展，企业对劳动力素质提出了更高的要求。为适应新形势，为各级培训、鉴定部门和广大受培训者提供优质服务，教材办公室组织有关专家、技术人员和职业培训教学管理人员、教师，依据新颁布《国家职业技能标准》和企业对各类技能人才的需求，对市场反响好、长销不衰的《教材》和《指导》进行了修订工作。这次修订包括维修电工、焊工、钳工、电工、无线电装接工 5 个职业的《教材》和《指导》，共 10 种书。

本次修订的《教材》和《指导》主要有以下几个特点：

第一，依然贯彻"考什么，编什么"的原则，保持原有《教材》和《指导》的编写模式，并保留了大部分内容，保证不改变培训机构、教师的使用习惯，便于读者快速掌握知识点和技能点。

第二，体现新版《国家职业技能标准》的知识要求和技能要求。由于《中华人民共和国职业技能鉴定规范》已经作废，取而代之的是《国家职业技能标准》，所以，修订时，在保持原有教材结构和大部分内容的同时增加了新版《国家职业技能标准》增加的知识要求和技能要求，以满足培训和鉴定考核的需要。由于无线电装接工是电子设备装接工职业下的一个工种，故本书以《国家职业技能标准·电子设备装接工》为依据进行修订。

第三，体现目前主流技术设备水平。由于旧版教材编写已经十几年，当今技术有很大进步、技术标准也有更新，因此，修订时，删除淘汰过时的技术、装备，增加新的技术，同时按照最新的技术标准修改有关术语、图表和符号等。

第四，改善教材内容的呈现方式。在修订时，不仅将原有教材的疏漏一一订正，同时，对原有教材的呈现形式进行丰富，增加了部分图表，使教材更直观、易懂。

本书的修订工作由北京市人力资源和社会保障局职业技能开发研究室与北京市第五十一职业技能鉴定所共同组织，由沈百湄、陈光华、赵志钢完成具体的修订工作，在此深表谢意。

编写《教材》和《指导》有相当的难度，是一项探索性工作，不足之处在所难免，欢迎各使用单位和个人提出宝贵意见和建议，以使教材日渐完善。

人力资源和社会保障部教材办公室

目　录

第1部分　初级无线电装接工知识要求

第4部分 中级无线电装接工技能要求

第5部分 高级无线电装接工知识要求

第 6 部分 高级无线电装接工技能要求

第 **1** 部分

初级无线电装接工知识要求

第一章　初级电工基础知识

第一节　直流电路

一、导体、绝缘体、半导体

自然界中的物质按其导电性能可分成导体、绝缘体和半导体三类。

能够顺利让电流通过的物质称为导体，其电阻率小于 $10^{-1}\ \Omega\cdot m$。良好的导体应该具有：（1）较小的电阻率（ρ）；（2）适中的力学强度；（3）良好的导热性能；（4）较小的密度和线胀系数；（5）难于氧化、耐腐蚀；（6）易加工、易焊接。在无线电装接中常用的导体材料有铜材、铝材等。

自然界中还有一类物质，其电阻率大于 $10^7\ \Omega\cdot m$，在外加电压的作用下，只有极其微弱的电流通过，一般情况下可以忽略而认为其不导电，这类物质称为绝缘体。绝缘体主要用来隔离电位不同的导体。绝缘体种类繁多，一般分为气体绝缘体、液体绝缘体和固体绝缘体三类。

导电能力介于导体和绝缘体之间的物质称为半导体，其电阻率为 $10^{-1}\sim10^7\ \Omega\cdot m$。半导体的导电载流子有带负电的自由电子和带正电的空穴两种，但它们的浓度比导体的自由电子的浓度低得多，所以半导体的导电能力比导体导电能力差。常用的半导体材料有硅（Si）和锗（Ge）等。

二、电路及基本物理量

1. 电路、电路图

电流所通过的路径称为电路。根据不同的需要，电路形式是多种多样的，但一个完整的电路不论简单还是复杂，通常都由电源、传输链路（如最简单的导线等）、控制电器和负载四个部分构成。

用国家统一规定的图形符号来表示电路连接情况的图叫电路图。如图1—1所示就是一简单电路图。

电路通常有三种状态：

（1）通路　指处处连通的电路。通路也称为闭路，此时电路中有工作电流和（或）传输流。

（2）开路　指电路中某处断开，不能连通的电路。开路也称断路，此时电路一般无电流和（或）传输流。

（3）短路　指电源与电路中的某部分直接相连的情况。

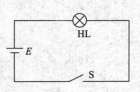

图1—1　电路图

通常短路电流远超过正常工作电流。

2. 电路的几个物理量

（1）电流　电荷有规则的运动称为电流。电流的大小取决于在单位时间内通过导体横截面的电量多少，用电流强度来衡量。若在 t 秒内通过导体横截面的电量为 Q，则电流强度 I 就可用下式表示：

$$I = Q/t \qquad (1\text{—}1)$$

电量的单位是库仑（C），时间单位是秒（s），电流的单位为安培（A）。

电流不但有大小，还有方向。规定正电荷移动的方向为电流方向。在分析电路时，有时不知道电流的实际方向，可假定电流的参考方向（即正方向），当解出电流为正值时，说明实际电流方向与参考方向一致；若电流为负值时，则说明实际电流的方向与参考方向相反。

（2）电压　电压又称电位差，是衡量电场做功本领的物理量。若在电路中 a、b 两点间移动电荷 Q，电场力做功为 W_{ab}，则 a、b 两点间的电压 U_{ab} 为：

$$U_{ab} = W_{ab}/Q \qquad (1\text{—}2)$$

电场力所做功的单位是焦耳（J），电量的单位是库仑（C），电压单位是伏特（V）。

电压和电流一样也有方向，对负载来说，电流流入端为电压正端，流出负载的一端为电压的负端，电压方向由正指向负。

（3）电动势　在电源内部将单位正电荷从电源负极移到正极非电场力所做的功叫电源的电动势。电动势用 E 表示，单位与电压相同，也是伏特（V）。电动势的方向规定在电源内部由负极指向正极。

（4）电位　电路中某点相对于参考点的电压称为该点的电位，用 V 表示，单位是伏特（V）。通常把参考点的电位规定为零。一般选择大地或电路中的公共连接点为参考点。参考点用"⊥"表示。引入电位概念后，可方便地比较电路中任意点之间的电性能。

电路中任意两点间的电位之差（电位差）就是电路中两点的电压，如 V_a、V_b 表示电路两点 a、b 的电位，U_{ab} 表示 a、b 两点间电压，则：

$$U_{ab} = V_a - V_b \qquad (1\text{—}3)$$

应该指出，电位和电压是不同的，电位是随参考点改变而改变的，是相对量，而电压不随参考点改变而改变。

3. 电阻

导体对电流的阻碍作用叫电阻，用字母 R 表示，单位是欧姆（Ω）。

在温度一定时，导体的电阻与导体的长度成正比，与导体的横截面积成反比，与导体的电阻率成正比。这一定律叫电阻定律，可用下式表示：

$$R = \rho L/S \qquad (1\text{—}4)$$

式中　ρ——导体电阻率，$\Omega \cdot mm^2/m$；

　　　L——导体的长度，m；

　　　S——导体的截面积，mm^2。

电阻率也称电阻系数。它表明了不同导体的电阻性能。电阻率只与导体的性质有关，而与导体的形状无关。电阻率越大，则导电性能越差。通常给出的电阻率是长度为 1 m、截面积为 1 mm² 的导体在 20℃时的电阻值，一些常用导体的电阻率见表 1—1。

表 1—1　　　　　　　　　　　　常用导体的电阻率　　　　　　　　　　Ω·mm²/m

材料	电阻率	材料	电阻率	材料	电阻率
银	0.016	铁	0.13 ~ 0.3	青铜	0.021 ~ 0.4
纯铜	0.017 5	锡	0.113	锰铜	0.42
钨	0.056	镍	0.070	康铜	0.4 ~ 0.51
铂	0.106	锌	0.061	镍铬	1.1
钢	0.13 ~ 0.25	黄铜	0.07 ~ 0.08	铁铬铝	1.4

三、欧姆定律

欧姆定律是确定电路中通电导体的电阻、电压、电流三者关系的定律。

1. 部分电路欧姆定律

如图 1—2 所示为部分电路。电路中的电流与电路两端的电压成正比，与电路的电阻成反比。这就是部分电路的欧姆定律，数学表达式为：

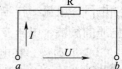

图 1—2　部分电路

$$I = U/R \tag{1—5}$$

式中　U——电路两端电压，V；

　　　I——电路中的电流，A；

　　　R——电路的电阻，Ω。

2. 含源电路的欧姆定律

如图 1—3 所示为含源电路。电路中的电流与电路两端电压降及电动势之和成正比，与电路的电阻成反比。这就是含源电路欧姆定律，其数学表达式为：

$$I = (U + E)/R \tag{1—6}$$

式中　U——含源电路两端的电压降，V；

　　　E——电路中的电动势，V；

　　　I——电路中的电流，A；

　　　R——电路的电阻，Ω。

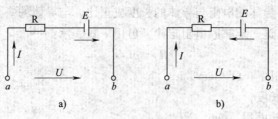

a)　　　　　　　　　　　　b)

图 1—3　含源电路

在使用这一定律时，应注意电压降和电动势的符号。电压降和电动势的符号由电路中的电流方向确定，与电流方向相同时取正号，与电流方向相反时取负号。如图 1—3b 所示的含源电路中，由于电动势的方向与电流方向相反，故欧姆定律表达式为：

$$I = (U - E)/R$$

3. 全电路欧姆定律

在考虑到电源内阻对整个电路电流和电压影响时，应使用全电路欧姆定律。如图 1—4 所示为全电路，电路中的电流与电源电动势成正比，与电源内电阻及回路电阻之和成反比。这就是全电路欧姆定律，其数学表达式为：

$$I = E/(R + R_0) \tag{1—7}$$

式中 E——电路的电源电动势，V；

I——电路中的电流，A；

R——电路的外电阻，Ω；

R_0——电源的内电阻，Ω。

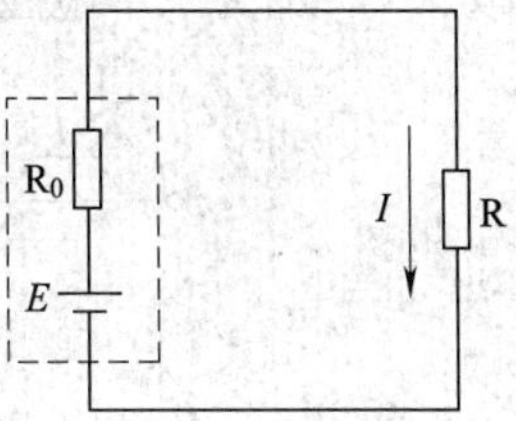

由于电源内电阻的作用，电源输出端的电压（外电压）并不等于电动势的值，而等于电动势与电源内电阻上电压降之差。只有在开路时，电源输出端的电压才能等于电动势的值。

图 1—4 全电路

四、电阻的串、并联

1. 电阻的串联

两个或两个以上电阻依次相连而无分支的连接形式称为串联。如图 1—5a 所示为三个电阻的串联电路。可等效为如图 1—5b 所示电路。

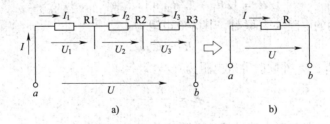

a)   b)

图 1—5 电阻的串联

a）电阻串联电路 b）等效电路

串联电路的性质有：

（1）电路中流过每个电阻的电流都相等，即：

$$I = I_1 = I_2 = I_3 = \cdots = I_n \tag{1—8}$$

（2）串联电路两端的总电压等于各电阻两端电压之和，即：

$$U = U_1 + U_2 + U_3 + \cdots + U_n \tag{1—9}$$

（3）串联电路的等效电阻（即总电阻）等于各串联电阻之和，即：

$$R = R_1 + R_2 + R_3 + \cdots + R_n \tag{1—10}$$

当各串联电阻的阻值均相同且等于 R' 时，等效电阻为：

$$R = nR' \tag{1—11}$$

（4）各电阻上的电压降与各电阻的阻值成正比。即 $U_1 : U_2 : U_3 = R_1 : R_2 : R_3$

2. 电阻的并联

两个或两个以上电阻接在电路中相同两点之间的连接方式，叫作电阻的并联。如图1—6 所示为三个电阻的并联电路。

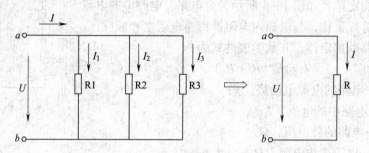

图1—6　电阻的并联

a）电阻并联电路　b）等效电路

并联电路的性质有：

（1）并联电路各电阻两端电压相等，等于电路两端电压，即：

$$U = U_1 = U_2 = U_3 = \cdots = U_n \tag{1—12}$$

（2）并联电路的电流等于各电阻支路电流之和，即：

$$I = I_1 + I_2 + I_3 + \cdots + I_n \tag{1—13}$$

（3）电阻并联电路的等效电阻的倒数等于各并联电阻倒数之和，即：

$$1/R = 1/R_1 + 1/R_2 + 1/R_3 + \cdots + 1/R_n \tag{1—14}$$

当 n 个相同的电阻 R' 并联时，其等效电阻为：

$$R = R'/n \tag{1—15}$$

两个电阻 R_1、R_2 并联时等效电阻为：

$$R = \frac{R_1 R_2}{R_1 + R_2} \tag{1—16}$$

不难推知，电阻并联电路的等效电阻值必定小于阻值最小的电阻。

（4）并联电阻中的电流与其电阻的阻值成反比，即：

$$I_1 : I_2 : I_3 : \cdots : I_n = 1/R_1 : 1/R_2 : 1/R_3 : \cdots : 1/R_n \tag{1—17}$$

五、电功与电功率

1. 电功

工程上把电能转换成其他形式的能叫作电流做功，简称电功，用字母 A 表示，数字表达式为：

$$A = IUt = I^2 Rt = (U^2/R)t \tag{1—18}$$

电功的国际单位是焦耳，用字母 J 表示。

2．电功率

电流在单位时间内做的电功叫电功率，以字母 P 表示，其数学表达式为：

$$P = A/t \tag{1—19}$$

将式（1—18）代入上式可得：

$$P = IU = I^2R = U^2/R \tag{1—20}$$

电功率的单位是焦耳/秒（J/s），又叫瓦特，用字母 W 表示。在电阻串联电路中，各电阻上消耗的电功率与各电阻阻值成正比；在电阻并联电路中，各电阻上消耗的电功率与各电阻阻值成反比。

顺便指出，实际工作中，电功的单位常用千瓦小时（kW·h）。它表示 1 千瓦的用电器在 1 小时内所消耗的电能，即：

1 千瓦小时（kW·h）＝1 千瓦（kW）×1 小时（h）＝3.6×10^6 焦耳（J）。

六、电容器与电容器的串、并联

1．电容器、电容量与电容

（1）电容器　被绝缘体隔开的两片导体的组合叫作电容器。组成电容器的两导体叫作极板，中间的绝缘物质叫介质。电容器具有储存电荷的能力。

常用电容器的图形符号如图 1—7 所示。

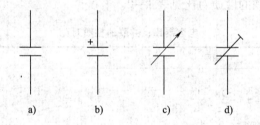

图 1—7　常用电容器图形符号

a）固定电容器　b）电解电容器　c）可变电容器　d）微调可变电容器

（2）电容量　电容量是用来衡量电容器储存电荷本领的物理量。电容器储存的电荷与两极板间电压的比值是一常数，这一常数可以表示电容器储存电荷的能力，叫作电容器的电容量，用字母 C 来表示，即：

$$C = Q/U \tag{1—21}$$

在国际单位制中，电容量的单位是法拉，用字母 F 表示，1 法拉（F）＝1 库仑（C）/伏特（V）。在实际中，电容量常用较小的单位微法（μF）和皮法（pF）。

1 皮法（pF）＝10^{-6} 微法（μF）＝10^{-12} 法拉（F）。

（3）电容器和电容量都可简称为电容，也都可以用字母 C 表示，但两者意义不同，电容器是储存电荷的容器，而电容量则是衡量电容器储存电荷能力大小的物理量。

2．电容器的串、并联

两个或两个以上电容器依次相连中间无分支的连接形式叫电容器的串联，如图 1—8 所示为三个电容器的串联电路。

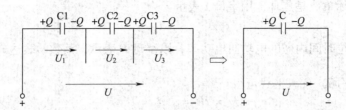

图1—8　电容器的串联

a）电容器串联电路　b）等效电路

两个或两个以上电容器接在电路中相同两点之间的连接方式叫电容器的并联，如图1—9所示为三个电容器并联电路。

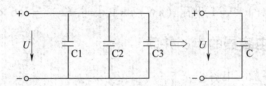

图1—9　电容器的并联

a）电容器并联电路　b）等效电路

电容器串联与并联的性质对比见表1—2。

表1—2　　　　　　　　　　　　电容器串、并联的性质对比

比较类别	串联	并联
等效电容	$\dfrac{1}{C} = \dfrac{1}{C_1} + \dfrac{1}{C_2} + \dfrac{1}{C_3} + \cdots + \dfrac{1}{C_n}$ 两个电容串联时： $C = \dfrac{C_1 C_2}{C_1 + C_2}$ n个容量均为C'的电容串联时： $C = \dfrac{C'}{n}$	$C = C_1 + C_2 + C_3 + \cdots + C_n$ 两个电容并联时： $C = C_1 + C_2$ n个容量均为C'的电容并联时： $C = nC'$
电量	各电容器电量相等： $Q = Q_1 = Q_2 = Q_3 = \cdots = Q_n$	总电量等于各电容器上所带电量之和： $Q = Q_1 + Q_2 + Q_3 + \cdots + Q_n$
电压	$U = U_1 + U_2 + U_3 + \cdots + U_n$ 电容器串联后可承受较高电压 电压分配与电容器电容量成反比： $\dfrac{U_1}{U_2} = \dfrac{C_2}{C_1}$或$U_1 = \dfrac{C_2}{C_1 + C_2}U$；$U_2 = \dfrac{C_1}{C_1 + C_2}U$	各电容器上电压相等： $U = U_1 = U_2 = U_3 = \cdots = U_n$

从表 1—2 可知，串联电容器的等效电容量比其中电容量最小的电容器还小，但电容器串联后可承受较高的电压。值得注意的是各电容器上分配的电压与其电容量成反比，故容量大的分配的电压低，容量小的分配的电压高。在具体使用中必须慎重考虑各电容器的耐压情况，否则电容器分配的电压超过其额定的电压将使电容器击穿。

电容器并联时总容量增大了，并联的电容器数目越多，其等效电容越大。并联使用的电容器每只额定电压都必须大于外加电压值。

第二节　磁与电磁感应

一、电磁与磁效应

1. 磁的基本知识

人们把具有吸引铁、钴、镍等物质的性质叫磁性。具有磁性的物体叫磁体。磁体上磁性最强的部位叫磁极。任何磁体都具有两个磁极，一端叫北极，用 N 表示；另一端叫南极，用 S 表示。磁极间具有相互作用力，称为磁力，其相互作用的规律是：同极性相斥，异极性相吸。

磁极周围存在一种特殊的性质，它具有力和能的特性，称为磁场。为了形象地描述磁场的强弱和方向，引入的假想线叫磁力线，磁力线具有以下特点：(1) 磁力线是互不交叉的闭合曲线，在磁体外部由 N 极指向 S 极，在磁体内部由 S 极指向 N 极；(2) 磁力线上任意一点的切线方向就是该点的磁场方向；(3) 磁力线的疏密程度表示磁场的强弱，磁力线分布均匀且相互平行的区域称为匀强磁场。如图 1—10 所示为条形磁铁的磁力线走向和分布。

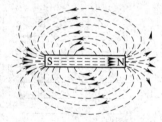

图 1—10　条形磁铁的磁力线走向和分布

2. 电流的磁效应

流通电流的导体周围存在磁场，这一现象称为电流的磁效应。

(1) 直线电流的磁场　用右手定则，也称安培定则可判断电流的磁场方向：以右手的拇指的指向表示电流方向，四指弯曲的方向为磁场方向，如图 1—11a、图 1—11b 所示。

(2) 环形电流的磁场　也用安培定则判断磁场方向：以右手弯曲的四个手指表示电流方向，拇指的指向为磁场方向，如图 1—11c、图 1—11d 所示。

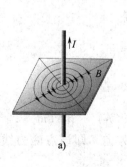

a)

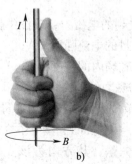

b)

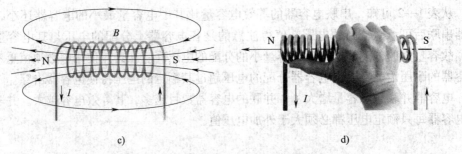

c)   d)

图1—11　直线电流和环形电流的磁场

a）电流通过直导线的磁场方向　b）用右手定则判断直导线的磁场方向

c）电流通过环形线圈（螺线管）的磁场方向　d）用右手定则判断环形线圈的磁场方向

二、磁场对电流的作用

1. 磁场对通电导体的作用

通电导体在磁场中要受到磁场的作用力，这个作用力称为电磁力。电磁力的方向可以用左手定则判断：平伸左手，使拇指垂直于其余四手指，手心对正磁场的 N 极，四指指向表示电流方向，则拇指的指向就是通电导体的受力方向，如图1—12 所示。

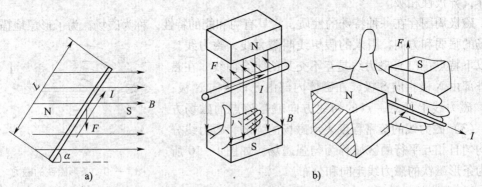

a)   b)

图1—12　电磁力和左手定则

a）有电流的直导体在磁场中受到电磁力　b）左手定则

2. 磁感应强度

磁感应强度是定量描述磁场中各点的强弱和方向的物理量，用字母 B 表示，其数学表达式为：

$$B = \frac{F}{Il\sin a} \tag{1—22}$$

式中　F——导体受到的电磁力，单位牛顿（N）；

I——导体通过的电流强度，A；

l——导体在磁场内的长度，m；

a——导体与磁力线的夹角。

磁感应强度的单位是特斯拉，用字母 T 表示。

1 特（T）=1 牛（N）/安（A）·米（m）

磁感应强度是矢量，其方向为该点的磁场方向，即该点磁力线的切线方向。由式（1—22）可知，如果已测得 B、I、l 和 α 的值就可以求得电磁力，即：

$$F = BIl\sin\alpha \tag{1—23}$$

当导体与磁力线垂直时，$\alpha = 90°$，$\sin\alpha = 1$，式（1—23）变为：

$$F = BIl \tag{1—24}$$

3. 磁通

描述磁场在某一范围内分布情况的物理量叫磁通，以字母 Φ 表示，磁通的定义是：磁感应强度和与它垂直方向的某一截面积的乘积。其数学式为：

$$\Phi = BS \tag{1—25}$$

式中　B——磁感应强度，T；

　　　S——垂直于 B 的横截面积，m^2。

磁通单位是韦伯，用字母 Wb 表示。

由式（1—25）可得：

$$B = \Phi/S \tag{1—26}$$

从式（1—26）可知：磁感应强度就是单位面积上的磁通。所以，磁感应强度也叫磁通密度。

三、磁导率、磁场强度与磁路欧姆定律

1. 磁导率

将磁场置于不同的媒介质中，磁场的强弱会不同，说明媒介质对磁场的影响不同，影响的程度与媒介质的导磁性能有关。

为了表征物质的导磁性能，引入磁导率这个物理量，用字母 μ 表示，单位是亨利/米（H/m）。真空中的磁导率可以通过实验确定，其值为 $\mu_0 = 4\pi \times 10^{-7}$ H/m。为了比较物质的导磁性能，把任一物质的磁导率与真空中磁导率的比叫作相对磁导率，用字母 μ_r 表示，则

$$\mu_r = \mu/\mu_0 \tag{1—27}$$

相对磁导率无单位。它表明在其他条件相同的情况下，媒介质中的磁感应强度是真空中的多少倍。

根据物质的磁导率不同，把物质分成三类：

（1）$\mu_r < 1$ 的物质叫反磁物质，如铜、银等。

（2）$\mu_r > 1$ 的物质叫顺磁物质，如空气、锡、铝等。

（3）$\mu_r \gg 1$ 的物质叫铁磁物质，如铁、钴、镍及其合金等。铁磁类物质的磁导率远大于1，往往比真空中的磁场要强几千甚至万倍以上，广泛地应用于电工和电子技术方面（如制作变压器、各种铁芯、磁棒等）。

2. 磁场强度

磁场中某点的磁感应强度 B 与媒介质的磁导率的比值叫磁场强度，用字母 H 表示，单位是安培/米（A/m），即：

$$H = B/\mu \tag{1—28}$$

式中　B——磁感应强度，T；

μ——媒介质的磁导率，H/m。

磁场强度的数值是一个只与电流大小及导线形状有关，而与媒介质磁导率无关的量。磁场强度也是矢量，它的方向与磁感应强度一致。

3. 磁路欧姆定律

磁通或磁力线所通过的闭合路径叫磁路。在电气设备中，为了获得较大的磁通量，常常采用铁磁材料制成各种形状的铁芯或磁芯作为磁路，使磁通集中于一定的路径内，而这个路径之外是非铁磁物质，它们的磁导率小，磁通很少。如图1—13a 所示为在口字形铁芯上绕制一组线圈形成的磁路，图1—13b 为其等效磁路。

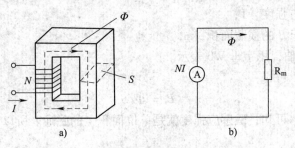

图1—13　磁路
a）绕有线圈的铁芯中的磁路　b）等效磁路

（1）磁通势　磁路中的磁通一般由励磁电流产生，励磁电流与线圈匝数之积称为磁通势，用 E_m 表示，即：

$$E_m = IN \tag{1—29}$$

（2）磁阻　磁路对磁通有阻碍作用叫磁阻，用 R_m 表示，单位 1/亨利（1/H）。磁阻可由下式计算：

$$R_m = \frac{l}{\mu S} \tag{1—30}$$

式中　l——磁路的有效长度，m；

S——磁路的横截面积，m^2；

μ——磁路材料的磁导率，H/m。

（3）磁路欧姆定律　磁路中的磁通与磁通势成正比，与磁阻成反比。这就是磁路欧姆定律，数学表达式为：

$$\Phi = E_m / R_m \tag{1—31}$$

式（1—31）因与电路欧姆定律形式类似而得名。

由磁路欧姆定律可知：增加磁通的方法除增加励磁线圈匝数和电流外（有时不能采用此方法），还可以通过减小磁阻来实现。如选择磁导率较大的铁芯材料，减小磁路的长度和不必要的气隙。

四、铁磁物质的磁化和磁滞回线

1. 磁化

使原来没有磁性的物体具有磁性的过程叫磁化。凡铁磁物质在外磁场的作用下都能被磁化。铁磁物质能被磁化的原因，是因为铁磁物质是由许多被称为磁畴的磁性小区域组成，每个小区域相当于一个小磁铁，在无外磁场时小区域排列杂乱无章，磁性互相抵消，对外不呈磁性。在外磁场作用下，磁畴趋向外磁场并有规律地排列，对外呈现出磁性。

2. 磁滞回线

在铁磁材料反复磁化过程中，外加磁场强度 H 与铁磁材料的磁感应强度 B 之间的关系曲线称为磁滞回线，如图 1—14a 所示。

由图 1—14a 可知：当外加磁场 H 由零逐渐增加时，铁磁材料的磁感应强度 B 沿曲线由 $O \rightarrow a \rightarrow b \rightarrow c$ 增加，到达 c 点，B 不再随 H 增加，称为磁饱和，对应的 B_m 称为饱和点磁感应强度。这段曲线称为起始磁化曲线。

达到饱和点后，让 H 逐渐减小，B 也随之减小，但不按原来曲线，而沿 $c \rightarrow d$ 曲线下降。H 减小到零时，B 不为零，保留一定值 B_r，这便是剩磁。

要使磁性材料的剩磁为零，必须加一个与原来方向相反的外磁场，当沿磁化曲线 d 到达 $B = 0$ 时，此刻 $H = -H_c$，这个 $-H_c$ 称为矫顽力。

若 H 继续反方向增加，在 f 点达到反向饱和；当反向磁场减弱到 H 为零时，$B = -B_r$ 为反向剩磁；再当 H 值正向增加，在 B 等于零时，$H = H_c$，也称为矫顽力；H 值继续增加，沿 $g \rightarrow c$ 返回，形成闭合曲线。在磁化过程中，铁磁材料的磁感应强度总是滞后于外加磁场强度 H，所以叫磁滞回线。

不同的铁磁材料具有不同的磁滞回线，剩磁和矫顽力也不同，在实际应用中也不同，通常铁磁材料可分成三大类。

（1）软磁材料　指剩磁和矫顽力都很小的铁磁材料，如图 1—14b 所示，如硅钢片、铁氧体等，常来制作电机、变压器的铁芯。

（2）硬磁材料　指剩磁和矫顽力都很大的铁磁材料。如图 1—14c 所示，常用来制作永久磁铁。

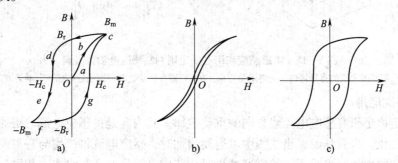

图 1—14　磁滞回线

a）回线及其相关参量　b）软磁材料的回线　c）硬磁材料的回线

（3）矩磁材料　这类材料在很小的外磁场作用下就能磁化，一经磁化便达饱和值。去掉外磁场，磁性仍保持在饱和值。这类材料主要用来做记忆元件。

五、电磁感应

英国科学家法拉第发现：当导体相对于磁场运动而切割磁力线，或线圈中的磁通发生变化时，在导体或线圈中都会产生感应电动势；若导体或线圈是闭合回路的一部分，则导体或线圈中将产生感应电流。这种由变化的磁场在导体中引起电动势的现象称为电磁感应。

1. 直导体产生的感应电动势

直导体在磁场中做切割磁力线运动，直导体上将产生感应电动势，直导体中产生感应电动势的大小为：

$$e = Bvl\sin\alpha \tag{1—32}$$

式中　B——磁场的磁感应强度；

　　　v——直导线切割磁力线的速度；

　　　l——直导线的长度；

　　　α——直导线的运动方向与磁场方向的夹角。

$l\sin\alpha$ 称导体在磁场中的有效长度，当 $\alpha = 90°$ 时，垂直切割，感应电动势最大。

$$e_m = Bvl \tag{1—33}$$

直导体产生感应电动势的方向可用右手定则来判断：平伸右手，拇指与其余四指垂直，让掌心正对磁场 N 极，拇指指向表示导体运动方向，则四指的指向就是感应电动势的方向，如图 1—15a 所示。

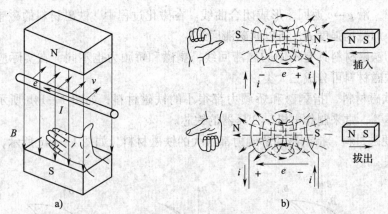

图 1—15　电磁感应和用右手定则判断感应电动势方向

a）切割磁力线的直导体的感应电动势方向　b）有磁力线变化时，螺线管的感应电动势方向

2. 楞次定律

楞次定律是研究感应电动势方向的重要定律。其内容是：感应电流的磁通总是阻碍原磁通的变化。也就是说，当线圈中磁通要增加时，感应电流将产生与它方向相反的磁通去阻碍它的增加；当线圈中的磁通减少时，感应电流将产生与它方向相同的磁通去阻碍它的减小。如果线圈中原来的磁通量不变，则感应电动势和感应电流都为 0。

应用楞次定律判断感应电动势或感应电流的方法是：

（1）首先确定原磁通的方向及其变化趋势（是增加还是减小）。

（2）根据楞次定律的内容判断感应磁通的方向。如果磁通增加，则感应磁通与磁通方向相反。反之，方向相同。

（3）根据感应磁通方向，应用安培定则判断出感应电动势或感应电流方向。感应电动势和感应电流的方向是一致的。

可以用右手定则判断感应电流的方向，如图 1—15b 所示，当磁铁向左插入时，线圈中的磁通将增加，根据楞次定律，线圈产生的感应电流将阻止磁通增加，即线圈感应电流磁通方向为右 N、左 S，于是应用右手定则可得其感应电流方向如图 1—15b 所示。同理，拔出时正好相反。

3. 法拉第电磁感应定律

楞次定律给出感应电动势的方向，而感应电动势的大小可用法拉第电磁感应定律确定。实验证明：线圈中感应电动势的大小与线圈中磁通的变化率成正比。这个规律就叫作法拉第电磁感应定律。

如果有一个 N 匝的线圈，在时间间隔 Δt 内，磁通的变化为 $\Delta\Phi$，其线圈中的感应电动势为：

$$e = -N\frac{\Delta\Phi}{\Delta t} \tag{1—34}$$

式中的负号表示感应电动势的方向永远和磁通的变化趋势相反。

4. 自感

由于流过线圈自身的电流发生变化而引起的电磁感应叫自感。

当一个 N 匝的线圈通过变化的电流后，这个电流产生的磁场使线圈每匝具有的磁通 Φ 叫作自感磁通，整个线圈，即 N 匝具有的磁通叫自感磁链，用字母 Ψ 表示，即：

$$\Psi = N\Phi \tag{1—35}$$

把线圈中通过单位电流所产生的自感磁链称为自感系数，也叫自感，用 L 表示，即：

$$L = \Psi/i \tag{1—36}$$

式中　Ψ——线圈的电流产生的自感磁链数，Wb；

i——线圈的电流，A；

L——线圈的电感量，H。

电感量是衡量线圈产生自感磁链本领的物理量。如果一个线圈通过 1 安培（A）的电流，能产生 1 韦伯（Wb）自感磁链，则该线圈的电感就是 1 亨利，简称亨（H）。电感的常用单位除亨（H）以外还有毫亨（mH）、微亨（μH）、纳亨（nH）等。它们之间的换算关系是：

$$1\ H = 10^3\ mH = 10^6\ \mu H = 10^9\ nH$$

自感也是电磁感应特性表征中的一个物理量，必然遵从电磁感应定律，对于线性电感，N 匝线圈的感应电动势为：

$$e_L = -N\frac{\Delta\Phi}{\Delta t} = -\frac{\Delta\Psi}{\Delta t}$$

将 $\Psi = Li$ 代入，可得自感电动势的表达式为：

$$e_L = -L\frac{\Delta i}{\Delta t} \tag{1—37}$$

式中 $\frac{\Delta i}{\Delta t}$ 为电流的变化率，负号表示自感电动势的方向总是与通过线圈中的电流变化趋势相反。

实际应用中，一般都把这种有电感的线圈称为电感器，又简称电感，文字符号也用 L，但通常为正体。

5. 互感

由于一个线圈中的电流变化在另一个线圈中产生的电磁感应叫互感。由电磁感应定律可知：互感电动势的大小正比于穿过本线圈磁通的变化率，或正比于另一线圈中电流的变化率。当一个线圈的磁通全部穿过另一个线圈时，互感电动势最大；当两个线圈互相垂直时，互感电动势最小。

通常把线圈绕向一致，在电磁感应中极性保持相同的端点称为同名端。如图1—16所示，互感线圈 LA、LB、LC 中，在 LA 线圈中开关 SA 闭合瞬间，1、4、5 三个端点的电磁感应极性始终相同，该三个端点称为同名端，用"·"表示（同样2、3、6也是同名端）。显然，1、4、5 与 2、3、6 端不是同名端，通常称为异名端。

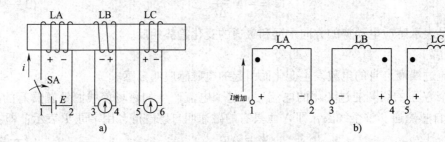

图1—16　互感线圈的同名端

6. 涡流

涡流也是一种电磁感应现象，图1—17是在整块铁芯上绕有一组线圈。当线圈通有交变电流时，铁芯内就会有交变磁通，这种交变磁通穿越铁芯就要产生感应电动势，在感应电动势作用下，产生感应电流。由于这种感应电流是在整块铁芯中流动，自成闭合回路，形如水中的旋涡，故称作涡流。

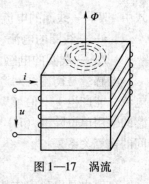

图1—17　涡流

涡流流动时，由于整块铁芯的电阻很小，所以涡流往往可以达到很大的数值，使铁芯发热，加快了绝缘的老化，有时甚至使绝缘损坏。由涡流造成的损耗，称为涡流损耗。涡流损耗与磁滞损耗加在一起叫铁损。

另外，根据楞次定律可知，涡流产生的磁通都是要阻碍原磁通的变化趋势，也就是说涡流具有削弱原磁场的作用，涡流的这种作用叫作去磁。

涡流造成的损耗和去磁作用都是不希望产生的。通常都是使用相互绝缘的硅钢片叠成所需厚度的铁芯（一般每片厚度为 0.35~0.5 mm），或用磁性材料粉、黏合剂等制成铁粉芯或磁芯，这样大大增加了涡流回路的电阻，起到了减小涡流的作用。

六、电感的串、并联

1. 无互感电感（器）的串、并联

无互感电感（器）是指两个或两个以上的电感（器）本身被屏蔽，相互之间没有互感磁通的交链。

（1）无互感电感（器）的串联 两个或两个以上的无互感电感（器）按顺序一个接一个地联成一串，中间没有分支，通过每个电感的电流都相等，这种连接方式称为电感的串联，如图 1—18a 所示，如图 1—18b 所示为两个电感串联后的等效电感。

串联等效电感 L 与串联电感 L_1、L_2 的关系为：

$$L = L_1 + L_2$$

如果有 n 个电感串联，其等效电感关系式便变为：

$$L = L_1 + L_2 + \cdots + L_n$$

可见，无互感电感的串联，像电阻的串联一样，其等效电感等于各个电感之和。

（2）无互感电感（器）的并联 电路中两个或两个以上的电感（器）接在相同的两点之间，中间没有分支，它们两端的电压都相等，这种连接方式称为电感（器）的并联，如图 1—19a 所示，如图 1—19b 所示为两个电感（器）并联后的等效电感。

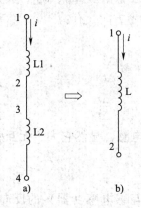

图 1—18 两个无互感电感（器）串联
a）串联连接 b）等效电感

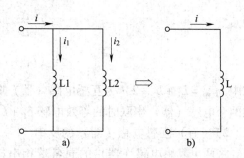

图 1—19 两个无互感电感（器）并联
a）并联连接 b）等效电感

并联等效电感 L 与并联电感 L_1、L_2 的关系为：

$$\frac{1}{L} = \frac{1}{L_1} + \frac{1}{L_2}$$

如果有 n 个电感并联，则变为：

$$\frac{1}{L} = \frac{1}{L_1} + \frac{1}{L_2} + \cdots + \frac{1}{L_n}$$

同样，无互感电感（器）的并联，也像电阻的并联一样，其等效电感的倒数，等于各并联电感倒数之和。

2.（有）互感电感（器）的串、并联

（1）（有）互感电感（器）的串联 具有互感的两个电感（器）串联时，由于互感和同名端的存在，它们有顺串和反串两种接法。

1）（有）互感电感（器）的顺串 将两个互感电感（器）异名端相串接的方式叫作互感电感（器）的顺向串接，简称顺串，如图 1—20 所示。当互感电感（器）顺串时，电流从两个电感（器）的同名端流进或流出，总磁场是增强的，其等效电感是增大的。

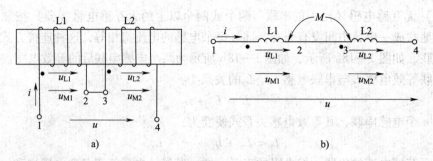

图 1—20　互感电感（器）的顺串

a）顺串连接　b）电路符号

当有正弦电流 i 通过互感电感（器）时，在电感 L1 和 L2 中不但会产生自感电压 u_{L1}、u_{L2}，同时由于互感的作用，还会在 L1 和 L2 中产生互感电压 u_{M1}、u_{M2}，其方向与自感电压的方向相同。根据图 1—20 所示电流和电压的参考方向，有：

$$u = u_{L1} + u_{M1} + u_{L2} + u_{M2}$$

$$= L_1 \frac{\Delta i}{\Delta t} + M \frac{\Delta i}{\Delta t} + L_2 \frac{\Delta i}{\Delta t} + M \frac{\Delta i}{\Delta t}$$

$$= (L_1 + L_2 + 2M) \frac{\Delta i}{\Delta t} = L_{顺串} \frac{\Delta i}{\Delta t}$$

式中 $L_{顺串} = L_1 + L_2 + 2M$ 为互感电感（器）顺串时的等效电感，显然它大于无互感作用的两个电感（器）串联时的等效电感 $L_1 + L_2$。

2）（有）互感电感（器）的反串

将两个互感电感（器）的同名端相串接的方式叫作互感电感（器）的反向串接，简称反串，如图 1—21 所示。可见，互感电感反串时，电流从两个电感的异名端流进或流出，总磁场是减弱的，其等效电感是减小的。

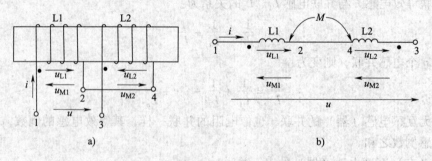

图 1—21　互感电感（器）的反串

a）反串连接　b）电路符号

由图 1—21 可以看出，反串时互感电压方向与自感电压方向是相反的，故有：

$$u = u_{L1} + u_{M1} + u_{L2} + u_{M2}$$

$$= L_1 \frac{\Delta i}{\Delta t} - M \frac{\Delta i}{\Delta t} + L_2 \frac{\Delta i}{\Delta t} - M \frac{\Delta i}{\Delta t}$$

$$= (L_1 + L_2 - 2M) \frac{\Delta i}{\Delta t} = L_{反串} \frac{\Delta i}{\Delta t}$$

式中 $L_{反串} = L_1 + L_2 - 2M$ 为互感电感（器）反串时的等效电感，显然它小于无互感作用的两个电感（器）串联时的等效电感 $L_1 + L_2$。

可以看出，两互感电感（器）串联时，顺串时等效电感增加，反串时等效电感减小，并且顺串时等效电感大于反串时等效电感。

（2）互感电感（器）的并联

1）互感电感（器）的顺并　将两个互感电感（器）的同名端并接在一起的连接方式叫作互感电感（器）的顺向并联，简称顺并，如图 1—22 所示。互感电感（器）顺并时，电流是从两电感（器）的同名端流进或流出，这时总磁场是增强的，其等效电感为：

$$L_{顺并} = \frac{L_1 L_2 - M^2}{L_1 + L_2 - 2M}$$

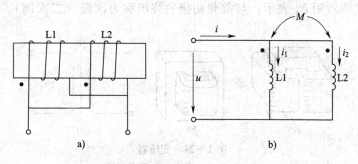

图 1—22　互感电感（器）的顺并

a）顺并连接　b）电路符号

2）互感电感（器）的反并　将两个互感的异名端并接在一起的连接方式叫作互感电感（器）的反向并联，简称反并，如图 1—23 所示。互感电感（器）反并时，电流是从两电感（器）的异名端流进或流出，这时总磁场是减弱的，其等效电感为：

$$L_{反并} = \frac{L_1 L_2 - M^2}{L_1 + L_2 + 2M}$$

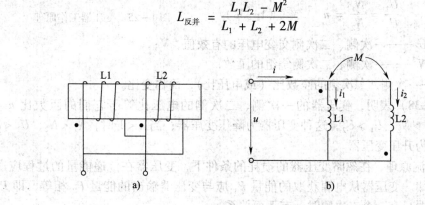

图 1—23　互感电感（器）的反并

a）反并连接　b）电路符号

可见，两互感电感（器）并联时，顺并时的等效电感大于反并时的等效电感。

七、变压器

变压器是利用互感原理制成的电气设备。它的一个主要功能就是能把某一数值的交变电压变换成频率相同的另一数值的交变电压。

1. 变压器的基本结构

变压器因使用场合、工作要求不同，其结构是各种各样的。但是，各种变压器的基本结构大体相同，基本都是由硅钢等铁磁材料制成的铁芯和绕在铁芯上的绕组（线圈）组成，如图 1—24 所示，其中图 1—24a、图 1—24b 为变压器的基本结构，图 1—24c 为变压器的图形符号。

铁芯是变压器的磁路部分。按铁芯的形式，变压器可分为芯式和壳式两种。绕组是变压器的电路部分，一般用绝缘的铜线绕制而成。与电源相接的绕组称为初级（一次侧），其匝数用 N_1 表示；与负载相接的绕组称为次级（二次侧），其匝数用 N_2 表示。

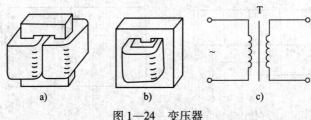

图 1—24　变压器
a）芯式　b）壳式　c）图形符号

2. 变压器的基本工作原理

（1）变压原理　如图 1—25 所示为一简单变压器的示意图，如忽略掉变压器磁路上的损耗（铁损）和绕组上的损耗（铜损），由电磁感应定律可得：

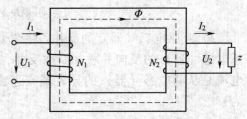

图 1—25　变压器工作原理

$$\frac{U_1}{U_2} = \frac{N_1}{N_2} = n \qquad (1\text{—}38)$$

式中　U_1、U_2——一次侧、二次侧交变电压的有效值，V；

　　　　N_1、N_2——一次侧、二次侧绕组的匝数；

　　　　n——一次侧、二次侧的匝数比（或电压比），简称变比。

式（1—38）表明，变压器的一次侧、二次侧的电压比等于它们的匝数比 n。当 $n > 1$ 时，$N_1 > N_2$，$U_1 > U_2$，这种变压器为降压变压器；当 $n < 1$ 时，$N_1 < N_2$，$U_1 < U_2$，这种变压器为升压变压器。

（2）变流原理　在忽略变压器的损耗的条件下，变压器在传递能量的过程应遵从能量守恒定律。变压器从电源获取的能量 P_1 应与变压器输出的能量 P_2 相等，即 $P_1 = P_2$。在变压器只有一个二次侧时，有下面关系：

$$I_1 U_1 = I_2 U_2$$

即

$$\frac{I_1}{I_2} = \frac{U_2}{U_1} = \frac{N_2}{N_1} = \frac{1}{n} \text{或} I_1 = \frac{N_2}{N_1} I_2 \qquad (1\text{—}39)$$

式（1—39）说明，变压器一次侧、二次侧电流与变压器一次侧、二次侧的电压（或匝数）成反比。

（3）阻抗变换原理　变压器除能改变电压、电流的大小外，还能变换交流阻抗。这在电子技术中有着广泛的应用。通过变压器的阻抗变换可以使负载和信号源之间实现阻抗匹配，以获得最大输出功率。变压器的阻抗变换原理如图 1—26 所示。

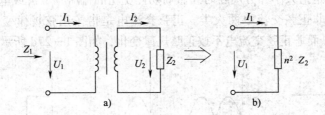

图 1—26　变压器的阻抗变换原理

a）原理图　b）等效输入阻抗

从变压器一次侧看进去的阻抗为：

$$Z_1 = \frac{U_1}{I_1}$$

从变压器二次侧看进去的阻抗为：

$$Z_2 = \frac{U_2}{I_2}$$

所以
$$\frac{Z_1}{Z_2} = \frac{U_1 I_2}{U_2 I_1} = n^2$$

则
$$Z_1 = n^2 Z_2 \tag{1—40}$$

式中　Z_1、Z_2——一次侧、二次侧等效阻抗，Ω；

　　　n——变压器变比。

式（1—40）表明，负载 Z_2 接在变压器二次侧上，它从电源上吸取的功率与负载 $Z_1 = n^2 Z_2$ 直接接在电源上所吸取的功率相等。因此 $n^2 Z_2$ 称为变压器一次侧 Z_1 的等效阻抗，如图 1—26b 所示。

3. 变压器的效率

以上所讨论的是理想变压器，即认为变压器从电源吸取的能量全部转换成输出的能量，无任何损耗。但实际运行的变压器并非如此，绕组上要产生热能损耗，铁芯上要产生涡流和磁滞损耗。为了衡量实际变压器传递能量的本领，引入效率这个物理量，用字母 η 表示，它的大小等于变压器的输出功率 P_2 与输入功率 P_1 的百分比，即：

$$\eta = \frac{P_2}{P_1} \times 100\% \tag{1—41}$$

一般大型电力变压器效率可达 99%；小型变压器一般为 70% ~ 85%。

第三节 正弦交流电

一、交流电和正弦交流电

所谓交流电是指大小和方向随时间做周期性变化的电压、电流或电动势。交流电分为正弦交流电和非正弦交流电两大类。正弦交流电是指按正弦规律变化的交流电，如图 1—27c 所示，而非正弦交流电不按正弦规律变化，如图 1—27d 所示。

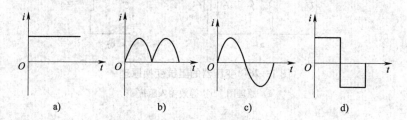

图 1—27　直流电和交流电波形图
a）稳恒直流电　b）脉动直流电　c）正弦交流电　d）非正弦交流电

二、正弦交流电的三要素

1. 正弦交流电的瞬时值、最大值和有效值

（1）瞬时值　正弦交流电随时间按正弦规律变化，任意时刻的数值不一定相同，任意时刻正弦交流电的数值称为瞬时值，分别用字母 u、i 和 e 表示。

（2）最大值　最大的瞬时值称为最大值（或称为峰值、振幅），分别用字母 U_m、I_m、E_m 表示。最大值虽然有正有负，但习惯上最大值都是以绝对值表示。

（3）有效值　交流电的大小是不断变化的，难以取哪一个值作为衡量交流电大小的标准，所以有必要引入一个既能反映交流电大小又方便计算和测量的物理量。为了准确反映交流电的大小，让交流电和直流电分别通过阻值完全相同的电阻，如果在相同时间内，这两个电流产生的热量相同，就把这个直流电的电压、电流和电动势定义为交流电的有效值，分别用符号 U、I 和 E 表示。通过计算，正弦交流电的有效值和最大值的关系为：

$$\left.\begin{aligned} U &= \frac{U_m}{\sqrt{2}} \approx 0.707 U_m \\ I &= \frac{I_m}{\sqrt{2}} \approx 0.707 I_m \\ E &= \frac{E_m}{\sqrt{2}} \approx 0.707 E_m \end{aligned}\right\} \tag{1—42}$$

即正弦交流电的有效值是最大值的 $\frac{1}{\sqrt{2}}$ 倍。通常交流电的大小、交流电表测量出的数值、各种交流电器所标称的额定值都是指的有效值。

有效值反映了交流电的大小，称为正弦交流电三要素之一。

2. 正弦交流电的周期、频率和角频率

（1）周期 交流电重复一周所需要的时间称为周期，用字母 T 来表示，单位是秒（s）。

（2）频率 交流电在 1 s 内重复的次数称为频率，用字母 f 来表示，单位是赫兹（Hz）。

根据周期和频率的定义可知，周期和频率互为倒数，即：

$$f = \frac{1}{T} \text{ 或 } T = \frac{1}{f} \tag{1—43}$$

（3）角频率 交流电在 1 s 内变化的电角度称角频率，用字母 ω 表示。单位是弧度/秒（rad/s）。角频率与周期、频率之间的关系式为：

$$\omega = 2\pi f = \frac{2\pi}{T} \tag{1—44}$$

以上所讲的周期、频率和角频率都是表示交流电变化快慢的物理量，只要知道一个量就可通过式（1—44）求出另外两个量。通常把周期（或频率或角频率）称为正弦交流电三要素之二。

3. 相位与初相位

正弦交流电在任一时刻的瞬时值可以用正弦解析式表示。如正弦交流电动势可表示为：

$$e = E_{\mathrm{m}}\sin(\omega t + \varphi)$$

式中（$\omega t + \varphi$）称为该交流电的相位，它反映了交流电变化的进程。$t = 0$ 时的相位叫初相位或初相。初相位可以是正，也可以是负。一般规定初相位的绝对值不大于 180°。两个同频率交流电的相位之差叫相位差，即：

$$\varphi = (\omega t + \varphi_1) - (\omega t + \varphi_2) = \varphi_1 - \varphi_2 \tag{1—45}$$

可见，两个同频率的交流电的相位差就等于它们的初相位之差。如果一个正弦交流电比另一个正弦交流电提前到达零值或最大值，则前者叫超前，后者叫滞后。如图 1—28a 所示，e_1 超前 e_2 或 e_2 滞后 e_1。如果两个正弦交流电同时到达零位或最大值，即它们的初相相等，则称它们同相位，如图 1—28b 所示。如果两个正弦交流电中，一个到达正最大值，另一个到达负最大值，即它们的初相角相差 180°，则称它们反相，如图 1—28c 所示。

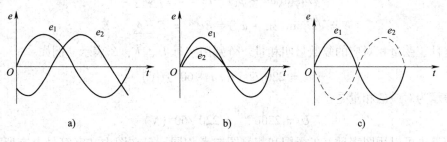

图 1—28 交流电的相位关系

a）e_1 超前 e_2（e_2 滞后 e_1） b）e_1、e_2 同相 c）e_1、e_2 反相

初相位反映了交流电的起始位置，称为正弦交流电三要素之三。

三、正弦交流电的表示方法

根据上述讨论可知，表示一个交流电，关键是反映出它的三要素，通常可用四种方法来表示，即解析法、图解法（曲线法）、旋转矢量法和符号法。解析法就是用三角函数式表示正弦交流电的方法；图解法就是在直角坐标系中根据解析式绘出正弦交流电的波形图。下面着重讨论正弦交流电的旋转矢量表示法和符号表示法。

1. 旋转矢量法

所谓旋转矢量法，就是在直角坐标系中用一个绕原点旋转的矢量来表示正弦交流电的方法。具体方法是：

（1）选择适当的比例尺，用矢量的长度来表示正弦交流电的最大值。

（2）矢量起始位置与横轴之间的夹角表示正弦交流电的初相角。

（3）矢量按逆时针旋转，旋转的角速度等于正弦交流电的角频率。

符合这样三个条件的旋转矢量，任意时间在纵坐标上的投影，就表示正弦交流电在该时刻的瞬时值。如果表示正弦交流电的矢量，其长度代表正弦交流的最大值，就称为最大值矢量，分另用字母 $\vec{U}_m$、$\vec{I}_m$、$\vec{E}_m$ 表示；如果表示正弦交流电的矢量，其长度代表正弦交流电的有效值，就称为有效值矢量，分别用字母 $\vec{U}$、$\vec{I}$、$\vec{E}$ 表示。

正弦交流电用矢量表示后，两个同频率的正弦交流电的求和问题，就可转化为两个矢量的求和问题，简单又直观，如图1—29所示。

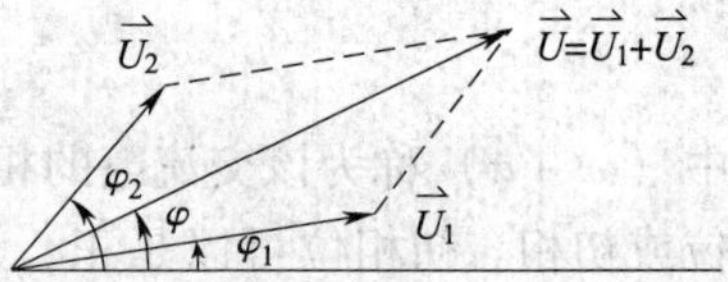

2. 符号法

众所周知，同频率的正弦量进行求和时，频率不需要参加计算，因此只需要有效值、初相位这两个要素，就可以把正弦量表示出来。复数也具有两个量，复数指数形式中的模和幅角。数学上已证明，正弦交流电的解析式和复数之间存在对应关系。利用这种关系，就可以用复数的模表示正弦量的有效值，用复数的幅角表示正弦量的初相。这样，正弦交流电的表达式和复数之间的对应关系就能表示为：

图1—29 同频率正弦电压的求和

$$u = \sqrt{2}U\sin(\omega t + \varphi_u) \rightleftharpoons Ue^{j\varphi_u} = U\underline{/\varphi_u} = \dot{U}$$

$$i = \sqrt{2}I\sin(\omega t + \varphi_i) \rightleftharpoons Ie^{j\varphi_i} = I\underline{/\varphi_i} = \dot{I}$$

$$e = \sqrt{2}E\sin(\omega t + \varphi_e) \rightleftharpoons Ee^{j\varphi_e} = E\underline{/\varphi_e} = \dot{E}$$

这种正弦量相对应的复数量叫相量，分别用字母 $\dot{U}$、$\dot{I}$、$\dot{E}$ 表示，例如：

$$u = 220\sqrt{2}\sin(\omega t + 60°)(V)$$

将它表示为对应的相量是：

$$\dot{U} = 220e^{j60°} = 220\underline{/60°}(V)$$

相量也可以用图表示。矢量图和相量图二者相同，只在图中文字符号上有所不同，矢量图用 $\vec{X}$，而相量图用 $\dot{X}$。

同样，若已知正弦交流电的相量，也可方便地写出它的解析式，例如：

$$\dot{I} = 5e^{-j}30°(A)$$

对应的解析式是：

$$i = 5\sqrt{2}\sin(\omega t - 30°)(A)$$

利用符号法表示正弦交流电，可将正弦量的计算转换成复数的计算，较简便地解决交流电的计算问题。

第二章　无线电基础知识

第一节　无线电通信基础知识

一、无线电波的传播

理论和实践证明，电荷运动能够产生电流，交变的电流能够产生交变的电磁场，这种交变的电磁场具有向空间扩散的能力，频率越高，辐射能力越强。因为它又具有波的特性，所以称为电磁波，通常又称为无线电波。

人耳能听到的声音频率在 20 Hz 到 20 kHz 的范围内，通常把这一频率范围叫作音频。声波在空气中传播的速度很慢（约 340 m/s），而且衰减很大。为了把声音传递到远方，常用的方法就是将它变成电信号，通过无线电波传送出去。

1. 无线电波的划分

一般来说，频率从几十千赫至几十万兆赫的电磁波都称为无线电波。为了便于分析和应用，一般将无线电波的频率范围划分为若干区域，用频段（或波段）表示。习惯上将频率低的无线电波（如长、中、短波）用频率表示，而将频率高的无线电波（如超短波、微波）用波长表示。无线电波在空间传播的速度是每秒 30 万公里。电波在一个振荡周期 T 内的传播距离叫作波长，用符号 λ 表示。波长 λ、频率 f 和电磁波传播速度 c 的关系可用下式表示：

$$\lambda = c \times T = \frac{c}{f}(\mathrm{m}) \tag{2—1}$$

由式（2—1）可知，频率越高，波长越短；反之，频率越低，波长越长。通常无线电波的波段划分见表 2—1。

表 2—1　　　　　　　　　无线电波波段划分

波段名称	波长范围	频率范围	频段名称	用途
超长波	$10^4 \sim 10^5$ m	30 kHz ~ 3 kHz	甚低频 VLF	海上远距离通信
长波	$10^3 \sim 10^4$ m	300 kHz ~ 30 kHz	低频 LF	电报通信
中波	$(2 \sim 10) \times 10^2$ m	1 500 kHz ~ 300 kHz	中频 MF	无线电广播
中短波	$50 \sim 2 \times 10^2$ m	6 000 kHz ~ 1 500 kHz	中高频 IF	电报通信、业余者通信
短波	10 ~ 50 m	30 MHz ~ 6 MHz	高频 HF	无线电广播、电报通信和业余者通信
米波	1 ~ 10 m	300 MHz ~ 30 MHz	甚高频 VHF	无线电广播、电视、导航和业余者通信
分米波	1 ~ 10 dm	3 000 MHz ~ 300 MHz	特高频 UHF	电视、雷达、无线电导航

续表

波段名称	波长范围	频率范围	频段名称	用途
厘米波	1～10 cm	30 GHz～3 GHz	超高频 SHF	无线电接力通信、雷达、卫星通信
毫米波	1～10 mm	300 GHz～30 GHz	极高频 EHF	电视、雷达、无线电导航
亚毫米波	1 mm 以下	300 GHz 以上	超极高频	无线电接力通信

　　上述各种波段的划分是相对的，各波段之间并没有严格的划分界限，但各个不同波段的特点仍然有明显的差别。把无线电波分成上述各种波段，对问题的讨论将带来很大的方便。

　　一般又将米波和分米波合称为超短波，波长小于 30 cm 的分米波和厘米波称为微波。

　　2. 无线电波传播的基本方式

　　无线电波传播的基本方式可分为五种，如图 2—1 所示：

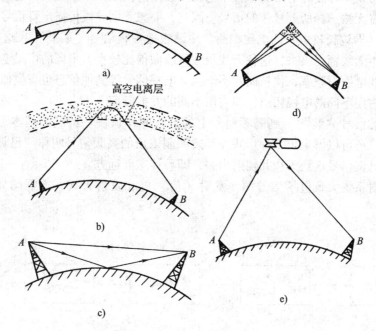

图 2—1　无线电波传播的基本方式

a）地面波传播　b）天波传播　c）空间波传播　d）对流层传播　e）外球层传播

　　（1）地面波传播　电磁波沿着大地表面传播的方式称为地面波传播，如图 2—1a 所示。这种传播方式适用于波长较长的无线电波，如中波、长波通信。

　　（2）天波传播　在距离地面约 100 km 左右的高空，有一层约 20 km 厚的电离层，无线电波向空中辐射到电离层后被电离层反射回地面接收点。这种无线电波传播方式称为天波传播，如图 2—1b 所示，适用于中、短波传播。天波传播往往受到气候、季节、昼夜等因素的影响。

　　（3）空间波传播　空间波传播是指发射天线辐射电磁波通过空间直接到达接收天

线的传播方式，如图 2—1c 所示，适用于电视广播、微波中继、移动通信等。通信距离限制在视距范围之内。

（4）对流层传播　离地面 12～16 km 的大气层为对流层。电波照射到上面将产生折射和散射，如图 2—1d 所示。这种传播适用于波长较短的无线电波。

（5）外球层传播　离地面 1 000 km 以外的宇宙间通信称为外球层传播，如图 2—1e 所示。卫星通信和卫星直播电视就是利用这种传播方式。

二、无线电发送的基本知识

1. 发送过程

实践证明，交变的电流通过天线可向空中辐射。为了能有效地把电磁振荡辐射出去，必须使天线的长度和电磁振荡的波长相匹配。如声音信号的频率范围是 20 Hz～20 kHz，其波长范围是 1.5×10^4～1.5×10^7 m，要制造出与此尺寸相当的天线显然是很不容易的。特别是即使辐射出去，各个电台所发出的信号频率都相同，它们在空中混在一起，收听者无法选择所要接收的信号。因此，要想不用导线传播声音信号，就必须利用频率更高（即波长较短）的电磁振荡，并设法把音频信号"装载"在这种高频振荡之中，然后由天线辐射出去，这种天线尺寸可以做得比较小。不同的广播电台就可以采用不同的无线电发射频率，使彼此互不干扰。电视信号等其他信息也有类似的情况，不同的电视台占用不同的电视频道，即占用不同的发射频率。

将传递的信号"装载"到高频信号上的过程叫作调制。调制的基本形式有调幅、调频和调相，还可以派生出多种形式。经过调制以后的高频信号叫作"已调信号"。利用传输线将已调信号送到天线并辐射出去，即可传送到远方。

一个发射系统大致包括信号源、发射（信）机和发射天线，方框图如图 2—2 所示。

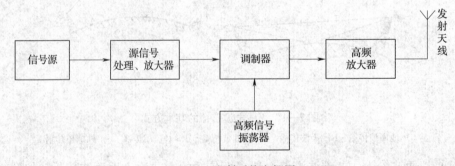

图 2—2　发射系统方框图

信号源是将欲传输的信息（如声音、图像、数据等）转换为相应的电信号并进行适当的处理*（如校正、放大等）。如由话筒将语言或音乐转换为音频信号，由摄像机将

注：*这里的处理，随发射机的类型不同而各有区别，例如，模拟广播调幅发射机的音频带宽、限幅器；立体声调频发射机的加重，立体声编码；电视发射机的视频箝位、中频线性和非线性校正；数字发射机的增加抗干扰能力，完成复接及复用，进行线性、非线性校正的信道编码、调制等，不一而足。

图像信号转换为相应的视频信号。

发射（信）机一般包括源信号（音、视频等）放大和处理器、振荡器、调制器、高频电压和功率放大器。源信号放大、处理器是放大、处理信号源输出的低频信号，以满足调制器所需输入电平和整机所需其他特性；振荡器产生等幅高频正弦振荡，称为载波，它的频率叫作载频；调制器的作用是将要传递的信号调制到载波信号上去，成为已调信号，并用高频功率放大器将已调信号进行功率放大，由传输线送至天线，实现电波的发射。

2. 无线电信号的调制

目前常见的调制的方式见表2—2。为方便建立基本概念，下面将对最简单的正弦波调幅和调频作一概要介绍。

表2—2　　　　　　　　　　　　几种常见的调制

调制信号类别	载波形式	已调波类别		应用举例	注
模　拟（调制信号取值是连续的）	连续波（通常是正弦波）	线性调制	常规双边带调幅 AM	广播	①常规双边带调幅的频谱含全载波和双边带的调幅；双边带调制则通常是指调幅的频带中抑制了载波，只有双边带的调制②线性调制指通过载波实现了保持源信号的频谱结构的频谱搬移调制；非线性调制则是指通过载波虽然实现了源信号的频谱搬移，但其频率结构与源信号不一样，存在非线性变换的调制③任何一个现实信号都可以认为是由多个单一正弦信号分量组成的。频谱就是指组成一个现实信号的频率分量的总称、集合。常用频谱图来直观地加以表示
			单边带调制 SSB	载波通信、短波无线电话、数据传输	
			双边带调制 DSB	立体声广播	
			残留边带调制 VSB	电视广播、传真、数据传输	
		非线性调制	调频（FM）	微波中继、卫星通信、广播	
			调相（PM）	中间调制方式	
	脉冲		振幅调制 PAM	中间调制方式、遥测	
			宽度调制 PDM	中间调制方式	
			脉位调制 PPM	遥测、光纤传输	
数　字（调制信号取值是离散的）	脉冲		脉码调制 PCM	市话中继线、卫星、空间通信	通常是通过有线传输和作为中间信号
			增量 DM（ΔM）	军用、民用数字电话	
			差分脉码调制 DPCM	电视电话、图像编码	
			其他编码方式 ADPCM 等	中速数字电话	

续表

调制信号类别	载波形式	已调波类别		应用举例	注
数字（调制信号取值是离散的）	连续波	二进制	振幅键控（2ASK）	数据传输，数字通信、广播、电视等	①ASK、MQAM 的包络是非恒定的；FSK、PSK 的包络是恒定的 ②MQAM 既调幅又调相。它既降低了码率，减少了带宽要求，又减小了传输的平均功率，是一种高效的调制方式
			频移键控（2FSK）		
			相移键控（2PSK） 绝对 PSK		
			相移键控（2PSK） 相对 DPSK		
		多进制	振幅键控（MASK）又称多电平调制		
			频移键控（MFSK）简称多频（调）制		
			相位键控（MPSK）简称多相（调）制 绝对 MPSK		
			相位键控（MPSK）简称多相（调）制 相对 MDPSK		
			正交幅度调制 MQAM		

（1）调幅　调幅是指高频正弦振荡的振幅随低频信号振幅的瞬时值变化而变化。调幅后的高频信号称为"调幅波"。调制后的调幅波其频率与高频载波一样，其振幅变化的规律正比于源信号的振幅，这样，源信号便"寄载"在高频载波之上。

为了表示调制的深浅程度，定义了一个物理量叫调幅系数，通常用 m_a 表示。它等于调幅波振幅变化的最大值 ΔU_m 与载波振幅 U_{cm} 之比，即：

$$m_a = \frac{\Delta U_m}{U_{cm}} \times 100\% \tag{2—2}$$

调幅系数 m_a 应在 $0 \sim 1$，如果 $m_a > 1$，调幅波产生严重失真，是不允许的。如果 $m_a \ll 1$ 则效率太低，也是不允许的。一般希望电台的平均调幅系数在 30% 左右。调幅过程中的各波形如图 2—3 所示。

（2）调频　所谓调频就是高频正弦振荡信号的频率随源信号的幅度的变化而变化。如图 2—4 所示，当源信号的瞬时值为零时，高频振荡的频率保持原来的数值 f_c，f_c 称为中心频率或载频。当源信号瞬时值减小时，高频振荡的频率就低于 f_c。当源信号的瞬时值增大时，高频振荡的频率就高于 f_c，但高频振荡的幅度是始终不变的。

从图 2—4 可见，调频波的振幅不携带源信息，当调频波受到外界振幅信号干扰时，在接收机中可用限幅器去掉这些干扰信号，所以调频广播的抗干扰性比调幅广播好。

设调频波波形最密处的瞬时频率为 f_{max}，则称 $\Delta f_{max} = f_{max} - f_c$ 为最大频偏。Δf_{max} 与源信号的幅度有关，而与源信号 F 无关。

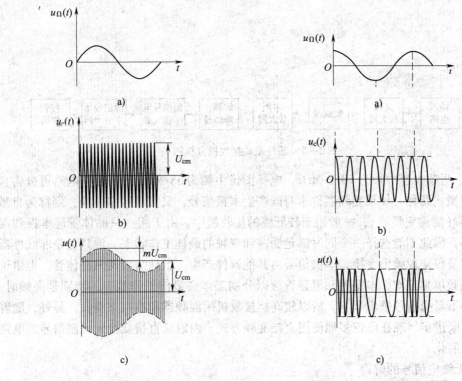

图 2—3　调幅过程的波形　　　　　　图 2—4　调频过程的波形

a) 音频信号　b) 高频载波信号　c) 调幅信号　　　a) 音频信号　b) 高频载波信号　c) 调频信号

同样，为了表示调制的深浅程度，定义一个物理量叫调频系数，用 m_f 表示：

$$m_f = \frac{\Delta f_{max}}{F} \tag{2—3}$$

调幅系数 m_a 不允许大于 1，但调频系数 m_f 既可小于 1，又可远大于 1。

三、无线电接收的基本知识

1. 接收过程

接收机的工作过程恰好和发射机相反，它的基本任务是将天空中传来的电磁波接收下来，选择出所需要的电台信号，并将其复原成原来的信号。接收机一般包括接收天线、接收机和系统的接收终端设备，超外差式接收机方框图如图 2—5 所示。

2. 信号的变频与混频

变频（混频）是超外差式接收机的重要工作部分。天线上感应到的高频信号有中波、短波、超短波等信号，经过输入回路选频，选择出所需要的某一频道或电台的信号。它们的频率范围不同，相应的载波频率也不相同。所以必须经过变频将一定频率范围的已调制高频信号变成固定的中频信号，然后用谐振频率固定的中频放大器进行足够放大选频，从而提高了整机灵敏度和选择性，且使各电台放大量基本一样。变频前与变频后的调制规律不变。接收机的类别不同，中频也不一样，例如，调幅收音中频为

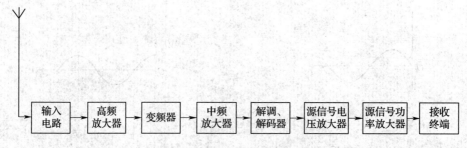

图2—5　超外差式接收机方框图

465 kHz，调频收音中频为 10.7 MHz，电视图像中频为 38 MHz 等。变频电路可分为自激式和他激式两种。如果变频器件本身既产生本振信号，又实现频率变换，则称为自激式变频器（简称变频器），一般用于较低级的接收机中。由于用一只晶体管起本振和混频的作用，因此不能选择一个同时满足振荡和变频的最佳工作状态。混频器是非线性器件，它本身仅实现频率变换，本振信号由其他器件产生，虽然需要两只晶体管，但由于本振和混频单独工作，本振管和混频管可以分别工作在最佳工作状态，特别是高频时，振荡频率不易受信号频率牵制。所以较高档接收机用混频器和本振来变频。另外，随着技术的不断进步，现在已较多地使用直接变频方式，由射频直接变换到调制信号，电路得到很大简化。

　　3. 无线电信号的解调

　　解调是调制的逆过程，将低频调制信号从已调波中检（解）出来的过程称为解调。从调幅波中检出调制信号采用检波器，如图2—6所示，输出电压正比于输入信号振幅，所以又称包络检波或大信号检波。

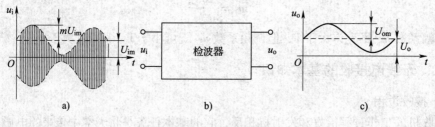

图2—6　调幅解调

　　从调频波中检出调制信号采用鉴频器，如图2—7所示。鉴频器的输出信号与输入调频波的瞬时频率变化呈线性关系。

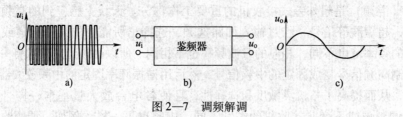

图2—7　调频解调

鉴频的方法很多，比较简单的鉴频方法是：首先进行波形变换，将等幅调频波 u_1 变换成幅度随瞬时频率变化的调频波，即调幅—调频波，再用振幅检波器将振幅的变化检测出来，如图 2—8 所示，图 2—8a 为原理方框图，图 2—8b 为波形图。

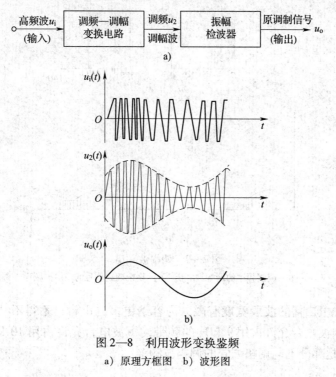

图 2—8　利用波形变换鉴频

a）原理方框图　b）波形图

四、无线电信号的频谱

1. 频谱的概念

任何形式的信号都可分解为许多不同频率的正弦信号之和。所谓"频谱"就是指组成信号的各正弦信号频率分量的大小和分布情况的集合。为了更直观地了解信号的频率组成和特点，通常采用图案的方法。以频率为横坐标，以信号的各正弦分量的振幅 A_m 作纵坐标，这样画出的图案叫作频谱图。

2. 调幅信号的频谱

如图 2—9a 所示是载频为 f_c，调制信号频率为 F 的调幅波的频谱图。它由三个正弦分量组成：其中之一的频率为载频 f_c，另外两个分量的频率为 $f_c + F$ 和 $f_c - F$，分别称为上边频和下边频。上边频和下边频是对称的。调幅波的频带宽度 $B = (f_c + F) - (f_c - F) = 2F$，即带宽是调制信号频率的两倍。

由于语言和音乐信号并不是单一的正弦波，而是由许多正弦波信号组合而成的，其频率为 30 Hz ~ 15 kHz，因此音频调制信号的调幅波的频谱就含有上下两个边带，如图 2—9b 所示，调幅信号总的频带宽度等于音频调制信号最高频率的两倍。假如音频信号的频率在 30 Hz ~ 15 kHz，将它对载频为 640 kHz 的高频振荡进行调幅后，调幅信号的频谱将占有从 625 kHz ~ 655 kHz 的频率范围，其频带宽度为 $2 \times 15 = 30$ kHz。

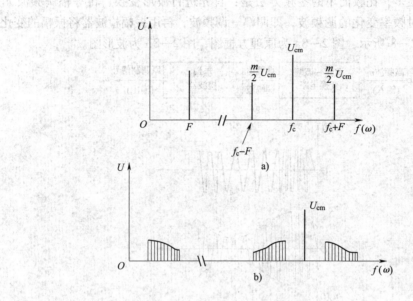

图 2—9　调幅波频谱

a）单一调制频率的调幅波频谱　b）复杂调制信号的调幅波频谱

由于供无线电广播的波段宽度有限，为容纳更多的电台，不得不"割掉"部分边带。我国规定中波电台允许占用 9 kHz 的频带，短波电台允许占用 10 kHz 的频带。如图 2—10a 所示是部分不同调幅方式的调幅波频谱。

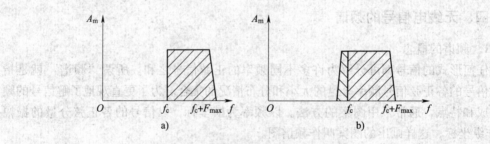

图 2—10　不同调幅方式的调幅波频谱

a）单边带调幅波　b）残留边带调幅波

3. 调频信号的频谱

载频为 f_c 音频调制频率为 F 的调频波，其频谱由无数对边频组成。第一对边频的频率为 $f_c \pm F$，第二对边频的频率为 $f_c \pm 2F$，第 n 对边频的频率为 $f_c \pm nF$。频带宽度是无限的，但实际上远离载频的高次边频振幅很小，通常将振幅大于未调载波振幅10%的边频称为有效边频，有效边频所占的频带宽度为有效带宽，用 B_f 表示。进一步分析可知，调频系数 m_f 对频谱的结构影响很大，m_f 越大，有效边频对数就越多，有效边频的对数大致等于 $m_f + 1$。调频波频谱如图 2—11 所示，从图 2—11 中，可以看出频谱中载频的幅度随 m_f 的增大而减小，所以从能量的角度来看，调频比调幅效率高。

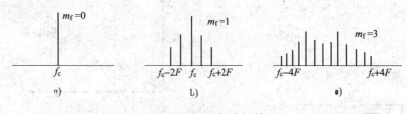

图 2—11　调频波频谱

a) $m_f = 0$　b) $m_f = 1$　c) $m_f = 3$

同样音频调制信号，并不是单一的正弦波，它是许多不同频率的正弦信号分量的组合，因此频谱将变得很复杂，但总的有效带宽 B_f 可按调制信号的最高频率分量来考虑。国家标准规定，调频广播的频偏为 75 kHz，音频带宽为 30 Hz ~ 15 kHz，因此调频广播的频宽为 180 kHz。由于频宽较宽，调频广播使用超短波广播，在米波段，使用频段为 88 MHz ~ 108 MHz。

第二节　谐振电路

谐振电路由电感线圈和电容器等元件组成，按其组成形式不同有串联谐振、并联谐振和耦合谐振电路等几种。主要应用于调谐放大器、振荡器及变频器等电路中，起选频和滤波的作用。

一、串联谐振电路

1. 电路的形式

将电感线圈 L 和电容器 C 相串接便构成 LC 串联谐振电路，电路如图 2—12 所示。图中 u_s 为外接信号源；R 是电感线圈及电容器的损耗电阻的等效电阻。

2. 谐振现象

LC 串联谐振电路的阻抗 $Z = R + jX$。其中电抗 X 为：

$$X = X_L - X_C = \omega L - \frac{1}{\omega C} \tag{2—4}$$

式中 ω 为信号源的角频率；$X_L = \omega L$ 称为感抗；$X_C = \dfrac{1}{\omega C}$ 称为容抗。X 随 ω 变化的规律即 LC 串联谐振电路电抗特性曲线如图 2—13 所示。

由图 2—13 可见，当 $\omega < \omega_o$ 时，$X_L < X_C$，回路呈容性；当 $\omega > \omega_o$ 时，$X_L > X_C$，回路呈感性；当 $\omega = \omega_o$ 时，使得电抗 $X = 0$，回路呈电阻性。此时回路电流与外加信号源同相，阻抗 Z 为最小值，回路电流达到最大值，这种现象称为串联谐振现象。

3. 谐振条件

根据以上分析，回路发生串联谐振的条件是：$X = \omega_o L - \dfrac{1}{\omega_o C} = 0$，即：

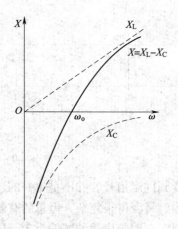

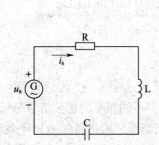

图 2—12　LC 串联谐振电路　　　　　图 2—13　LC 串联谐振电路电抗特性曲线

$$\omega_\circ = \frac{1}{\sqrt{LC}} \text{ 或 } f_\circ = \frac{1}{2\pi\sqrt{LC}} \qquad (2—5)$$

式中　L——自感系数，H；

　　　C——电容量，F；

　　　$\omega_\circ$——角频率，rad/s；

　　　$f_\circ$——谐振频率，Hz。

谐振周期 $T_\circ$（基本单位为 s）为：

$$T_\circ = \frac{1}{f_\circ} = 2\pi\sqrt{LC} \qquad (2—6)$$

从式（2—6）可见，电路谐振频率只是由电路本身参数所决定，与外加信号无关。当信号源频率等于电路谐振频率时，电路呈现谐振现象，因此变动信号源频率或改变元件参数 L（或 C）的数值，都可使电路发生谐振。调节电感量 L 或电容量 C 的数值，使之发生谐振的过程称为调谐。

4．谐振特性

串联谐振电路的主要特性有：

（1）回路电抗 $X = 0$，回路阻抗最小，呈电阻性。

（2）回路中的电流达到最大值且与信号源电压同相。

（3）谐振时，$\omega_\circ L = \dfrac{1}{\omega_\circ C}$，此时的感抗或容抗称为回路的特性阻抗，用 ρ 表示，其值为：

$$\rho = \omega_\circ L = \frac{1}{\omega_\circ C} = \sqrt{\frac{L}{C}} \qquad (2—7)$$

（4）谐振时，电感与电容两端的电压大小相等，相位相反，其数值是总电压的 Q 倍，即：

$$U_{L\circ} = U_{C\circ} = QU_s \qquad (2—8)$$

式中　Q——回路的品质因数。

5．品质因数和幅频特性

品质因数是指回路的特性阻抗与回路中的损耗电阻的比值，用 Q 表示，即：

$$Q = \frac{\rho}{R} = \frac{\omega_o L}{R} = \frac{1}{\omega_o CR} = \frac{1}{R}\sqrt{\frac{L}{C}} \qquad (2\text{—}9)$$

幅频特性是指电路中电流幅值随信号源频率变化的特性，如图 2—14 所示。

由图 2—14 可见，Q 值越大，回路的选择性即选择有用信号而抑制其他干扰信号的能力也就越好。从而串联谐振电路常被用来作选频或吸收回路用。当外来电台频率 f 和串联谐振电路的固有频率 f_o 相同时，电路呈现阻抗最小，在回路中产生的电流就最大，在电感或电容上就能获得一个较高的输出电压。其他频率的信号由于在电路中只有较小的电流而被抑制衰减。

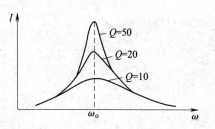

图 2—14　串联谐振电路的幅频特性曲线

二、并联谐振电路

1．电路形式

并联谐振电路由电感线圈 L、电容器 C 和信号源相互并联构成，电路如图 2—15 所示。图中 u_s 为信号源，R_s 为信号源的内阻，R 是电感线圈的损耗电阻。

2．谐振条件

当并联谐振回路两端的电压 u 和回路电流 i_s 同相位时，回路呈纯电阻性，阻抗最大，这种状态称为并联谐振。通过分析可知，在回路的品质因数 Q 较高（$Q \gg 1$）的情况下，并联谐振的条件是 $\omega_o L - \dfrac{1}{\omega_o C} = 0$，即：$\omega_o = 2\pi f_o = \dfrac{1}{\sqrt{LC}}$，谐振频率为：

$$f_o \approx \frac{1}{2\pi\sqrt{LC}} \qquad (2\text{—}10)$$

其近似计算和串联谐振频率计算一样。

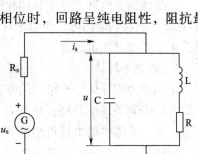

图 2—15　并联谐振电路

3．谐振特性

并联谐振时具有以下几个主要特性：

（1）回路呈纯电阻性，阻抗为最大值，数值为 $\dfrac{L}{CR}$。

（2）回路两端电压与总电流同相，输出电压达到最大值。

（3）在 $Q \gg 1$ 的条件下，可认为回路的感抗和容抗相等。两支路电流大小近似相等，且等于总电流的 Q 倍，其相位近似相反。

4．阻抗特性和幅频特性

并联谐振回路阻抗特性如图 2—16a 所示。谐振时阻抗最大为 $\dfrac{L}{CR}$。幅频特性如图 2—16b 所示，当 $f=f_o$ 时，输出电压最大。由图 2—16b 可见 Q 值越大，选择性越好。

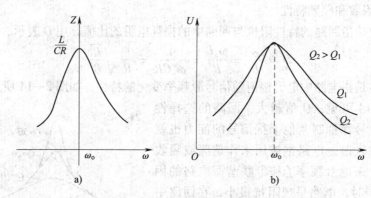

图2—16　并联谐振特性

a）阻抗特性　b）幅频特性

并联谐振电路主要用来构成调谐放大器或振荡器的选频回路。

第三节　晶体二极管和晶体三极管

一、半导体的特性

半导体的导电性能介于导体和绝缘体之间，制造半导体常用的材料为硅（Si）或锗（Ge），它们都是单晶体，所以半导体器件又称晶体器件。它们的最外层电子（价电子）都为4个，都是四价元素。

1. 本征半导体

由纯净的半导体原子组成的整齐的单晶体称为本征半导体。每个原子的每个外层电子皆为两个原子核所共用，形成共价键，处于比较稳定的状态。在加热或光照的条件下，本征半导体中的少量价电子可以获得足够能量，挣脱共价键的束缚而成为自由电子，同时留出一个呈正电性的空位，称为空穴。在外电场的作用下将形成电子电流和空穴电流（自由电子填补空位）。因此半导体中有两种载流子——自由电子和空穴。在常温下，本征半导体激发的电子—空穴对数量较少，导电性能极差，必须采用掺杂质的方法来改善它的导电性能，形成P型和N型两种不同类型的半导体。

2. N型半导体和P型半导体

在本征半导体中，加入少量的五价元素，如磷、砷、锑等，便构成杂质半导体。磷原子外层有5个价电子，和硅原子形成共价键时，只需要4个价电子，剩下一个价电子，则不受共价键的束缚，在外界能量的激发下，很容易形成自由电子。这样，掺有五价元素的半导体中存在相当数量的自由电子，它们是多数载流子，所以这种半导体称为电子导电型半导体，简称N型半导体。

P型半导体是在本征半导体中加入少量的三价元素，如硼、铝、铟等。它们外层只有3个价电子与硅原子共价，缺少一个价电子，在共价键中留下一个空穴，所以被称为空穴导电型半导体，简称P型半导体。它以空穴为多数载流子，本征激发的自由电子为少数载流子。

3．PN 结

将一块 P 型半导体和一块 N 型半导体互相紧密地结合在一起，在其接触面上形成的一个很薄的特殊区域，通常称为 PN 结，它是制造半导体器件的基础。一开始浓度高的载流子向浓度低的一边做扩散运动，如图 2—17a 所示。接触面 P 区的空穴向 N 区扩散，N 区的自由电子向 P 区扩散，留下相应的离子，它们之间便建立了内电场，将阻止两种载流子的扩散运动。当扩散作用和阻止作用（即少数载流子的漂移运动）互相平衡时，就建立了扩散运动和漂移运动的平衡，从而形成了一个特殊的薄层——PN 结。这时在界面两边出现了一层没有载流子的区域，称为耗尽层，并且在 PN 结上形成了一个稳定的自建场——势垒，如图 2—17b 所示。

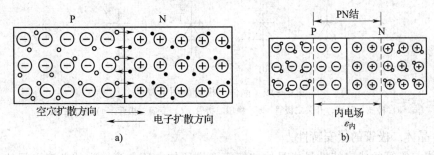

图 2—17　PN 结的形成

a）P 和 N 半导体结合初期（扩散期）　b）动态平衡期，形成阻挡层和内电场

当 PN 结外加正向电压（即 P 区接正极，N 区接负极）时，外加电场的方向和势垒电场的方向相反，削弱了势垒的厚度。这样扩散运动增强，在 PN 结中以及外电路中产生了正向电流，即 PN 结加正向电压导通，如图 2—18a 所示。

当 PN 结外加反向电压时，外加电场的方向和势垒电场的方向一致，增强了势垒厚度，载流子的扩散无法进行，没有电流流过。在反向电压的作用下，PN 结截止，如图 2—18b 所示。

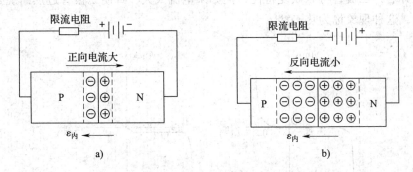

图 2—18　PN 结的正、反向特性

综上所述，PN 结加正向电压导通，加反向电压时截止，这就是 PN 结的单向导电特性。

二、晶体二极管

1. 晶体二极管的结构和图形符号

晶体二极管由一个 PN 结和两条引线所组成，被安装在密封的壳体中，由于功能和用途的不同，二极管的外形各异。晶体二极管一般分类如下。

（1）按 PN 结的材料分类，可分为锗二极管和硅二极管。

（2）按势垒的结构，可分为点接触型和面接触型。

（3）按用途分类，可分为检波二极管、整流二极管、开关二极管、稳压二极管、变容二极管、发光二极管等，其图形符号如图 2—19 所示，它们的核心部分都是一个 PN 结。

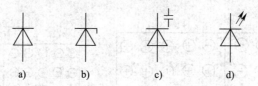

图 2—19　晶体二极管的图形符号

a）检波、整流、开关二极管　b）稳压二极管　c）变容二极管　d）发光二极管

2. 晶体二极管的伏安特性

晶体二极管的伏安特性是指晶体二极管两端所加电压与流过它的电流之间的关系曲线，分正向特性和反向特性，如图 2—20 所示。

当正向电压超过 U_{th}（U_{th} 称为门限电压）时电流急剧增加，硅管 U_{th} 约为 0.5 V，锗管 U_{th} 为 0.1 ~ 0.2 V。加反向电压时，由于少数载流子的漂移运动，再加上制造工艺的缺陷而引起的漏电电流，形成了一个很小的反向电流 I_R（又称反向饱和电流）。对于小功率硅管，I_R 为零点几微安，锗管的 I_R 为十几微安，并随温度升高而变大。当反向电压继续增加到达 A 点时，二极管电流突然猛增，这种现象称为二极管的反向击穿，这一点的电压称为反向击穿电压 U_{BR}。若在二极管电路中串有限流电阻，击穿后，则当外加电压断开后，二极管可以恢复特性，但如果电流太大，致使二极管过热而烧毁，就不能再使用，这种现象称为热击穿。

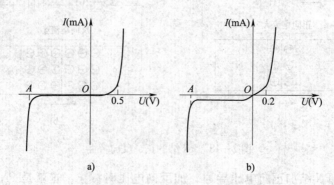

图 2—20　晶体二极管的伏安特性曲线

a）硅二极管　b）锗二极管

3．晶体二极管的主要参数

普通二极管的主要参数有：

（1）最大整流电流 I_{OM} 和反向漏电流 I_R，I_R 越小越好。

（2）最高反向工作电压 U_{RM}。这是指管子工作时允许承受的最高反向电压，超过此值二极管易被击穿。一般 U_{RM} 取 $U_{BR}/2$。

二、晶体三极管

1．晶体三极管的基本结构和图形符号（见图 2—21）

晶体三极管是由两个相距很近的 PN 结组成。它有三个区：发射区、基区和集电区。各自引出一个电极称为发射极、基极和集电极，分别用小写字母 e、b、c 表示。

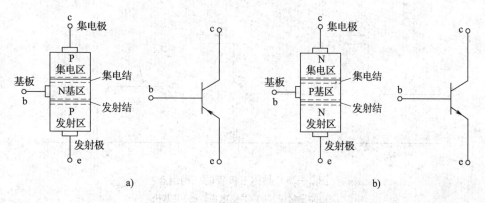

图 2—21　晶体三极管的结构及图形符号

a）PNP 型基本结构和图形符号　b）NPN 型基本结构和图形符号

根据内部三个区域半导体类型的不同，三极管可分为 NPN 型和 PNP 型两大类，如图 2—21 所示。每个三极管内部都有两个 PN 结，发射区和基区之间的 PN 结称为发射结，集电区和基区之间的 PN 结称为集电结。图 2—21 中发射极上的箭头表示发射结加正向电压时的电流方向。

2．晶体三极管的电流放大作用及放大条件

晶体三极管的主要特点是具有电流放大作用，因此可构成放大器、振荡器等各种功能的电路。晶体三极管各极电流分配及参考方向如图 2—22 所示。

$$I_e = I_c + I_b \qquad (2—11)$$

$$I_c \approx \beta \times I_b \qquad (2—12)$$

式中 β 为电流放大倍数。

晶体三极管是一种电流控制器件，放大时只要改变基极电流 I_b 就可控制输出电流 I_c。晶体三极管放大的条件是发射结处于正向偏置，集电结处于反向偏置。如果发射结和集电结同时正偏，则晶体三极管处于饱和状态，若同时反偏则截止。晶体三极管在实际放大电路中有三种连接方式（组态），如图 2—23 所示。

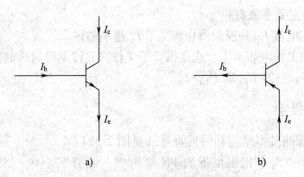

图 2—22　晶体三极管各极电流分配及参考方向
a）NPN 型管　b）PNP 型管

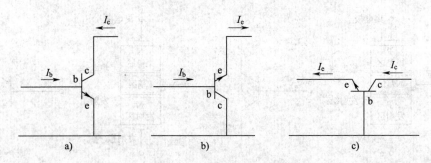

图 2—23　晶体三极管的三种组态
a）共发射极　b）共集电极　c）共基极

3. 晶体三极管的特性曲线

晶体三极管的特性曲线是描述晶体管各极电流和极间电压关系的曲线，通常有两组，反映输入回路电流与电压关系的输入特性曲线和反映输出回路电流与电压关系的输出特性曲线。两组特性可用晶体管图示仪测得，共发射极的特性曲线最常用。

（1）输入特性曲线（见图 2—24）　指以输出电压 U_{ce} 为参变量，输入电流 I_b 与输入电压 U_{be} 间的关系曲线，即：

$$I_b = f(U_{be}) \mid_{U_{ce} = 常数} \tag{2—13}$$

由图 2—24 可见，当 $U_{ce} > 1$ V 以后，随着 U_{ce} 增加，曲线只是略微右移而且靠得很近，一般实际放大电路中 U_{ce} 都大于 1，故可略去 U_{ce} 的变化对输入特性曲线的影响。

（2）输出特性曲线　指以输入电流 I_b 为参变量，输出电流 I_c 与输出电压 U_{ce} 之间的关系曲线，即：

$$I_c = f(U_{ce}) \mid_{I_b = 常数} \tag{2—14}$$

该曲线可分为三个工作区域：截止区、放大区和饱和区，如图 2—25 所示。

1）截止区　习惯上把 $I_b = 0$ 那条曲线以下的区域称为截止区。此时发射结和集电结都是反偏，三极管呈截止状态，$I_b = I_c = 0$。

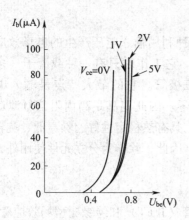

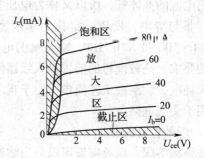

图 2—24　晶体三极管输入特性曲线　　　　图 2—25　晶体三极管输出特性曲线

2）放大区　它是发射结正偏、集电结反偏时的工作区域。最大特点是 I_c 受 I_b 大小控制，$\Delta I_c = \beta \Delta I_b$，因为 $\beta > 1$，所以三极管具有电流放大作用。

3）饱和区　当 $U_{ce} < U_{be}$ 时，三极管发射结和集电结都处于正偏，此时 I_c 已不再受 I_b 的控制。

4. 晶体三极管的主要参数

（1）电流放大系数

$$直流电流放大系数：\overline{\beta} = \frac{I_c}{I_b}$$

$$交流电流放大系数：\beta = \frac{\Delta I_c}{\Delta I_b} \tag{2—15}$$

$\overline{\beta}$ 与 β 相差不大，一般可认为相等。

（2）极间反向电流　I_{cbo} 是指发射极开路时，集电极—基极间反向饱和电流；I_{ceo} 是指基极开路时，集电极和发射极间的反向饱和电流（又称穿透电流）。

$$I_{ceo} = (1 + \beta) I_{cbo} \tag{2—16}$$

I_{cbo} 和 I_{ceo} 都是衡量三极管质量的重要参数，由于 I_{ceo} 比 I_{cbo} 大，容易测量，因此常以 I_{ceo} 作为判断三极管质量的依据。其值越小越好，一般硅管的 I_{ceo} 比锗管小几个数量级。

（3）特征频率 f_T　当频率上升到使 β 降为 1 时的工作频率。

（4）极限参数

1）集电极最大允许电流 I_{cm}。

2）集电极最大允许耗散功率 P_{cm}。

3）反向击穿电压 $U_{(BR)ceo}$，为基极开路时，集电极—发射极间反向击穿电压。三个极限参数以内的区域为三极管的安全工作区，如图 2—26 所示。

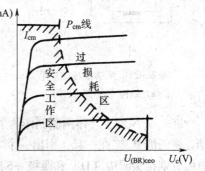

图 2—26　晶体管安全工作区

四、场效应晶体管

场效应晶体管简称为场效应管（FFT），是一种利用输入电压产生的电场效应来控制输出电流的晶体管，所以又称为电压控制器件。它工作时只有一种载流子（多数载流子）参与导电，所以，也称为单极型半导体三极管。它的最大特点是输入电阻高（可达 $1 \times 10^9 \sim 1 \times 10^{15} \Omega$），输入端的电流几乎为零。因此能满足高内阻信号源对放大电路的要求，是较理想的前置输入级器件。由于它具有热稳定性好、噪声低、抗辐射能力强、耗电少、制造工艺简单、便于集成等优点，因此，除作为分立元件使用外，还广泛应用于集成电路。

1. 场效应管的分类

按结构不同，场效应管可以分为结型场效应管（JFET）和绝缘栅型场效应管（IG-FET）。绝缘栅型场效应管的栅极与漏极、源极及沟道是绝缘的，输入电阻可高达 $1 \times 10^9 \Omega$ 以上。由于这种场效应管是由金属（Metal）、氧化物（Oxide）和半导体（Semiconductor）组成的，故称 MOS 管。按场效应管制造工艺和材料分为 N 型沟道场效应管和 P 型沟道场效应管。按工作状态分为耗尽型和增强型。当栅源电压为零时，已经存在导电沟道称为耗尽型；当栅源电压为零时，导电沟道夹断，当栅源电压一定值时，才能形成导电沟道称为增强型。结型场效应管均为耗尽型，绝缘栅型既有耗尽型又有增强型。

2. 结型场效应管

N 结型场效应管的结构和符号如图 2—27 所示，P 结型场效应管的结构和符号如图 2—28 所示。电路符号的箭头方向是从 P^+ 指向 N 区。以 N 沟道结型场效应管为例介绍结型场效应管的结构和工作原理。

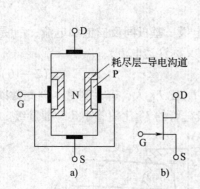

图 2—27　N 结型场效应管
a）结构　b）图形符号

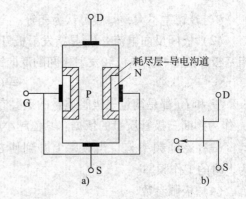

图 2—28　P 结型场效应管
a）结构　b）图形符号

在一块 N 型半导体两侧制作两个高掺杂的 P 型区（用符号 P^+ 表示），形成两个 P^+N 结。将两侧 P^+ 连在一起，引出一个电极，称为栅极（G），在 N 型半导体两端各引出一个电极分别称为漏极（D）和源极（S）。两个 P^+N 结中间的 N 型区域称为导电沟道。

结型场效应管工作时，P^+N 结必须反向偏置，对于 N 沟道的结型场效应管，栅极

（G）和源极（S）加负电压 $U_{GS} < 0$（栅极电位低于源极和漏极电位），漏极和源极之间 U_{DS} 为正电压。当栅极、源极之间加上负电压 U_{GS}，使 P^+N 结反向偏置，$|U_{GS}|$ 变大时，耗尽层变宽，导电沟道变窄，沟道电阻值增大，漏电流 I_D 减少，从而实现了利用电压 U_{GS} 控制电流 I_D 的目的。U_{DS} 是保证沟道形成漏极电流 I_D。

3. 绝缘栅型场效应管

N 沟道增强型 MOS 管的结构如图 2—29 所示，增强型 MOS 管的图形符号如图 2—30 所示。电路符号的箭头方向是从 P^+ 指向 N 区。下面以 N 沟道增强型 MOS 管为例介绍增强型 MOS 管的结构和工作原理。

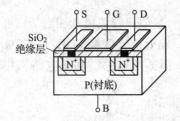

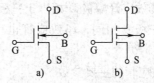

图 2—29　N 沟道增强型 MOS 管的结构　　　图 2—30　增强型 MOS 管的图形符号

a）N 沟道增强型 MOS 管　b）P 沟道增强型 MOS 管

N 沟道增强型 MOS 管以一块掺杂浓度较低的 P 型硅片做衬底，在衬底上通过扩散工艺形成两个高掺杂的 N 型区，并引出两个极作为源极 S 和漏极 D；在 P 型硅表面制作一层很薄的二氧化硅（SiO_2）绝缘层，在二氧化硅表面再喷上一层金属铝，引出栅极 G。在衬底底部引出引线 B，通常源极与衬底连接在一起使用。这种场效应管栅极、源极、漏极之间都是绝缘的，所以称为绝缘栅场效应管。

工作时栅源之间加正向电源电压 U_{GS}，漏源之间加正向电源电压 U_{DS}，并且源极与衬底连接，衬底是电路中最低的电位点。当 $U_{GS} = 0$ 时，漏极和衬底以及源极之间形成了两个反向串联的 PN 结，漏极电流 $I_D = 0$。当 $U_{GS} > 0$ 时，栅极与衬底之间产生了一个垂直于半导体表面、由栅极 G 指向衬底的电场。这个电场的作用是排斥 P 型衬底中的空穴而吸引电子到表面层，当 U_{GS} 增大到一定程度时，绝缘体和 P 型衬底的交界面附近积累了较多的电子，形成了 N 型薄层，称为 N 型反型层。反型层使漏极与源极之间成为一条由电子构成的导电沟道，当加上漏源电压 U_{DS} 之后，就会有电流 I_D 流过沟道。通常将刚刚出现漏极电流 I_D 时所对应的栅源电压称为开启电压，用 $U_{GS(th)}$ 表示。当 $U_{GS} > U_{GS(th)}$ 时，U_{GS} 增大、电场增强、沟道变宽、沟道电阻减小、I_D 增大；反之，U_{GS} 减小、沟道变窄、沟道电阻增大、I_D 减小。所以改变 U_{GS} 的大小，就可以控制沟道电阻的大小，从而控制电流 I_D 的大小，随着 U_{GS} 的增强，导电性能也跟着增强，故称为增强型。其图形符号 D 极与 S 极之间是三段断续线如图 2—30 所示。

增强型 MOS 管与耗尽型 MOS 管的区别是：增强型 MOS 管在栅源之间未加电压时，无导电沟道；只有当栅源之间加上电压后，才能产生导电沟道。而耗尽型 MOS 管在栅源之间未加电压时，已经存在导电沟道。耗尽型 MOS 管的图形符号 D 极与 S 极之间是连续线如图 2—31 所示。

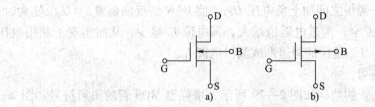

图 2—31　耗尽型 MOS 管的图形符号
a）N 沟道耗尽型 MOS 管　b）P 沟道耗尽型 MOS 管

　　为了便于理解，把场效应管与三极管作一个类比：场效应管源极 S 相当于三极管的发射极 e；场效应管漏极 D 相当于三极管的集电极 c；场效应管栅极 G 相当于三极管的基极 b。与三极管相同，场效应管也存在三种组态，即共源电路、共漏电路、共栅电路。

　　4．场效应管的主要参数

　　（1）直流参数

　　1）开启电压 $U_{GS(th)}$ 和夹断电压 $U_{GS(off)}$　这是 U_{DS} 等于某一定值，使漏极电流 I_D 等于某一微小电流时，栅源之间所加的电压 U_{GS}。对于增强型管，称为开启电压 $U_{GS(th)}$；对于耗尽型管，称为夹断电压 $U_{GS(off)}$。

　　2）饱和漏极电流 I_{DSS}　它是耗尽型场效应管的参数，是指 $U_{GS}=0$、$U_{DS}>U_{GS(off)}$ 所对应的漏极电流。

　　3）直流输入电阻 R_{GS}　它是指漏源间短路时，栅源之间所加电压与产生的栅极电流之比。由于场效应管的栅极几乎不取电流，因此输入电阻很高。结型场效应管的 R_{GS} 在 $10^7\Omega$ 以上，绝缘栅场效应管 R_{GS} 在 $10^9\Omega$ 以上。

　　（2）交流参数

　　低频跨导 g_m　它是指 U_{DS} 为某一定值时，I_D 与 U_{GS} 的变化量之比。它反映栅源之间的电压 U_{GS} 对漏极电流 I_D 的控制作用，是表征场效应管放大能力的重要参数。用公式表示为：

$$g_m = \left.\frac{dI_D}{dU_{GS}}\right|_{U_{DS}=c}$$

式中　I_D 的单位为毫安（mA），U_{GS} 的单位为伏（V），g_m 的单位为毫西门子（mS）。

　　（3）极限参数

　　1）漏源击穿电压 $U_{(BR)DS}$　它是指漏源间能够承受的最大电压，当 U_{DS} 超过 $U_{(BR)DS}$ 时，栅漏间发生击穿，I_D 开始急剧增加。

　　2）栅源击穿电压 $U_{(BR)GS}$　它是指栅源间所能够承受的最大反向电压，U_{GS} 超过 $U_{(BR)GS}$ 时，栅源间发生反向击穿，MOS 管将被破坏。

　　3）最大耗散功率 P_{DM}　它等于 U_{DS} 与 I_D 乘积，即 $P_{DM}=U_{DS}I_D$，是决定管子温升的参数。

5．使用场效应管的注意事项

（1）在使用场效应管时，注意漏源电压 U_{DS}、漏源电流 I_D、栅源电压 U_{GS}、耗散功率 P_{DM} 等数值不得超过最大允许数值。

（2）绝缘栅型场效应管的栅源两极绝不允许悬空，因为 MOS 场效应管的输入电阻很高，栅源两极如果有感应电荷，就很难泄放，电荷积累会使电压升高，而使栅极绝缘层击穿，造成管子损坏。因此要在栅源间绝对保持直流通路，保存时务必用金属导线将三个电极短接起来。在焊接时，烙铁外壳必须接电源地端，并在烙铁断开电源后再焊接栅极，以避免交流感应将栅极击穿，并按 S、D、G 极的顺序焊好之后，再去掉各极的金属短接线。

（3）结型场效应管的栅源电压 U_{GS} 不允许为正值，因为它工作在反偏状态。否则 PN 结正向偏置过高会损坏管子。

（4）在要求输入电阻高的场合下使用，应采取防潮措施，以免输入电阻因潮湿而下降。

在未关电源时绝不允许把器件插入或从电路中拔出。

（5）MOS 场效应管各极电压的极性不能接错。

（6）场效应管从结构上看漏源两极是对称的，可以互相调用，但有些产品制作时已将衬底和源极在内部连在一起，这时漏源两极不能互相调用。它工作在反偏状态。通常各极在开路状态下保存。

（7）装接时应有防静电措施。

6．场效应管与三极管的比较

场效应管与三极管的比较见表 2—3。

表 2—3　　　　　　　　　　　　　　场效应管与三极管的比较

项目	三极管	场效应管
结构	NPN 型 PNP 型 c 极与 e 极一般不可交换使用	结型耗尽型　N 沟道　P 沟道 绝缘栅增强型　N 沟道　P 沟道 绝缘栅耗尽型　N 沟道　P 沟道 D 极与 S 极一般可交换使用
导电形式	多子扩散、少子漂移	多子漂移
输入量	电流输入	电压输入
噪声	较大	较小
控制方式	电流控制电流源 CCCS（β）	电压控制电流源 VCCS（g_m）
温度特性	受温度影响较大	受温度影响较小
输入电阻	几十到几千欧姆	几兆欧姆以上
静电影响	不受静电影响	易受静电影响
集成工艺	不宜大规模集成	适宜大规模和超大规模集成

第四节　常用电子线路

一、整流电路

1. 整流的作用

整流就是利用整流元件（最常用的是整流二极管）的单向导电性，实现将交流电变换成单向的脉动直流电的过程。广泛应用于电子设备的供电电源中。

2. 整流电路的分类

常用的整流电路有半波整流电路、全波整流电路和桥式整流电路三种。

3. 单相半波整流

单相半波整流电路如图2—32a所示。

我国规定市电频率（工频）为 $f = 50$ Hz，当 u_2 为正半周时，二极管 V 加正向电压导通，有电流 i_L 流过二极管 V 和负载电阻 R_L；u_2 负半周时，二极管 V 加反向电压而截止。这样 u_2 变化一周，在负载 R_L 上只得到半周脉动电压和电流，故称为半波整流。其电压、电流波形如图2—32b和图2—32c所示。不难导出，输出直流电压平均值为：

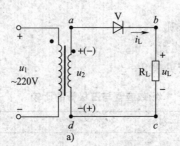

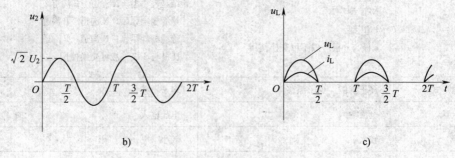

图2—32　单相半波整流

a) 电路图　b) 变压器次级电压 u_2 的波形　c) 负载 R_L 上的电压和电流波形

$$U_L = 0.45 U_2 \tag{2—17}$$

输出直流电流平均值为：

$$I_L = \frac{U_L}{R_L} = \frac{0.45 U_2}{R_L} \tag{2—18}$$

4. 单相全波整流

单相全波整流电路如图 2—33a 所示，它由两个半波整流电路组成。设变压器输出交流电压 $U_2 = U_{L1} = U_{L2}$，当 u_2 为正半周时，整流管 V1 导通，V2 截止；u_2 为负半周时，整流管 V1 截止，V2 导通。正、负半周输出的电压和电流波形如图 2—33b 所示。这样 u_2 变化一周，两管轮流导通半个周期；在负载 R_L 上得到两个二分之一周期的脉动电压和电流，故称为全波整流。不难导出输出的直流电压平均值为：

$$U_L = 0.9U_2 \tag{2—19}$$

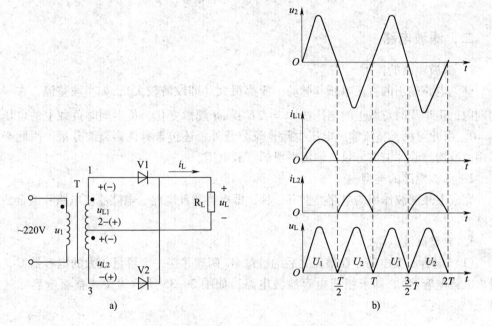

图 2—33　全波整流电路

a）电路图　b）波形图

直流电流平均值为：

$$I_L = \frac{U_L}{R_L} = \frac{0.9U_2}{R_L} \tag{2—20}$$

5. 单相桥式整流电路

它由四只二极管接成电桥形式，故称桥式整流电路，如图 2—34 所示。当输入电压 u_2 为正半周时，电路 1 端为 +、3 端为 -，二极管 V1、V3 加正向电压导通，V2、V4 截止，电流 i_L 从 1 端→V1→R_L→V3→3 端；当 u_2 为负半周时，电路 3 端为 +，1 端为 -，二极管 V2、V4 加正向电压导通，V1、V3 截止，电流 i_L 从 3 端→V2→R_L→V4→1 端。结果在 u_2 整个周期内，V1、V3 和 V2、V4 轮流导通半个周期，R_L 上获得一个上正下负的全波脉动电压，其大小和波形与全波整流的一样。但是每只整流二极管承受的最大反向电压较小；变压器的利用效率高，明显优于单相全波整流电器，因此，应用十分广泛。

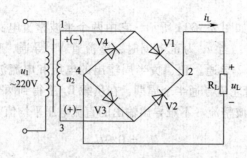

图 2—34　桥式整流电路

二、滤波电路

1. 滤波电路的作用

整流电路输出的直流电压其脉动一般都很大（即纹波较大），如半波整流，在一个周期内，正半周时负载上的电压按 $u_2 = \sqrt{2}U_2\sin\omega t$ 规律变化，负半周时负载上的电压即 $u_L = 0$。由此可见，整流输出电压中除直流分量外，还包含有许多谐波分量，因此必须采用滤波器滤除掉谐波分量，输出平滑的直流电压。

2. 滤波电路的类型

完成上述滤波作用的电路类型有三种，即电容滤波电路、电感滤波电路和组合滤波电路。

3. 典型滤波电路

（1）电容滤波电路　在整流之后的负载 R_L 两端并接一个容量较大的电容器 C（一般为电解电容器），即可组成电容滤波电路，如图 2—35 所示为桥式整流电容滤波电路。

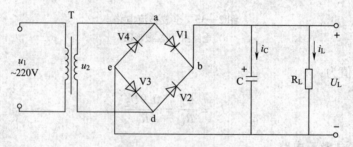

图 2—35　电容滤波电路

该电路是利用电容器充电快、放电慢，两端电压不能突变的特点工作的，其工作波形如图 2—36 所示。当整流电路的内阻不太大（几欧）或放电时间常数满足 $\tau = RC \geqslant$ $(3 \sim 5)\dfrac{T}{2}$ 时，$U_L = (1.1 \sim 1.2)U_2$。

（2）电感滤波电路　电感是一种储存磁能的元件，具有"通直隔交"的特性，能对脉动信号起平滑作用，适用于负载电流大且变化也较大的场合，电路如图 2—37 所示。当忽略电感 L 的内阻时，$U_L = 0.9U_2$。

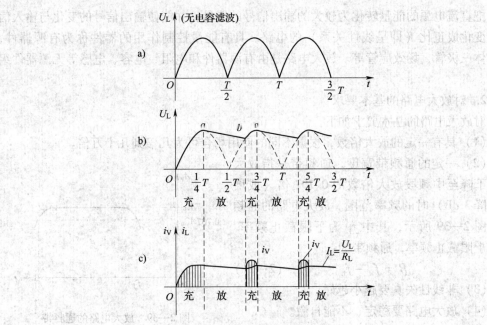

图 2—36　电容滤波电路波形图

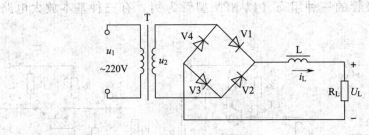

图 2—37　电感滤波电路

（3）Γ 型和 Π 型滤波电路　它们是由储能电容 C 和电感 L 或电容 C 和电阻 R 等元件分别组合而成的滤波器，电路如图 2—38 所示。因为 Γ 型和 Π 型都是经过双重滤波，所以其滤波效果要比简单的电容滤波、电感滤波电路好。

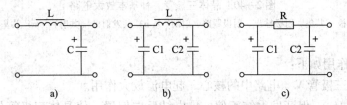

图 2—38　Γ 型、Π 型和 RCΠ 型滤波电路
a）Γ 型　b）LC－Π 型　c）RC－Π 型

三、晶体三极管放大电路

1. 放大电路的作用

放大电路的作用实质上是一种能量控制、转化电路，是能在能量小的输入信号控制

下，把直流电源的能量转化为较大的输出信号的能量，并能使输出信号的变化与输入信号的变化成正比（即呈线性关系）的电路。具有能量控制作用的器件称为有源器件，如晶体三极管、场效应管等。放大电路是由有源器件和电阻、电容、电感等无源器件组成的。

2．对放大电路的基本要求

对放大电路的基本要求如下。

（1）具有一定的放大倍数，根据不同的使用场合可为几倍到几十万倍。

（2）一定的通频带宽度，通频带是指放大倍数下降至中频段放大倍数的 0.707 倍（或增益下降 3 dB）时的频率范围。放大电路的通频带如图 2—39 所示，其中 f_L 为下限截止频率，f_H 为上限截止频率，通频带为：

$$B = f_H - f_L \qquad (2—21)$$

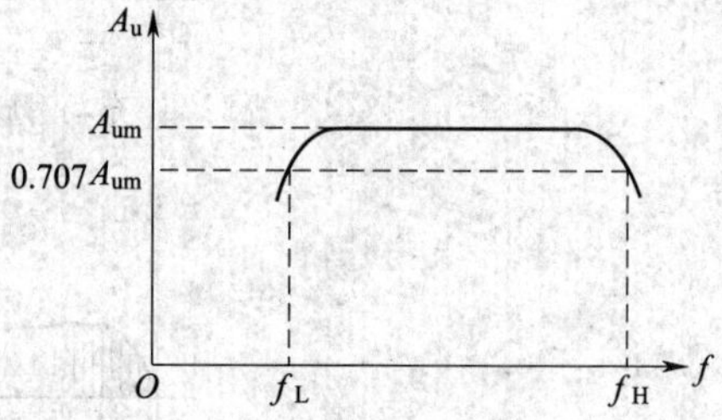

（3）非线性失真要越小越好。

（4）放大电路要稳定，不能自激。

图 2—39　放大电路的通频带

3．放大电路的基本组成

对应于晶体三极管的三种组态（以 NPN 型管为例）有三种基本放大电路，如图 2—40 所示。

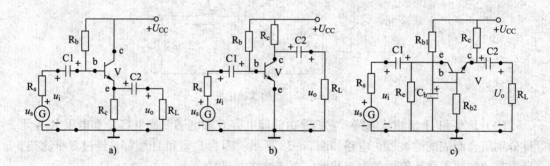

图 2—40　晶体三极管三种基本放大电路

a）共集电极（共集、射极输出、射极跟踪、射随）　b）共发射极（共射）　c）共基极（共基）

各元器件作用如下：

（1）晶体三极管 V　电路中的核心，起电流放大作用。

（2）电源 U_{CC}　保证发射结正偏，集电结反向偏置，使晶体三极管处于放大状态；另一是提供能量，一般为几伏至十几伏。

（3）集电极电阻 R_c　将晶体三极管的电流放大作用转换为电压放大作用。

（4）基极偏置电阻 R_b　电源 U_{CC} 通过 R_b 产生晶体三极管基极偏置电流 I_b，使晶体三极管工作在放大区域。

（5）耦合电容 C1、C2　起隔直通交的作用。

4. 放大电路的基本工作原理

放大电路的工作状态分静态和动态。静态是指无交流信号输入时，电路中的电压、电流都不变（直流）的状态。动态是当放大电路有信号输入时，电路中的电压、电流随输入信号做相应变化的状态。

（1）静态

1）直流通路　它是只允许直流电流通过的路径。由于电容器具有隔直通交的作用，画直流通路时要把电容器开路（拿掉）。图 2—40b 共发射极基本放大电路的直流通路如图 2—41 所示。

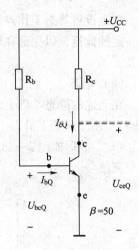

图 2—41　共发射极放大器的直流通路

2）静态工作点 Q　它是指放大器在静态时晶体三极管各极的电压、电流值（主要是指 I_b、I_c、U_{ce}），它们可以用输入特性曲线和输出特性曲线上的点（Q）来表示，如图 2—42 所示。为了强调说明，加注下标 Q 来表示静态工作点，即 I_{bQ}、I_{cQ}、U_{ceQ}。从图 2—41 直流通路中可计算出：

$$I_{bQ} = \frac{U_{CC} - U_{beQ}}{R_b} \tag{2—22}$$

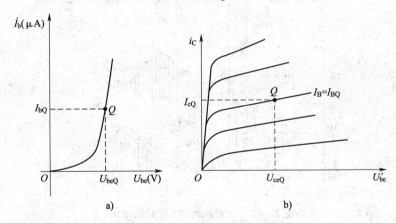

a)　　　　　　　　　　b)

图 2—42　放大电路的静态工作点

a) 输入特性曲线　b) 输出特性曲线

因为 U_{beQ} 很小（硅管为 0.7 V 左右，锗管为 0.2～0.3 V），一般 $U_{CC} \gg U_{beQ}$，从而式（2—22）可改写为：

$$I_{bQ} \approx \frac{U_{CC}}{R_b} \tag{2—23}$$

由于晶体三极管的放大作用，静态时：

$$I_{cQ} = \bar{\beta} I_{bQ} \approx \bar{\beta} I_{bQ} \tag{2—24}$$

在集电极直流回路中，R_c 两端电压与三极管集—射极电压之和等于电源电压 U_{CC}，即：

$$U_{CC} = U_{ceQ} + I_{cQ} R_c \tag{2—25}$$

以上设置静态工作点的目的是避开输入特性曲线上起始部分的死区，预先给基极提供一定的偏流，以保证在输入信号的整个周期内，输出和输入波形一致且不产生非线性失真。

（2）动态

在上述的静态基础上，给放大电路加上输入信号 u_i，则电路工作在放大状态（即动态）。由于设置了静态工作点，使输入信号工作于近似线性区，输入基极电压 $U_{be} = U_{beQ} + u_i$，波形如图2—43所示。由图2—43可见，动态都是在静态的基础上叠加上一个交流信号。

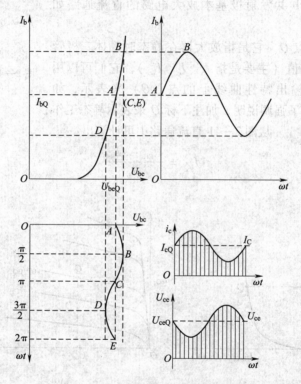

图2—43 放大器动态工作时的波形

5. 放大电路的分析方法

放大电路的分析方法有图解分析法和微变等效电路法（简称等效电路法）两种。

图解分析法主要是利用晶体三极管的输入、输出特性曲线，采用作图的方法来求得静态工作点、输入输出波形、放大倍数等。特点是比较直观，但精确度不高，分析较复杂。等效电路法是将三极管用微变等效电路来代替，如图2—44所示。其中 $r_{be} \approx 300 + (1+\beta)\dfrac{26（mV）}{I_{eQ}（mA）}$，对图2—41共发射极放大电路可等效为图2—45所示共发射极微变等效电路。其中电容C、电源 U_{CC} 对交流呈现的阻抗很小，可视为短路，再加上信号源和负载，则放大倍数为：

$$A_U = \frac{U_o}{U_i} = \frac{-\beta I_b R'_L}{I_b r_{be}} = \frac{\beta R'_L}{r_{be}} \tag{2—26}$$

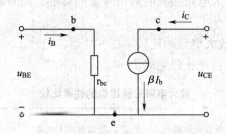

图 2—44　晶体管的微变等效电路

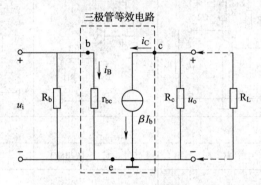

图 2—45　共发射极微变等效电路

式中 R'_L 是 R_C 和 R_L 的并联值$\left(\text{即 } R'_L = R_C // R_L = \dfrac{R_C R_L}{R_C + R_L}\right)$，负号表示输出电压和输入电压反相。共发射极电压放大倍数及输入、输出电阻都较大。

6. 射极输出器

射极输出器电路的信号是从基极输入，由发射极输出的，集电极是公共端。射极输出器如图 2—46 所示。

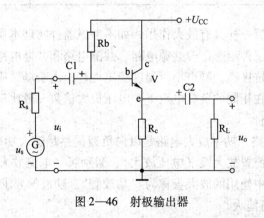

图 2—46　射极输出器

射极输出器实质上是共集电极放大器，通过分析计算可得 $A_{\dot{U}} \approx 1$，即输出和输入信号电压近似相等且同相。它虽然没有电压放大作用，但仍有电流放大作用，$I_e = (1 + \beta) I_b$，具有高输入阻抗、低输出阻抗的特点，常用在输入级和中间放大级，起缓冲隔离作用。一方面可减轻放大电路接入时对信号源的影响，同时因为输出阻抗低，带负载能力强。

7. 晶体三极管三种放大电路的比较

放大电路三种组态的性能比较见表2—4。

表2—4　　　　　　　　　　　放大电路三种组态的性能比较

组态 特性	共射极放大电路	共集电极放大电路	共基极放大电路
电路形式	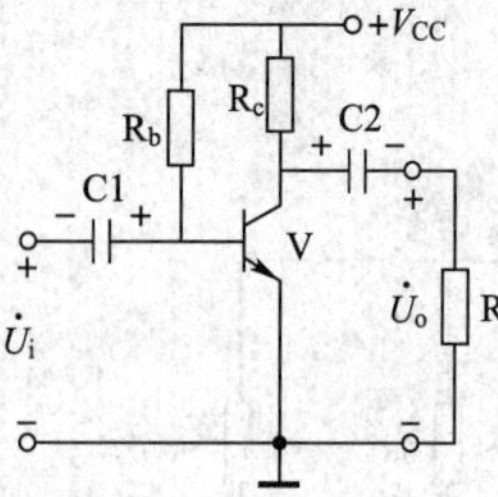	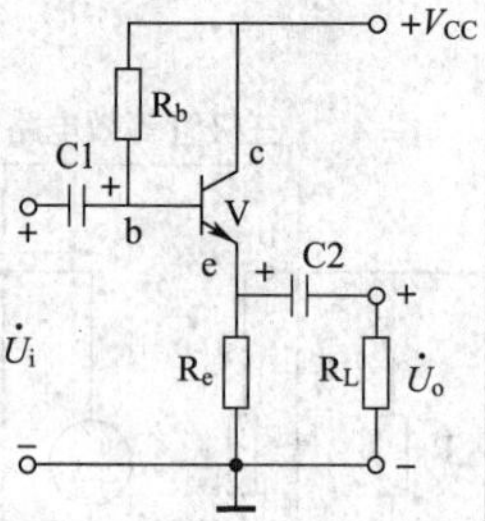	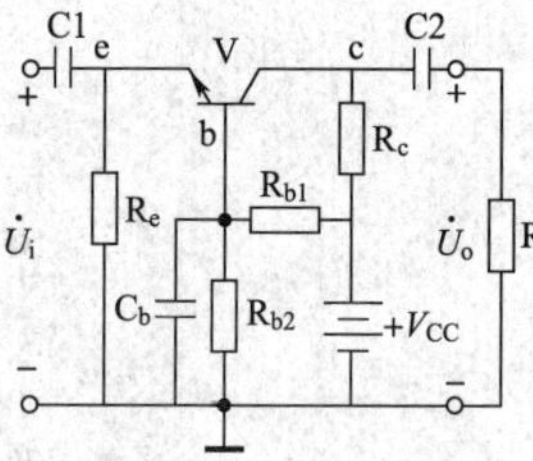
电流增益 A_I	高	高	低（电流跟随）
电压增益 A_U	高	低（≈ 1，电压跟随）	高
功率增益 A_P	高	中	中
输入电阻 R_i	中	高	低
输出电阻 R_o	中	低	高
$\dot{U}_o$ 与 $\dot{U}_i$ 相位关系	反相	同相	同相
频率响应	差	较好	好
用途	多级放大电路的中间级	输入级、输出级和中间隔离级	高频电路、宽频带电路和恒流源电路

　　场效应管与三极管一样具有放大作用，如不考虑器件物理本质的区别，与三极管相同，场效应管也存在三种组态，即共源电路、共漏电路和共栅电路。场效应管放大电路的特点：电路输入阻抗极高，噪声小、温度稳定性好，由于场效应管的跨导较小，所以在组成放大电路时，在相同的负载电阻下，电压放大倍数一般比三极管放大电路低。

8. 功率放大电路

（1）功率放大电路　功率放大电路是以向负载提供足够大功率为目的的放大电路，一般由三级组成，即前置放大级（电压放大）、激励级（电流放大又称推动级）和功率放大级。功率放大器中使用的放大管称为"功放管"。功放的要求是：

1）输出功率尽可能大。

2）效率尽可能高。

3）非线性失真尽可能小。

4）考虑功放管的散热问题。

功放级工作于大信号状态，可分为甲类、乙类和甲乙类。乙类推挽功率放大电路是用两只功放管在一个信号周期内轮流导通、截止，以提高效率，电路如图 2—47 所示。

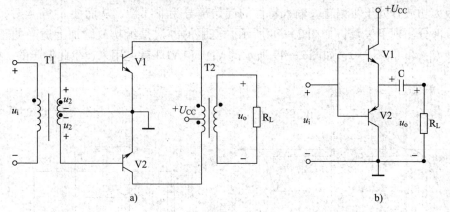

图 2—47　乙类推挽功率放大电路

a）变压器耦合　b）OTL

图 2—47a 为变压器耦合乙类推挽功放。V1、V2 为功放管，是同类型管，T1 为输入变压器，T2 为输出变压器。u_2 在正半周时 V1 导通，V2 截止；u_2 在负半周时 V1 截止，V2 导通。从而在 R_L 上形成一个完整周期的信号波形。

图 2—47b 为 OTL（无输出变压器）乙类推挽功放电路，它采用两只不同类型的功放管，u_i 在正半周时，V1 导通，V2 截止；u_i 在负半周时，V1 截止，V2 导通。电容 C 既作耦合电容，又在 V1 截止时为 V2 提供电源。

乙类推挽功率放大器输出功率为：

$$P_o = I_o U_o = \frac{1}{2} \frac{U_{om}^2}{R_L} \tag{2—27}$$

式中　U_{om} 为输出信号电压最大值。

当 $U_{om} = U_{CC}$ 时，输出功率最大为 $P_{om} = \frac{1}{2} \frac{U_{CC}^2}{R_L}$，电源 U_{CC} 供出的功率为：

$$P_v = \frac{2}{\pi} I_{om} U_{CC} \tag{2—28}$$

式中　$I_{om} = \frac{U_{om}}{R_L}$ 为输出电流最大值。当输出功率最大时，电源供出最大功率为：

$$P_{vm} = \frac{2}{\pi} \frac{U_{CC}}{R_L} U_{CC} = \frac{2}{\pi} \frac{U_{CC}^2}{R_L} = 1.27 P_{om}$$

乙类功放效率 η 为：

$$\eta = \frac{P_o}{P_v} = \frac{\pi}{4} \frac{U_{om}}{U_{CC}} \xrightarrow{（最大）} \frac{\pi}{4} = 78.5\% \tag{2—29}$$

功放管选择要求是：

1）每只功放管最大允许管耗 $P_{cm} \geqslant 0.2 P_{om}$；

2）应选用 $U_{(BR)ceQ} \geqslant 2U_{CC}$；

3）最大集电极电流 $I_{cm} \geqslant U_{CC}/R_L$。

乙类推挽式功放两管的交接处的小信号段容易产生被称为交越失真的失真。主要原因是因为功放管处于零偏置，输入特性的起始部分为非线性，从而使 u_i 输入时，两管的交接部分出现了失真，如图 2—48 所示。克服的办法是给功放管加上适当的正向偏压，使 U_{beQ} 和 I_{bQ} 不为 0，如图 2—49 所示的 VD1 和 VD2 就是用来产生此偏压的二极管。

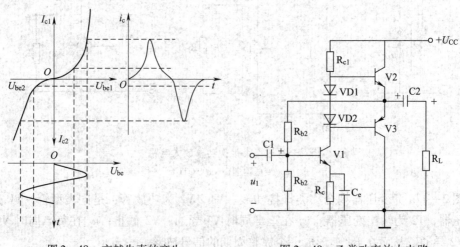

图 2—48　交越失真的产生　　　　图 2—49　乙类功率放大电路

（2）多级放大电路　　多级放大电路是由两个或两个以上的单级放大电路组成。这种放大电路要着重注意级间耦合和匹配问题。级间耦合方式有三种，即阻容耦合、变压器耦合和直接耦合，其中阻容耦合和直接耦合放大电路如图 2—50 所示。前面两种耦合各级放大器之间工作点互不影响，调整方便，但频率响应不好。直接耦合放大电路中无电容和变压器，从而有良好的低频特性，不但能放大交流信号，也能放大直流信号，但各级静态工作点要通盘考虑。

若将图 2—50a 中 R_{c1}、C2 和 R_{c2}、C3 换成变压器就变成了变压器耦合放大电路。多级放大电路总的放大倍数为：

$$A_U = \frac{U_o}{U_i} = \frac{U_o}{U_i'} \frac{U_i'}{U_i} = A_1 A_2 \tag{2—30}$$

即多级放大电路总的放大倍数等于各级放大倍数的乘积。

四、集成功率放大电路

随着集成电路的普及，目前国内外的集成功率放大电路有多种型号的产品，它们具有性能良好、工作稳定、体积小、安装调试方便、成本低等优点。初学者只要了解外部特性及正确连接线路就能使其正常工作。所以集成功率放大电路得到广泛的应用。以下举一例说明。

1. 集成音频功率放大电路 LM386 简介

LM386 是一种使用极为广泛的小功率集成音频放大器，如图 2—51 所示。图 2—51a

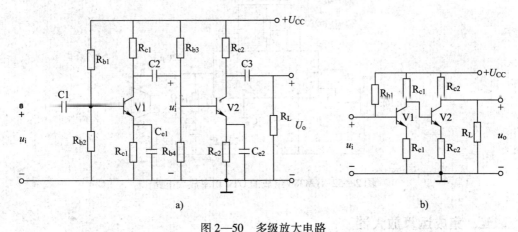

图 2—50　多级放大电路

a) 阻容耦合放大电路　b) 直接耦合放大电路

是外形图，图 2—51b 是引脚排列图。它采用 8 脚双列直插式塑料封装，1 脚和 8 脚之间外接电阻、电容元件可以调整电路的电压增益在 20 ~ 200。所需外部元件少。最大允许功耗为 660 mW，常温 25℃时不用加散热片。额定工作电压范围为 4 ~ 16 V。当电源电压为 6 V 时，静态电流仅为 4 mA，静态功耗仅为 24 mW。负载电阻分别为 4 Ω、8 Ω 时，输出功率可达到 300 mW 以上，失真度小于 10%，非常适合电池供电。

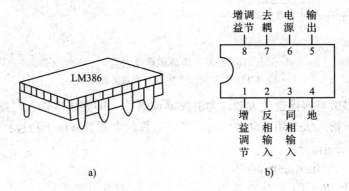

图 2—51　LM386 外形及引脚排列图

a) LM386 外形图　b) LM386 引脚排列图

LM386 有两个信号输入端，2 脚为反相输入端，3 脚为同相输入端。每个输入端的输入阻抗为 50 kΩ。输入端对地的直流电位接近于零，即使与地短路，输出直流电平也不会产生大的偏离，上述输入特性使得 LM386 使用灵活方便。

2. 集成功率放大电路 LM386 应用

用 LM386 组成的 OTL 功率放大电路如图 2—52 所示。7 脚接去耦电容 C，C 的容量由调试决定。5 脚输出端串接 10 Ω 和 0.1 μF，用来防止电路自激。1 脚和 8 脚之间外接可变电阻、电容元件可以调整电路的电压增益，电容 C 取值为 10 μF，可变电阻 R 约为 20 kΩ。可变电阻阻值越小，增益越大。

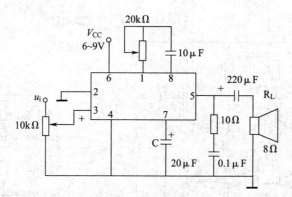

图 2—52　LM386 组成的 OTL 功率放大电路

五、集成运算放大器

集成运算放大器是一种双端输入单端输出、高放大倍数的直接耦合多级放大器。因它最初用于数值运算，而且是集成电路，所以又称为集成运放，它的组成框图和图形符号如图 2—53 所示。

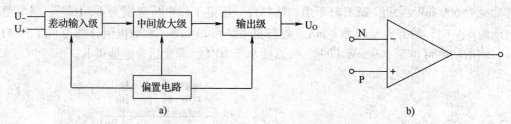

图 2—53　集成运算放大器

a）集成运放组成方框图　b）集成运放符号

由于它是多级直接耦合放大器，为解决零点漂移（即要求零输入时零输出），以提高共模抑制比，输入级采用差动放大器。理想运算放大器具有以下特性：

1）开环增益 $A_{UO} \to \infty$。

2）开环输入电阻 $R_i \to \infty$。

3）输出电阻 $R_o \to 0$。

集成运放低频等效电路如图 2—54 所示。

因为 $R_i \to \infty$，则输入电流 $I_i \to 0$，所以 N 端和 P 端之间近似开路状态（即"虚断"），而 $U_N - U_P = U_o / A_{UO}$，因 $A_{UO} \to \infty$，故 $U_N - U_P \approx 0$，即 $U_N \approx U_P$，集成运放两输入端又近似短路状态（即"虚短"）。

运用上面两个特点，集成运放可构成比例运算器、加法器、减法器等应用电路。反相比例器（放大器）如图 2—55 所示。

根据集成运放"虚断"，$I_i = I_P = 0$。则：

$$I_i = I_f \tag{2—31}$$

根据集成运放"虚短"，$U_N = U_P = 0$。则 $\dfrac{U_i - U_N}{R_1} = \dfrac{U_N - U_o}{R_f}$，即：

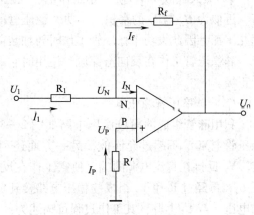

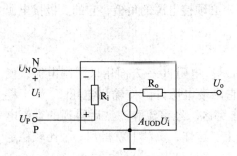

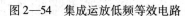

图 2—54　集成运放低频等效电路　　　　　图 2—55　反相比例器

$$\frac{U_o}{U_i} = -\frac{R_f}{R_1}（\text{比例}）\text{ 和 } U_o = -\frac{R_f}{R_1}U_i = -AU_i（\text{反向放大}） \qquad (2—32)$$

这就是说，接上反馈电阻 R_f 后比例器的比例系数（放大倍数）为 $A = \dfrac{-R_f}{R_1}$，"－" 号表示输入、输出呈反相关系。

六、稳压电路

1. 稳压电路的作用

经过整流、滤波后的直流电压是很不稳定的，当电网电压波动（允许 ±10%）和负载变化时，输出电压会随之改变。这种电源满足不了电子设备和电子电路的要求，因此整流滤波之后还要稳压，以获得一个基本上不受外界条件影响的直流稳压电源。

2. 稳压二极管及其稳压电路

硅稳压管是一种特殊二极管，它工作在反向击穿状态。硅稳压管反向击穿是可逆的，在一定的电流范围内不会损坏 PN 结，断开外加反向电压后 PN 结的单向导电性仍可恢复。

硅稳压管的图形符号与伏安特性曲线如图 2—56 所示。

（1）硅稳压管的参数和使用

1）稳定电压 U_z　指稳压管的反向击穿电压（如图 2—56 中 U_{Zmin} 到 U_{Zm}）范围。有的稳压管此值约 3 V，高的可达 300 V。

2）稳定电流 I_z　指保持稳定电压 U_z 时的工作电流（如图 2—56 中 B 点处电流）。

3）最大稳定电流 I_{Zm}　指稳压管最大工作电流（如图 2—56 中 C 点处电流）。超过这个电流，稳压管将因功率损耗过大，发热烧坏。

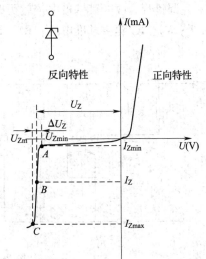

图 2—56　硅稳压二极管

4）最大耗散功率 P_{Zm}　指工作电流通过稳压管的 PN 结时产生的最大耗散功率允许值，近似为 U_Z 与 I_Z 的乘积。小功率稳压管的 P_{Zm} 为几十毫瓦，大功率稳压管的 P_{Zm} 可达几十瓦，因此大功率稳压管工作时要加装散热器。

硅稳压管工作在反向击穿区，使用时它的正极必须接电源的负极，它的负极接电源的正极。

（2）硅稳压管稳压电路

利用硅管组成的简单稳压电路如图 2—57 所示。电阻 R 一方面用来限制电流，使稳压管电流 I_Z 不超过允许值，另一方面还利用它两端电压升降使输出电压 U_o 趋于稳定。V_Z 反接在直流电源两端，使它工作在反向击穿区。经整流和滤波后得到的直流电压 U_i，再经过 R 和 V_Z 组成的稳压电路接到负载上。这样，负载上就得到一个比较稳定的电压。若 U_i 上升，其工作过程可描述为：

$$U_i\!\uparrow \rightarrow U_o\!\uparrow \rightarrow I_Z\!\uparrow \rightarrow U_R\!\uparrow$$
$$U_o\!\downarrow \leftarrow$$

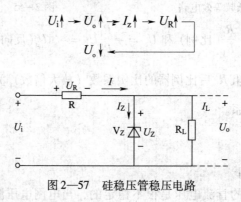

图 2—57　硅稳压管稳压电路

若 U_i 下降，其稳压过程与上述相反。

3．串联型稳压电路

用一可变电阻 R（例如，用三极管，称调整管来代替）和负载 R_L 串联，只要能使 R 的阻值随误差控制电压变化而变化，就能使输出不变，电路如图 2—58 所示。图中 V1 为调整管，改变其基极电流就可改变集电极—发射极间电压大小。R_c、V2 为比较放大级；V_Z、R_Z 提供基准电压；R1、RP、R2 是取样电路。

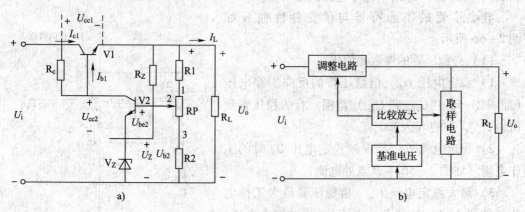

图 2—58　串联型稳压电路
a）电原理图　b）原理方框图

工作原理如下：取样电路取出输出电压 U_o 的一部分和基准电压在比较放大级进行比较，得出误差控制电流，用以自动改变调整管的集—射间电压，从而使 U_o 基本不变。假设 U_i 不变，则：

$$U_o\uparrow \rightarrow U_{b2}\uparrow \rightarrow I_{c2}\uparrow \rightarrow U_{c2}\downarrow$$

$$U_o\downarrow \leftarrow U_{ce1}\uparrow \leftarrow I_{c1}\downarrow \leftarrow I_{b1}\downarrow$$

若输出电压 U_o 下降，工作过程与上述相反。同样，输入电压 U_i 的变化也可通过自动调节作用保持输出电源基本不变。

4. 集成稳压器稳压电路

用分立元件组成的直流稳压电路需要的元件多，体积大，装调、维修麻烦。随着电子技术的发展，集成电路越来越多地取代了分立元件组装的各种电路。现在的集成稳压器可以将稳压电路的主要元器件集成在一块芯片上。集成稳压器具有体积小、性能佳、一致性好、工作可靠、使用方便等诸多优点，在各种电子设备中得到广泛的应用。

集成稳压器电路中常用的是"三端稳压器"，三端，指的是从外观上看有三个接线端，即输入端、输出端和公共接地端（或电压调整端）。集成稳压器按性能及用途分为固定输出正电压式、固定输出负电压式、可调输出正电压式、可调输出负电压式四大类。输出电压从几伏到几十伏，输出电流从零点一安到数安，多种不同规格。

常用三端集成稳压器外形及引脚排列，如图 2—59 所示。

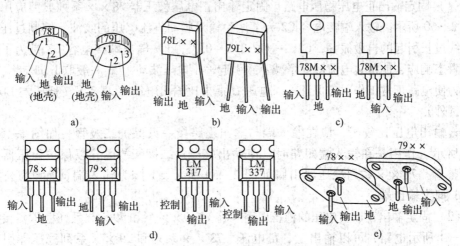

图 2—59　常用三端集成稳压器外形及引脚排列

a）TO—39 封装（金属圆壳式）　b）TO—92 封装（塑料截圆式）　c）TO—202 封装（塑封直插式）

d）TO—220 封装（塑封直插式）　e）TO—3 封装（金属菱形式）

（1）三端固定输出正电压稳压器　三端固定输出正电压稳压器命名为 78××系列。其中"××"用两位数字表示输出正电压数值，例如 7805 表示稳压输出 +5 V，7812

表示稳压输出 +12 V。

78×× 系列稳压器按输出电压分共有 8 种，分别是 7805、7806、7809、7810、7812、7815、7818、7824。

按其输出电流分为三个系列。其中 78L×× 系列最大输出电流为 100 mA；78M×× 系列最大输出电流为 500 mA；78×× 系列最大输出电流为 1.5 A。

78×× 系列稳压器外形如图 2—59 所示，其中：78L×× 系列有两种封装形式，金属壳封装用"TO—39"表示，塑料封装用"TO—92"表示。

78M×× 系列，一种是"TO—202"塑料封装，另一种是"TO—220"塑料封装。

78×× 系列，一种是"TO—220"塑料封装，另一种是"TO—3"金属壳封装。

（2）三端固定输出负电压稳压器　三端固定输出负电压稳压器命名为 79×× 系列。稳压输出有 -5 V、-8 V、-9 V、-12 V、-18 V、-24 V 等。

输出电流分为三个系列。其中：79L×× 系列最大输出电流为 100 mA；79M×× 系列最大输出电流为 500 mA；79×× 系列最大输出电流为 1.5 A。

（3）三端可调输出正电压稳压器　这类稳压器其三端是电压输入端、电压输出端、电压调整端。在电压调整端外接电位器后，可以在一定范围内对输出正电压进行调整。LM117、LM217、LM317 的输出电压能在 1.2 ~ 37 V 范围内进行调整，最大输出电流为 1.5 A。

（4）三端可调输出负电压稳压器　这类稳压器可以在一定范围内，对输出负电压进行调整。有 LM137、LM237、LM337 几种类型。最大输入电压为 -40 V，输出电压可在 -1.2 ~ -37 V 范围内进行调整，最大输出电流为 1.5 A。

5. 三端集成稳压器基本应用

（1）固定输出正电压稳压电路　固定输出正电压稳压器 78×× 系列典型应用电路如图 2—60 所示。输入端接电容 C2 为了滤除输入脉动直流电压的纹波、抑制过压、防止引线过长引起的自激振荡，C2 一般取 0.1 ~ 0.33 μF。输出端接电容 C3 是为了改善负载瞬态响应，使负载电流瞬间增减不致引起输出电压波动，C3 一般取 1 μF。

为使电路正常工作，应保证输入电压 U_i 最少比输出电压 U_o 高 3 V（低压差 LDO 稳压块例外）。

若输出电压比较高，应在输入端与输出端跨接一只保护二极管，如图 2—60 中虚线所示。作用是在输入端短路时，使输出端通过二极管放电，以保护稳压器内部的调整管。78×× 系列稳压器引脚如图 2—59 所示，1 脚为输入端、2 脚为公共地端、3 脚为输出端。

（2）固定输出正、负电压的稳压电路　将 78×× 系列和 79×× 系列稳压器接成如图 2—61 所示电路，可以输出正、负电压。78×× 系列和 79×× 系列稳压器引脚如图 2—59 所示。

（3）可调输出电压的稳压电路　三端可调输出稳压电路，如图 2—62 所示。CW317 稳压器的输出电压可在 1.2 ~ 37 V 范围内进行调整，最大输出电流为 1.5 A。1 脚为调整端、2 脚为输出端、3 脚为输入端。

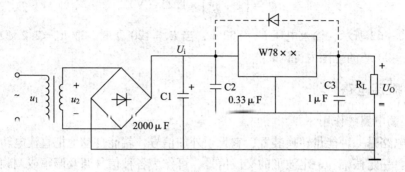

图 2—60　固定输出正电压稳压电路

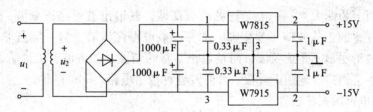

图 2—61　固定输出正、负电压稳压电路

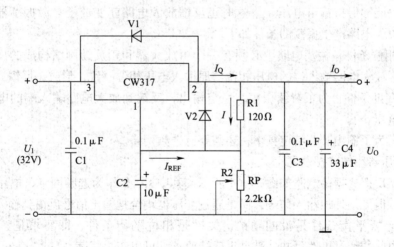

图 2—62　三端可调输出稳压电路

　　为了防止输入端短路，C4 向稳压器反向放电而损坏，在稳压器两端反向并联一只二极管 V1。V2 是为了防止输出端短路 C2 向稳压器调整端放电而损坏稳压器。C2 可减小输出电压的纹波。R1 与电位器 RP 构成取样电路，通过调节 RP 可以改变输出电压大小。

　　由于稳压器输出端和调整端之间具有很强的维持 1.25 V 电压不变的能力，所以 R1 上的电流基本恒定。另外，由于稳压块流过调整端的电流极小，可忽略不计，所以输出电压为：

$$U_o = \left(1 + \frac{R_P}{R_1}\right) \times 1.25 \ (V)$$

如图2—62所示，输入电压U_i为32 V，当$R_1 = 120 \ \Omega$时，取$R_P = 2.2 \ k\Omega$，输出电压在1.25～24 V的范围内可调。

七、振荡电路

1. 振荡电路的作用

振荡电路是一种能量转换装置，它无须外加信号，就能自动地把直流电转换成具有一定频率、一定振幅和一定波形的交流信号，可作为各种信号源及调幅或调频的载波信号等。

2. 振荡电路的分类

振荡器可分为两大类：一类是正弦波振荡器，其输出波形是正弦波，用途极为广泛，如各种频率的正弦波信号发生器，本振、载波振荡器等。另一类是非正弦波振荡器，其输出波形明显不是正弦波，而是包含丰富的谐波，如方波、尖顶脉冲、锯齿波、三角形波等。它们广泛地用于计数、计时及各种数字电路。

3. 振荡电路的振荡条件

振荡电路的方框图如图2—63所示。如果从输出电压u_o中取出与输入电压u_i同相位的正反馈电压u_f，且$u_f = u_i$，则就可用反馈的信号代替输入信号。这样放大电路不要输入信号也能够保持输出电压u_o。这时正反馈放大电路就变成了自激振荡器。由此可见，一个放大电路产生振荡的条件如下。

（1）相位条件　振荡电路中必须有一个由放大器和正反馈网络构成的反馈环，要保证反馈到放大电路输入端的电压相位与原输入电压相位一致，形成正反馈。

（2）幅度条件　为了持续振荡，稳定输出，反馈到放大电路输入端的电压不得低于原输入电压。

另外，为了输出某一特定频率，还需要有选频网络。

4. 变压器反馈式振荡器

变压器反馈式振荡电路如图2—64所示，其中C、L作为选频网络，电路类似于调谐放大器，但无须外加输入信号，而是通过变压器耦合把输出信号反馈到输入端。一般满足幅度起振平衡条件是没问题的，关键是相位平衡条件，即要求是正反馈。从图2—64中标的瞬时极性可知，满足正反馈要求，可以产生振荡。

5. 其他形式的振荡器简介

（1）电感三端式振荡器　又称哈特莱振荡器，是一种应用比较广泛的振荡电路，如图2—65所示。其瞬时极性满足相位平衡条件，振荡频率为：

$$f = \frac{1}{2\pi \sqrt{(L_c + L_b + 2M)C}} = \frac{1}{2\pi \sqrt{LC}} \qquad (2—33)$$

（2）电容三端式振荡器　又称考毕兹振荡器，电路如图2—66所示。三极管三端分别接一个电感或电容，因此叫三端式振荡器。

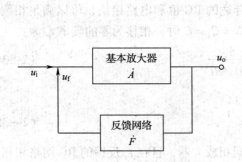

图 2—63　振荡器的方框图

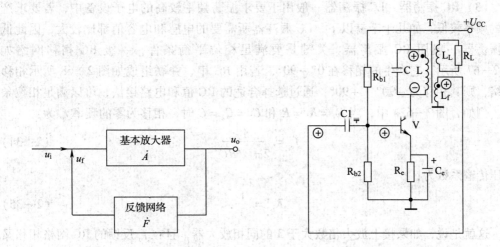

图 2—64　变压器反馈式振荡器

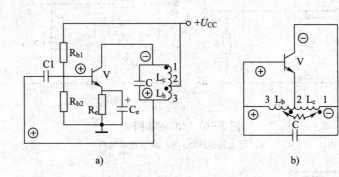

a)　　　　　　　　　　　　b)

图 2—65　电感三端式振荡器

a）电路图　b）等效电路

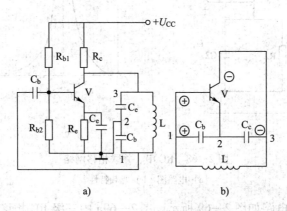

a)　　　　　　　　　　　　b)

图 2—66　电容三端式振荡器

a）电路图　b）等效电路

（3）RC 振荡器　LC 振荡器一般用于要求振荡频率较高的电子设备中，若要求产生的频率较低，如几十千赫以下，LC 振荡器所需要的电感和电容值都比较大，因此低频振荡器一般用 RC 振荡器。关键是要满足相位平衡条件，一级 RC 相移网络如图 2—67 所示，它产生的相移在 0°~90°，若用 RC 串、并联组成如图 2—68 所示相移网络，则其相移为 -90°~+90°，通过选择合适的 RC 值和电路接法，可以满足相位条件。例如，图 2—62a 中，当 $R_1 = R_2 = R$ 和 $C_1 = C_2 = C$ 时，相移为零的频率 f_o 为：

$$f_o = \frac{1}{2\pi \sqrt{RC}} \qquad (2\text{—}34)$$

电压传输系数为：

$$K_u = \frac{1}{3} \qquad (2\text{—}35)$$

这就是说，如果接上放大倍数大于 3 的同相放大器，且在 f_o 反馈的 RC 网格相移又为 0，电路就会成为频率为 f_o 的自激振荡器。

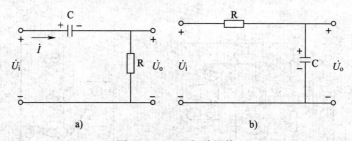

图 2—67　RC 相移网络
a）超前相移网络　b）滞后相移网络

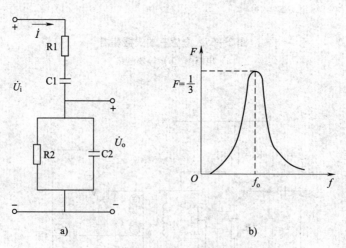

图 2—68　RC 串、并联相移网络
a）电路图　b）幅频特性

RC 振荡器实际电路如图 2—69 所示。图 2—69a 中三级 RC 相移网络保证了 180°的相移，而放大器输出电压与输入电压的相位又相差 180°，因此满足相位平衡条件，产生正反馈，加上晶体管有一定放大作用，幅度条件也可满足，因此，将形成的振荡频率

为 f_o 的振荡。图 2—69b 中 A 为放大器，R_f 为稳幅电阻，R1、C1、R2、C2 组成 RC 串、并联移相网络。放大器输入、输出同相，RC 串、并联相移为 0，其频率为 f_o（$C_1 = C_2 = C$，$R_1 = R_2 = R$）。起振时要求放大器放大倍数大于 3，以满足振幅平衡条件。

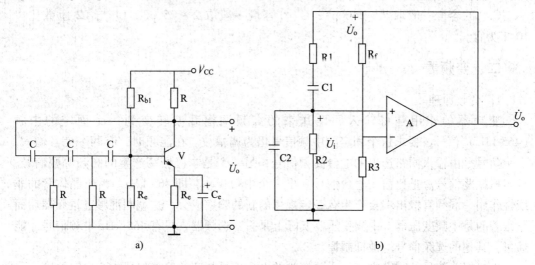

图 2—69 RC 振荡器

a）超前相移 RC 振荡器 b）RC 串、并联（文氏电桥）振荡器

第五节 超外差式收音机的基本工作原理

调幅收音机按电路形式可分为直接放大式和超外差式收音机两种。超外差式收音机具有灵敏度高、选择性好、工作稳定等许多特点。X—118 型超外差式调幅收音机电原理图如图 2—70 所示。从图中可看出它由输入回路、变频器（混频器 + 本机振荡器）、中频放大器、检波器、前置低频放大器、功率放大器及扬声器组成。

各单元电路工作原理如下：

一、天线及输入回路

输入回路是指收音机从天线到变频管基极之间的电路。它的作用是从天线接收的众多的无线电台信号中，经调谐回路调谐选出所需要的信号，同时把不需要的信号抑制掉，并应能覆盖住规定频率范围内的所有电台信号。

大多数收音机的中波输入回路都采用磁性天线，即有磁棒的调谐回路。短波输入回路有的只采用磁性天线，有的采用磁性天线并附加拉杆天线。

中波输入回路如图 2—70 所示。由 C_{1-A}、C'_{1-A}、L1 等元件组成输入回路，L1、L2 分别为中波段调谐变压器 T1 的一次侧、二次侧线圈。L1、L2 同绕在中波磁棒上。当 C_{1-A} 的容量从最大调到最小时，可使谐振频率从最低的 525 kHz 到最高的 1 605 kHz 范围内连续变化。于是当外来信号的某一频率与回路的调谐频率一致时，在 L1 两端这一电台频率的信号感应最强，这个电台信号再经 L1 耦合到次级线圈 L2，就达到选台目的。

C_{1-A} 的容量一般取 7 ~ 240 pF，C'_{1-A} 容量一般取 2 ~ 25 pF。L1 与 L2 匝数比以 10∶1 为宜。

二、变频器

1. 变频原理

变频器的作用是将输入回路送来的高频调幅载波转变为一个固定的中频（465 kHz）信号，要求这个固定的中频信号仍为调幅波。在混频时，有两个信号输入，一个信号是由输入回路选出的电台高频信号，另一个是本机振荡产生的高频等幅信号，且本机振荡信号总是比输入电台信号高出一个中频频率，即 465 kHz。由于晶体管的非线性作用，混频管输出端会产生有一定规律的新的频率成分，这就叫混频。混频器后面紧跟着的是中频变压器。中频变压器实际上是一个选频器，只有 465 kHz 中频信号才能通过，其他的选频信号均被抑制掉。

本机振荡信号的频率应该和所要接收的电台信号频率始终能保持 465 kHz 差异。

2. 变频电路分析

在电路中，本机振荡频率和混频分别用两只晶体管承担，这种电路称混频电路。若本机振荡和混频由同一只晶体管承担，这种电路称为变频电路。图 2—70 中 V1 是变频管，担当振荡与混频双重任务。R1 为 V1 直流偏置电阻，决定了 V1 的静态工作点。C2 为高频旁路电容，C3 是本机振荡信号的耦合电容。C_{1-A}、C_{1-B} 各为双联可变电容中的一联，改变它的容量可改变振荡频率。C'_{1-B} 是为了使频率能覆盖高端而设立的微调电容。T2 为本机振荡线圈，T3 为中频变压器（中周），调整 T3 可使谐振在中频（465 kHz）上，从而从混频的产生物中选出中频。

变频管应选择截止频率高、噪声小的晶体管，调整时，集电极电流不宜过大，一般应在 0.35 ~ 0.8 mA。

三、中频放大器

由于变频级的增益有限，因此在检波之前还需对变频后的中频信号进行放大，超外差式电路的增益主要靠中放级来提供。一般收音机的中放电路由多级组成，这样一方面是为了提高增益，同时由于层层选频，有效地抑制了邻近信号的干扰，提高了选择性。除了考虑灵敏度和选择性外，中频放大器还要保证信号的边得以通过。因此，各级中放所要求的侧重面也不尽相同。一般说来，第一级中放带宽尽量窄些，以提高选择性和抑制干扰，而后几级带宽可适当的，宽些，以保证足够的通频带。

图 2—70 中收音机采用两级中频放大器，由三只中周作级间耦合，V2、V3 是中放管，R4、R7 分别为 V2、V3 的直流偏置电阻，调整 R4、R7 可改变两管的直流工作点。C4、C6 是中频信号的旁路电容。

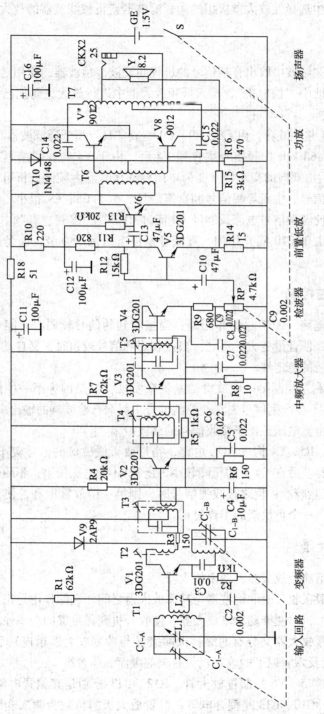

图 2—70 X—118 型超外差式调幅收音机电路原理图

该中放调谐回路属于单调谐回路，除此之外，中频放大器还采用其他形式的电路，如双调谐回路、集中选择性放大器应用的陶瓷滤波器或机械滤波器的放大电路等。

四、检波器

通常把从高频调幅波中取出音频信号的过程叫检波。检波器的作用是把所需要的音频信号从高频调幅波中"检出来"，送入低频放大器中进行放大，而把已完成运载信号任务的载波信号滤掉。

图 2—70 中 V4 是检波管，由 C8、R9、C9 组成"Π"型低通滤波器。

中放级输出的 465 kHz 中频信号耦合到 V4 后，由于 V4 的发射结具有单向导电性和非线性，经 V4 后由双向的交流信号变为单向脉动信号。由频谱分析可知，该信号含有三种分量：音频信号、中频等幅信号和直流信号。由于 C8、C9 很小，对音频信号来说容抗很大，从而使音频信号电流只能经 R9 流过 RP 并在 RP 建立音频电压，再经 C10 耦合到低放级去。由于 C10 隔直作用，直流分量没有送到下一级，而是送到自动增益控制电路 AGC 中。

五、自动增益控制

自动增益控制电路（AGC）的作用是：当接收到的信号较弱时，能自动地将收音机的放大增益提高，使音量变大；反之，当接收到的信号较强时，又自动降低增益使音量变小，提高了整机的稳定性。

AGC 电路通常利用控制第一中放管的基流来实现，这是因为第一中放的信号比较弱，受 AGC 控制后不会产生信号失真。控制信号一般取自检波器的输出中的直流成分，这是因为检波输出直流电压正比于接收信号的载波振幅。

在图 2—70 中，R5、C4 构成 AGC 电路，当接收天线感应的信号较小时，经变频、中放的信号较小，检波后在 C4 上的压降较小，所需 AGC 电压较小，不致使第一中放管（NPN）饱和而使音量较小；反之接收强信号时，则第一中放管饱和，使音量变低。由此可见电路实际上是一个负反馈的工作过程。

六、音频放大器

音频放大器包括前置放大器和功率放大器。

前置放大器一般在收音机的检波器与功率放大器之间，它的作用是把从检波器送来的低频信号进行放大，以便推动功率放大器，使收音机获得足够的功率输出。一般六管以上的收音机其前置放大器又分有两级：末前级（与功率放大器相连）和前置级（与检波器相连）。六管及六管以下的收音机只有末前级而无前置级。

在图 2—70 中，V5、V6 是前置放大管。R12、R13 分别是其偏置电阻，R14、R15 是直流负反馈电阻，C10、C13 是耦合电容，前置放大级的负载为输入变压器。利用输入变压器的阻抗变换作用可使前置低放与功放级实现阻抗匹配。同时利用变压器二次侧绕组的倒相作用可方便地使功放级接成推挽电路。

功率放大器是收音机最后一级，它的作用是将前置放大器送来的低频信号作进一步放大，以提供足够的功率推动扬声器发声。目前最常用的是推挽功率放大器和 OTL 功率放大器。

在图 2—70 中，V7、V8 组成推挽功率放大器。T6、T7 分别是输入、输出变压器。它们具有隔直流、通交流和阻抗转换作用。要求 V7、V8 两管特性对称。V10、R16 组成偏置电路，使 V7、V8 在静态时有一个较小的偏流，以防止 V7、V8 轮流导通时引起交越失真。由于 T6 二次侧绕组有中心抽头，而使上、下端相位正好相反，于是 V7 在信号的负半周导通，V8 在信号的正半周导通。两个交替导通的电流又通过输出变压器 T7 耦合在它的二次侧负载上，即扬声器上得到完整的音频信号。

第三章 脉冲技术基础知识

第一节 脉冲技术的一般知识

脉冲是指在短促时间内电压或电流突然变化的信号，通常将产生或变换脉冲波形的电路称为脉冲电路。

一、脉冲波形及主要参数

1. 几种常见的脉冲波形

脉冲信号种类繁多，常见的波形有矩形波、锯齿波、钟形波、三角波、尖顶波和梯形波等，如图 3—1 所示。

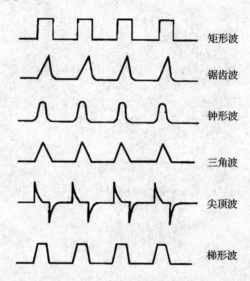

矩形波

锯齿波

钟形波

三角波

尖顶波

梯形波

图 3—1 常见的脉冲信号波形

2. 脉冲波形的主要参数

用来评价脉冲信号性能的物理量叫作脉冲信号的参数。下面以矩形波脉冲和锯齿波脉冲为例，来说明脉冲波的一些主要参数，分别如图 3—2、图 3—3 所示。

（1）矩形波脉冲的主要参数

1）脉冲幅度 U_m 表示脉冲电压或电流变化的最大值，其值等于脉冲底部和脉冲顶部数值之差的绝对值。

2）脉冲前沿上升时间 t_r 表示脉冲前沿从 $0.1U_m$ 上升到 $0.9U_m$ 所需要的时间，其数值越小，表明脉冲上升得越快。

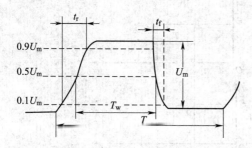

图 3—2 矩形波脉冲的主要参数

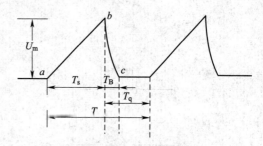

图 3—3 锯齿波脉冲的主要参数

3）脉冲后沿下降时间 t_f 表示脉冲后沿从 $0.9U_m$ 下降到 $0.1U_m$ 所需要的时间，其数值越小，表明脉冲下降得越快。

4）脉冲宽度 T_w 表示由脉冲前沿 $0.5U_m$ 到脉冲后沿 $0.5U_m$ 所需要的时间，其值越大，说明脉冲出现后持续的时间越长。

5）周期 T 表示两个相邻脉冲重复出现的时间间隔，其倒数为脉冲的频率 f，即 $f=1/T$。

此外，还有顶降、顶升、过冲（上冲、下冲）、振铃等。

（2）锯齿波脉冲的主要参数

1）正程 T_s（ab 段） 又叫扫描期或工作期，此期间电压或电流随时间作线性变化。

2）逆程 T_B（bc 段） 又叫回扫期或恢复期，表示正程结束后电压恢复到初始值所需要的时间，其值越小越好。

3）休止期 T_q 表示两次扫描所间隔的时间，即前一个正程结束到下一个正程开始的时间间隔。

4）锯齿波幅度 U_m 指正程内电压或电流最大变化量。

5）周期 T 表示相邻两个锯齿波重复出现所间隔的时间，它与频率 f 的关系为 $f=1/T$。

二、RC 电路

用电阻 R 和电容 C 构成的电路叫 RC 电路，最常用的是 RC 微分电路和 RC 积分电路。

1. RC 微分电路

RC 微分电路是一种常用的波形变换电路，它能够将矩形脉冲波转换成尖脉冲波，其电路及其输入、输出波形如图 3—4 所示。输出电压取自电阻的两端，电路的时间常数 $\tau = RC$ 远小于输入矩形波的脉宽，即 $\tau \ll T_w$。

2. RC 积分电路

RC 积分电路也是一种常用的波形变换电路，它可以把矩形波变成三角波。它和微分电路不同的是，输出电压取自电容 C 的两端（即把微分电路中两元件位置互换），积分电路的时间常数 $\tau = RC$ 要求远大于输入矩形波的脉宽 T_w，电路及波形如图 3—5 所示。

积分电路主要用于以下三方面：

（1）把矩形波转换成三角波（或锯齿波），要求 $\tau \gg T_w$。

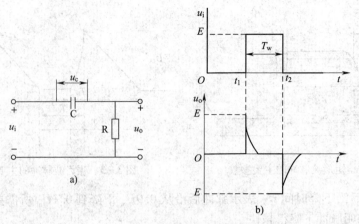

图 3—4　微分电路及输入、输出波形

a）电路　b）波形

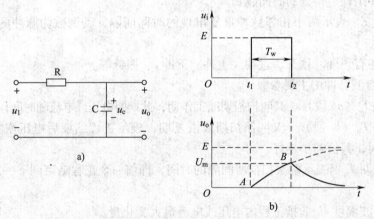

图 3—5　积分电路及输入、输出波形

a）电路　b）波形

（2）将上升沿、下降沿很陡的矩形脉冲变换成上升沿、下降沿变化都比较缓慢的矩形脉冲，即积分延时电路，其电路及输入、输出波形如图 3—6 所示。

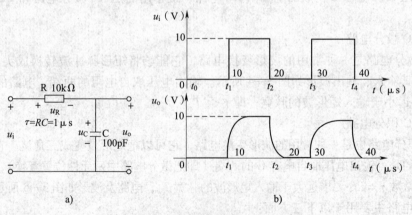

图 3—6　积分延时电路及输入、输出波形

a）积分延时电路　b）输入、输出波形

（3）从宽窄不同的矩形脉冲中选出较宽的脉冲。例如，在电视接收机中，从复合行、场同步信号中取出场同步脉冲去控制帧振荡电路，使本机帧振荡的频率和电台发送的帧频一致，实现同步。

三、晶体管的开关特性

一个理想的开关应具有如下基本条件：开关接通时的阻抗为零；开关断开时阻抗为无穷大；开关具有一定的带负载能力；在接通与断开之间的转换速度极快。

1. 晶体二极管的开关特性

前面已介绍过，晶体二极管的显著特点是单向导电性，即正向导通，反向截止。当正向电压增大到门限电压后，二极管导通，呈现一极小电阻 r_d，一般在几十到几百欧；加反向电压时，电流几乎为 0，呈现较大的反向电阻 R_d。一般实际考虑时认为二极管是理想开关管（$r_d \rightarrow 0$，$R_d \rightarrow \infty$），如图 3—7 所示。同时希望二极管从导通向截止或从截止向导通转换的时间越短越好。

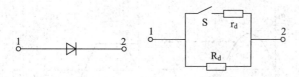

图 3—7　二极管开关电路的等效

2. 晶体三极管的开关特性

前面已讲过，晶体三极管可工作在三个区域：截止区、放大区和饱和区。在数字与脉冲电路中，三极管不是工作在截止状态，就是处于饱和导通状态。因此只要控制三极管的基极电流（或电压），便可使三极管处于饱和状态或截止状态，此时三极管的集电极与发射极间就相当于开关的导通或断开状态，起到开关作用。同时三极管开关过程的时间越短越好。

3. 限幅电路

限幅电路是一种波形整形电路，它可以削去部分输入波形，以限制输出波形的幅度，因此限幅器也称为削波器，广泛应用于调频接收机和脉冲整形等电路中。限幅器及输入、输出波形如图 3—8 所示。因电路削去波形的部位不同，限幅器常分为上限幅器、下限幅器和双向限幅器，一般都是利用晶体二极管导通后电压基本不变的特性来完成限幅的。

4. 箝位电路

箝位电路是利用二极管的开关特性将输入波形的底部或顶部箝制（或者说移动）到所需要的电平上，而保持原来波形基本不变。将信号底部箝位的叫底部箝位电路，将信号顶部箝位的叫顶部箝位电路。箝位电路可以用 RC 电路和二极管构成，二极管箝位电路及输入、输出波形如图 3—9 所示。利用二极管的开关特性和适当的连接方式，使得 RC 电路的充电时间常数和放电时间常数相差非常悬殊，就可以实现箝位，广泛应用于电视机同步分离电路中。

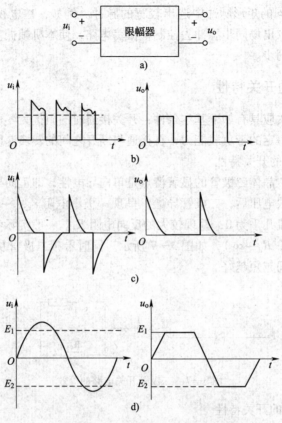

图 3—8　限幅器及输入、输出波形

a）限幅器　b）上限幅　c）下限幅　d）双向限幅

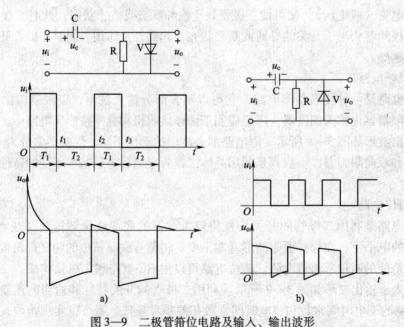

图 3—9　二极管箝位电路及输入、输出波形

a）顶部箝位电路及输入、输出波形　b）底部箝位电路及输入、输出波形

第二节 基本逻辑门电路

逻辑是指思维的规律性。逻辑电路就是能够实现逻辑功能的电路，而在数字电路中，最基本的逻辑电路是指按简单逻辑规律动作的开关电路，通常把这种开关电路称为逻辑门电路。最基本的逻辑门电路有与门、或门和非门。

一、与门电路

1. 与门电路的特点

与逻辑又称逻辑乘。与逻辑表示的逻辑关系为：只有当决定某件事情的各种条件全部都具备时，这件事才能发生。

由两个串联开关 S1、S2 和灯 Q 组成的与逻辑电路如图 3—10 所示。只有当开关 S1、S2 都闭合时，灯 Q 才亮。那么，灯亮这件事件和开关 S1、S2 的关系是与逻辑。

将开关 S1、S2 和灯 Q 的关系列表，见表 3—1（开关闭合为 1，断开为 0；灯亮为 1，灯灭为 0）。这种将一切输入和输出的情况列成的表格称为真值表。与逻辑表示的功能是：只有输入皆为"1"时，输出为"1"；输入有"0"时，输出为"0"。

表 3—1 与门真值表

输入		输出
A	B	Q
0	0	0
1	0	0
0	1	0
1	1	1

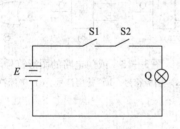

图 3—10 与逻辑电路举例

2. 与门电路的图形符号

与门电路的逻辑图形符号如图 3—11 所示。

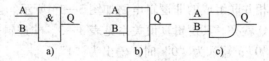

图 3—11 与门电路的逻辑图形符号

a）国标符号 b）曾用符号 c）美标符号

3. 与门电路的逻辑表达式

与门的逻辑表达式表示为：

$$Q = A \cdot B \tag{3—1}$$

式中 A 与 B 变量间的小圆点表示"与"逻辑，读作 A"与"B，也可读作 A 乘 B。

二、或门电路

1. 或门电路的特点

或逻辑又称逻辑加。或逻辑表示的逻辑关系为：在决定某件事情的各种条件中，只要具备一个或几个条件，这件事情就会发生。

由两个并联开关 S1、S2 和灯 Q 组成的或逻辑电路如图 3—12 所示。开关 S1 闭合，或 S2 闭合，或 S1 和 S2 都闭合，灯 Q 都会亮。开关 S1、S2 和灯 Q 的逻辑关系的真值表见表 3—2。或逻辑表示的功能是：输入皆为"0"时，输出为"0"；输入有"1"时，输出为"1"。

表 3—2　　　或门真值表

输入		输出
A	B	Q
0	0	0
0	1	1
1	0	1
1	1	1

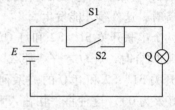

图 3—12　或逻辑电路举例

2. 或门电路的图形符号

或门电路的图形符号如图 3—13 所示。

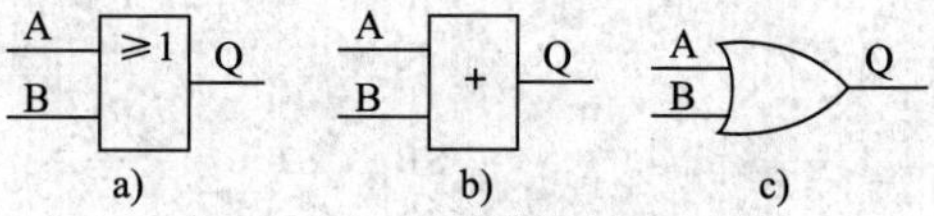

3. 或门电路的逻辑表达式

或门的逻辑表达式为：

$$Q = A + B \qquad (3—2)$$

式中　"+"表示"或"逻辑。

图 3—13　或门电路的图形符号
a）国标符号　b）曾用符号　c）美标符号

三、非门电路

1. 非门电路的特点

非逻辑又称为逻辑非，表示的逻辑关系为：输出和输入的状态总是相反的，"非"实际上是逻辑否定。

由开关 S 与灯 Q 相并联组成的非逻辑电路如图 3—14 所示。当 S 闭合时，灯 Q 就灭；当 S 断开时，灯 Q 就亮。其逻辑真值关系见表 3—3。非逻辑表示的功能是：输入为"1"时，输出为"0"；输入为"0"时，输出为"1"。

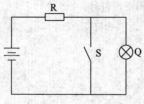

图 3—14　非逻辑电路举例

表 3—3　　　非门真值表

输入	输出
A	Q
0	1
1	0

2. 非门电路的图形符号

非门电路的符号如图 3—15 所示，输出端加"○"表示"非"。

3. 非门电路的逻辑表达式

非门的逻辑表达式为：

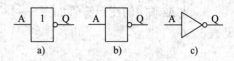

图 3—15　非门电路图形符号

a) 国标符号　b) 曾用符号　c) 美标符号

$$Q = \overline{A} \text{ 或 } \overline{Q} = A \qquad (3—3)$$

式中　字母上加"—"来表示"非"。

四、复合逻辑门电路

由基本的与、或、非门电路，可以构成各种复杂的逻辑门电路。在实际运用中，通常可以将这些复合门电路看成一个门电路来使用。下面列出常见的复合逻辑门电路组成、符号、真值表及逻辑表达式。

1. 与非门的图形符号如图 3—16 所示，逻辑表达式为 $Q = \overline{A \cdot B \cdot C}$，真值表见表 3—4。

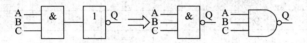

图 3—16　与非门电路图形符号

表 3—4　　　　　　　　　　　　　　与非门真值表

输入			输出	输入			输出
A	B	C	Q	A	B	C	Q
0	0	0	1	1	0	0	1
0	0	1	1	1	0	1	1
0	1	0	1	1	1	0	1
0	1	1	1	1	1	1	0

2. 或非门的图形符号如图 3—17 所示，逻辑表达式为 $Q = \overline{A + B + C}$，真值表见表 3—5。

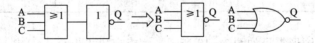

图 3—17　或非门电路图形符号

表 3—5　　　　　　　　　　　　　　或非门真值表

输入			输出	输入			输出
A	B	C	Q	A	B	C	Q
0	0	0	1	1	0	0	0
0	0	1	0	1	0	1	0
0	1	0	0	1	1	0	0
0	1	1	0	1	1	1	0

3. 与或非门的图形符号如图 3—18 所示，逻辑表达式为 $Q = \overline{A \cdot B + C \cdot D}$，真值表见表 3—6。

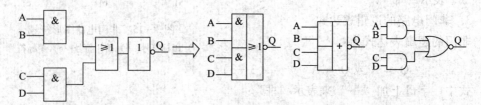

图 3—18　与或非门电路图形符号

表 3—6　　　　　　　　　　　　　与或非门真值表

输入				输出
A	B	C	D	Q
0	0	0	0	1
0	0	0	1	1
0	0	1	0	1
0	0	1	1	0
0	1	0	0	1
0	1	0	1	1
0	1	1	0	1
0	1	1	1	0
1	0	0	0	1
1	0	0	1	1
1	0	1	0	1
1	0	1	1	0
1	1	0	0	0
1	1	0	1	0
1	1	1	0	0
1	1	1	1	0

4. 异或门的图形符号如图 3—19 所示，逻辑表达式为 $Q = \overline{A} \cdot B + \overline{B} \cdot A$，真值表见表 3—7。

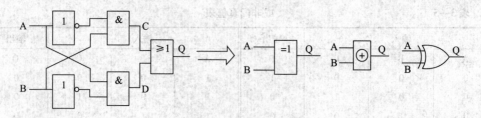

图 3—19　异或门电路图形符号

表 3—7 异或门真值表

输入				输出
A	B	C	D	Q
0	0	0	0	0
0	1	1	0	1
1	0	0	1	1
1	1	0	0	0

第三节 常见脉冲电路

一、单稳态电路

1. 作用及组成

单稳态电路具有一个稳态和一个暂稳态。在没有外加触发信号时，它处于稳态；当有外加触发信号时，电路的状态才发生翻转而进入另一个状态，但经过一段时间以后，它又会自动翻转而返回到原来的稳定状态，因为只有一个稳态，所以叫作稳态电路。这种电路通常用来进行脉冲的延时、整形和分频等。

单稳态电路如图 3—20 所示，V1 对 V2 的耦合是通过 R1 来完成的，而 V2 对 V1 是靠电容 C 来耦合的。这一电路结构决定了它只具有一个稳态，而电路的另一个状态则是暂时的（暂稳态）。

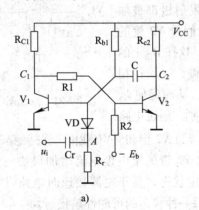

a)

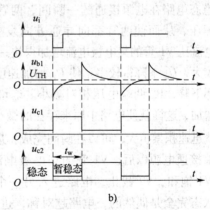

b)

图 3—20 单稳态电路

a）电路图 b）工作波形

2. 基本工作原理

（1）稳态 无外加触发信号时，只要选择合适的 R_{b1}、R_{c1} 和 β 的值，就可以使 V1 管处于饱和状态、V2 处于截止状态。这时电流将从 V_{CC} 经 R_{c2} 对电容 C 充电，电容上电压最终达到 V_{CC}，电路达到稳态。在电源接通以后，只要没有外加触发信号，电路就将始终保持这种状态。

（2）暂稳态　当有外加负脉冲触发时，在电路中 A 点产生一个负尖脉冲，二极管 VD 导通，使 V1 管基极电位下降、集电极电位上升，通过 R1、R2 分压使 V2 管进入放大状态。U_{c2} 的下降通过电容 C 耦合到 V1 管基极上，并使其电位进一步下降，于是电路产生连续正反馈，使 V1 截止、V2 饱和，电路进入暂稳态。

在 V1 截止、V2 饱和的瞬间，由于电容两端的电压不能突变，使 V1 管保持着截止状态，随着状态的转换，U_{c2} 下降、电容 C 开始放电，使 U_{b1} 逐渐上升，当 $U_{b1} = 0.5\ V$ 时，V1 管开始导通。U_{b1} 再增加便会发生以下正反馈过程：

$$电容C放电 \rightarrow U_{b1}\uparrow \rightarrow i_{c1}\uparrow \rightarrow U_{c1}\downarrow$$
$$U_{b2}\downarrow$$
$$U_{b1}\uparrow \rightarrow U_{c2}\uparrow \rightarrow i_{b2}\downarrow$$

最后又回到 V1 饱和、V2 截止的稳态。

二、双稳态电路

1. 作用及组成

双稳态电路具有两个稳定状态。状态的翻转都是靠外加触发信号来实现的，具有记忆、计数等功能，电路组成如图 3—21 所示。和单稳态不同的是，V1 和 V2 相互间都是利用电阻来耦合的。

2. 基本工作原理

双稳态电路在电源接通的一瞬间，两管的发射极都被加上正向偏压，从而使两管都向导通方向发展。假设 V2 管的集电极电流比 V1 管的集电极电流增加得快一些，这样 R_{c2} 上的压降就较大，U_{c2} 下降得较多。使 U_{b1} 增加速度变慢，i_{b1} 及 i_{c1} 相对来说都下降，R_{c1} 两端电压相对减小。i_{b2} 增加，从而促使 i_{c2} 进一步增加，这样就使电路中原来存在的微小差别，通过电路的正反馈迅速积累扩大，可以在瞬间完成，最后导致 V2 饱和、V1 截止，保持稳态。

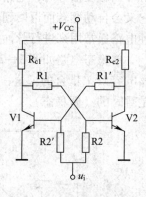

图 3—21　双稳态电路

如果接通电源以后，V1 管的集电极电流比 V2 管的集电极电流增加得快一些，则最终使 V1 饱和、V2 截止，电路进入另一个稳定状态。至于电源接通时电路进入哪一个稳定状态完全是偶然的，电路越对称，进入每一种状态的可能性越接近。

要使双稳态电路翻转，可在截止管的基极加一个正脉冲，或在饱和管的基极加一个负脉冲，假设电路初始状态是 V1 管饱和、V2 管截止，则在 V1 管基极上加一负脉冲触发，将使 V1 基极电位 U_{b1} 下降，从而引起如下正反馈：

$$负脉冲 \rightarrow U_{b1}\downarrow \rightarrow i_{b1}\downarrow \rightarrow i_{c1}\downarrow \rightarrow U_{c1}\uparrow$$
$$U_{b2}\uparrow$$
$$U_{b1}\downarrow \rightarrow U_{c2}\downarrow \rightarrow i_{c2}\uparrow \rightarrow i_{b2}\uparrow$$

最后使电路翻转为 V1 截止、V2 饱和。

三、多谐振荡电路

1．作用及组成

多谐振荡器是一种矩形波（或矩形脉冲波）产生电路，这种电路无须外加触发信号，便能持续地、周期性地产生矩形脉冲序列。由于矩形脉冲序列是由基波和许多高次谐波组成，故称为多谐振荡器，它在数字脉冲和模拟系统中有着广泛的应用。

多谐振荡电路和单稳态电路类似，只是将 V1 管集电极到 V2 管基极的耦合用 C1 取代 R1，同时加 R_{b2}，去掉 R2 及触发电路。自激多谐振荡电路如图 3—22 所示。

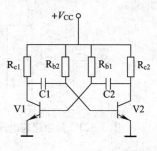

图 3—22　自激多谐振荡电路

2．基本工作原理

接通电源后，假设电路进入暂稳态，V1 饱和、V2 截止。电源 V_{CC} 通过 R_{b2} 对 C1 反向充电（C1 放电），使 V2 管基极电位 U_{b2} 逐渐上升，当 V2 导通进入放大区后，稍有增加便会引起下列正反馈：

$$U_{b2}\uparrow \rightarrow i_{b2}\uparrow \rightarrow i_{c2}\uparrow \rightarrow U_{c1}\uparrow \rightarrow$$
$$U_{b1}\downarrow$$
$$U_{b2}\uparrow \rightarrow U_{c1}\uparrow \rightarrow i_{c1}\downarrow \rightarrow i_{b1}\downarrow \leftarrow$$

因此迅速使 V2 饱和、V1 截止，电路进入另一暂稳态。同时，电容 C2 经 R_{b1}、V2 放电，随着 C2 放电使 U_{b1} 由 $-V_{CC}$ 逐渐上升到 0.5 V 以上时，立即引起以下正反馈：

$$U_{b1}\uparrow \rightarrow i_{b1}\uparrow \rightarrow i_{c1}\uparrow \rightarrow U_{c1}\downarrow \rightarrow$$
$$U_{b2}\uparrow$$
$$U_{b1}\uparrow \rightarrow U_{c1}\uparrow \rightarrow i_{c2}\downarrow \rightarrow i_{b2}\downarrow \leftarrow$$

最后使 V1 饱和、V2 截止，电路又恢复到第一暂稳态，此后，C1、C2 不断充、放电，持续不断地形成振荡，产生矩形波。

四、锯齿波形成电路

1．作用及组成

所谓锯齿波是指在一定时间内电压或电流随时间按线性规律变化的形状如锯齿的周期性脉冲信号。示波器的扫描电压常采用锯齿波电压，而电视设备中行、场偏转电流常采用锯齿波电流。产生锯齿电压的电路叫锯齿电压发生器，产生锯齿电流的电路叫锯齿电流发生器。下面重点介绍锯齿电压发生器。

简单锯齿电压发生器如图 3—23 所示，其中三极管 V 受输入电压 U_i（波形如

图3—24 所示）控制，工作于饱和（开）或截止（关）两状态，以改变电容的充、放电电阻，它是一种触发式锯齿电压产生电路，工作期、休止期和扫描时间都由输入信号决定。

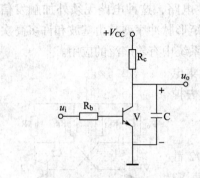

图 3—23 简单锯齿电压发生器

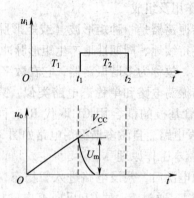

图 3—24 简单锯齿波形

2. 基本工作原理

当输入为低电平（$0 \sim t_1$）时，晶体三极管截止，相当于开关打开，V_{CC} 通过 R_c 对 C 充电，U_o 按指数规律上升，直到输入信号变为高电平（$t_1 \sim t_2$）时，晶体三极管饱和，相当于开关闭合，U_o 通过三极管放电。这样在电容器两端就产生了锯齿波电压。如果要形成负向锯齿波，只要把电阻 R_c 和晶体管 V 调换一下位置，以改变充、放电时间。

第四章 常用无线电元器件

第一节 电阻器与电位器

电阻器（简称电阻）是构成电路的基本元件之一。在电路中起稳定电流、电压作用，可以作分压器、分流器用，还可作为消耗电能的负载电阻。

一、电阻器的分类及命名方法

电阻器一般分为固定式和可变式两大类。可变电阻又称变阻器或电位器，在操作方法上又分为旋柄式和滑键式两类。

电阻器按制作材料的不同分为碳膜式电阻器、金属膜电阻器、线绕式电阻器。膜式电阻器的阻值范围较大，但功率范围不大。线绕式电阻器的阻值范围不大，但功率范围较大。

我国电阻器、电位器型号的命名有四个部分，即主称、材料、分类和序号。各部分的符号及意义见表4—1。

表4—1　　　　　　　电阻器、电位器的主称、材料、分类和序号及其意义

第一部分		第二部分		第三部分		第四部分
主称		材料		分类		序号
R	电阻	T	碳膜	1、2	普通	用数字表示，表示同类产品中不同品种，以区分产品的外形尺寸和性能指标等
		H	合成碳膜	3	超高频	
		S	有机实心	4	高阻	
		N	无机实心	5	高温	
		J	金属膜	6、7	精密	
		Y	氧化膜	8	高压	
		C	沉积膜	9	特殊	
		I	玻璃釉膜	G	高功率	
W	电位器	X	线绕	T	可调	
		R	热敏			
		G	光敏			
		M	压敏			

例如，RJ71——金属膜精密电阻器

　　　　RT22——碳膜普通电阻器

二、电阻器的主要参数

电阻器的主要参数有两个：标称阻值和偏差、标称功率。还有其他参数，如最高工作温度、极限工作电压、噪声电动势、高频特性和温度特性等。

1. 标称阻值和偏差

标称阻值是直接标志在电阻体上的阻值，偏差是实际阻值与标称阻值的误差。为了便于生产和使用，电阻的生产是根据阻值系列进行的。常见的电阻阻值系列有 E6、E12、E24 及精密电阻阻值系列 E48、E96、E192 等。常见电阻阻值系统一览表见表 4—2。

表 4—2　　　　　　　　　　　　　常见电阻阻值系统一览表

系列	偏差	电阻的标称值
E24	Ⅰ级，±5%	1.0；1.1；1.2；1.3；1.5；1.6；1.8；2.0；2.2；2.4；2.7；3.0；3.3；3.6；3.9；4.3；4.7；5.1；5.6；6.2；6.8；7.5；8.2；9.1
E12	Ⅱ级，±10%	1.0；1.2；1.5；1.8；2.2；2.7；3.3；3.9；4.7；5.6；6.8；8.2
E6	Ⅲ级，±20%	1.0；1.5；2.2；3.3；4.7；6.8

以 E24 系列中的 2.0 为例，电阻器的标称阻值有 0.2 Ω、2.0 Ω、20 Ω、200 Ω、2 000 Ω……电阻值的偏差一般分为三个等级，Ⅰ级为 ±5%，Ⅱ级为 ±10%，Ⅲ级为 20%。

电阻的标称阻值和偏差一般都是直接标在电阻体上，其标志方法可分为以下几种：

（1）直标法　指在产品的表面直接标志出产品的主要参数和技术指标的方法。电阻直标法的单位有：欧姆（Ω），千欧（kΩ），兆欧（MΩ），1 MΩ = 1 000 kΩ = 10^6 Ω。如图 4—1 所示的电阻器的标称阻值为 470 Ω，误差为 ±5%。

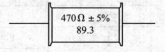

图 4—1　电阻的直标法

（2）文字符号法　指将需要标志的主要参数与技术指标用文字、数字符号有规律的组合标志在产品表面上的方法。电阻器的标志应符合如下规定：

欧姆　　　　　　用 R　　　　千欧姆　　　　　　用 k

兆欧姆　　　　　用 M　　　　千兆欧姆　　　　　用 G

兆兆欧姆　　　　用 T

误差的文字符号用英文字母 B、C、D、F、G、J、K、M、N 表示，其与百分误差的对应关系见表 4—3。

表 4—3　　　　　　　电阻允许误差的文字符号与百分误差的对应表

等级	B	C	D	F	G	J	K	M	N
允许误差（%）	±0.1	±0.25	±0.5	±1	±2	±5	±10	±20	±30

如 68 Ω 的电阻的文字符号标志为 R68J，其中 J 表示误差为 ±5%，8.2 kΩ 误差为 ±10%，电阻的文字符号标志为 8k2K，K 为 ±10%。

（3）色标法　用不同的颜色表示元件不同参数的方法。在电阻体上，用四道或五道色环表示阻值和偏差。

一般电阻用四色环表示法：第一道色环代表的数是阻值的第一位有效数字，第二道色环代表的数是阻值的第二个有效数字，第三道色环代表的数是表示阻值的乘数为 10^n（n 为颜色表示的数字），第四道色环代表的数是表示元件的偏差。阻值的单位为欧姆，电阻器色标符号规定见表 4—4。电阻的色标法如图 4—2 所示。

表 4—4　电阻器色标符号规定

代表意义	银	金	黑	棕	红	橙	黄	绿	蓝	紫	灰	白	无
有效数字	—	—	0	1	2	3	4	5	6	7	8	9	—
乘数（数量级）	10^{-2}	10^{-1}	10^0	10^1	10^2	10^3	10^4	10^5	10^6	10^7	10^8	10^9	
阻值允许偏差（%）	±10	±5	—	±1	±2	—	—	±0.5	±0.25	±0.1	—	+50 −20	±20

红红红金，代表阻值为：$22 \times 10^2 \pm 5\%$ Ω。

橙白红银，代表阻值为：$39 \times 10^2 \pm 10\%$ Ω。

精密电阻器用五道色环标志。它与四道色环标志相似，只是它有三位有效数字。规定如下：第一道色环代表的数是阻值的第一位有效数字，第二道色环代表的数是阻值的第二个有效数字，第三道色环代表的数是阻值第三个有效数字，第四道色环代表的数是阻值的乘数为 10^n（n 为颜色表示的数字），第五道色环表示的是阻值的偏差。单位为欧姆。精密电阻器的色标法如图 4—3 所示。

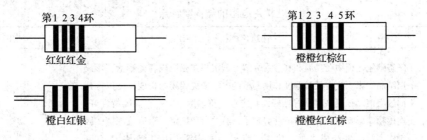

图 4—2　电阻的色标法　　　　图 4—3　精密电阻的色标法

"橙橙红棕红" 代表的阻值为：$332 \times 10^1 \pm 2\%$ Ω。

"橙橙红红棕" 代表的阻值为：$332 \times 10^2 \pm 1\%$ Ω。

在色标电阻器上，第一道色环的识别有如下方法。

四道色环中，第四道色环一般是金色或银色，由此可推出第一道色环。

五道色环中，第一道色环与电阻的引脚距离最短，由此可识别出第一道色环。

采用色标标志的电阻器，颜色醒目，标志清晰，不易褪色，从不同的角度都能看清阻值和允许偏差。目前国际上都广泛采用色标法标志电阻器。

（4）数码表示法　是在产品上用三位数码表示元件的标称值的方法。数码是从左向右的。第一、二位数字为有效数，第三位数字为零的个数。单位为欧姆。如电阻器：472 J 表示阻值为 4 700 Ω，误差为 ±5%，393 K 表示 39 000 Ω，误差为 ±10%。

2. 电阻的额定功率

电阻的额定功率是指在直流或交流电路中，当大气压力为 86～106 kPa 并在产品规定的工作温度（-55～125℃）下，长时间连续工作时元件所允许的最大功率。

功率小于 1 W 的电阻用符号表示，大于 1 W 的电阻用数字和单位表示。

常见的电阻器额定功率系列见表 4—5。

表 4—5　　　　　　　　　常见的电阻器额定功率系列

电阻器	额定功率/W
线绕电阻器的额定功率系列	0.05；0.125；0.25；0.5；1；2；4；8；10；16；25；40；50；75；100；150；250；500
非线绕电阻器额定功率系列	0.05；0.125；0.25；0.5；1；2；5；10；25；50；100

常见电阻器的功率标志方法如图 4—4 所示。

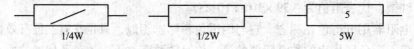

1/4W　　　　　　　　　1/2W　　　　　　　　　5W

图 4—4　常见电阻器的功率标志方法

3. 常用电阻器的结构与特点

常用电阻的结构和特点见表 4—6。

表 4—6　　　　　　　　　常用电阻的结构和特点

电阻种类	结构和特点	实物图
碳膜电阻	气态碳氢化合物在高温和真空中分解，碳沉积在瓷棒或者瓷管上，形成一层结晶碳膜。改变碳膜厚度和用刻槽的方法变更碳膜的长度，可以得到不同的阻值。碳膜电阻器有良好的稳定性，负温度系数小，高频特性好，受电压频率影响较小，噪声电动势较小，脉冲负荷稳定，阻值范围宽。因其制作容易，生产成本低，价廉，应用非常广泛。阻值范围：1 Ω～10 MΩ	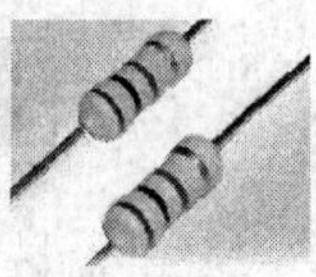
金属膜电阻	在真空中加热合金，合金蒸发，使瓷棒表面形成一层导电金属膜。刻槽和改变金属膜厚度可以改变阻值。与碳膜电阻相比，金属膜电阻体积小、噪声低、稳定性好，但成本较高。它的工作频率范围大，噪声电动势很小，可在高频电路中使用。但这种电阻器脉冲负荷稳定性较差。阻值范围：1 Ω～200 MΩ	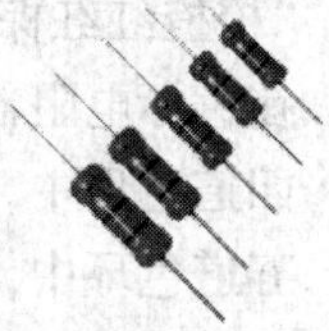

续表

电阻种类	结构和特点	实物图
碳质电阻	把碳黑、树脂、黏土等混合物压制后经过热处理制成。合成碳膜电阻器的生产工艺、设备简单，因此价格低廉；其缺点是抗湿性差，电压稳定性低，频率特性不好，噪声大。它不适用于作通用电阻器。阻值范围：$1\ \Omega \sim$?? $M\Omega$	
线绕电阻	用康铜或者镍铬合金电阻丝，在陶瓷骨架上绕制成。分固定和可变两种。特点是工作稳定，噪声小，耐热性能好，误差范围小，适用于大功率的场合，额定功率一般在 1 W 以上；缺点是高频特性差。阻值范围：$0.1\ \Omega \sim 5\ M\Omega$	
金属氧化膜电阻	金属氧化膜电阻器是利用锡和锑等金属盐溶液喷雾到约为 550℃ 的加热炉内的炽热陶瓷骨架表面上，沉积后制成的。它比金属膜电阻器抗氧化能力强，抗酸、抗盐的能力强，耐热性能好；缺点是由于材料特性和膜层厚的限制，阻值范围小。阻值范围：$1\ \Omega \sim 200\ k\Omega$	
光敏电阻	光敏电阻大多数是由半导体材料制成的，利用半导体的光导特性，使电阻器的阻值随射入光线的强弱发生改变。当入射光线增强时，其阻值会明显减小；当入射光线减弱时，其阻值明显增大。光敏电阻由玻璃基片、光敏层、电极组成，外形结构多为片形。特点是它的阻值随入射光线的强弱而改变，有较高的灵敏度；在交直流电路中均可使用，且电性能稳定；体积小，结构简单，价格便宜，应用范围广	
热敏电阻	热敏电阻器大多数由单晶、多晶导体材料制成。它的阻值会随温度的变化而变化。可分为阻值随温度升高而减小的负温度系数（NTC）热敏电阻器和阻值随温度升高而增加的正温度系数（PTC）热敏电阻器	

三、电位器

1. 种类

电位器的种类很多，有碳膜电位器、实心电位器、线绕式电位器。在结构上也有很多种，有带开关、不带开关的；带锁紧、不带锁紧的；有同轴双联、单联的等。在阻值变化形式上分为线性式、指数式、对数式。

2. 型号

电位器的型号含义如下：

如 WH132—2—0.25—4.7 kΩ ±20%—X — Ⅱ — 25ZS—5

主称型号　品　功率　阻值　误差　阻值　动噪　轴长及端面

电位器　种　　　　　　　　　变化　声系数　型号

3. 常用电位器及其结构和特点

常用电位器及其结构和特点见表 4—7。

表4—7 　　　　　　　　　　常用电位器及其结构和特点

种类	结构和特点	实物图
线绕电位器 （型号：WX）	结构：用合金电阻线在绝缘骨架上绕制成电阻体，中心抽头的簧片在电阻丝上滑动。可制成精度达±0.1%的精密线绕电位器和额定功率达100 W以上的大功率电位器 特点：根据用途可制成普通型、精密型、微调型线绕电位器；根据阻值变化规律有线性的、非线性的两种。线性电位器的精度易于控制，稳定性好，电阻的温度系数小，噪声小，耐高温，但阻值范围较窄，一般在几欧到几十千欧之间	
有机实芯电位器 （型号：WS）	结构：由导电材料与有机填料、热固性树脂配制成电阻粉，经热压，在基座上形成实芯电阻体 特点：此类电位器的结构简单、耐高温、体积小、寿命长、可靠性高；耐压稍低、噪声大、转动力矩大。它多用于对可靠性要求较高的的电路中。阻值范围在47 Ω～4.7 MΩ，功率在0.25～2 W，精度有±5%、±10%、±20%等几种	
导电塑料电位器	导电塑料电位器的电阻体由碳黑、石墨、超细金属粉与磷苯二甲酸、二烯丙酯塑料和胶黏剂塑压而成。其耐磨性好，接触可靠，分辨力强，寿命较长，但耐湿性差	
无触点电位器	无触点电位器消除了机械接触，寿命长、可靠性高，分光电式电位器、磁敏式电位器和数字电位器等	

第二节　电　容　器

电容器（简称电容）是构成电路的基本元件之一。它是一种存储电能的元件，有阻低频信号、通高频信号的特点。在电路中常作隔直流通交流、旁路、耦合等用途。

一、电容器的分类和命名方法

电容器可分为固定式和可变式两大类。可变式又分为半可变式和可变式。按介质分电容器有空气介质和固体介质两种。

固定电容按介质又分为空气电容、云母电容、瓷片、薄膜、玻璃釉、漆膜及电解等电容器。

可变电容器按介质又可分为空气介质可变电容器和固体介质可变电容器。后者介质常见的为云母和塑料薄膜等。

根据国标 GB/T 2470—1995 规定，电容器的产品型号一般由以下四部分组成：

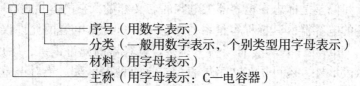

序号（用数字表示）
分类（一般用数字表示，个别类型用字母表示）
材料（用字母表示）
主称（用字母表示：C—电容器）

各部分组成的意义及代号见表4—8。

表4—8　　　　　　　　　　　　电容器型号各部分意义

第一部分	第二部分		第三部分					第四部分
主称	材料		分类					序号
C　电容	A	钽电解质	数字	意义				用数字表示，表示同类产品中不同品种，以区分产品的外形尺寸和性能指标等
	B	聚苯乙烯等非极性薄膜介质		瓷介	云母	有机	电解	
	C	高频陶瓷介质	1	圆形	非密封	非密封	箔式	
	D	铝电解质	2	管形	非密封	非密封	箔式	
	E	其他材料电解质	3	迭片	密封	密封	烧结粉非固体	
	G	合金电解质	4	多层	独石	密封	烧结粉固体	
	H	复合介质	5	穿心		穿心	—	
	I	玻璃釉介质	6	支柱式	—	交流	交流	
	J	金属化纸介质	7	交流	标准	片式	无极性	
	L	涤纶等极性有机薄膜介质	8	高压	高压	高压	—	
	N	铌电解质	9	—	—	特殊	特殊	
	O	玻璃膜介质	G	高功率	—	—	—	
	Q	漆膜介质						
	T	低频陶瓷介质						
	V	云母纸介质						
	Y	云母介质						
	Z	纸介质						

例如，CA11A 为钽箔电解电容器。其中，C—电容器，A—钽电解质，1—箔式。

二、电容器的主要参数及表示方法

电容器的主要参数有标称容量和偏差、额定直流工作电压、绝缘电阻等，还有温度系数、电容器的损耗、频率特性等。

1. 标称容量和偏差

标称容量和偏差是标志在电容器上电容的名义容量，它的容量也有一个系列，不同的材料制造的电容器，其标称容量系列也不一样。常见电容的允许误差分为三级：Ⅰ级为 ±5%，Ⅱ级为 ±10%，Ⅲ级为 ±20%。电容器的允许误差，除用等级罗马数字代号和 % 数表示外，还可用英文字母表示。有两种表示法：绝对误差和相对误差。绝对误差用于相对较小容量的电容器，以电容量的绝对误差值表示，单位为 pF，例如：

字母	B	C	D	Y	A	V
误差（±pF）	0.1	0.25	0.5	1	1.5	5

相对误差以电容量标称值的百分误差表示，例如：

字母	D	P	F	R	G	U	J	K	M	S	Z
误差（%）	±0.5	±0.625	±1	±1.25	±2	±3.5	±5	±10	±20	+50 −20	+80 −20

2. 额定工作电压

额定工作电压是指电容器在电路中规定的工作温度范围内，可连续工作而不被击穿的加在电容器上的最高电压。电容器的额定工作电压值也有一个电压值系列。

3. 电容器的标称容量、误差及耐压表示方法

（1）直标法　指在产品的表面直接标志出产品的主要参数和技术指标的方法。如图 4—5 所示电容：容量为 33 μF ±5%，耐压为 32 V。

（2）文字符号法　这是将需要标志的主要参数与技术性能，用文字、数字符号有规律的组合标志在产品的表面上的方法。如图 4—6 所示的电容器：容量为 1 000 pF，写成 1 n。

图 4—5　电容器的直标法　　　　　图 4—6　电容器的文字符号法

（3）色标法　电容器的色标法规定类似于电阻中的色标法规定，其单位为皮法（pF）。电解电容工作电压也有用色点来表示，6.3 V 用棕色，10 V 用红色，16 V 用灰色，且色点应标在正极。

（4）数码表示法　电容数码表示法的规定基本上与电阻的数码法的规定相同，但当第三个字为 9 时表示 10^{-1}，单位为皮法。在微法容量中，小数点是用 R 表示。如 339 k 表示：容量为 $33 \times 10^{-1} \pm 10\% \, \text{pF}$，4R7K 表示：容量为 $4.7 \pm 10\% \, \mu\text{F}$。

4．绝缘电阻

绝缘电阻在数值上等于加在电容器两端的直流电压与通过电容器的直流漏电流的比值。一般单位为兆欧姆级。很显然它也是评价一个电容器好坏的主要参数。

三、常用电容器及其结构与特点

常用电容器及其结构和特点见表 4—9。

表 4—9　　　　　　　　　　　常用电容器及其结构和特点

种类	结构和特点	实物图
铝电解电容器	以氧化膜为介质，有正负极之分，容量大（0.47~10 000 μF），能耐受大的脉动电流，容量误差大，泄漏电流大，不宜使用在 25 kHz 以上频率的电路，可用于低频旁路、信号耦合、电源滤波。介电常数较大，范围是 7~10。耐压不高，额定电压：6.3~450 V，价格便宜	
钽电解电容器	用烧结的钽块作正极，电解质使用固体二氧化锰，其温度特性、频率特性和可靠性均优于普通电解电容器，特别是漏电流极小，损耗低，绝缘电阻大，贮存性良好，寿命长，容量误差小，而且体积小，与铝电解电容器相比，可靠性高，稳定性好。额定电压为 6.3~125 V，价格贵	
金属化纸介电容器	用真空蒸发的方法在涂有漆的纸上再蒸发一层厚度为 0.01 μm 的薄金属膜作为电极。体积小、容量大，在相同容量下，比纸介电容器体积小。自愈能力强，稳定性能、抗老化性能、绝缘电阻都比瓷介、云母、塑料膜电容器差，适用于对频率和稳定性要求不高的电路	
涤纶电容器	介质为涤纶薄膜。外形有金属壳密封的，有塑料壳密封的。电容器的容量大、体积小，其中金属膜的电容器体积更小。耐热性、耐湿性好，耐压强度大。由于材料的成本不高，所以制作成本低，价格便宜。稳定性较差，适用于对稳定性要求不高的电路	
瓷介电容器	用陶瓷材料作介质，在陶瓷片上覆银而制成电极，并焊上引线。其外层常涂有各种颜色保护漆，以表示温度系数。如白色和红色表示负温度系数；灰色、蓝色表示正温度系数。耐热性好，稳定性好，耐腐蚀性好。绝缘性能好。介质损耗小，温度系数范围大。原材料丰富，结构简单，便于开发新产品。容量较小，力学强度小	

种类	结构和特点	实物图
可变电容器	单联可变电容器只有一个可变电容器	
	双联可变电容器就是由两个可变电容器组合在一起，手动调节时两个可变电容器的容量同步调节	
	微调电容器又称半可变电容器，其容量变化范围比可变电容器小很多，电容量可在某一小范围内调整，并可在调整后固定于某个电容值。瓷介微调电容器的 Q 值高，体积也小，通常可分为圆管式及圆片式两种。云母和聚苯乙烯介质的通常都采用弹簧片，结构简单，但稳定性较差。线绕瓷介微调电容器是拆铜丝（外电极）来变动电容量的，故容量只能变小，不适合在需反复调试的场合使用。主要用于调谐电路，通常情况下与可变电容器一起使用，一般体积比较大，有动片与定片之分	

第三节　电　感　器

电感器是构成电路的基本元件之一，在电路中有阻碍交流电通过的特性。其基本特征之一是通低频、阻高频，在交流电路中常用作扼流、降压、交连、负载等。

一、电感器的种类及命名方法

电感器主要是指各种线圈，又称电感。变压器、延迟线滤波器等这类元件通常也归入电感类。

1. 电感线圈

电感分为固定电感器和可变电感器两大类，由绕组、骨架和芯子等组成。按用途分有高频扼流线圈、低频扼流线圈、调谐线圈、退耦线圈、提升线圈和稳频线圈等。按结构特点可分为单层、多层、蜂房式、带磁芯式等电感。

（1）小型固定电感线圈　小型固定电感线圈又称电感器，它的电感量用直标法和色环法表示，又称为色码电感器。色码电感器具有体积小、质量轻、结构牢固和安装使用方便等优点，因而广泛用于电子设备中，用作滤波、陷波、扼流、振荡、延迟等。

（2）低频扼流圈　低频扼流圈又称滤波线圈，一般由铁芯和绕组等组成。其结构有封闭式和开启式两种，封闭式的防潮性能较好。低频扼流圈常与电容器组成滤波电路，以滤除整流后残存的一些交流成分。

（3）高频扼流圈　高频扼流圈用在高频电路中用来阻碍高频电流的通过。在电路中，高频扼流圈常与电容器串联或并联组成滤波电路，起到分开高低频的作用。

（4）高频天线线圈　高频天线线圈按其用途可分为多种，如收音机中的天线线圈就是其中的一种，配以可变电容即可组成调谐电路。

2. 变压器

变压器是变换电压、电流和阻抗的器件。种类繁多，一般是按工作频率分为低频变压器、中频变压器、高频变压器。

（1）低频变压器　又分为音频变压器和电源变压器。它主要用在阻抗变换和电压变换（降压、升压）上。

（2）中频变压器　适用于频率范围从几千赫兹到几十兆赫兹的。它是超外差式接收机中的重要元件，又叫中周，起选频、耦合等作用，在很大程度上决定了接收机的灵敏度、选择性和通频带。

（3）高频变压器　一般又分为耦合线圈和调谐线圈。调谐线圈与电容可组成串、并联谐振回路，用来起选频等作用。天线线圈、振荡线圈都是高频线圈。

3. 电感器的型号命名方法

（1）电感线圈的型号命名方法　电感线圈的命名方法如图 4—7 所示。

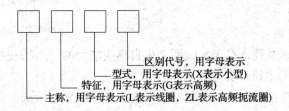

区别代号，用字母表示
型式，用字母表示(X表示小型)
特征，用字母表示(G表示高频)
主称，用字母表示(L表示线圈，ZL表示高频扼流圈)

图 4—7　电感线圈的命名方法

（2）中频变压器的型号命名方法　它由三部分组成：

第一部分：主称，用字母表示。

第二部分：尺寸，用数字表示。

第三部分：级数，用数字表示。

各部分的字母和数字所表示的意义见表 4—10。

表 4—10　　　　中频变压器、电感器型号各部分字母和数字所表示的意义

主称		尺寸		级数	
字母	名称、特征、用途	数字	外形尺寸/mm	数字	用于中放级数
T	中频变压器	1	$7 \times 7 \times 12$	1	第一级
L	线圈或振荡线圈	2	$10 \times 10 \times 14$	2	第二级
T	磁性瓷芯式	3	$12 \times 12 \times 16$	3	第三级
F	调幅收音机用	4	$20 \times 25 \times 36$		
S	短波段				

（3）变压器型号的命名方法　它由三部分组成：

第一部分：主称，用字母表示。

第二部分：功率，用数字表示，计量单位用伏安（VA）或瓦（W）标志，但 RB 型变压器除外。

第三部分：序号，用数字表示。

主称部分字母表示的意义见表4—11。

表 4—11　　　　　　变压器型号中主称部分字母表示的意义

字母	意义	字母	意义
DB	电源变压器	HB	灯丝变压器
CB	音频输出变压器	SB 或 ZB	音频（定阻式）输送变压器
RB	音频输入变压器	SB 或 EB	音频（定压式或自耦式变压器）
GB	高压变压器		

二、电感的主要参数

描述电感的常见参数有：电感量、允许偏差、品质因数、分布电容、额定电流、稳定性。

1. 电感量及偏差

电感量也叫自感系数，是表示线圈产生自感应能力的一个物理量，大小取决于线圈匝数、线径、几何尺寸和介质等。

电感的标称电感量和偏差的常见标志方法有直标法和色标法，标志方式相似于电阻的标志法。常见的电感器的标志法如图4—8所示。

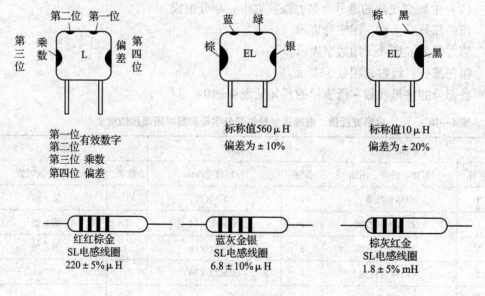

图 4—8　电感器的标志法

2. 额定工作电流

额定工作电流是指电感在工作电路中，在规定的温度下，连续正常工作时的最大工作电流。额定工作电流是各种扼流圈、电感线圈选用的主要参数之一。

3. 品质因数

品质因数是表示线圈质量的物理量，是指线圈在某一频率的交流电压下工作时所呈现出来的感抗与等效损耗电阻之比，即 $Q = X_L / R$。

在谐振电路中，线圈的 Q 值越高，回路的损耗越小、选择性越好，因而电路的效率越高。

4. 分布电容

线圈的匝与匝间、线圈与屏蔽罩（有屏蔽罩时）间、线圈与磁芯、底板间存在的电容，均称为分布电容。分布电容的存在使线圈的 Q 值降低，稳定性变差，因而线圈的分布电容越小越好。

分布电容的存在，降低了电感线圈的稳定性。通常是通过改变结构和形状来减小分布电容。

三、常用电感器（线圈）及其结构与特点

常用电感器（线圈）及其结构和特点见表4—12。

表 4—12　　　　　　　　　常用电感器（线圈）及其结构和特点

种类	结构和特点	实物图
单层线圈	单层线圈是用绝缘导线一圈挨一圈地绕在纸筒或胶木骨架上。如晶体管收音机中波天线线圈。单层线圈的电感量较小，在几微亨至几十微亨之间。单层线圈通常使用在高频电路中，为了提高线圈的 Q 值，单层线圈的骨架，常使用介质损耗小的陶瓷和聚苯乙烯材料制作 线圈的绕制可采用间绕和密绕。间绕线圈每圈间都相距一定的距离，所以分布电容较小。当采用粗导线时，可获得高 Q 值和高稳定性。但间绕线圈电感量不能做得很大，因而它可以使用在要求分布电容小，稳定性高，而电感量较小的场合。对于电感量大于 15 μH 的线圈，可采用密绕。密绕线圈的体积较小，但它圈间电容较大，使 Q 值和稳定性都有所降低 另外，对于有些对稳定性要求较高的地方，还应用镀银的方法将银直接镀覆在膨胀系数很小的瓷质骨架表面，制成电感系数很小的高稳定型线圈。在高频大电流的条件下，为了减少集肤效应线圈通常使用铜管绕制	
多层线圈	当要求电感量大于 300 μH 时，应采用多层线圈 多层线圈除了圈与圈之间具有分布电容之外，层与层之间也具有分布电容，因此使用多层线圈的分布电容大。同时线圈层与层间的电压相差较多。当层间的绝缘较差时，易发生跳火、绝缘击穿等问题，为此，多层线圈常采用分段绕制，增大各段之间距离的方法，以减小线圈的分布电容	

续表

种类	结构和特点	实物图
蜂房线圈	多层线圈的缺点之一就是分布电容较大。采用蜂房绕制方法，可以减少线圈的固有电容。所谓的蜂房式，就是将被绕制的导线以一定的偏转角（19°～26°）在骨架上缠绕。通常缠绕是由自动或半自动的蜂房式绕线机进行的。对于电感量较大的线圈，可以采用两三个以至多个蜂房线包将它们分段绕制	
铁氧体磁芯和铁粉芯线圈	铁氧体磁芯线圈的电感量大小与有无磁芯有关。在空芯线圈中插入铁氧体磁芯，可增加电感量和提高线圈的品质因素。加装磁芯后还可以减小线圈的体积，减少损耗和分布电容。另外，调节磁芯在线圈中的位置，还可以改变电感量。因此许多线圈都装有磁芯，形状也各式各样	

第四节 半导体器件

一、半导体器件型号命名方法

1. 国内半导体器件型号命名方法

半导体器件型号由五部分组成。

第一部分用数字表示晶体管有几个电极数目：2 表示二极管，3 表示三极管；第二部分用汉语拼音字母表示半导体的材料、极性；第三部分用汉语拼音字母表示半导体的类别。半导体型号第二、三部分的意义见表4—13。

表4—13　　　　　　　　　半导体型号第二、三部分字母及其意义

第二部分		第三部分			
字母	意义	字母	意义	字母	意义
A	N 型，锗材料	P	普通管	D	低频大功率管
B	P 型，锗材料	V	微波管		($f_a < 3$ MHz，$P_c \geqslant 1$ W)
C	N 型，硅材料	W	稳压管	A	高频大功率管
D	P 型，硅材料	C	参量管		($f_a \geqslant 3$ MHz，$P_c \geqslant 1$ W)
A	PNP 型，锗材料	Z	整流器	T	半导体闸流管（可控整流器）
B	NPN 型，锗材料	L	整流堆	Y	体效应器件
C	PNP 型，硅材料	S	隧道管	B	雪崩管
D	NPN 型，硅材料	N	阻尼管	J	阶跃恢复管
E	化合物材料	U	光电器件	CS	场效应器件
		K	开关管	BT	半导体特殊器件
		X	低频小功率管	PIN	PIN 型管
			($f_a < 3$ MHz，$P_c < 1$ W)	FH	复合管
		G	高频小功率管	JG	激光器件
			($f_a \geqslant 3$ MHz，$P_c < 1$ W)		

例如，2CZ56 为 N 型硅材料整流二极管。

例如，3DG6 为 NPN 型高频小功率三极管。

3CK8 为 PNP 型开关三极管。

2. 日本半导体型号命名方法见表 4—14。

表 4—14　　　　　　　　　　日本半导体型号命名方法

	数字	字母
第一部分	2 表示三极管　1 表示二极管	
第二部分		S 表示已登记过
第三部分		A 表示 PNP 型高频管　B 表示 PNP 型低频管 C 表示 NPN 型高频管　D 表示 NPN 型低频管
第四部分	登记号	
第五部分		用 A、B、C、D 表示其三极管的改进型

二、晶体二极管

半导体二极管是具有明显单向导电特性或非线性伏安特性的半导体二极器件。通常按用途分为：检波、混频、开关、稳压、整流、光电、发光、变容、阻尼等二极管。按结构又分为面接触和点接触二极管。按工作原理分有隧道二极管、变容二极管、雪崩二极管等。常见二极管外形如图 4—9 所示。

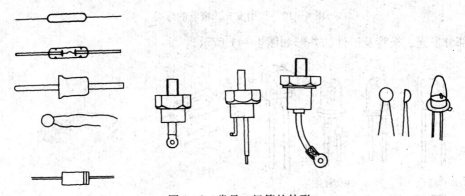

图 4—9　常见二极管的外形

描述二极管的主要参数随用途不同而有所差异，例如，整流、检波等二极管有最大平均整流电流 I_R、最大反向工作电压 U_R、反向电流 I_r、工作频率、反向恢复时间。稳压二极管的主要参数有稳定电压、稳定电流、电压温度系数、动态电阻、额定功耗等。

发光二极管，简称 LED，也有 PN 结，也具有单向导电性。但被利用的是其 PN 结导通发光的特性，它在日常生活、机电设备中被广泛采用。通常 LED 采用磷化镓（GaP，绿光，波长 600 nm）、磷砷化镓（GaAsP，红光，波长 660 nm）、砷铝化镓（GaAlAs，高亮度单色光）和磷铟砷化镓（GaAsInP，高亮度单色光）等半导体材料制成，材料不同发出的光也不一样。LED 的正向导通电压高于其他二极管，它的 PN 结上

要加到 +2 V 左右，才会导通发光。LED 没有像白炽灯等器件的电—热转换过程，它是把电能转换成光能的器件，发光机制是电致发光，因此是一种冷光源，是一种自发辐射器件。

　　LED 的种类很多，通常多按外形（分圆柱形、矩形、三角形、方形、组合形、符号形等）、波长（分可见光，如红、橙、黄、绿、蓝等颜色和不可见光，如红外光、紫外光等）、发光强度（分普亮管、高亮管和超高亮管）、发光管芯组合（分单色、双色或变色、三色）、用途（分控制，如红外等；指示、显示，如指示灯、字符显示器、显示屏等）……加以区分。常用发光二极管的分类如图 4—10 所示。

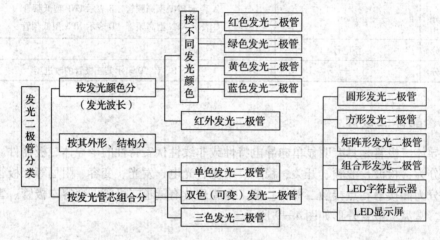

图 4—10　常用发光二极管的分类

部分发光二极管及组件的外形如图 4—11 所示。

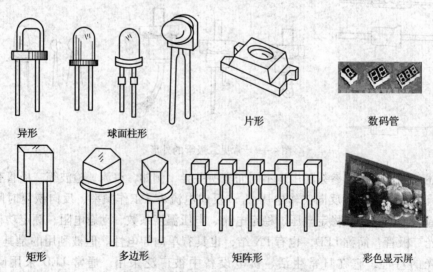

图 4—11　部分发光二极管及组件外形

　　对于发光二极管，它的主要参数除最大平均整流电流 I_R、最大反向工作电压 U_R、反向电流 I_r、工作频率、反向恢复时间、额定功耗外，还有发光的颜色、强度、效率及其工作寿命等。

三、双极结型晶体管和场效应晶体管

双极结型晶体管和场效应晶体管可统称为晶体三极管，它通常是指对信号有放大和开关作用的，具有三个或四个电极的半导体器件。双极结型晶体管即日常所说的三极管或晶体管，主要是由电子和空穴两种极性的载流子同时起作用且拥有 PN 结，所以被称为双极结型。它利用基极的小电流的控制使集电极产生较大电流，因而，又称为电流控制器件。第二章业已讲过，其基本类型有 PNP 和 NPN。场效应晶体管分为结型场效应晶体管（JFET）、金属—氧化物—半导体场效应管（MOSFET）；根据衬底不同有 P 沟道和 N 沟道之分；根据栅源加电前有无 MOS 管又分为耗尽型和增强型。场效应晶体管为多数载流子起作用，它利用栅源电压的微变的控制使漏极产生较大的电流改变，因此又称电压控制器件。因为只有一种多子参与导电，所以，习惯上又称为单极晶体管。部分晶体管外形如图 4—12 所示。

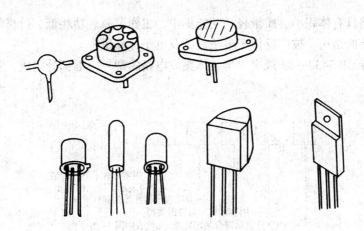

图 4—12　部分晶体管的外形

晶体三极管按工作频率、开关速度、噪声电平、功率容量及其他性能分，有低频小功率、低频大功率、高频低噪声、微波低噪声、高频大功率、高频小功率、超高速开关、功率开关、高速功率开关等类型。

双极结型晶体管的主要参数有：直流放大倍数 β、极间反向电流（I_{ceo}、I_{cbo}）和极限参数（I_{cM}、$U_{(BR)ceo}$、$U_{(BR)cbo}$、$U_{(BR)ebo}$、P_{cM}）等。

场效应晶体管的主要参数有——直流参数：开启电压 $U_{GS(th)}$ 和夹断电压 $U_{GS(off)}$，饱和漏极电流 I_{DSS}，直流输入电阻 R_{GS}；交流参数：低频跨导 g_{m}；极限参数：漏源击穿电压 $U_{(BR)DS}$，栅源击穿电压 $U_{(BR)GS}$，最大耗散功率 P_{DM} 等。

根据用途，晶体三极管在选用时要考虑以下几个方面：工作频率、集电极最大耗散功率、电流放大系数或低频跨导、反向击穿电压、稳定性和饱和压降等。这些因素又有互相制约的关系，在选管时应抓住主要的因素，兼顾其他。

场效应晶体管是静电敏感器件，包装、运输、装接时要特别注意采取防静电措施。

另外，绝缘栅型场效应管的栅源两极绝不允许悬空，各极电压的极性不能接错，不推荐漏源两极互相调用；结型场效应管的栅源电压 U_{GS} 不允许为正值；在未关电源时绝不允许把器件插入电路或从电路中拔出等。

四、集成电路

集成电路是将有源元件（如晶体管等）、无源元件（如电阻、电容等）及其互连布线制作在一个半导体或绝缘基体上，形成结构上紧密联系、在外观上看不出所用器件的一个整体电路。

1. 集成电路的分类

目前，集成电路通常分为数字集成电路和模拟集成电路。前者是由若干个逻辑电路组成，后者是由各种线性及非线性电路组成。就集成度而言，集成电路分为小规模、中规模、大规模和超大规模，它表明了一个基片上所集中的元器件的数目。从结构上看，集成电路又有半导体集成电路、厚膜集成电路及混合这两种工艺做成的混合集成电路。

集成电路具有体积小、质量轻、功能集中、工作可靠、功耗低、价格低等优点，大大简化了产品的结构，被广泛用于电子设备及电子计算机中。

根据国标 GB 3430—89 规定，半导体集成电路的型号由五部分组成，各部分的意义见表 4—15。

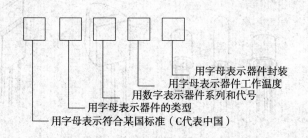

用字母表示器件封装
用字母表示器件工作温度
用数字表示器件系列和代号
用字母表示器件的类型
用字母表示符合某国标准（C代表中国）

表 4—15　　集成电路型号各部分组成及意义

第一部分		第二部分		第三部分	第四部分		第五部分	
符号	意义	符号	意义	数字	符号	意义	符号	意义
C	中国制造	T	TTL		C	0~70℃	W	陶瓷扁平
		H	HTL		E	-40~85℃	B	塑料扁平
		E	ECL		R	-55~85℃	F	多层陶瓷扁平
		C	CMOS		M	-55~125℃	D	多层陶瓷双列直插
		F	线性放大器		⋮	⋮	P	塑料双列直插
		D	音响、电视电路		⋮	⋮	J	黑瓷双列直插
		W	稳压器				K	金属菱形
		J	接口电路				T	金属圆形

第一部分		第二部分		第三部分	第四部分		第五部分	
符号	意义	符号	意义	数字	符号	意义	符号	意义
		B	非线性电路				⋮	⋮
		M	存储器				⋮	⋮
		μ	微型机电路					
		⋮	⋮					
		⋮	⋮					

2. 集成电路的引脚识别

集成电路有圆筒形管壳和扁平形管壳。管壳可以是金属的，也可以是陶瓷或塑料的。一般用 W 表示陶瓷封装，用 B 表示塑料封装等。部分集成电路外形如图 4—13 所示。

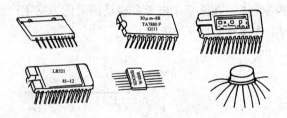

图 4—13 部分集成电路外形

（1）扁平封装或单、双列直插封装集成电路管脚的识读 为方便正确使用，集成电路一般都有识别标记，例如，凹坑、缺角、色点、孔、缺口、色带（ ┛ 和 ┃ ）等，将集成电路印有型号的那面面向自己，从有标记端的左侧第一脚逆时针起依次为1、2、3、4……，读完一侧后逆时针转至另一侧再读，如图 4—14 所示。

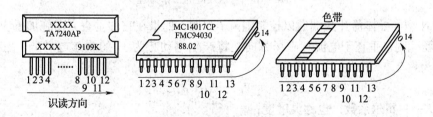

图 4—14 扁平封装集成电路的管脚识别

（2）金属圆筒形集成电路封装的管脚排列 方法有两种。

1）管脚间距离不等排列 面对管脚，以两脚间距最大处为标志，将标志朝下，左边起第一脚为1，顺时针依次为2、3……，如图 4—15a 所示。

2）管脚间等距离排列 这种集成电路封装时通常有凸键作为标志。面对管脚，管边缘凸键为标志，标志朝下，左边起以顺时针方向数管脚1、2、3……，如图 4—15b 所示。

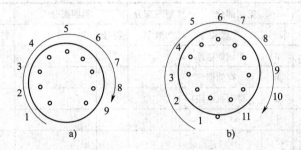

图4—15　金属圆筒封装集成电路的管脚识别

五、霍尔器件

1. 霍尔效应和霍尔电势

置于磁场中的载流导体，在垂直于电流和磁场两者的方向上产生电压的现象称为霍尔效应。霍尔效应的工作原理如图4—16所示。

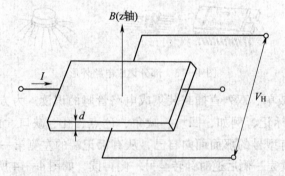

图4—16　霍尔效应的工作原理

以 N 型半导体薄片两端通以控制电流 I 为例，如果在它的垂直方向施加感应强度为 B 的磁场，则在垂直于电流和磁场方向上将产生电动势为 V_H 的霍尔电动势。它们之间的关系为：

$$V_H = KIB/d$$

式中　K——霍尔系数，也称灵敏度；

　　　I——薄片中流过的电流；

　　　B——外加磁场的磁感应强度；

　　　d——薄片的厚度。

上式表明，霍尔电动势 V_H 与薄片中通过的电流 I、霍尔系数 K、外加磁场的磁感应强度 B 成正比，与薄片的厚度 d 成反比。

2. 霍尔器件的结构、外形及应用

霍尔器件是利用霍尔效应制成的一种半导体器件，包括霍尔效应磁敏传感器，简称霍尔传感器——以霍尔效应原理构成的霍尔元件、霍尔集成电路、霍尔组件等的统称。

霍尔电势的大小与材料的性质和尺寸有关，一般采用半导体材料，例如，N 型锗、锑化铟、砷化铟、砷化镓以及磷砷化铟等，不同材料制成的霍尔器件的特性不同。霍尔器件要做得比较薄，有的只有 1 μm 左右。霍尔器件是一种四端型器件，图形符号及实物外形如图 4—17 所示。霍尔器件通常由霍尔片、集成电路、4 根引线和壳体组成。霍尔片是一块矩形半导体单晶薄片，尺寸一般为 4 mm × 2 mm × 0.1 mm。4 个电极中的 A、B 为输入端，接入由电源 E 提供的控制电流；C、D 为霍尔电动势输出端，接输出负载 R_L，R_L 可以是放大器的输入电阻或测量仪器的内阻。

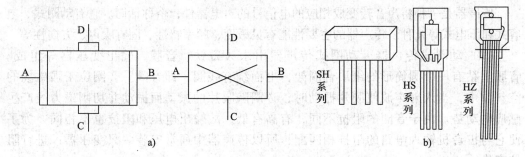

图 4—17 霍尔器件的符号及外形

a) 符号 b) 实物外形

霍尔器件的典型应用电路如图 4—18 所示。图 4—18 中，E 为直流供电电源。RP 为控制电流 I 大小的电位器，I 通常为几十至几百毫安。R_L 是 V_H 的负载。A、B 端为输入端，输入端的内阻称输入电阻 R1。C、D 端（即 V_H 端）为输出端，输出端的内阻称输出电阻 R2。

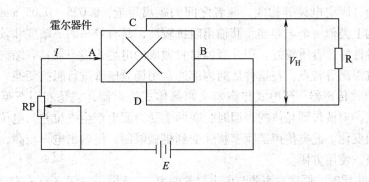

图 4—18 霍尔器件的典型应用电路

利用霍尔电压与外加磁场成正比的线性关系，加上集成电路可做成多种电学和非电学测量、控制器件。这种器件具有构造简单、体积小、输出变化量大、分辨力强、质量小、惯性小、工作频率高、响应时间快、开关特性好、灵敏度高、寿命长等优点，因此被广泛应用于直线往复运动物体的频率测量、位移测量、磁场测量、限位开关以及接近开关等电路中。

第五节　电声器件与电真空器件

一、电声器件

电声器件是一种电声转换器件，可将电能转换成声能，或将声能转换成电能，它包括传声器（送话器、话筒）、扬声器（受话器、耳机、喇叭）等。

1. 传声器

传声器是一种将声音转变成相应的电信号的声电器件，俗称话筒。它有动圈式、电容式和压电式等几种。传声器的主要性能有灵敏度、频率特性、固有噪声、方向性等。

（1）动圈式传声器　动圈式传声器由永久磁铁、音膜、输出变压器等组成。音膜上粘有一个圆筒形的纸质音圈架，上面绕有线圈，即音圈。音圈位于强磁场的空气隙中，当入射声波使膜片振动时，音圈随膜片的振动而振动并切割磁力线产生感应电动势。由于音圈的阻抗不同，有高有低，故输出电压和阻抗也不相同。为了使它与扩音机输入电路的阻抗相匹配，所以传声器中通常安装一只变压器，进行阻抗变换。

动圈式传声器输出阻抗可分为两类：高阻输出和低阻输出。一般低阻输出的阻抗为 200～600 Ω；高阻输出的阻抗在 10 kΩ 以上。

动圈式传声器的频率特性在 200～5 000 Hz 范围内，质量较好的可达 50～10 000 Hz 的宽度，其输出电平为 −30～−50 dB，失真为 1%～3%。它的优点是：结构坚固，工作稳定，具有单方向性，经济耐用。

（2）电容式传声器　电容式传声器是一种靠电容容量变化而起换能作用的传声器，由金属振动膜、固定电极等构成。两者之间的距离很近，0.025～0.05 mm，中间介质为空气，结构上类似一个电容器。其输出阻抗较高，具有较高的灵敏度和较平坦的频率特性，瞬时特性好，音质较好。用驻极体材料做成的电容式传声器具有结构简单、体积小、输出阻抗很高等特点。在这种话筒内部通常用场效应管进行阻抗变换。

（3）压电式传声器　压电式传声器又叫晶体式传声器，它是利用石英晶体的压电效应制作而成，声波传到晶体的表面时，在两个受力面上产生电位差。电位差的大小随声波的强度而变化。此类传声器频率特性受到机械限制，但输出电平较高，输出阻抗适中，价格低廉，使用方便。

在使用传声器时，要注意声源与传声器的距离，一般距离为 0.3 m 左右，还应根据要求选用不同的传声器，对音质要求较高的场合，选用高质量的动圈式、电容式等，在普通使用中，选用一般动圈、电容式。在环境噪声较大的场合应选用方向性好的动圈传声器。

传声器的引线要有良好的屏蔽，以免外界杂音窜入电路进行干扰，常采用绞合线和金属屏蔽线，引线长度宜短不宜长。

2. 扬声器

扬声器又称喇叭，是一种将电能转变为声能的电声转换器件。常见的扬声器有电动式、电磁式、压电式，又有高音扬声器、低音扬声器之分。

扬声器的主要指标有额定功率、阻抗、灵敏度、频率特性、方向性、失真度等。

（1）电动式扬声器　电动式扬声器由纸盆、音圈、定芯支片组成的振动系统和磁路系统等组成。纸盆是由特制的模压纸做成，模压纸通常含有羊毛等混合物。为改善音质，常在纸盆上压些凹沟来改善音质。纸盆中心厚，边缘薄，以适应高、低频信号，获得较宽的频率特性。磁路系统由永久磁铁、软铁圆极、软铁芯柱等组成。按磁路系统的结构又分为内磁式和外磁式。

电动式扬声器又分为纸盆式扬声器和号筒式扬声器。

常用的电动式纸盆扬声器有以下几种：

1）普通圆形电动扬声器　这是一种应用最广泛的扬声器，它具有良好的电性能，音质柔和，低音丰满，频率特性范围较宽。通常纸盆口径越大则低音频的重放越好。

2）椭圆形电动扬声器　纸盆的口径呈椭圆形，它能使小口径椭圆扬声器发音达到较大口径圆形扬声器产生的效果。

3）橡皮边电动扬声器　这种扬声器的结构与普通电动扬声器相似，但纸盆边缘用弹性及阻尼均良好的橡胶制作，使振动系统的顺性大为增加，纸盆及音圈的质量较大，使扬声器的低频特性大为提高，具有非常平坦的频率特性和小的非线性失真。但这种扬声器的效率低，而且高频特性不良，所以需要加置辅助高频扬声器。

4）高频扬声器　这是专门用于重放高音频的扬声器，辐射口径小而振动系统质量小。它们的高频特性均在 12 kHz 以上，重放频率下限则在 2 kHz 左右，可分直接辐射纸盆式、球顶式等。这种扬声器应与相应的分频网络和低频扬声器配合使用。

（2）电磁式扬声器　电磁式扬声器又叫作舌簧式扬声器，由舌簧片、线圈、磁铁、纸盆、传动杆等组成。舌簧上外套线圈，放在磁铁中，通电后在磁场上运动带动连杆，使纸盆振动发声。它广泛用于农村广播。

（3）压电陶瓷式扬声器　压电陶瓷式扬声器是利用某些晶体材料的压电效应而制成的。当在晶体材料表面加上音频电压时，晶体能产生相应的振动，利用它来推动纸盆振动发声。压电陶瓷扬声器的结构简单，电声效率较高。

二、显像管

目前用于电视机的有黑白显像管、彩色显像管两类。显像管又有磁偏转电聚焦和磁偏转磁聚焦两大类。国产显像管多属于磁偏转电聚焦一类。

1. 黑白显像管的组成及引脚排列

黑白显像管由电子枪、玻壳和荧光屏等组成。电子枪是由管脚、灯丝、阴极、加速极、聚焦极、高压阳极等组成。

显像管的管脚排列规律是以两个距离最远的空隙为标志，标志朝下，左边的一脚为第 1 脚，顺时针为 2、3、4、5、6、7，其中 1、5 为栅极，2 为阴极，3、4 为灯丝，5、6 为加速极，7 为聚焦极。黑白显像管的参数有荧光屏尺寸、偏转角、总管最大长度、各极工作电压和显像管分辨率等。黑白显像管型号命名方式如图 4—19 所示。

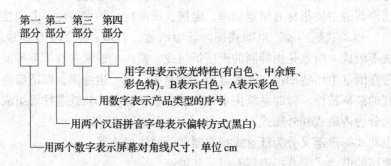

图4—19 黑白显像管的型号命名方式

2. 彩色显像管

彩色显像管的命名方式类似于黑白显像管，只是第二部分为 ZX，第四部分发光颜色为 A，有十几个管脚，识读方法是：管脚标志同黑白显像管，标志朝下左边一脚为第1脚，顺时针方向为 2、3……11、12、13。彩色显像管由电子枪、玻壳、荫罩、荧光屏等组成。目前彩色显像管分为三枪三束、单枪三束和自会聚式等。而自会聚式彩色显像管调整方便，所以目前采用较多。

第六节 磁头与磁带

用于无线电设备的磁性器件有许多种类，本节介绍一些常用的磁头与磁带的基本知识。

一、磁头

1. 收录机磁头

收录机磁头是指录音磁头、放音磁头、抹音磁头。有些录音机将录音磁头和放音磁头合在一起，构成录放两用磁头。磁头是录音机的关键元件之一，其性能直接影响录音和放音质量。

磁头还有单声道、双声道和多声道之分，不同的偏磁电路选配磁头不一样，因此不能随便更换磁头。

磁头的主要性能参数有阻抗、偏磁电流、录音灵敏度等。阻抗分直流阻抗和交流阻抗。交流阻抗是指在规定的电流及频率下，磁头两引线之间的音频电压与流过线圈的电流的比值。一般录音机的交流阻抗为 600 ~ 2 000 Ω。国产收录机大部分采用 600 Ω 阻抗的磁头。交流阻抗在 600 Ω 左右的磁头一般称为低阻磁头，900 Ω 左右的称为中低阻磁头，1 400 Ω 左右的称为中高阻磁头，2 000 Ω 左右的称为高阻磁头。通常低阻抗磁头大都采用交流偏磁方式，高阻抗磁头大都采用直流偏磁方式。部分录放磁头的型号及主要性能参数见表4—16。

表 4—16			录放磁头的型号及主要性能参考		
	型号	直流电阻/Ω	交流阻抗/Ω	偏磁电流/μA	录音灵敏度/μA
单声道录放磁头	RM—7301	400	2000	250	25
	RM—7544	245	2000	250	25
	RM—7521	180	1200	300	30
	RM—7533	110	600	400	40
	RM—7522	110	600	600	40
	RS—1251	215	850	400	60
双声道录放磁头	RS—1241	215	850	400	60
	RS—1231	210	900	400	60
	RS—1231	210	900	400	60

磁头结构及图形符号如图 4—20 所示。

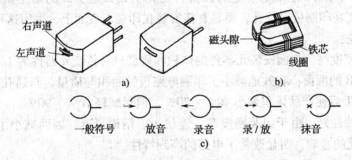

图 4—20　磁头结构及图形符号
a) 外形示意图　b) 结构示意图　c) 图形符号

2. 录像机磁头

录像机上用的磁头有视频（图像）磁头和音频磁头及控制磁头。视频（图像）磁头是录像机的核心部件之一。

（1）视频（图像）磁头的特点　视频磁头的工作缝隙一般做得窄，现在的录像机视频磁头的工作缝隙已小于 0.3 mm，以保证最短记录波长的重放。

（2）视频磁头　放置在高速旋转的磁鼓上，磁带与磁头的相对速度大为提高，使最高频率的记录波长变长，以满足重放的要求。视频磁头组件由上磁鼓（旋转磁鼓）、下磁鼓（固定磁鼓）、转子、霍尔元件、全抹消磁头以及磁鼓电动机组成。

（3）音频控制磁头　这类磁头称为 A/C 磁头，由音频的记录/放像磁头、控制信号的记录/放像磁头及抹音磁头三个部分组成。

二、盒式磁带

盒式磁带是由磁带盒壳、润滑垫片、带盘轮和导向滑轮、屏蔽板、毛毡和簧片等构成。在磁带盒底部两侧有两块防误抹片，用来防止磁带在使用时误消音。盒式磁带按所采用涂敷磁粉材料的不同，可分为氧化铁带（简称铁带）、二氧化铬磁带（简称铬带）、铁铬磁带、金属磁带等。按走带时间（磁带长度）可分为 C—45、C—60、C—90、C—120（数字表示正反两面共走带的分钟数），一般常用 C—60 磁带。盒式磁带除了平时常见的盒式磁带外，还有微型盒式磁带和大盒式磁带。

盒式磁带的物理性能包括磁带的宽度、伸长率、屈服拉力、磁粉层厚度、黏度以及磁带在带盒内的摩擦力矩等。盒式磁带电磁性能主要是指：基准偏磁比、最大输出电平、相对磁带灵敏度、信号对偏磁噪声比、频率响应、均匀性、复印比、抹音效果等指标。

第七节　表面安装元器件

随着电子技术的飞速发展及电子工艺制造技术的不断提高，电子元器件逐渐向体积小型化、制造安装自动化方向发展，从而出现了表面安装元件（SMC）和表面安装器件（SMD），又称贴片式元器件。这种元器件是无引线或短引线的新型微小型元器件，在安装时不需要在印制板上打孔，而是直接安装在印制板表面上，采用这种元器件焊装的电路的特点是：

（1）组装密度高　表面安装元器件的体积和质量只有传统元器件的 1/10 ~ 1/3，而且可以装在 PCB 的两面，有效地减小了印制电路板的面积与质量。与通孔安装（THT）相比，采用 SMT 后使产品体积缩小 40% ~ 70%，质量减轻 70% ~ 90%。

（2）高频特性好　由于组装密度高、连线短、结构紧凑，因而减小了电路中分布参数及射频干扰的影响，明显改善了电路的高频特性。

（3）可靠性高　由于表面安装元器件无引线、质量轻、因而抗震能力和抗冲击能力强。焊点缺陷率不到通孔安装的 1/10，因而大大提高了整机产品的可靠性。

（4）易于自动化生产、生产效率高、成本低　由于表面安装元器件的外形尺寸标准化、系统化，不需要预先成型，一般印制电路板不需要为元器件引脚打孔，简化了整机生产工序，提高了生产效率，降低了成本。因此，在电子设备的制造中得到广泛应用。

表面安装元器件，在功能上与通孔安装元器件相同。表面安装元器件的种类很多，功能各异。除阻容元件、晶体管、集成电路外，一些机电元件也都实现了贴片化。与装接密切相关的是按功能的分类。

一、按功能的分类

1. 元件（SMC）类

它们主要有：

（1）电阻器类　例如，薄膜电阻、厚膜电阻、敏感电阻和电阻排，微调、多圈电位器等。

（2）电容器类　例如，陶瓷电容、电解电容、薄膜电容、云母电容和片式钽电容器等。

（3）电感器类　例如，叠层电感、线绕电感和片式变压器等。

（4）机电元件类　例如，开关、继电器中的钮子开关、轻触开关、簧片继电器等；连接器中的片式跨接线、圆柱形跨接线、插片连接器等；微电机中的薄型微电机等。

2. 器件（SMD）类

这方面主要有：

（1）分立组件类　例如，二极管、晶体管和晶体振荡器等。

（2）集成电路类　例如，各种功能的片式集成电路、大规模集成电路等。

二、表面安装元件（SMC）

1. 表面安装电阻器

表面安装电阻器有矩形片状、圆柱形、电阻网络等。

（1）矩形片式电阻器　这种电阻器在制造工艺上有两种形式：一种是薄膜（RK）型，另一种是厚膜（RN）型。薄膜型电阻是在基体上喷射一层镍铬合金而成，性能稳定，阻值精度高，由于在电阻层上涂敷特殊的玻璃釉涂层，故电阻在高温、高湿度下性能非常稳定，但价钱较贵；厚膜型是在扁平的高纯度氧化铝（Al_2O_3）陶瓷基片上网印二氧化钌基浆料电阻膜，烧结后经光刻而成的一种电阻器。片式表面安装电阻器一般是厚膜型的，它精度高、温度系数小、稳定性好，应用极为广泛。

1）片式电阻器的基本结构及外形　这种电阻器的结构与外形如图 4—21 所示。电极一般采用三层结构：内层电极、中间电极和外层电极。内层为银钯（Ag–Pd）合金，它与陶瓷基板有良好的结合力；中间为镍层，是为了防止在焊接期间银层的浸锡；最外层为焊接端头，不同的国家采用不同的材料，日本通常采用 Sn–Pb 合金，厚度为 1 mil，美国则采用 Ag–Pd 合金。

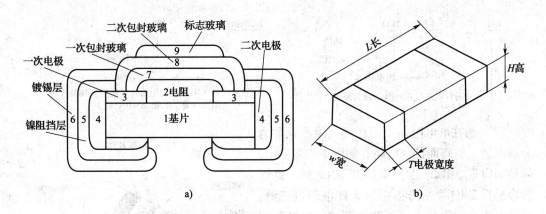

图 4—21　片式电阻器的基本结构及外形

a）片式电阻器的结构　b）片式电阻器的外形

片式电阻器实用中多以形状尺寸（长×宽）来命名。常用不同型号、瓦数的片式电阻的尺寸见表 4—17。

表 4—17　　　　　　　　　　　　　　片式电阻尺寸和功率

EIA 代码（mil）	尺寸代码（mm）	长（L）（mm）	宽（W）（mm）	高（H）（mm）	额定功率（W）
0201	0603	0.6 ± 0.05	0.3 ± 0.05	0.23 ± 0.05	1/20
0402	1005	1.00 ± 0.10	0.5 ± 0.10	0.30 ± 0.10	1/16
0603	1608	1.6 ± 0.15	0.80 ± 0.15	0.40 ± 0.10	1/10
0805	2012	2.0 ± 0.2	1.25 ± 0.15	0.50 ± 0.10	1/8
1206	3216	3.2 ± 0.2	1.6 ± 0.15	0.55 ± 0.10	1/8
1210	3225	3.2 ± 0.2	2.5 ± 0.2	0.55 ± 0.10	1/4
1812	4832	4.5 ± 0.20	3.2 ± 0.20	0.55 ± 0.10	1/2
2010	5025	5.00 ± 0.2	2.5 ± 0.2	0.55 ± 0.10	1/2
2512	6432	6.4 ± 0.20	3.20 ± 0.20	0.55 ± 0.10	1

2）阻值标志　元件上的标志常用的是直接标注（数码）法。当片式电阻阻值精度为 5% 时，采用 3 个数字表示：跨接线记为 000；阻值小于 10 Ω 的，在两个数字之间补加 "R"；阻值在 10 Ω 以上的，则最后一位数值表示增加的零的个数。例如，4.7 Ω 记为 4R7；0 Ω（跨接线）记为 000；100 Ω 记为 101；1 MΩ（= 1 000 000 Ω）记为 105。

当片式电阻器阻值精度为 1% 时，则采用 4 位数字表示：前面 3 位数字为有效数，第四位表示增加的零的个数；阻值 ≤ 10 Ω 的，仍在第二位补加 "R"，例如，10 Ω 记为 10R0，4.7 Ω 记为 4R70；阻值 ≥ 100 Ω，则在第四位记 0 的个数。例如，100 Ω 记为 1000；1 MΩ 记为 1004；20 MΩ 记为 2005。

3）型号标志　矩形片式电阻的命名方法与所有片式元件一样，目前尚没有统一标准，各生产厂商自成系统，下面介绍两种常见的命名：国内 RI11 型矩形片式电阻器与美国电子工业协会（EIA）系列的命名方法。

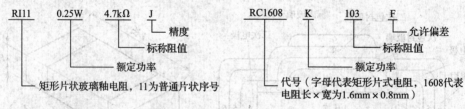

（2）圆柱形电阻器　圆柱形电阻器也称为金属电极无引脚面接合电阻，如图 4—22 所示，简称 MELF。MELF 主要有碳膜 ERD 型、高性能金属膜 ERO 型及跨接用的 0 Ω 电阻器三种，它是由传统的插装电阻器改装而成。电极不用插装焊接用的引线，而是使电极金属化和涂敷焊料，以用于表面贴装。与矩形片式电阻器相比，MFLF 无方向性和正反面性，包装、使用方便，装配密度高，固定到印制电路板上有较

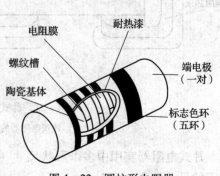

图 4—22　圆柱形电阻器

高的抗弯曲能力。

1）圆柱形电阻器的结构 其结构如图4—22所示。制造方法基本上与带引脚电阻器相同，只是去掉了轴向引脚，做成无引脚形式，MELF是在高铝陶瓷基体上被敷金属膜或碳膜，两端压上金属帽电极，采用刻螺纹槽的方法调整电阻值，表面涂上耐热漆密封，最后根据阻值涂上色环标志。

2）圆柱形电阻器的阻值识别 圆柱形电阻器的阻值常以色环标注表示，如图4—23所示有三色环、四色环和五色环3种标示方法。三色环法、四色环法一般用于普通电阻器标注，五色环法通常用于精密电阻器标注。各色环所代表的数值见表4—18。

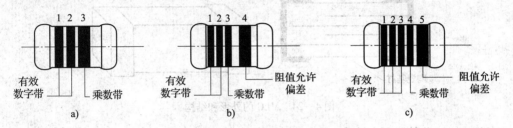

图4—23 圆柱形电阻器的色环标志法

a）三色环法 b）四色环法 c）五色环法

表4—18   圆柱形电阻器的色环意义

颜色	银	金	黑	棕	红	橙	黄	绿	蓝	紫	灰	白	无
有效数字			0	1	2	3	4	5	6	7	8	9	
乘数	10^{-2}	10^{-1}	10^{0}	10^{1}	10^{2}	10^{3}	10^{4}	10^{5}	10^{6}	10^{7}	10^{8}	10^{9}	
允许误差（%）	±10	±5		±1	±2			±0.5	±0.25	±1		+50 -20	±20

三色环电阻器色环标注意义为：从左至右第一、二位色环表示其有效数字，第三位色环表示乘数，即有效值后面零的个数。

四色环法中的前三条色环与三色环法的意义相同，第四条色环表示允许误差，例如，某一电阻器第一位色环是红色，其有效值为2；第二位色环是紫色，其有效值是7；第三位色环是黄色，表示其乘数10^{4}；第四位色环为银色，表示其允许误差为±10%，于是，该电阻器的阻值为270 kΩ，允许偏差为±10%。

五色环电阻器从左至右的第一、二、三位色环表示有效值，第四位色环表示乘数，第五位色环表示允许偏差。例如，某一电阻器的第一位色环是红色，其有效值为2；第二位色为紫色，其有效值为7；第三位色环是黑色，其有效值为0；第四位色环为棕色，其乘数为10^{1}；第五位色环为棕色，其允许偏差为±1%，则该电阻的阻值为2.7 kΩ，允许偏差为±1%。

2．表面安装电容器

表面安装电容器的基本结构是由两块平行金属极板以及极板之间的绝缘电介质组成。绝缘电介质的绝缘强度决定了电容器的最高直流耐压值。表面安装电容器目前使用较多的主要有陶瓷系列（瓷介）电容器和电解电容器，其他介质的电容用得较少。

（1）多层片状陶瓷电容器 表面组装陶瓷电容器以陶瓷材料为电容介质，多层陶瓷电容器是在单层盘状电容器基础上构成的，MLC 的外形和结构如图 4—24 所示。电极深入电容器内部，并与陶瓷介质相互交错。多层陶瓷电容器简称 MLC。MLC 通常是无引脚矩形结构，外层电极与片式电阻相同，也是 3 层结构，即 Ag – Pd/Ni/Sn – P 或 Ag – Pd（银—钯/镍/锡—铅或银—钯）。

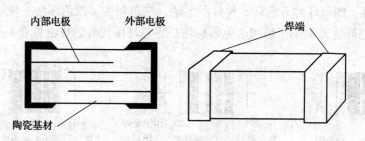

图 4—24　MLC 的外形和结构

MLC 标注及其识别方法有：

1）元件表面数值表示法 有些厂家在片式电容表面印有英文字母及数字，它们均代表特定的数值，只要查到表格就可以估算出电容的容量值（单位为 pF）。片式电容器容量系数和倍率见表 4—19 和表 4—20。

表 4—19　　　　　　　　　　片式电容容量系数

字母	A	B	C	D	E	F	G	H	J	K	L
容量系数	1.0	1.1	1.2	1.3	1.5	1.6	1.8	2.0	2.2	2.4	2.7
字母	M	N	P	Q	R	S	T	U	V	W	X
容量系数	3.0	3.3	3.6	3.9	4.3	4.7	5.1	5.6	6.2	6.8	7.5
字母	Y	Z	a	b	c	d	e	f	m	n	l
容量系数	8.2	9.1	2.5	3.5	4.0	4.5	5.0	6.0	7.0	8.0	9.0

表 4—20　　　　　　　　　　片式电容容量倍率

下标数字	0	1	2	3	4	5	6	7	8	9
容量倍率	10	10^1	10^2	10^3	10^4	10^5	10^6	10^7	10^8	10^9

示例：标注为 A_3，从表 4—19 中查知字母 A 代表系数为 1.0，从表 4—20 中查知下标 3 表示容量倍率为 10^3，由此可知该电容器容量值为 $1.0 \times 10^3 = 1\,000$ pF。

2）外包装表示法 即将标识印制于外包装上。

（2）表面安装铝电解电容器 常见的表面安装铝电解电容器的容量和额定工作电压的范围比较大，做成贴片形式比较困难，因此一般采用如图 4—25 所示的异形结构。图 4—25a 是铝电解电容器的形状和结构，图 4—25b 是标注和极性表示方式，在外壳上深色标志代表负极，电容量及耐压值也有标志。

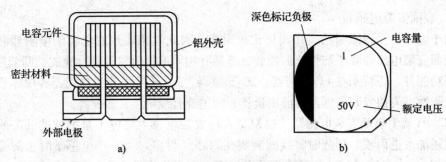

图 4—25　表面安装铝电解电容器

a）形状和结构　b）标注和极性表示

（3）表面安装钽电解电容器　钽电解电容因为以金属钽作为电容的阳极而得名，阴极常用二氧化锰或高分子聚合物，其介质为钽外层的五氧化二钽。形态有两种：固体和非固体。钽电解电容可靠性高、上下限温度范围宽、频率特性及阻抗特性好，单位体积容量大，因而，所需电容量超过 0.33 μF 时，大都采用这种电容器。由于其电介质响应速度快，因此在高速运算处理的大规模集成电路中应用较多。

表面安装钽电解电容器按封装形式不同，分为裸片型、模塑封装和端帽型三种，如图 4—26 所示。

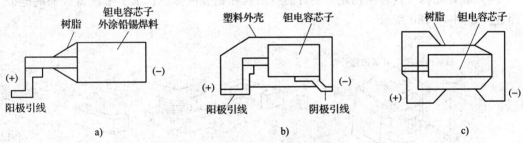

图 4—26　表面安装钽电解电容器的结构和类型

a）裸片型　b）模塑封装　c）端帽型

裸片型即无封装型，成本低，环境的适应性差，形状不规则，不宜自动安装；模塑封装型即常见的矩形钽电解电容，成本较高，阴极和阳极与框架引脚的连接导致热应力过大，对力学强度影响较大，广泛应用于通信类电子产品中；端帽型也称树脂封装型，封装主体为树脂，两端有金属帽电极，体积小，高频性能好，力学强度高。

外壳为有色树脂塑料封装的表面安装钽电解电容，通常在一端印有深色标记线作为正极，而且如图 4—27 所示，在封装上印有醒目的电容量数值及耐压值。

图 4—27　表面安装钽电解电容外形

3. 表面安装电感器

由于电感器受线圈制约，片式化比较困难，因此电感器片式化晚于电阻器和电容器。表面安装电感器除了与传统的插装电感器有相同的扼流、退耦、滤波、调谐、延迟补偿等功能外，还特别在 LC 调谐器、LC 滤波器、LC 延迟线等多功能器件中体现了独到的优越性。表面安装电感器目前用量较大的主要有线绕型、多层型。

（1）线绕型表面安装电感器　线绕型表面安装电感器实际上是把传统的卧式绕线电感器稍加改进而成。制造时将线圈缠绕在磁芯（骨架）上。小电感量时用陶瓷作芯子（骨架），大电感量时用铁氧体作芯子（磁芯），绕组可以垂直也可水平。一般垂直绕组的尺寸最小，水平绕组的电性能要稍好一些，绕线后再加上端电极。它取代了传统的插装式电感器的引线，便于表面组装。

线绕型大电感量表面安装电感器由于所用磁芯不同，故有多种结构形式。

1）工字形结构　这种电感器是在工字形磁芯上绕线制成的，如图 4—28a（开磁路）、图 4—28b（闭磁路）所示。

2）槽形结构　槽形结构是在磁性体的沟槽上绕上线圈制成的，如图 4—28c 所示。

3）棒形结构　这种结构的电感器与传统的卧式棒形电感器基本相同，它是在棒形磁芯上绕线而成，用适合表面组装用的端电极代替了插装用的引线。

4）腔体结构　这种结构是把绕好的线圈放在磁性腔体内，加上磁性盖板和端电极而成，如图 4—28d 所示。

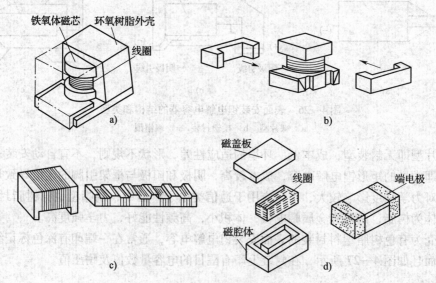

图 4—28　线绕型表面安装电感器的结构
a）工字形（开磁路）　b）工字形（闭磁路）　c）槽形　d）腔体

（2）多层型表面安装电感器　多层型表面安装电感器也称多层型片式电感器（MLCI），结构如图 4—29 所示。它的结构和多层型陶瓷电容器相似，制造时由铁氧体浆料和导电浆料交替印刷、叠层后，经高温烧结形成具有闭合磁路的整体。导电浆料经烧结后形成的螺旋式导电带，相当于传统电感器的线圈，被导电带包围的铁氧体相当于磁芯，导电带外围的铁氧体使磁路闭合。

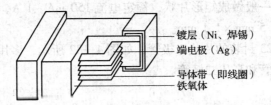

图 4—29　多层型表面安装电感器的结构

多层型表面安装电感器中的线圈密封在铁氧体中作为整体结构，可靠性高。磁路闭合，磁通量泄漏少，不干扰周围元器件，也不易受周围元器件干扰。无引线，可以做到小型化，但是电感量和 Q 值比较低。

（3）标志方法　小功率电感器有 μH、nH 及 pH，即微亨、纳（诺）亨和皮（可）亨几种单位。用 μH 或 nH 做单位时，用 R 或 N 表示小数点。例如 4R7 表示 4.7μH，4N7 表示 4.7nH；10N 表示 10nH，而 10pH 则用 10p 来表示。

提示：μ、n 和 p 是国际单位制 SI 词头中的 3 个词头，其中 μ = 10^{-6}，n = 10^{-9}，p = 10^{-12}，也就是说 1 μH = 1×10^{-6} H = 1 微亨，其余类推。

三、表面安装有源器件（SMD）

表面安装有源器件包括各种表面安装分立半导体器件和表面安装集成电路。

1. 表面安装分立半导体器件

表面安装分立半导体器件有二极管、三极管、场效应管，也有用两三只二极管、三极管组成的简单复合电路。典型表面安装分立器件的外形如图 4—30 所示，电极引脚数为 2~6 个。

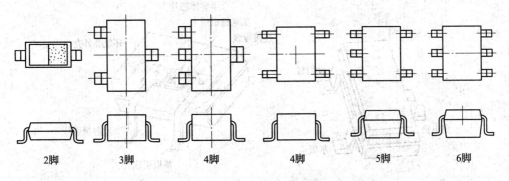

图 4—30　典型表面安装分立器件的外形

二极管类器件一般采用 2 端或 3 端 SMD 封装，小功率晶体管类器件一般采用 3 端或 4 端 SMD 封装，4~6 端 SMD 器件内大多封装了 2 只晶体管或场效应管。

（1）表面安装二极管　二极管有无引线柱形玻璃封装和片状塑料封装两种。

无引线柱形玻璃封装二极管是将管芯封装在细玻璃管内，两端以金属帽为电极。常见的有稳压、开关和通用二极管，功耗一般为 0.5~1 W。外形尺寸有 φ1.5 mm×3.5 mm 和

$\phi2.7$ mm $\times 5.2$ mm 两种，外形结构如图 4—31 所示。

塑料封装二极管一般做成矩形片状，额定电流 150 mA ~ 1 A，耐压 50 ~ 400 V，外形尺寸为 3. 8 mm $\times 1. 5$ mm $\times 1. 1$ mm。

还有一种 SOT – 23 封装的片状二极管，如图 4—32 所示，多用于封装复合二极管，也用于高速开关二极管和高压二极管。

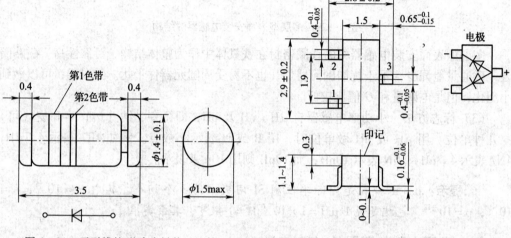

图 4—31　无引线柱形玻璃封装二极管　　　图 4—32　SOT – 23 封装片状二极管

（2）小外形塑封晶体管（SOT）　晶体三极管常采用带有翼形短引线的塑料封装，可分为 SOT – 23、SOT – 89、SOT – 143、SOT – 252 几种封装形式。

1）SOT – 23　SOT – 23 是通用的表面安装晶体管，有 3 条翼形引脚，外形及内部结构如图 4—33 所示。常见的有小功率三极管、场效应管和带电阻网络的复合晶体管。

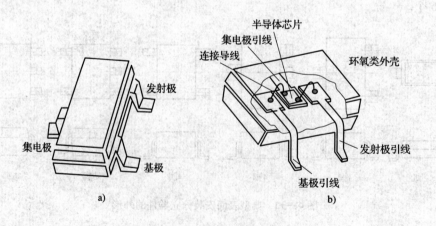

图 4—33　SOT – 23 晶体管
a）外形　b）结构

2）SOT – 89　SOT – 89 适用于较高功率的场合，它的 e、b、c 三个电极是从管子的同一侧引出，其结构如图 4—34 所示。管子底面有金属散热片与集电极相连，晶体管芯片粘接在较大的铜片上，以利于散热。这类封装常见于硅功率表面安装三极管。

3）SOT – 143　SOT – 143 有 4 条翼形短引脚，引脚中宽度偏大一点的是集电极。它的散热性能与 SOT – 23 基本相同，这类封装常见于双栅场效应管及高频三极管。其结构如图 4—35 所示。

4）SOT – 252　SOT – 252 结构与 SOT – 89 类似，它的集电极、基极和发射极从管子的同一侧引出，但由于使用于大功率三极管，所以引线较粗，并且为了更好地散热，还专门设置了散热片与芯片相连。其结构如图 4—36 所示。

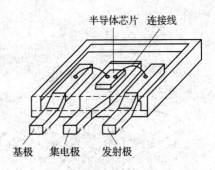

图 4—34　SOT – 89 晶体管

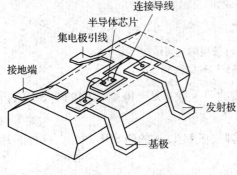

图 4—35　SOT – 143 结构

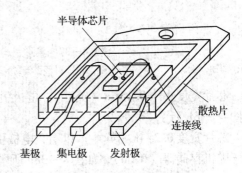

图 4—36　SOT – 252 结构

目前，表面安装分立器件的封装类型及产品已有 3 000 多种，具体的性能资料可参考相关器件手册。这些类型的封装在外形尺寸虽略有差别，但对采用 SMT 的电子整机，都能满足贴装精度要求，产品的极性、排列和引脚间距基本相同，而且具有互换性。

2. 表面安装集成电路

表面安装集成电路包括各种数字电路和模拟电路的小规模集成电路（SSI）到特大规模集成电路（ULSI）集成器件。表面安装集成电路装接中常见的是按封装形式进行的分类。

集成电路的封装是指安装半导体集成电路芯片用的外壳。封装对集成电路芯片除起机械和环境保护作用外，还起到将集成电路芯片内的键合点与封装外壳的引脚进行连接，然后，引脚再通过印制电路板上的导线又与其他元器件连接在一起的作用，是连接芯片与外部电路的桥梁，是集成电路极其重要的部分。随着新一代超大规模、特大规模集成电路的出现，新的封装形式也不断出现，一些常见的封装主要有：

（1）小外形集成电路　小外形集成电路又称 SO 封装，或称为小型双列扁平封装，它是由双列直插封装（DIP）演变而来的。这类封装有两种不同的引脚形式：

一种是采用如图 4—37a 所示的双列翼形引脚结构，称为 SOP 封装。由于是双列翼形引脚，焊接和检测都十分容易。

另一种是结构如图 4—37b 所示的具有 J 形引脚又称为 SOJ 封装，这种引脚结构不易损坏，占用印制电路板的面积也小。

小外形集成电路常见于线性电路、逻辑电路、随机存储器等单元电路中，如图 4—38 所示。小外形集成电路又可以细分：

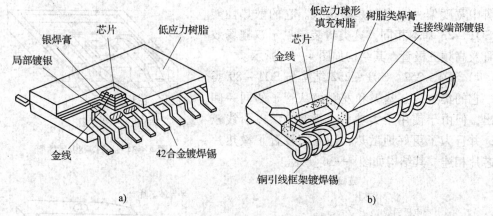

图 4—37 翼形引脚和 J 形引脚封装结构

a）翼形引脚封装 b）J 形引脚封装

芯片宽度小于 0.15 in（英寸），电极引脚数目一般在 8～40 脚之间的叫 SOP 封装，如图 4—38b 所示。

芯片宽度 0.25 in（英寸）以上，电极引脚数在 44 以上的叫 SOL 封装，这种芯片常见于随机存储器（RAM），如图 4—38c 所示。

芯片宽度 0.6 in（英寸）以上，电极引脚数在 44 以上的叫 SOW 封装，这种芯片常见于可编程存储器（E^2PRAM），如图 4—38d 所示。

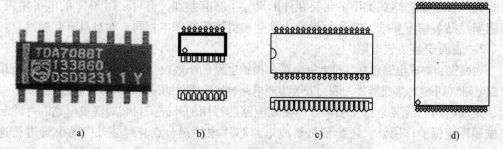

图 4—38 小外形集成电路

a）SO 封装实物 b）SOP 封装 c）SOL 封装 d）SOW 封装

（2）QFP 封装集成电路 这种封装是矩形四边都有电极引脚的一种封装。其中封装的芯片四角有突出（角耳）的叫 PQFP；厚度降到 1.0 mm 或 0.5 mm 的薄型封装叫 TQFP。QFP 封装也采用的是翼形的电极引脚。QFP 封装的芯片一般都是大规模集成电路，电极引脚数目最少为 28 脚，最多能达到 300 脚以上，引脚间距最小的是 0.4 mm（最小极限是 0.3 mm），最大的是 1.27 mm。常见的 QFP 封装集成电路如图 4—39 所示。

（3）LCCC 封装集成电路 LCCC 封装是陶瓷芯片载体封装，是没有引脚的一种封装。芯片被封装在陶瓷载体上，电极焊端排列在封装底面的四边，电极数目为 18～156 个，间距有 1.0 mm 和 1.27 mm 两种，其外形如图 4—40 所示。

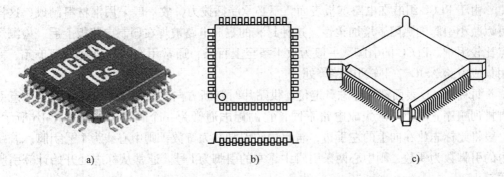

图 4—39　常见 QFP 封装的集成电路

a）QFP 封装集成电路实物　b）QFP 封装一般形式　c）四角有突出的 QFP 封装

LCCC 引出端子的特点是在陶瓷外壳侧面有类似城堡状的金属化凹槽和外壳底面镀金电极相连，提供了较短的信号通路，电感和电容损耗也较低，集成电路的芯片是全密封的，可靠性高，可用于高频工作状态，如微处理器单元和存储器等。

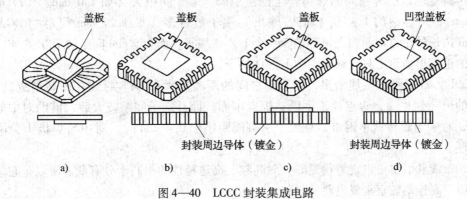

图 4—40　LCCC 封装集成电路

a）无引线 A 型　b）无引线 B 型　c）无引线 C 型　d）无引线 D 型

（4）PLCC 封装集成电路　PLCC 是集成电路的有引脚塑封芯片载体封装，封装体的四周具有下弯曲的 J 形短引脚，其间距为 0.05 in，如图 4—41 所示。

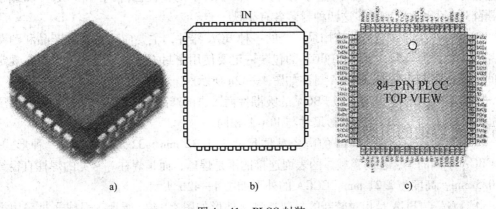

图 4—41　PLCC 封装

a）外形图　b）引脚排列图　c）84 引脚的 PLCC 封装

由于 PLCC 组装在电路基板表面，不必承受插拔力，故一般采用铜材料制成，这样可以减小引脚的热阻，增加柔性。这种封装的集成电路被焊在印制电路板上后，检测焊点比较困难。PLCC 的引脚数一般为数十条至上百条，通常用在计算机微处理单元、专用集成电路 ASIC、门阵列电路等处。

每种 PLCC 表面都有标志点定位，供贴片时判断方向，使用 PLCC 时要特别注意引脚排列顺序。与小外形集成电路不同，它的标志通常为一个斜角，如图 4—41b 所示。一般将此标志放在向上的左手边，若每边的引脚数为奇数，则中心线为 1 号引脚；若每边的引脚数为偶数，则中心两条引脚中靠左的引脚为 1 号。通常从标志处开始计算引脚的起止。

（5）BGA 封装集成电路　BGA 又称球栅阵列，它的特点和常见封装形式主要有：

1）特点

①芯片引脚不是分布在芯片的周围而是在封装的底面，实际是将封装外壳基板四面的引出脚变成以面阵布局的焊锡合金凸点引脚，端子间距大（如 1.0 mm、1.27 mm、1.5 mm），可容纳的 I／O（输入/输出）端子数目多（如 1.27 mm 间距的 BGA 在 25 mm 边长的正方形面积上可容纳 350 个 I／O 端子，而 0.5 mm 间距的 QFP 在 40 mm 边长的正方形面积上只容纳 304 个 I／O 端子）。

②I／O 引脚数虽然增多，但引脚之间的距离远大于 QFP 封装，提高了成品率，封装的可靠性也高，焊点缺陷率低，焊点牢固。而且端子间距较大后，借助对中放大系统，对中与焊接就不困难，克服了引脚间距小于 0.4 mm 时，对中与焊接十分困难的难题。

③布线和引出可以统筹得更好，对高频、高速特性的提高十分有利。所以，它常常被应用于高速的数字集成电路的封装。

2）封装　BGA 集成电路通常由芯片、基座、球形引脚和封壳组成。常见的 BGA 几种封装，按引脚排列分类，分为球栅阵列均匀分布、球栅阵列交错分布、球栅阵列周边分布、球栅阵列带中心散热和接地点的周边分布等；依据基座材料不同，BGA 可分为塑料球栅阵列（PBGA）、陶瓷球栅阵列（CBGA）、陶瓷柱栅阵列（CCGA）和载带球栅阵列（TBGA）四种。这四种封装各有千秋：

①PBGA　PBGA 是目前应用最广泛的一种 BGA 器件，主要应用在通信产品和消费产品上，价廉但吸潮，所以，PBGA 的包装一定要使用密封方式，包装开封后要在规定时间内完成贴装与焊接。PBGA 封装如图 4—42a 所示。

②CBGA　CBGA 是为克服 PBGA 的吸潮性而改进的产品。CBGA 的芯片连接在多层陶瓷载体的上面，CBGA 的外形尺寸与 PBGA 相同。

③CCGA　CCGA 是 CBGA 的陶瓷载体尺寸大于 32 mm×32 mm 时的另一种形式。与 CBGA 不同的是，在陶瓷载体的表面连接的不是焊球，而是焊柱。常见的焊柱直径约为 0.5 mm，高度为 2.21 mm。CCGA 的外形如图 4—42b 所示。

④TBGA　TBGA 是相对较新的封装类型，外形如图 4—42c 所示。焊球通过采用类似金属丝压焊的微焊接工艺连接到过孔焊盘上，形成焊球阵列。

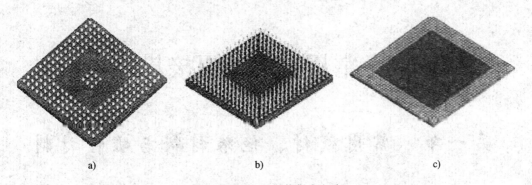

图 4—42　BGA 封装集成电路

a) PBGA、CBGA 引脚分布　b) CCGA 外形　c) TBGA 外形

第五章 常用材料与焊接基础知识

第一节 常用线材、绝缘材料与磁性材料

一、常用线材分类

常用线材分为电线与电缆两类，它们又分为裸线、电磁线、绝缘电线和电线电缆四种。

1. 电线类

（1）裸线 这是没有绝缘层的电线，包括圆形线、铝单线、平线等。

（2）绝缘电线 这是由导电的线芯、绝缘层等组成。在结构上有硬型、软型、特软型之分。线芯有单芯、二芯、三芯等，并有各种不同的线径。

2. 电缆类

（1）裸线 即通常所说的架空线。它是由多股铝芯线加钢芯组成。架空绞线及各种型材有：型线、母线、铜线、铝线、扁线、电刷线、电阻合金线等。

（2）电磁线 电磁线是在裸线的表面涂有一层绝缘漆或包缠绝缘纤维而构成的。因此它也是一种绝缘线，最常用的是绝缘漆包线。绕制各种变压器通常都是选用绝缘漆包线。

（3）绝缘电线电缆 一般由导电的线芯、绝缘层和保护层组成。线芯有单芯、二芯、三芯、四芯、多芯等。绝缘层的作用是防止通信电线的漏电和电力电线的放电，以及多线同布时的绝缘、隔音，它是由橡皮、塑料或油纸、绝缘纱线等绝缘物包缠在芯线外构成的。保护层有金属护层和非金属护层两种。金属护层大多用铝套、铅套、皱纹金属套和金属编织套等，起屏蔽作用。非金属保护层大多数采用橡皮、塑料等。

（4）通信电缆包括电信系统中各种通信电缆、射频电缆、电话线和广播线等。

二、线材选用

线材的选用要从电路条件、环境条件和力学强度等多方面考虑。

1. 电路条件

（1）允许电流 指常温下工作的电流值。导线在电路中工作时的电流要小于允许电流。

（2）导线电阻的电压降 在导线很长时，要考虑导线电阻对电压的影响。

（3）额定电压与绝缘性 使用时，电路的最大电压应低于额定电压，以保证安全。

（4）使用频率与高频特性 对不同的频率选用不同线材，要考虑到高频信号的趋肤效应。

（5）特性阻抗　在射频电路中选用同轴电缆馈线，以防止信号的反射波。

2．环境条件

（1）力学强度　所选择的电线应具备良好的拉伸强度、耐磨损性和柔软性，质量要轻，以适应环境的机械振动和架空时的拉伸等条件。

（2）温度　由于环境温度的影响，会使电线的敷层变软或变硬，以致变形、开裂，造成短路，因此，所选线材应能适应环境温度的要求。

（3）耐候性和耐药品性　耐候性通常称为耐老化性。一般情况下线材不要与化学物质及日光直接接触。

选用线材还应考虑安全性，防止火灾和人身事故的发生。易燃烧的材料不能作导线的敷层，敷层应该是阻燃或是熄燃的。

三、常用绝缘材料及选用

绝缘材料是电流很难通过的材料，它能把不同电位的带电体分隔开来。它具有较高的绝缘电阻、耐压强度和耐热性能。

常用绝缘材料可分为无机绝缘材料、有机绝缘材料和混合绝缘材料三种。无机绝缘材料有云母、石棉、大理石、陶瓷、玻璃、硫黄等。有机绝缘材料有虫胶、树脂、橡胶、棉纱、纸张、麻、蚕丝、人造丝等。混合绝缘材料是由以上两种绝缘材料经加工而成的各种绝缘材料。常用绝缘材料及选用见表5—1。

表5—1　　　　　　　　　　　常用绝缘材料及选用

名称	型号	特性与用途
厚片云母	3#、4#	厚片云母为工业原料云母，是剥制电容器介质薄片和电机绝缘片及大功率管与散热器间绝缘用薄片的原料
黄漆布与黄漆绸	2010（平放）2210	适用于一般电机电器的衬垫或线圈绝缘
醇酸玻璃漆布	2432	耐热、耐潮及介电性能均优于黄漆布和黄漆绸，耐油性也好，用于在较高温度下工作的电机、电气设备的衬垫或线圈绝缘以及在油中工作的变压器线圈的绝缘
黄漆管	2710	有一定的弹性。用于电机、电气仪表、无线电器件和其他电气装置的导线连接时，起到保护和绝缘作用
醇酸玻璃漆管	2730	由编织的无碱玻璃丝管浸以醇酸清漆经加热烘干而成，在电子设备中作绝缘和导线连接端的保护用，耐热等级为B级（130℃）
硅有机玻璃漆布		耐热性较高，可供电机电器中作衬垫或线圈绝缘用
环氧玻璃漆布		适用于包扎环氧树脂浇注的特种电器线圈
软聚氯乙烯管（带）		作电气绝缘及保护用，颜色有灰、白、天蓝、紫、红、橙、棕、黄、绿色等
特种软聚氯乙烯耐寒管	5111	供低温下使用

续表

名称	型号	特性与用途
聚四氟乙烯管	SFG－1 SFG－2	用来制造在温度为－180～250℃的各种腐蚀介质中工作的密封、减摩和绝缘零件
聚四氟乙烯电容器薄膜、聚四氟乙烯电器绝缘薄膜	SFM－1 SFM－3	用于电容器及电气仪表中的绝缘，适用温度为－60～250℃
酚醛层压纸板	3021、3023	3023具有低的介质损耗，适于在无线电通信和高频设备中作绝缘结构，由3021制造的零件可在变压器油中使用
酚醛层压布板	3025	有较高的力学性能和一定介电性能。适宜在电气设备中作绝缘结构零部件，可在变压器油中使用
酚醛层压布板	320	有较高的介电性能及一定的力学性能，耐油性好，可在变压器油中使用
环氧酚醛玻璃布板	3240	有较高的力学性能、介电性能和耐水性，适用于潮湿环境下做电气设备结构零件、部件，可在变压器油中使用
有机硅环氧层压玻璃布板	3250	有较高的力学强度、耐热性和介电性能，可在电机、电器中作槽楔、垫块和其他绝缘零件用
硬聚氯乙烯板		具有优良的电气绝缘性能，耐酸、碱、油，在－10～50℃范围内使用

绝缘材料的性能指标有：绝缘耐压强度、抗拉强度、密度、膨胀系数等。

四、磁性材料

磁性材料主要分为硬磁铁氧体材料和软磁铁氧体材料两大类。

1. 软磁铁氧体

软磁铁氧体是用陶瓷工艺制作而成的非金属材料，具有高电阻率、涡流损耗小、导磁率高等特点，在收音机和电视机等电气设备中用作变压器、滤波器、振荡器、磁性天线、偏转线圈及可变电感等的磁芯。

软磁铁氧体命名方法如下：

（1）产品型号组成　如图5—1所示，由三部分组成，第一部分通常用字母表示，有时也用色标表示。

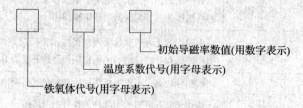

图5—1　产品型号组成

（2）字母代号含义

NX——代表镍锌铁氧体，适用于高频范围。

MX——代表锰锌铁氧体，适用于中频范围。

（3）色标含义

红色——代表镍锌材料，用于高频。

绿色——代表锰锌材料，用于中频。

2. 硬磁铁氧体

硬磁铁氧体是一种不含镍、钴等贵重金属的非金属的永磁材料，具有高电阻率、密度小等优点。其缺点是磁感应强度较低，体积较大且不抗震等，目前在电声器件中广泛使用，如高低音扬声器、动圈式传声器、耳机中的磁铁。

第二节　常用焊接材料

一、焊料

在焊接中，用于熔合两种或两种以上的金属面，使它们成为一个整体的金属或合金都叫焊料。焊料按组成的成分分为锡铅焊料、无铅焊料、银焊料、铜焊料。按熔点分有熔点在 450℃ 以下的软焊料和熔点在 450℃ 以上的硬焊料两种。

1. 松香焊锡丝

在无线电装接中，常用的是软焊料中的锡铅焊料，通常将锡铅焊料做成管状，中心加有松香助焊剂，所以又称松香焊锡丝。规格按直径分有 0.5 mm、0.8 mm、0.9 mm、1.0 mm、1.2 mm、1.5 mm、2.0 mm、4.0 mm、5.0 mm 等多种。常见焊锡的特性及用途见表 5—2。

表 5—2　　　　　　　　　　　常见焊锡的特性及用途

名称牌号	主要成分/%			熔点/℃	杂质	电阻率/$\Omega \cdot mm^2 \cdot m^{-1}$	抗拉强度/MPa	主要用途
	锡	锑	铅					
10 锡铅焊料 HISnPb 10	89～91	I0.15	余量	220	铜铋砷		43	用于钎焊食品器皿及医药卫生物品
39 锡铅焊料 HISnPb39	59～61	I0.8	余量	183	铁硫锌铅	0.145	47	用于钎焊无线电元器件等
58－2 锡焊料 HISnPb58－2	39～41	1.5～2	余量	235		0.170	38	用于钎焊无线电元器件、导线、钢皮镀锌件等

续表

名称牌号	主要成分/%			熔点/℃	杂质	电阻率/ $\Omega \cdot mm^2 \cdot m^{-1}$	抗拉强度/ MPa	主要用途
	锡	锑	铅					
68－2锡焊料 HISnPb68－2	29～31	1.5～2.2	余量	256		0.182	33	用于钎焊电金属护套、铝管
90－6锡焊料 HISnPb90－6	3～4	5～6	余量	256			59	用于钎焊黄铜和铜

目前常用的焊料的主体还是锡铅合金 Sn63Pb37。铅及其化合物会污染空气、水源、土壤，对人体有害，它主要损伤人的神经系统、消化系统、造血系统，尤其对儿童的身体发育、神经行为、语言能力发展会产生不良影响。

电子产品制造中大量使用铅锡合金带来的铅污染日益严重，目前国际上很多国家对含铅的电子产品进行了进口限制。我国于 2003 年 7 月 1 日起已经实施有毒有害物质减量化生产措施，在电子产品制造中大力推广无铅焊接。

目前无铅焊料主要有锡铜、锡银合金等，它们的问题是：①扩展能力差。在焊接时，润湿、扩展的面积只有锡铅共晶焊料的1/3左右。②熔点高。无铅焊料的熔点比锡铅共晶焊料的熔点高约40℃，因此对焊接工具、设备的温度设定也比较高，使得诸如烙铁头等加速氧化，影响焊接质量。③成本高。目前无铅焊料的售价是锡铅焊料的2～3倍。但随着科技的不断进步，无铅焊料的性能、价格也在不断改善中，加上人们环保和健康意识的加强，无铅化必成正果。一些主要的无铅焊料的成分和熔点示例见表5—3。

表5—3　　　　　　　　　　　无铅焊料的成分和熔点

合金成分	熔点（℃）	备注	合金成分	熔点（℃）	备注
Sn－58Bi	138		Sn95.5/Ag3.9/Cu0.6	217 左右	美国用，有专利
Sn－20In－2.8Ag	178～189		Sn95.5/Ag3.8/Cu0.7	217 左右	欧洲用
Sn－10Bi－50Zn	168～190		Sn96.5/Ag3.0/Cu0.5	216～220	日本用
Sn－8.8Zn	198.5		Sn－3.5Ag	221	
Sn－3.5Ag－4.8Bi	205～210		Sn－2Ag	221～226	
Sn－7.5Bi－2Ag－0.5Cu	213～218		Sn－0.7Cu－Ni	227	用于波峰焊
Sn95.8/Ag3.5/Cu0.7	217～218		Sn－5Sb	232～240	
Sn－3.5Ag－1.5In	218				

2. 焊膏

焊膏是表面安装技术中重要的贴装材料，焊膏是由合金焊料粉末与有机物和溶剂组成，制成糊状物，能方便地用丝网、模板或点膏机印涂在印制电路板上。其中，合金焊料粉末是用于焊接的，通常合金焊料粉末占总质量的85%～90%，占总体积的50%；有机物包括树脂或一些树脂溶剂混合物，用来调节和控制焊膏的黏性；溶剂有触变胶、润滑剂、金属清洗剂，其中触变胶可以减少焊膏的沉淀。焊膏适用于对片状元器件的再流焊*，并可以将元器件贴装在印制电路板的两面，既节省了空间又提高了可靠性，有利于大批量生产。

几种常见焊膏：

（1）松香型焊膏　松香具有优良的助焊性，并且焊接后松香的残留物成膜性好，对焊点有护作用，有时即使不清洗，也不会出现腐蚀现象。特别是松香具有增黏作用，焊膏印刷能黏附片式元器件，不易产生合金粉末的沉淀和分层。很多品牌的焊膏使用改性松香，焊膏中松香的颜色很浅，焊点光亮，近于无色。

（2）水溶性焊膏　水溶性焊膏在组成结构上同松香型焊膏类似，其成分包括焊锡粉末和糊状助焊剂。但在糊状助焊剂中却以其他的有机物取代了松香，在焊接后可以直接用纯水进行冲洗，去掉焊后的残留物。水溶性焊膏由于糊状助焊剂中未使用松香，焊膏的黏结性能受到一定的限制，易出现黏结力不够的问题，故水溶性焊膏尚未全面推广。

（3）免清洗低残留物焊膏　这种焊膏是适应环保需要而开发的。它在焊接后不再需要清洗。其实它在焊接后仍具有一定量的残留物，且残留物主要集中在焊点区，有时仍会影响到测试针床的检测。

免清洗低残留物焊膏，一是活性剂不再使用卤素，卤素会破坏大气的臭氧层，不利于环保；二是减少松香部分的用量，增加其他有机物质的用量。实践表明，松香用量的减少应是相当有限的，这是因为一旦松香用量低到一定程度，必然导致助焊剂活性的降低，防止焊接区二次氧化的作用也会降低。因此，要想达到免清洗的目的，通常要求在使用免清洗低残留物焊膏时，采用氮气保护再流焊。采用氮气保护再流焊可以有效增强焊膏的润湿作用，防止焊接区的二次氧化，焊膏的残留物挥发速度比在常态下明显加快，有效地减少了残留物的数量。

二、助焊剂

在锡焊中助焊剂是一种必不可少的材料，它有助于清洁被焊接面，防止氧化，增加焊料的流动性，使焊点易于成形。常用助焊剂分为：无机助焊剂、有机助焊剂和树脂助焊剂等。焊接中常用的助焊剂是松香，在较高要求场合下使用新型助焊剂氢化松香。

注：＊再流焊是伴随小型化的各类表面组装元器件而发展起来的锡焊技术。它通过预先涂敷在电路板焊盘上有一定黏性的焊料（焊锡膏），把 SMT 元器件贴放、固定到相应的位置；然后让电路板进入再流焊设备，经过设备的外部热源对电路板进行干燥、预热，焊膏再熔化流动、焊接、润湿，冷却、固结形成可靠焊点，将元器件焊接到印制板上。详见第二十四章第三节的有关叙述。

1. 对焊接中的助焊剂要求

（1）常温下必须稳定，熔点低于焊料，在焊接过程中焊剂要具有较高的活化性、较低的表面张力，受热后能迅速而均匀地流动。

（2）不产生有刺激性气味和有害气体。

（3）不导电，无腐蚀性，残留物无副作用，施焊后的残留物容易清洗。

（4）配制方便，原料易得，成本低廉。

2. 使用助焊剂应注意以下几个问题

（1）当助焊剂存放时间过长时，会使助焊剂的成分发生变化，活性变坏，影响焊接质量，因而存放时间过长的助焊剂不宜使用。

（2）无线电中常用的松香助焊剂在超过 60℃时，绝缘性能会下降，焊接后的残渣对发热元件有较大的危害，所以要在焊接后清除焊剂残留物。

3. 几种助焊剂简介

（1）无机焊剂　这种助焊剂的活性最强，在常温下即能除去金属表面的氧化层。这类助焊剂包括无机盐和无机酸，其化学作用强，腐蚀性大，焊接性好，但是由于此类助焊剂有强烈的腐蚀作用，所以在电子产品的装配中是不宜使用的，只在特定的场合中使用，并且焊接后一定要清除残渣。

（2）有机焊剂　它的活性次于氯化物，但仍有较好的助焊作用，此类助焊剂由有机酸、有机类卤化物以及各种胺盐树脂类等合成。有机焊剂中含有酸值较高的成分，所以此类助焊剂具有一定的腐蚀性，且残渣不易清理，焊接时还会有废气污染，因此限制了它在电子产品装配中的使用。

（3）松脂类助焊剂　它在电子产品装配中应用比较广泛，其主要成分是松香。松香的主要成分是松香酸和松香酯酸酐。当松香被加热到融化时，呈现较弱的酸性，可与金属氧化膜发生化学反应，变成化合物悬浮在液态焊锡表面，这样就使焊锡表面不会被氧化，同时还能降低液态焊锡表面的张力，增加了焊锡的流动性。由于松脂残渣为非腐蚀性、非导电性、非吸湿性，焊接时没有污染，且焊后容易清洗，成本又低，所以被广泛应用。应该注意的是，松香经过反复加热后，会因为碳化而失效，因此，发黑的松香是不起作用的。

目前出现了一种新型的助焊剂——氢化松香，它是从松脂中提炼而成，在常温下性能比普通松香稳定，加热后酸值高于普通松香，因此有更强的助焊作用。焊接后残渣易于清洗，适用于波峰焊接。

三、阻焊剂

阻焊剂是一种耐高温的涂料，可使焊接只在所需要焊接的焊点上进行，而将不需要焊接的部分保护起来，以防止焊接过程中的桥连，减少返修，节约焊料，使焊接时印制板受到的热冲击小，板面不易起泡和分层。

阻焊剂的种类有热固化型阻焊剂、光敏阻焊剂及电子束辐射固化型等几种，目前常用的是光敏阻焊剂，其配方见表5—4。

表 5—4 　　　　　　　　　　　常用光敏阻焊剂的配方

阻焊剂牌号	配方	配比	阻焊剂牌号	配方	配比
BH－2 光敏阻焊剂	苯乙烯	27	（续左） BH－2 光敏阻焊剂	光敏引发剂	3
	增塑剂	7		颜料	1
	环氧丙烯酸树脂	52.6		消泡剂	适量
	触变剂	8～10	BH－77 光敏阻焊剂	GM－SA－28 树脂	100
	光敏引发剂	2.3～2.5		313 稀释剂	20～35
	颜料	1		气相 SiO_2	5～7
BH－2 光敏阻焊剂 （待续）	交联剂	26		钛青绿	3～5
	环氧丙烯酸树脂	52.6		硅油	0.5
	触变剂	6～8		安息香丁醚	2.5

四、覆铜箔层压板

覆以金属铜箔的绝缘层压板称为覆铜箔层压板，它是制作印制电路板的主要材料，使用极为广泛。从不同角度出发，覆铜板可分为不同种类，下面主要介绍两种分类方式。

1. 按基板材料和铜箔与基板的黏结分

按基板材料分为纸基板、玻璃布板和合成纤维板，按铜箔与基板的黏结分为酚醛、环氧、聚酯、聚四氟乙烯等。

（1）环氧酚醛玻璃布覆铜箔层压板　这是用无碱玻璃布浸以环氧酚醛树脂经热压而成的层压板，其单面或双面都可覆以铜箔。它具有质量轻、电气和力学性能良好、加工方便等优点。主要用在工作温度较高、工作频率较高的无线电设备中作印制板。这种覆箔板常见的铜箔厚度一般为（0.05 ± 0.005）mm，层压板的厚度有 1.0 mm、1.5 mm、2.0 mm 几种。

（2）聚苯乙烯覆铜箔板　这是用胶黏剂将聚苯乙烯板和铜箔粘接而成的覆铜箔板，主要用作高频和超高频印制线路板和印制元件，如微波电路中的定向耦合器等。

（3）环氧玻璃布覆铜箔层压板　这种层压板由玻璃布浸以双氰胺固化剂的环氧树脂经热压而成。其型号有 THAB－67D（单面），THAB－67S（双面）。这类层压板的基板有较好的冲剪、钻孔等机械加工性能，并防潮、耐高温。

2. 按覆铜板结构分

印制电路板按结构分有单面、双面覆铜板和多层印制板以及单面、双面软覆铜板和多层软印制板。

（1）单面覆铜板　单面覆铜板通常是指环氧酚醛玻璃布或环氧玻璃布只单面覆铜的板，它一般被用于制作设备中电路较为简单、元器件和连线不多的电路板。

（2）双层覆铜板　双层覆铜板是指两面都覆有铜箔的层压板，它通常被用于较复杂的电路板的制作。由于两面都有铜箔，常采用金属化孔连接两面的铜箔印制导线，使用更为方便。

（3）多层覆铜板　多层覆铜板是在绝缘基板上制成三层或三层以上的印制导线电

路板，它是由几层较薄的单面或双面印制电路板叠合压制成成。多层印制线路板上的元器件安装孔都需经过金属化孔处理，使之与夹层中的印制导线相连接。目前常用的有四层、六层、八层或更多层的印制线路板。一般除两个外表面作为元器件装接层外，其余各层通常是接地层、电源层和各种连接层等内含层。

（4）软性印制线路板　这是用聚酯薄膜或其他软质绝缘材料为基板与铜箔热压而成的印制电路板，主要用来制作柔性印制线路和印制电缆，可作为接插件的过渡线段。它也分为单层、双层、多层印制电路板，突出的特点是具有挠性，能折叠、弯曲、卷绕，广泛应用于电子计算机、自动化仪表、通信设备中。

五、其他物料

1. 吸锡带　通常它是一种浸有助焊剂的金属丝编织带，是廉价的吸锡件，在手边无高级吸锡工具，或只有少量元器件需拆焊时常被采用。常见的金属编织线加点松香也可用作吸锡。

2. 锡浆和钢片刮刀、胶条　用于植锡和清除锡浆。

3. 无水酒精或三氯甲烷、棉球　用于清洁焊件。

4. 吹耳球　用于吹跑元器件周围杂物。

第三节　手工焊接工艺知识

一、焊接的基本知识

1. 焊接技术的重要性

无线电整机装接中有一道十分重要的工序就是将组成产品的各种元器件，通过导线、印制导线或接点等，用焊接的方法将它们牢固地连接在一起。每一个焊接点的质量都关系着整个无线电整机产品使用的可靠性和质量。它要求每个焊点都有一定的力学强度和良好的电气性能，所以它是产品质量的一个关键。

无线电装配工人要熟练掌握操作技术和正确的焊接方法，还要懂得与焊接有关的其他知识及相关的操作。

2. 焊点形成的过程及必要条件

焊接是指将加热熔化的液态焊料，在助焊剂的作用下，溶入被焊接金属材料的分子缝隙，形成金属合金，并连接在一起，成为牢固的焊接点。在焊接过程中，要完成一个良好的焊点取决于：

（1）被焊的金属材料应具有良好的可焊性　可焊性是指在适当的温度下，被焊接金属材料与焊料在助焊剂的作用下，能形成良好合金的性能。铜的导电性能良好且易于焊接，所以常用它制作元件的引脚、导线及接点。其他金属如金、银的可焊性较强，但价格较贵。而铁、镍的可焊性较差，为提高它的可焊性，通常在其表面先镀上一层锡、铜、银或金等金属。

（2）被焊金属表面要清洁　在被焊接金属的表面一旦有氧化物或污垢会严重阻碍焊点的形成。轻度的氧化物或污垢可通过助焊剂来清除，但较重的氧化物或污垢要通过化学或机械方式清除。

（3）使用合适的助焊剂　助焊剂是一种略带酸性的易熔物质，它在焊接过程中起清除被焊金属表面的氧化物和污垢的作用，使被焊金属表面清洁，提高焊锡的流动性，形成良好的焊点。

（4）焊接要有一定的时间和温度　在焊接过程中，通过烙铁的加热使焊盘的温度升高，使熔化的焊锡渗透到被焊金属表面的晶格中去，形成合金。当温度较低时，焊料不能充分熔化，流动性差，不能渗透到晶格中去，造成虚焊。当温度过高时，焊料成为非合金状态，加速了焊料的分解，还会使印制导线脱离基板。

焊接的时间是指在焊接全过程中，完成一个焊接点所需要的全部时间。根据被焊接材料的大小，焊接时间一般不超过 3 s，时间过长则温度较高，被焊元器件容易损坏。

3．对焊接点的基本要求

一个良好的焊接点应具备：

（1）具有良好的导电性　一个良好的焊接点应是焊料与被焊金属形成金属合金形式，而不是简单地将焊料堆附在被焊金属表面上。焊点良好，才能保证有良好的导电性。

（2）具有一定的力学强度　焊接点的作用之一是连接两个或两个以上的元器件，并使其接触良好，所以焊接点要有一定的力学强度才能保证元器件电气性能良好。有时为加强力学强度，把元件的引脚线、导线弯脚焊接。

（3）焊点上焊料要适量　焊料过少，不仅强度减小，而且随氧化加深，容易造成焊点失效。但焊料过多，不仅使成本上升，而且在焊点密度较大的地方，极易造成桥连，或因细小灰尘在潮湿气候里引起短路。所以一个良好的焊点焊料要适中。

（4）焊点表面应具有良好的光泽且表面光滑　一个良好的焊点表面应有光泽且表面光滑，不应有凹凸不平或毛刺及其他现象。焊接时温度过高则焊接点的光泽变差，且表面易起泡。

（5）焊接点不应有毛刺、空隙　当高频电路中的焊点有毛刺或空隙时，在两个相近的毛刺间易造成尖端放电。

（6）焊接点表面要清洁　焊接点表面周围要清洁、无助焊剂残渣及污垢，这些物质会降低电路的绝缘性，而且对焊接点也有一定的腐蚀作用。

一个良好的焊接点应具有以上的基本要求。合格的焊点与焊料、助焊剂的选用，烙铁的选用，操作方法和熟练程度都有着直接的关系。

4．焊接点的质量检验标准

一个良好焊接点的检查应从如下两个方面进行：

（1）焊点外观检查　主要检查焊点的光亮度，用锡量的多少，焊点形状有无毛刺、气泡等。

（2）焊点的力学强度与电气性能　轻轻拉动或拨动，焊点应紧密不松动、更不能松脱；用万用表测量元器件通导良好，万用表显示稳定，指针不抖动或乱跳，无虚焊，与其他焊点无桥连等。

总之，一个良好焊点的检查要从多方面进行，以保证设备正常工作。

二、常用焊接工具设备

1. 电烙铁

电烙铁是无线电整机装配中最常用的手工焊接工具之一，被广泛用于各种无线电整机产品的生产与维修。

常见的电烙铁有内热式、外热式、恒温式、热风枪、吸锡式等形式。

（1）内热式电烙铁　内热式电烙铁主要由发热元件、烙铁头、连接杆以及手柄等组成。它具有发热快、体积小、质量轻、效率高等特点。烙铁头的温度在350℃左右。

（2）外热式电烙铁　外热式电烙铁由烙铁心、烙铁头、手柄、电线和插头等组成。烙铁心由电热丝绕在薄云母片和绝缘筒上制成。

它是焊接中使用较多的一种烙铁，它的烙铁头可以被加工成各种形状以适应不同的场合。

电烙铁在使用前要进行必要的检查和处理。

1）安全检查　用万用表检查电源线有无短路、开路，烙铁是否漏电。电源线的装接是否牢固，螺钉是否松动，手柄上电源线是否被顶紧，电源线套管有无破损。

2）烙铁头处理　新的烙铁一般不宜直接使用，要对烙铁头进行处理。先进行锻打，增加金属密度，延长使用寿命，再根据需要加工成形，然后将表面的氧化物和污物用锉刀或砂纸清除，对烙铁头进行镀锡。镀锡的具体操作方法是：将处理好烙铁头的电烙铁通电加热，并不断在松香上擦洗烙铁头表面，当烙铁头温度能熔化焊锡时，在其表面熔化一层焊锡，并仍不断地在松香上来回擦洗，直至烙铁头表面薄薄地镀上一层锡为止，镀锡长度为 1~2 mm 为宜。常见的烙铁头的形状如图 5—2 所示。

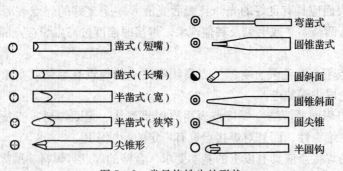

图5—2　常见烙铁头的形状

3）使用注意事项　旋烙铁木柄盖时不可使电源线随着木柄盖扭转，以免将电源线接头部位损坏，造成短路。烙铁在使用中，不要敲击，烙铁头上过多的焊锡不得随意乱甩，要在松香上擦除，或用软布擦除。

烙铁在使用一段时间后，应当将烙铁头取出，除去外表氧化层，取烙铁头时切勿用力扭动烙铁头，以免损坏烙铁芯。

（3）恒温烙铁　用电烙铁内部的磁控开关来控制烙铁的加热电路，使烙铁头达到恒温。磁控开关中的软磁铁被加热到一定的温度时，便失去磁性，断开触点，切断电源。恒温烙铁也有用热敏元件测温，控制加热电路，使烙铁头恒温。

（4）吸锡烙铁　是拆焊的专用工具，用它可将焊接点上的焊锡吸除，使引脚与焊盘分离。操作时，将烙铁加热。熔化焊接点上的焊锡后，按动吸锡开关，即可将锡吸掉。

（5）热风焊台　热风焊台也称热风枪拆焊台，是一种由热风作为加热源的半自动设备，用来焊接、拆焊 SMT 元器件，比电烙铁好用。热风焊台如图 5—3 所示。热风焊台的热风筒内装有电热丝，软管连接热风筒和热风台内的热风机。按下热风焊台前面板上的电源开关，同时启动吹风机和加热电热丝，被吹风机压缩了的高压空气，通过软管从热风筒前端吹出热风，当热风达到焊接或拆焊温度后，就可以进行拆焊操作。断开电源开关，电热丝停止加

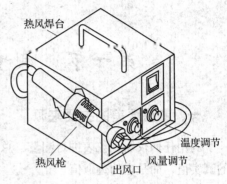

图 5—3　热风焊台

热，但吹风电动机还要继续工作一段时间，直至热风筒的温度降低后才自动停止吹风。

热风焊台的前面板上，除了电源开关，还有"温度调节"和"风量调节"两个旋钮，分别用来调整、控制电热丝的温度和吹风机送风量的大小。

2. 其他

（1）防静电工作台、装置　多数表贴器件是静电敏感器件，因此，防静电工作台，至少防静电腕带、防静电电烙铁等是常需使用的装置。利用这些防静电装置将人体静电泄放到地，以免静电击坏器件。

（2）带灯放大镜　用于观察小型元件和器件引脚位置、焊接状况，以及拆焊时焊锡清除程度，焊接时焊接的质量等。

第六章　测量与常用仪表

第一节　测量误差的基本概念

一、测量误差的主要来源

利用任何仪器、仪表进行测量，总存在误差，即测量结果不可能准确地等于被测量的真实值，而是它的近似值。

误差是各种因素综合作用的结果，通常把误差的来源分成五大类。

1. 仪器误差

仪器误差是指用仪器（仪表）进行测量时，由设备本身的电气或力学性能不完善所产生的误差。

2. 使用误差

使用误差又称操作误差，是指仪器使用过程中，由于安装、调节、布置、使用不当所引起的误差。例如，把规定水平安放的仪器垂直放置；接线过长或未考虑阻抗匹配；未按操作规程进行预热、调节、校准、测量等，都会产生使用误差。

3. 人身误差

人身误差是指由于人的感觉器官或运动器官不完善所产生的误差。对于某些需借助人耳、人眼来判断结果的测量以及需进行人工调谐的测量工作，均会产生人身误差。提高测量技巧和改进测量方法可减小人身误差。

4. 影响误差

影响误差又称环境误差，是指仪器由于受外界温度、湿度、气压、电磁场、机械振动、光照、放射性等因素影响所产生的误差。

5. 方法误差

方法误差是指由于测量方法不完善或所依据的公式不完善所引起的误差。

二、误差的性质与分类

误差按其性质及特点可以分为以下几类。

1. 系统误差

系统误差是指在一定条件下，多次重复测量误差的数值保持恒定或按某种已知函数规律变化的误差。

系统误差不易被人觉察，有时将严重影响测量的准确度。因此，在测量前必须找出可能产生系统误差的来源，并设法消除。应当正确选择仪器的类型并对测量仪器的系统误差预先进行校正，或通过确定系统误差的大小，对测量结果进行修正。

2. 随机误差

随机误差又称偶然误差。这是一种具有随机变量特点服从统计规律的误差。减小随机误差的主要方法是进行多次测量，取其统计平均值。

3. 粗大误差

粗大误差是指在一定条件下，测量结果明显地偏离实际值时所对应的误差。从性质上来看，粗大误差并不是单独类别，它既可能是系统误差，又可能是偶然误差，只不过是在一定条件下其绝对值特别大而已。产生粗大误差的主要原因有：测量方法不当，测量人员粗心或测量时受某种偶然因素影响（如测量仪器突然跳火、观察疏忽）等。

三、测量误差的表示方法

误差的表示方法一般有三种形式。

1. 绝对误差

被测量的测量值 x 与它本身的真值（真实值）x_0 之间的差值 Δx 称为绝对误差，即

$$绝对误差(\Delta x) = 测量值(x) - 真值(x_0) \tag{6—1}$$

例如，某电流表测量值为 30.5 mA，而实际值为 30.7 mA，绝对误差为 − 0.2 mA。

当知道绝对误差后，就可以对测量值进行修正或更正。修正值的大小和绝对误差相等，但符号相反。

2. 相对误差

相对误差是绝对误差（Δx）与被测量的约定值（x_0）之间的百分比，表示为：

$$相对误差(r) = \left[绝对误差(\Delta x) / 约定值(x_0)\right] \times 100\% \tag{6—2}$$

约定值可以是真值、实际值标称值和满度值。随约定值不同，可分别将相对误差称为真值、实际值标称值和满度值相对误差。

相对误差较绝对误差更确切地说明测量的精度，测量误差通常用相对误差表示。

3. 引用误差

引用误差又称满度相对误差，是绝对误差 Δx 与仪器（仪表）满度值 x_m 的百分比，即：

$$引用误差(r_m) = \left[绝对误差(\Delta x) / 满度值(x_m)\right] \times 100\% \tag{6—3}$$

引用误差用于表示测量仪器（仪表）的准确度等级。准确度等级常分为 0.1、0.2、0.5、1.0、1.5、2.5 和 5.0 共七个级别。测量结果的准确度一般总是低于仪器（仪表）的准确度，只有当示值 x 等于满度值 x_m 时，二者才相等。因此，实际测量时，应注意选择合适量程，使指针的偏转位置尽可能处于满度值 2/3 以上的区域。

第二节　常用测量仪表

一、指示式仪表的分类

指示式仪表种类很多，主要可分为以下几类：

1. 按测量对象的不同可分为电流表、电压表、功率表、欧姆表等。

2. 按被测量电源的种类可分为直流仪表、交流仪表和交直流两用仪表。

3. 按使用方法可分为便携式、配电屏式等。

4. 根据使用条件可分为 A、B、C 三组。A 组仪表可在温暖的室内使用，B 组仪表可在不温暖的室内使用，C 组可在室外使用。

5. 按工作原理可分为：

（1）磁电系仪表　根据通电导体在磁场中产生的电磁力的原理制成。

（2）电磁系仪表　根据铁磁物质在磁场中被磁化后，产生电磁引力（或斥力）的原理制成。

（3）电动系仪表　根据两个通电线圈之间产生电动力的原理制成。

此外，还有整流系、热电系、电子系、铁磁电动系、模拟指针式和数字式等仪表。常用指示式仪表的符号见表6—1。

表6—1　　　　　　　　　　　常用指示式仪表的符号

分类	符号	名称	分类	符号	名称
电流种类	——	直流	作用原理	(1.5)	磁电系仪表
	∼	交流（单相）		电磁系仪表
	≂	直流和交流		电动系仪表
	3∼	三相交流	仪表安放位置	⊥	垂直放置
测量对象	Ⓐ	电流表		⊓	水平放置
	Ⓥ	电压表		∠60°	与水平面成60°角
	Ⓦ	功率表	耐压试验	☆	试验电压为 500 V
	Ⓦ̲ʰ	瓦时表		☆2	试验电压为 2 000 V
准确度等级	(1.5)	1.5 级（准确度）			

二、指针式仪表的组成与机构

指针式仪表就是能把被测电量变换成仪表指针的机械角位移的装置，根据指针的指示可以直接获取测量结果，因此，又称为直读式仪表。

1. 仪表的组成

指针式仪表主要由测量机构和测量线路两部分组成。测量线路的作用是把被测量转换成测量机构可接受的过渡电量，然后通过测量机构把过渡电量转换成指针的角位移，指针式仪表的方框图如图6—1所示。

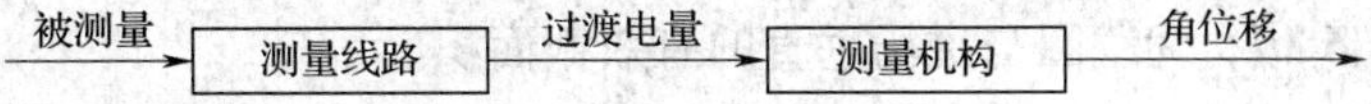

$$被测量 \rightarrow \boxed{测量线路} \xrightarrow{过渡电量} \boxed{测量机构} \xrightarrow{角位移}$$

图6—1　指针式仪表方框图

2. 仪表的机构

指针式仪表主要由产生作用力矩装置、产生反作用力矩装置、产生阻尼力矩装置和读数装置四部分组成。

（1）产生作用力矩装置　要使指针偏转，测量机构必须产生一个转动力矩。不同系列的仪表，产生转动力矩的原理不同。

（2）产生反作用力矩的装置　如果没有反作用力矩，只有转动力矩，不论其多大，指针都要偏转到尽头。反作用力矩一般由游丝提供。在游丝的弹性范围内，反作用力矩 M_α 与偏转角 α 呈线性关系，即：

$$M_\alpha = D\alpha \tag{6—4}$$

式中　D 为反作用力矩系数，由游丝本身固有性质决定，为常数。

当被测量的转动力矩 M 与反作用力矩 M_α 相等时，可动部分平衡，被测量对应一定的偏转角，即：

$$M = M_\alpha = D\alpha$$
$$\alpha = M/D \tag{6—5}$$

式（6—5）表明，仪表可动部分偏转角 α 与被测量的大小成正比。

（3）产生阻尼力矩的装置　由于可动部分具有一定的惯性，当 $M = M_\alpha$ 时，可动部分不能立即停止，而是在平衡位置左右摆动，阻尼装置就是用来吸收这种摆动能量，让其尽快静止的装置，从而达到尽快读数的目的。阻尼装置常有空气阻尼器和磁感应阻尼器两种。

（4）读数装置　读数装置由指针、刻度尺组成。有的还有反射镜，读数时指针和镜中镜像重合，起到消除视差的作用，从而提高读数的准确性。

三、常用仪表的使用

1. 磁电系仪表

磁电系仪表根据磁路的不同，可分为外磁式、内磁式和内外磁结合式三种，外磁式结构如图6—2所示。

（1）动作原理　从图6—2可见，可动的电流线圈通过直流电流时，在永久磁铁磁场的作用

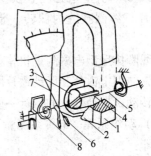

图6—2　外磁式磁电系仪表结构

1—永久磁铁　2—极掌　3—圆柱形铁芯
4—绕在铝框架上的活动线圈　5—轴
6—平衡锤　7—指针　8—游丝

下，产生一个电磁力矩，使可动线圈旋转并带动指针偏转。设磁感应强度为 B，线圈有效边长度为 l，匝数为 N，被测量为 I，则电磁力 $F = NBIl$，电磁转矩为：

$$M = 2Fr = 2NlBIr = NBIS \tag{6—6}$$

式中　　r——转轴到有效边的距离；

　　　　S——等于 $2rl$，为线圈与磁场垂直的有效截面积。

在转动力矩 M 的作用下，游丝被拉紧，产生反作用力矩 M_α，设指针偏角为 α，当转动力矩与反作用力矩平衡（$M = M_\alpha$）时，有：

$$D\alpha = NBIS$$

$$\alpha = \frac{NBS}{D}I \tag{6—7}$$

式（6—7）说明磁电式仪表指针的偏转角度 α 与被测量电流 I 成正比，因此可以测量被测量电流。

磁电系仪表测量机构的电流线圈导线很细，允许通过的电流很小（通常在几十微安到几十毫安）。若并联分流电阻可扩大电流量程，若串联分压电阻可扩大电压量程。

（2）磁电系仪表的特点　磁电系仪表的特点有：

1）磁电系仪表只能测量直流量，当交流电流流过线圈时，由于电流方向不断变化，转动力矩的方向也不断变化，其平均力矩为零，指针停在零点或在零点抖动。

2）由式（6—7）可知，仪表的偏转角与被测电流成正比，因此刻度均匀。

3）磁电系仪表功耗小，准确度高。

（3）磁电系仪表使用注意事项　磁电系仪表只能测量直流量，不能测量交流量。测量时要注意接线柱的极性不能接反，一旦接反将使指针反偏，造成指针撞弯，甚至损坏。

2. 电磁系仪表

电磁系仪表的测量机构主要由固定的线圈和可动的铁芯组成。根据固定线圈的形状和可动铁芯的转动方式，电磁系仪表分为扁线圈吸引型和圆线圈排斥型两种。

扁线圈吸引型电磁测量机构如图 6—3 所示，当扁线圈通电后，产生磁场，使偏心铁片往线圈狭缝内偏转，带动转轴上的指针一起偏转，从而指示出仪的测量读数。

圆线圈排斥型电磁测量机构如图 6—4 所示，当固定线圈通过电流时，在线圈内产生磁场，使固定铁片和可动铁片同时被磁化为同一极性，这两个铁片互相排斥，可动铁片发生转动，带动轴上的指针一同偏转，从而指示出仪表读数。

（1）动作原理　电磁系测量可动铁片偏转时，转动力矩的大小与通电电流的平方有关，即：

$$M = K(IN)^2 \tag{6—8}$$

式中　M——可动铁片转动力矩；

　　　K——比例常数；

　　　I——流过线圈的电流；

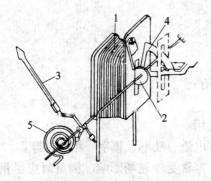

图 6—3　扁线圈吸引型电磁测量机构
1—线圈　2—偏心铁片　3—表针
4—阻尼器　5—弹簧游丝

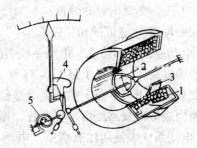

图 6—4　圆线圈排斥型电磁测量机构
1—线圈　2—活动铁片　3—固定铁片
4—表针　5—弹簧游丝

N——线圈的匝数。

电磁系仪表可动铁片旋转时也受到游丝产生的反作用力矩 M_α，当指针平衡时，有：

$$M = M_\alpha$$

将式（6—8）和式（6—4）代入得：$K(IN)^2 = D\alpha$，则：

$$\alpha = \frac{K}{D}(IN)^2 = \frac{K}{D}N^2 I^2 \tag{6—9}$$

由此可知，电磁系仪表指针的偏转角 α 与通过线圈的电流平方成正比。

（2）电磁系仪表的特点　电磁系仪表的特点主要有：

1）电磁系仪表可以用来测量直流量，也可用来测量交流量。

2）电磁系仪表的过载能力强。

3）电磁系仪表结构简单，成本较低。

4）由式（6—9）可知，偏转角与电流平方成正比，所以刻度不均匀。

（3）使用注意事项　电磁系仪表的刻度不均匀，起始段分度较密，测量时应合理选择量程，尽量使指针指在标尺分度较疏处，以减小读数误差。另外，电磁系仪表易受外磁场影响，可采用磁屏蔽来削弱外磁场影响。

3. 电动系仪表

众所周知，磁电系测量机构的磁场是由永久磁铁建立的，如果用通有电流的固定线圈去代替永久磁铁，就构成了电动系测量机构。

（1）电动系仪表工作原理　如果通过固定线圈的电流为 I_1，通过活动线圈的电流为 I_2，则电动系测量机构的转动力矩与 I_1、I_2 成正比，即：

$$M = KI_1 I_2 \tag{6—10}$$

式中　M——转动力矩；

K——比例常数；

I_1、I_2——定圈和动圈中的电流。

如果测量交流量，转动力矩还与定圈、动圈中电流的相位差有关，即：

$$M = KI_1 I_2 \cos\varphi \tag{6—11}$$

式中　M——转动力矩的平均值；

　　　K——比例常数；

　　　I_1、I_2——交流电流有效值；

　　　φ——I_1 与 I_2 电流的相位差。

（2）电动系仪表的特点　电动系仪表的特点有：

1）准确度高，可达 0.1 级至 0.05 级。

2）交直流两用，对非正弦交流电路也同样适用。

3）能构成多种线路测量多种参数，如电压、电流、功率、频率、相位差等。

（3）电动系仪表使用注意事项　电动系仪表容易受外磁场影响，测量时应尽量减小外磁场影响。仪表的过载能力小，测量时不允许过载，因为活动线圈的电流靠游丝引入，过载容易损坏游丝。

第三节　模拟指针万用电表

模拟指针万用电表（指针万用表）是一种可以测量多种电量的多量程便携式仪表，它具有测量种类多、测量范围宽、携带方便等优点。

一、指针万用电表的结构

1. 表头

指针万用电表的表头多采用灵敏度高、准确度好的磁电系测量机构。表头的满刻度偏转电流一般为几微安到几百微安。满偏电流越小，灵敏度越高，测量电压时内阻就越大。500 型万用电表满偏电流为 40 μA 左右，测量直流电压时内阻达 20 kΩ/V。

500 型万用电表刻度盘标有多种刻度尺，如图6—5 所示。

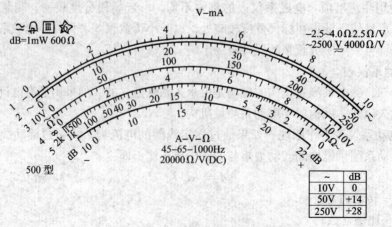

图6—5　500 型万用电表刻度盘

2. 测量线路

指针万用电表用一只表头测量多种电量，并具有多种量程。实现这些功能的关键是测量线路，通过测量线路把被测量转换成磁电系表头所能接受的直流电流。一只指针万用电表，测量范围越广，其测量线路越复杂。各种指针万用电表的测量线路基本相同。

指针万用电表的表头满偏电流很小，实际测量电流时，必须采用分流器。分流器通常分为开路式分流器和闭路式分流器两类，如图 6—6 所示。指针万用电表测量不同量程的直流电流、直流电压，就利用电阻器并联分流和串联分压的原理实现。

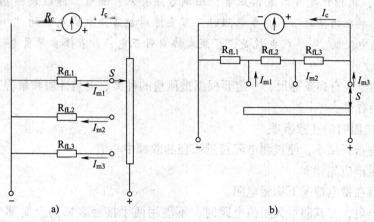

图 6—6　指针万用电表分流器

a）开路式　b）闭路式

利用指针万用表测量交流电流、交流电压必须经过整流器，如图 6—7 所示。

指针万用电表测量电阻的原理如图 6—8 所示，图中 R_x 是被测电阻，R_0 是调零电阻，R1 是表头串联的限流电阻，红表棒与电源负极相连，黑表棒通过表头与电源正极相连。当 E 一定时，被测电阻越大，电流 I 越小。

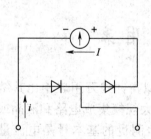

图 6—7　指针万用电表整流器

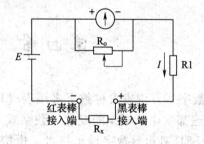

图 6—8　指针万用电表测量电阻原理

3. 转换开关

转换开关是用来选择不同的被测量和不同量程的切换元件。它里面有固定接触点和活动接触点，当固定接触点与活动接触点闭合时就可以接通电路。

指针万用电表就是由以上三部分加上一些插孔及调整旋钮等组成的。

二、指针万用电表的使用与维护

1. 正确选择插孔和转换开关位置

红表棒为"＋"，黑表棒为"－"，将表棒对应地插入表孔时，一定要严格按颜色和正负插入。测量直流量时要注意正负极性，测电流时，电表与电路串联；测量电压时，电表与电路并联。根据测量对象，将转换开关旋至所需位置。量程的选择应使指针移动到满刻度的2/3附近。在被测量大小不详时，应先用大量程试测，后再改用合适量程。

✎提示：用指针式万用表按正常、正确方法接入、测量，即红表棒插红色插孔，黑表棒插黑色插孔的情况下，测量电阻时，黑表棒对应万用表内电池的"＋"，红表棒对应万用表内电池的"－"。也就是说，黑表棒自带正电，红表棒自带负电。

2．正确读数

指针万用电表有多条标尺，一定要根据被测量的种类、电量性质和量程，读准对应的标尺，不能看错。

3．测量电阻时的注意事项

（1）合理选择倍率，使被测电阻接近该挡的欧姆中心值。

（2）测量前应先调零。

（3）严禁在带电情况下测量电阻。

（4）测电阻，尤其测量大阻值电阻时，不能用两手接触表棒的金属部分，以免影响测量结果。

（5）用指针万用表测量晶体管时，注意表棒的正负极性恰好与电池极性相反。

另外，指针万用电表测量大电流、高电压时不能带电切换量程。电表应水平放置，不得受热、受潮、受振动。每次测量完毕不应将转换开关放在电阻挡，而应置于空挡或电压最高挡。若长期不用，应将电池取出，以防电池漏液腐蚀电表。

第四节　数字万用表

数字式万用表又称数字多用表（DMM），与模拟指针式万用表相比其结构和工作原理都发生了根本的变化，数字式万用表采用了大规模集成电路和液晶或发光二极管 LED 显示等数字显示技术。模拟指针式万用表测量的基本量是电流量；数字式万用表以数字电压表为基础，测量的基本量是电压量。它是将被测的模拟电量转换成离散的数字电量并进行编码，然后以数字形式直接显示测量数据的。

一、数字式万用表的电路结构

数字式万用表主要由核心部件直流数字电压表（DVM）、测量电路、量程转换开关三部分组成，其原理框图如图6—9所示。

由图6—9可见，对于输入的各种模拟量信号经过转换器先转换成数字量直流电压"$U=$"，（如 $R/U=$、$u/U=$、$i/U=$），再经过量程选择电路后，进入 A/D（模拟/数字）转换器，最后由显示器直接显示测量结果。

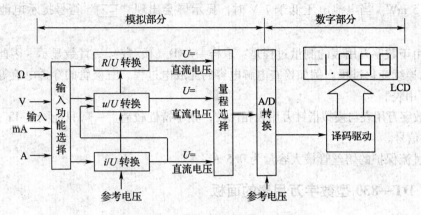

图 6—9　数字式万用表原理框图

二、数字式万用表的特点

1. 输入阻抗高，测量数据准确　数字式万用表的输入阻抗一般都在 10 MΩ 以上，高的可达 10^6 MΩ。模拟指针万用表的输入阻抗才几百 kΩ。输入阻抗越高，对被测对象影响越小，测量数据的准确度越高。一般 $3\frac{1}{2}$ 位数字万用表的误差 ≤ ±0.5%；一般指针万用表的误差 ≤ ±2.5%。

2. 测量速率快　测量速率是每秒（s）能够显示的次数。$3\frac{1}{2}$ 位和 $4\frac{1}{2}$ 位数字万用表的测量速率为 2~4 次/s。

3. 可以进行功能扩展　由于数字式万用表具有数字编码、数据处理和存储、逻辑控制等功能，便于在原有测试功能中进行功能扩展，可以与计算机联机。

4. 测量数据显示直观准确、清晰易读，可以自动显示被测电量的单位。

5. 由于采用了 CMOS 大规模集成电路，因此功耗低、体积小、质量轻、抗电磁干扰能力强。

三、DT—830 型数字万用表的一般特性

数字万用表型式多种多样，但是工作原理、使用方法大体相同。下面以普及型 DT—830 型数字万用表为例做些介绍。

1. $3\frac{1}{2}$ 位数字可以显示 4 位数，但最高位不能显示出 0~9 的所有数字，只能显示 0 或 1，所以算半位。

2. 测量直流电量时有自动识别极性功能，红黑表棒在电路中的极性接反时，显示出的测量数据前面会出现一个"－"号。

3. 使用电阻挡测量电阻时不同于指针万用表要手动调零，可以自动调零。

4. 超量程测量时，只在最高位显示"1"，其他位不显示，被消隐。

5. 表内使用一只 9 V 叠层电池，可以连续工作约 200 小时，工作时总电流约 2.5 mA，

功耗≤2.5 mW。当电池电压低于7 V时，显示屏会出现"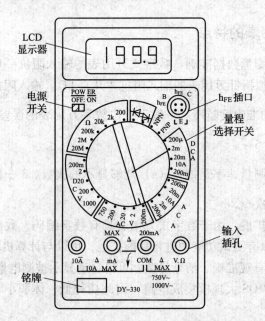"符号提示电池电量不足。

6. 由于数字万用表的测量过程是：取样→A/D（模/数）→计数显示，因此不能反映电量的连续变化过程。例如检查电解电容的充放电过程、三极管的穿透电流等就要用指针式万用表。

7. 数字万用表与模拟指针万用表相比较，频率特性较差，一般只能测量45～500 Hz内的低频信号。

8. 过流保护的熔丝管最大容量为0.5 A。

四、DT—830型数字万用表的面板

DT—830型数字万用表面板上的部件及功能如图6—10所示。

图6—10　DT—830型数字万用表面板

面板上有LCD液晶显示屏、量程转换开关、测试表棒插孔、三极管 h_{FE} 插孔等。各部分功能如下：

1. LCD液晶显示器　清晰显示出测量数据，可直读。

2. 电源开关　位于左上部，标注"POWER"（电源），下面有OFF（关）和ON（开）。

3. 量程选择开关　位于面板的中央，用于各种被测电量和量程的选择。

4. 表棒插孔　位于面板的下部，有"V·Ω""mA""COM""10 A"4个插孔。其中：

"V·Ω"插孔　用于电压、电阻、线路通/断和二极管的测试，插入红表棒。

"COM"插孔　是测量任何电量的公共插孔，插入黑表棒。

"mA" 插孔　测量小于 200 mA 的交、直流电流时红表棒插孔。

"10 A" 插孔　测量大于 200 mA、小于 10 A 的交、直流电流时红表棒插孔。

5. 晶体三极管 "h_{FE}" 插口　根据管子的类型，将管子的引脚分别插入 "NPN" 或 "PNP" 的 "E" "B" "C" 以测量三极管的电流放大倍数 h_{FE}。

五、数字万用表的使用与维护

1. 使用步骤

数字万用表使用步骤归纳起来是，一看、二拨、三试、四测、五断电、复位，即当用万用表进行测量时要：

一看，看量程转换开关的位置与要测量的项目是否相符。

二拨，根据要测量的项目将量程转换开关拨到相应的位置。

三试，用测试表棒快速、轻触被测电路（尤其测量电压或电流时）看 LCD 显示屏反映情况。

四测，试测无异常后，将测试表棒与被测电路（或元器件）接好，正确读出被测电量数据。

注意：不要测量高于 1 000 V 的直流电压和高于 750 V 的交流电压，否则损坏表内电路。

五断电、复位，测试完毕将电源开关拨至 "OFF" 位置断电，然后将选择开关拨至电压高压挡。

2. 使用与维护注意事项

使用数字式万用表要按正确方法操作，否则测量数据不准确，甚至会烧坏万用表，更有甚者会造成人身伤害。为了引起注意，特强调几点如下。

（1）初次使用万用表应该认真阅读 "使用说明书"　万用表使用前进行检查，保证在完好状态下使用。例如，万用表接通电源后将两只表棒短接后显示屏应显示出 "0.000"（数字万用表电阻挡无须手动调零，本身能自动调零）；将表棒开路时，显示屏应显示出 "1" 溢出符号。以上两个数据出现，说明万用表 Ω 挡正常。

（2）各种项目在测量前正确选好挡位　例如，被测电阻器为 2 kΩ，此时转换开关先要拨至 Ω 挡 20 k 处。若置于 2 k 处，如果被测电阻器正误差大于 2 kΩ，则会显示超量程测量 "1" 溢出符号；若拨至 200 k 处则最小显示位数是百 Ω，会造成测量读数误差大。在电压挡、电流挡的量程选择要注意，应该本着先用大量程试测，后用小量程准确测量读数。万用表用完后一定要断电、复位。

不允许测量高于 1 000 V 的直流电压和高于 750 V 的交流电压，否则会损坏表内电路。

（3）各项目测量过程中，拨动转换开关时，表棒不要接触被测电路；人手绝不能接触表棒金属部分，否则影响测量精度，甚至引起触电事故。为了安全，要养成用单手操作测量的习惯。

（4）万用表若长期不用，应取出表内电池（干电池长期不用会流液，腐蚀表内零部件）。

第七章 机械制图识读简介

图样是现代化工业生产的重要技术文件之一，国家标准《机械制图》对图样的图幅、图线、尺寸和采用的符号做了统一规定。

第一节 机械制图的基本规定

一、图纸幅面

图纸幅面规定见表7—1。

表7—1 图纸幅面 mm

幅面代号	A0	A1	A2	A3	A4
$B \times L$	841×1 189	594×841	420×594	297×420	210×297
a			25		
c		10			5

A0图纸幅面为841 mm×1 189 mm≈1 m²，将A0幅面的图纸对折裁开，可得两张A1幅面的图纸，其余各种图纸幅面都依此成对开关系。

有装订边图纸（X型）的图框格式如图7—1所示。

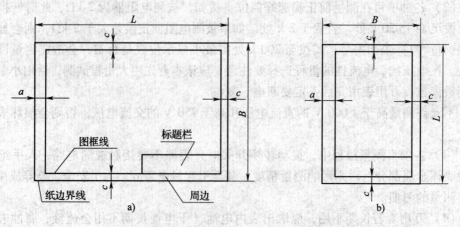

图7—1 有装订边图纸（X型）的图框格式

二、比例

图中图形与其实物相应要素的线性尺寸之比称为比例。画图时应根据零件的大小和结构复杂程度，选用合适的比例，常用比例见表7—2。

表7—2   比   例

种类	比 例		
原值比例	1:1		
放大比例	5:1 $5 \times 10^n:1$	2:1 $2 \times 10^n:1$	$1 \times 10^n:1$
缩小比例	1:2 $1:2 \times 10^n$	1:5 $1:5 \times 10^n$	1:10 $1:1 \times 10^n$

注：n 为正整数。

三、字体

图样中书写的汉字、数字和字母都必须做到：字体端正、笔画清楚、排列整齐、间隔均匀。汉字应写成长仿宋体，并应采用国家正式公布推行的简化字。斜体数字与字母的字头向右倾斜，与水平基准线成75°角。

四、图线

图样中的图形是由各种图线构成的。各种图线的名称、形式、代号、宽度以及图样上的一般应用见表7—3。

表7—3   图线及应用

图线名称	图线形式	代号	图线宽度	图线的主要用途
粗实线	———————	A	b	可见轮廓线
细实线	———————	B	约 $b/2$	尺寸线、尺寸界线、剖面线、指引线
波浪线	∿∿∿∿	C	约 $b/2$	断裂处边界线
双折线	—⌐—⌐—	D		
虚线	- - - - - -	F	约 $b/2$	不可见轮廓线
细点画线	—·—·—·—	G	约 $b/2$	轴线、对称中心线
粗点画线	—·—·—·—	J	b	限定范围表示线
细双点画线	—··—··—	K	约 $b/2$	可动零件的极限位置的轮廓线、相邻辅助零件的轮廓线

各种图线的应用举例如图7—2所示，图中英文字母为线型代号。

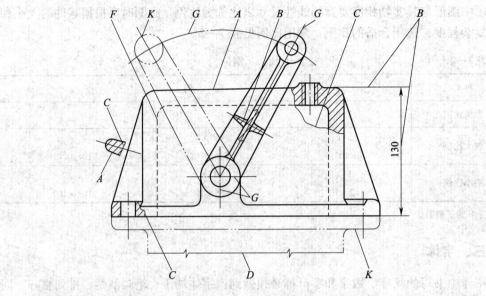

图7—2　图线应用举例

五、尺寸标注的基本规则和要素

在图样中，用图形表达零件的形状，用标注的尺寸表示零件的大小。因此，看尺寸和标注尺寸应该严格遵守国家标准中尺寸标注的有关规定。

1. 基本规则

（1）零件的真实大小应以图样中所标注的尺寸数值为依据，与图形的大小及绘图的准确度无关。

（2）图样中（包括技术要求和其他说明）的尺寸，以毫米（mm）为单位时，不需标注其计量单位的代号或名称，如采用其他单位时，则必须注明相应的计量单位的代号或名称。

（3）图样中所标注尺寸为该图样所示机件的最后完工尺寸，否则应另加说明。

（4）零件的每一尺寸一般只标注一次，并标注在能最清晰反映该结构的图形上。

2. 标注尺寸的要素

一个完整的尺寸包含尺寸界线、尺寸线和箭头、尺寸数字三个要素，如图7—3所示。

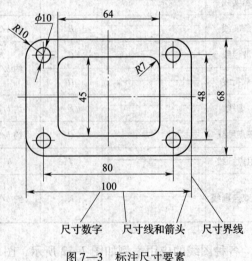

图7—3　标注尺寸要素

第二节　识读简单图样

一、识读零件图

看零件图是技术工人必须具备的基本技能，看零件图的一般步骤如下：

1. 看标题栏，了解零件概况。
2. 看视图，想象零件的形状。
3. 看尺寸标注，明确各部分的大小。
4. 看技术要求，了解施工要求和质量指标。

零件形状虽然多种多样，但根据其结构的特点，按视图表达与尺寸标注的共性，大致可分为轴套、轮盘、叉架、箱体四类。分析时，依照看图步骤，着重从视图表达与尺寸标注方面进行分析。

如图7—4所示为轴类零件，现具体进行识读：

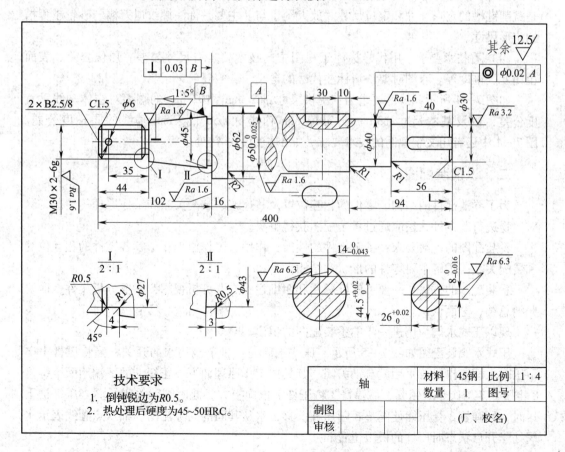

图7—4　轴的零件图

（1）看标题栏 从标题栏中可了解零件名称、材料、比例、图号等内容，也可从中了解零件的作用、结构特点、加工方法等。

图7—4的标题栏所示名称为轴，材料为45钢，比例为1:4，实际大小是图形大小的4倍。此外，结构上有两处B2.5 mm/8 mm的中心孔、键槽、越程槽等。

（2）分析视图 轴的主视图使其轴线摆平放正，既反映出轴的形状特征，又符合零件的加工位置，为加工时看图提供了方便。轴的中部长度方向形状一致，采用了折断画法。为了表达轴的中段和右段上的键槽，分别采用了移出断面图的画法，中段的键槽还采用了局部剖视与局部视图表示。为了表示螺纹退刀槽与砂轮越程槽，分别采用序号Ⅰ、Ⅱ局部放大图表示。轴的左段，从它的画法与标注辨认出为普通细牙螺纹，并在它的径向钻有销钉孔。

（3）看尺寸标注 了解尺寸基准，明确各部分的形状大小和相互位置。轴类零件轴线为径向尺寸基准，重要的接触面、端面是轴向尺寸基准。

轴的总长尺寸为400 mm，尺寸102 mm所指的轴肩左端面注有要求较严的表面粗糙度 $Ra1.6$ μm，此端面是轴向尺寸主要基准，再以它确定轴的左右端面为轴向尺寸的辅助基准。从尺寸标注的布局来看，排列在轴线下方的是车削尺寸，排列在轴线上方的是铣削键槽的定形尺寸和定位尺寸。放大图Ⅰ与Ⅱ主要是标注螺纹退刀槽与砂轮越程槽的定形尺寸。

（4）看技术要求 用代号标注于视图中的技术要求有尺寸公差、形位公差、表面粗糙度、锥度等。看图时要认清标注代号的含义。

如图7—4所示，技术要求为：提供尺寸 $\phi62$ mm、102 mm 的端面对锥体轴线垂直度公差，以及基本尺寸 $\phi30$ mm、$\phi40$ mm 轴线对 $\phi50_{-0.025}^{\ 0}$ mm 轴线的同轴度公差。图7—4中还有用文字说明的技术要求，如倒钝锐边、热处理等。

二、识读装配图

为了弄清部件的结构、零件的相互位置及其连接、装配关系和工作原理等情况，除对实物进行观察外，还应通过看装配图获得解决。

看装配图的一般要求：了解部件的性能、作用、工作原理；了解各零件的相互位置和装配关系；了解主要零件的形状和结构。

看装配图的方法：一要了解标题栏和明细栏；二要分析视图；三要分析零件；四要归纳总结，全面认识。

现以压式水阀为例进一步熟悉装配图的识读。

压式水阀装配图如图7—5所示。压式水阀是一种节制用水的开关，当将压杆1向下压时水即流出，放手后就自动关闭。其具体工作原理如下：压杆1的下端用两个螺母8将压盖7与阀垫6锁紧，靠弹簧3将压杆1推向上方，此时阀就关闭了。当压杆被下压时，因弹簧3受压缩使阀垫6随压杆下移，水从其间的间隙流出。细双点画线表示水阀处于开启状态时压杆的极限位置。

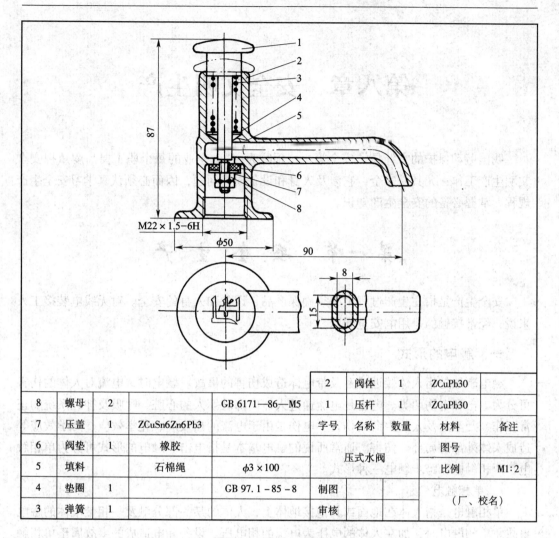

8	螺母	2		GB 6171—86—M5
7	压盖	1	ZCuSn6Zn6Pb3	
6	阀垫	1	橡胶	
5	填料		石棉绳	$\phi 3 \times 100$
4	垫圈	1		GB 97.1 - 85 - 8
3	弹簧	1		

2	阀体	1	ZCuPb30	
1	压杆	1	ZCuPb30	
字号	名称	数量	材料	备注
压式水阀			图号	
			比例	M1:2
制图				
审核		（厂、校名）		

图 7—5　压式水阀装配图

第八章 安全文明生产

我国劳动保护的方针是"安全第一，预防为主"。企业的每个职工要高度重视安全文明生产工作，尤其是安全，它涉及人身和设备损伤问题，因而必须认真学习安全生产规程，掌握必备的安全生产知识。

第一节 安全生产

安全生产是指在生产过程中必须确保产品、设备和人身的安全。对无线电装接工人来说，经常接触的是用电安全问题。

一、触电的形式

触电事故是指人体接近或触及带电体造成伤害的事故。触电时，电流对人体的伤害可分为电击和电伤两类。电击是电流通过人体内部破坏人的心脏、呼吸及神经系统的正常工作，乃至危及人的生命的伤害。电伤是由于电流的热效应、化学效应、力学效应等造成人体外部的局部性伤害。通常所说的触电基本是指电击。触电的形式可分为单相触电、两相触电和跨步触电三种形式。

1. 单相触电

单相触电是指人体在地面或其他接地体上，人体的某一部分触及一相带电体的触电事故。单相触电时，加在人体的电压为电源的相电压。设备漏电造成的事故属于单相触电。绝大多数触电事故都属于这种形式。

2. 两相触电

两相触电是指人体两处同时触及两相带电体而发生的触电事故。这种形式的触电，加在人体的电压是电源的线电压，因此，两相触电的危险性比单相触电大。

3. 跨步触电

当带电体碰地有电流流入大地，或雷击电流经设备接地体入地时，在该接地体附近的大地表面具有不同数值的电位，人进入上述范围，两脚之间形成跨步电压而引起的触电事故叫跨步触电。

触电对人的伤害程度与通过人体电流的大小有关，电流越大危险性越大；与触电时间有关，触电时间越长，伤害程度越严重，因此，发现有人触电要立即使触电者脱离电源；与电流通过人体的路径有关，若电流通过人体的心脏部位最危险；与电流的频率有关，$25 \sim 300\ \text{Hz}$ 的交流电对人体的伤害最严重；此外，还与人体的健康状态有关。

二、常用安全用电措施

1. 要正确选择安全电压。国家标准规定安全电压额定值的等级为 42 V、36 V、24 V、12 V、6 V。42 V 电压用于在危险场所使用的手持式电动工具供电，一般干燥整洁的场所使用的安全电压为 36 V，在潮湿场所应选用 24 V 或 12 V。

2. 进行高压试验的场地周围应有拦网，非工作人员禁止入内，拦网上应悬挂"高压危险"的警告牌。

3. 合理选择导线和熔丝。导线通过电流时不允许过热，因此导线的额定电流应比实际电流大些。熔丝的作用是短路和严重过载保护。熔丝的选择应符合规定的容量，不得以金属导线代替。

4. 电气设备必须满足绝缘要求。通常规定固定电气设备绝缘电阻不低于 1 MΩ；可移式电气设备绝缘电阻不低于 2 MΩ，有特殊要求的场所绝缘电阻更高。

5. 正确使用移动电具。手持式电动工具应定期检查，绝缘电阻要大于 2 MΩ。使用时应戴绝缘手套。移动电器时应切断电源。

6. 在非安全电压下作业时，应尽可能用单手操作，脚最好站在绝缘物体上，这样可避免触电事故的发生。在调试高压机器时，地面应铺绝缘垫，作业人员应穿绝缘鞋，戴绝缘手套。

7. 拆除电气设备后，不应留有带电导线，如需保留，必须做好绝缘处理。

8. 装配中剪掉的导线头或金属物要及时清除，不能留在机器内部，以免造成隐患。烙铁头上多余的焊锡不应乱甩。

9. 所有电气设备或工具的金属外壳应可靠接地或接零。

10. 电气设备及电源应有专人负责，定期检查，并做好记录，发现问题应及时解决。

11. 进行设备检修时，要从源头切断设备的总进电，并明显地挂上"设备维修禁止合电"警示牌。

12. 大电容在设备关机或处于静置状态时，仍可能储有电荷，即存在高电压，触及其端子可能会有电击危险，一定要注意放电。

三、电气事故急救

1. 触电急救

触电急救的要求是动作迅速，救护得法。实践证明，只要触电者能较快脱离电源，抢救得当，不少触电者是可以救活的。急救的方法是：

（1）采取可靠、迅速、简便的方法切断电源。这时要注意自身安全防护，切勿用手直接拖拉触电者。

（2）迅速对症救护。需救护的触电者大体分为三种情况：一是如果触电者未失去知觉，则应保持安静，继续观察，并请医生前来诊治或送医院。二是如果触电者伤害程度较严重，无知觉、无呼吸，但有心跳，应采用口对口人工呼吸方法进行抢救，即吹气 2 s，停 3 s，5 s 一次。如有呼吸，但无心跳，则采用胸外心脏挤压法进行抢救，即用手掌挤压心脏部位，挤压幅度 3~5 cm，每秒钟挤压一次。三是如果触电者的伤害程度很严重，心跳和呼吸都已停止，上述两种方法要同时使用。如现场只有一人抢救时，应先口对口吹气两次，再做心脏挤压 15 次，如此循环连续操作。

2．电火灾的救护

（1）发生电火灾时，最重要的是必须立即切断电源，然后救火，并及时拨打"119"电话报火警。

（2）带电灭火应使用 1211 灭火器、二氧化碳灭火器、干粉灭火器或黄沙来灭火。应注意，不要使二氧化碳泡沫喷射到人的皮肤或面部，以防冻伤或窒息。在没有确知电源已经切断的情况下，绝不允许用水或普通灭火器灭火，以防触电。

（3）救火时，不要随便与电线或电气设备接触，特别留心地上的电线。

第二节 文明生产

文明生产就是创造一种整洁、安全、秩序井然、有助于稳定工作人员心理、符合最佳布局的良好环境，养成按标准秩序和工艺技术要求进行精心操作的习惯。

文明生产是企业全面质量管理的重要组成，也是实现安全生产和提高产品质量的前提。搞不好文明生产，即使有先进的设备，也不能保证产品的质量。

一、无线电装配对环境的要求

无线电装配对环境的要求较高。一般应保持室内整洁，光线充足而不耀眼，工作地面和工作台案及仪器仪表等都要保持清洁整齐。墙壁、地面的颜色要协调，对眼睛不刺激。室内相对湿度一般保持在 60% 左右，室内噪声不得超过 85 dB。室内应装有排气通风设备。空气中有毒有害物质的最高允许浓度见表 8—1。

表 8—1 空气中有毒有害物质最高允许浓度

名称	丙酮	环二酮	铅烟	二氯乙烷	一氧化碳	甲苯	二氧化硫
浓度/mg·m⁻³	400	60	0.03	25	30	100	15

浓度/mg·m^{-3}

二、文明生产制度

文明生产状况，在一定程度上反映了企业的经营管理水平和企业职工的精神面貌。文明生产应做到：

1．热爱企业，热爱本职工作。

2．严格遵守各项规章制度，认真贯彻工艺操作规程。

3．个人应讲究卫生，认真穿戴工作服、工作鞋、工作帽，必要时应戴手套，以防汗渍污染。

4．操作工位器具齐全，物品堆放整齐，工具、量具、设备应保持整洁。

5．保持工作场地清洁，生产环境优美。

6．为下一班、下一工序做好服务工作。虚心听取下道工序意见，及时改正存在的问题。

第

2

部分

初级无线电装接工技能要求

第九章　装接前的准备工艺

无线电装接前的准备工艺也称加工工艺，是指在一般装接或流水线生产以前，对材料、零件、部件等进行加工处理工作。其内容一般包括常用元器件识别与检测、导线和电缆加工、元器件引线成形、线扎的制作以及浸锡、打印标记等工作。

第一节　常用元器件识别与万用表检测

一、电阻器、电容器、电感器的识别

1. 电阻器的识别及质量判断

电阻器的标注有直标法、文字符号法和色标法，可参阅专业知识中的相关内容。电阻器的质量好坏比较容易鉴别。对新的电阻器先要进行外观检查，看外形是否端正，标志是否清晰，保护漆层是否完好。然后可以用模拟指针万用表或数字万用表（测非精密电阻）的电阻挡测量一下阻值，看其阻值与标称值是否一致，相差之值是否在电阻器的标称范围之内。对新的半可调电阻器，先用万用表测量整个电阻之值，然后再将表棒分别接于活动端及一个固定端，同时慢慢调（滑）动活动端，看电阻值是否连续发生变化——由大变小或由小变大，最终为零（接近零）或等于两固定端之阻值。

电阻器常见故障有两种：一种是阻值变大甚至断路；另一种是内部或引出端接触不良，半可变电阻器更容易发生这种故障。

2. 电容器的识别及质量判别

固定电容器的好坏及质量高低可以用指针万用表电阻挡加以判断。

容量大（$1\ \mu F$ 以上）的固定电容器可用万用表的欧姆挡（$R \times 100\ \Omega$）测量电容器两端，表针应先向小电阻值摆动，然后慢回摆至"∞"附近。迅速交替表棒再测一次，看表针摆动情况，摆幅越大，表明电容器的电容量越大。若表棒一直接在电容器引线时，表针最终应指在"∞"附近。如果表针最大指示值不为"∞"，表明电容器有漏电现象；其电阻值越小，漏电越大，该电容器的质量就越差。如果测量时指针一下子就指到"0"欧姆不向回摆，就表示该电容已短路（击穿）。如果测量时表针根本不动，就表示电容已失去容量。如果表针摆动不回到起始点，则表示电容器漏电很大，质量不佳。对于容量较小的固定电容，往往用万用表测量时看不出摆动（即便 $R \times 1\ k\Omega$ 或 $R \times 10\ k\Omega$ 挡也无济于事）。这时，可以借助于一个外加直流电源和万用表直流电压挡进行测量，如图 9—1 所示。具体操作方法是：把万用表调到相应直流电压挡，负表棒接直流电源负极，正表棒串接被测电容后接电源正极。一个良好的电容在接通电源的瞬间，电表指针应有较

大摆幅，电容器容量越大，表针摆幅也越大。然后表针逐渐返回零点。如果表针一直不摆动，说明电容器失效或断路；如果表针一直指示电源而不是摆动，则说明电容器已短路（击穿）；如果表针摆动正常但不返回零点，说明电容器有漏电现象存在，指示数值越高表明漏电越大。需要指出，测量小电容用的辅助直流电压不要超过被测电容器的耐压。

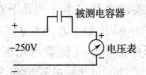

图 9—1　小容量固定电容的估测

上述是粗略判断电容好坏的简便方法，准确测量电容的方法是采用交流电桥或高频 Q 表。

3. 电感器的识别及质量判断

电感器的识别参阅专业知识相关内容。电感器故障一般有开路和短路两种。开路的检查用万用表欧姆挡很容易进行。一般中、高频线圈圈数不多，其直流电阻应很小，在零点几欧至几欧姆之间。音频低频用线圈圈数较多，直流电阻可达几百欧至千欧以上。

线圈短路不宜用直流电阻法判别，一般要用专门测量仪器才能判断。

二、常用半导体器件指针万用表检测

1. 晶体二极管

（1）质量鉴别　用万用表测二极管正、反向电阻。测量时，选万用表 $R \times 10\ \Omega$、$R \times 100\ \Omega$ 或 $R \times 1\ \mathrm{k}\Omega$ 直流欧姆挡（一般不用 $R \times 1\ \Omega$ 或 $R \times 10\ \mathrm{k}\Omega$ 挡，因为用 $R \times 1\ \Omega$ 挡流过二极管电流太大，而用 $R \times 10\ \mathrm{k}\Omega$ 挡则加在二极管两端电压太高，对某些管子有损坏危险），测量二极管正、反向电阻其正向电阻阻值小，良好的管子一般在几百欧至几千欧；反向电阻的阻值大，一般在几百千欧以上。正、反向电阻值相差越大越好，若两次测得阻值一样大或一样小，说明二极管已损坏。测量二极管好坏如图 9—2 所示。

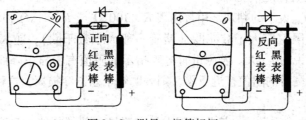

图 9—2　测量二极管好坏

（2）二极管的极性判别　测二极管时，如测得两极间电阻为小阻值时，此时万用表的黑表棒接的便是二极管正极，红表棒接的则是二极管负极。

2. 晶体三极管

（1）管型与管脚的识别　晶体管的管型与管脚识别是分不开的。管型一般在管壳上已标明。若标记模糊或无标记，可先判断出管脚，再判断管型。判断管脚一般有几种方法，即仪器法、外形排列识别法、万用表测量法。万用表测量法是基于将三极管的

PN 结看作二极管，例如，将 PNP 管看作如 ⊢◁─▷⊣ 示意的那样。常用的万用表
测量法如下。

1）判断基极　若以万用表（$R \times 100\ \Omega$ 挡或 $R \times 1\ k\Omega$ 挡）黑表棒接触某一管脚，
红表棒分别接触另两管脚，如表头读数很小（约几千欧），则与黑表棒接触的那一管
脚是基极，同时可知此管的管型为 NPN 型。若用红表棒接触某一管脚，而用黑表棒分
别接触另两个管脚，表头读数同样都很小（锗管约几百欧、硅管约几千欧）时，则与
红表棒接触的那一管脚是基极，同时可知此管的管型为 PNP 型。

2）判断发射极与集电极　现以 NPN 型为例。确定基极 b 后，假设剩下的两只脚其
中一只是集电极 c，并将黑表棒接在此脚上，红表棒接到另一脚发射极上，用手指将假
设的 c 和测出的 b 极捏起来（但不要相碰），并记下 c、e 脚之间阻值的读数。然后再做
相反的假设，即将原假设为 c 的脚设为 e，原设为 e 的脚假设为 c，做同样的上述测试
并记下 c、e 之间的阻值。比较这两次读数的大小，阻值小的那次假设是对的，也就是
说，那次测试中黑表棒接的一只脚就是集电极 c，剩下的另一只脚便是发射极 e。

若需要判别的是 PNP 型管，仍用上述方法，但必须把万用表的表笔的极性对调一
下，即将红表棒接在假设的 c 极上。

某一型号三极管的正反向电阻值如图 9—3 所示。

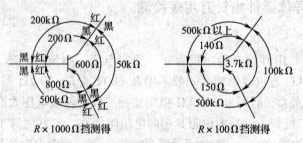

$R \times 1000\ \Omega$ 挡测得　　　　$R \times 100\ \Omega$ 挡测得

图 9—3　某一型号三极管正反向电阻值

（2）晶体三极管性能估测

1）穿透电流 I_{ceo} 大小的判别　用万用表 $R \times 100\ \Omega$ 或 $R \times 1\ k\Omega$ 挡测晶体管 c、e 之
间的电阻。一般该阻值应大于数兆欧（锗管一般大于数千欧），越大说明穿透电流越
小，若电阻值太小说明 I_{ceo} 大。若测量时电表指示的阻值有明显下降的趋势，则表明管
子性能不稳定；若测得的阻值接近零，则表明管子已击穿损坏。这种方法适合同类型
三极管进行比较。

2）估测电流放大系数 β　某些万用表具有测量 β 值的功能。只要将三极管管脚按
要求插入测量孔即可读出 β 值。另一种简易方法是用万用表 $R \times 10\ k\Omega$ 挡测量。若测
PNP 管，用红表棒接集电极，黑表棒接发射极，并用一只电阻（30 ~ 100 kΩ）跨接 b、
c 间，电阻读数立即偏向低阻值一边，表针偏幅越大（电阻值越小）表明管 β 值越高。

3）判断三极管是硅管还是锗管　用万用表 $R \times 1\ k\Omega$ 挡测发射极和集电极的正向电
阻。一般硅管在 3 ~ 10 kΩ，锗管在 500 ~ 1 000 Ω；两极的反向电阻，硅管一般大于
500 kΩ，锗管在 100 kΩ 左右。

3. 用万用表判断场效应管的极性及好坏

（1）结型场效应管极性的判断　用万用表 $R \times 1 \, k\Omega$ 挡，将黑表棒接触管子的一极，用红表笔分别接触另外两个电极，若两次测得的阻值都很小，则黑表棒所接的电极就是栅极，而且是 N 型沟道场效应管。如果用红表棒接触一个电极，用黑表棒分别接触另外两个电极，如测得阻值两次都很小，则红表棒所接触的就是栅极 G，而且是 P 型沟道场效应管。

（2）结型场效应管好坏的判断　用万用表 $R \times 1 \, k\Omega$ 挡，测 P 型沟道管时，将红表棒接源极 S 或漏极 D，黑表棒接栅极 G 时，测得的电阻应很大，交换表棒重测，阻值应很小，表明管子基本上是好的。如测得结果不符，说明管子不好。当栅极与源极间、栅极与漏极间均无反向电阻，表明管子是坏的。

4. 用万用表测试晶闸管

晶闸管的电极有的可以根据外形封装加以判别，一般阳极为外壳，阴极引线比控制极引线长。

用万用表进行判别时，将万用表置于 $R \times 1 \, k\Omega$ 或 $R \times 100 \, \Omega$ 挡，分别测量各脚的正反向电阻，如测得某两脚的阻值较大（约几十千欧），再将两表棒对调，重测这两脚之间电阻，如电阻值较小（大约几百欧），这时黑表棒所接的脚为控制极 G，红表棒所接的脚为阴极 K，剩余的一脚为阳极 A。

一个良好的晶闸管应该是：（1）三个 PN 结均是良好的；（2）晶闸管阳极与阴极间加反向电压时能够阻断，不导通；（3）晶闸管在控制极开路时，阳极与阴极间的电压加上也不导通；（4）若给控制极加正向电流，给阳极、阴极加正向电压，晶闸管应当导通，且撤去控制极电流后仍能维持导通。

5. 集成电路引脚的识别及好坏的估测

集成电路引脚识别见有关专业知识内容。

集成电路的好坏用万用表检测分在路测试与非在路测试两种方法。在路测量时应用万用表电压挡测各脚对地电压，当集成电路供电电压符合规定的情况下，如有不符合标准电压值的引脚，通过再查其外围元器件，若无失效和损坏，则可认为是集成电路的问题。非在路测试是用万用表欧姆挡测集成电路各脚对其接地脚的电阻，然后与标准值进行比较，从中发现问题。

集成电路的精确测试，应采用专用仪器进行。

三、常用半导体器件的数字万用表检测

因为数字万用表是用数字指示的，而且，测试机理与模拟指针万用表也不同，有其特点，因此，下面将着重介绍使用数字万用表检测常用半导体器件时，一些相关的有特点的知识。

1. 晶体二极管

数字万用表有专用的二极管测试挡。测量时，表棒位置与测量电压时一样，红表棒插于 VΩ 口，黑表棒插于 COM 口；测量挡位旋钮需旋到 "⊣⊢" 挡；然后用红表棒接二极管正极，黑表棒接负极，这时显示的将是二极管的正向压降，普通硅二极管为 0.5 ~ 0.8 V，锗二极管为 0.2 ~ 0.3 V，肖特基二极管的压降是 0.2 V 左右，发光二极管为

1.8～2.3 V。因为二极管的反向电阻很大，所以调换表棒测量，显示屏显示"1"则为正常。否则，表明被测二极管已经损坏。

与指针万用表不同，用数字万用表测得不同二极管的正向压降正常时，红表棒连接的端点是二极管的正极，黑表棒连接的是二极管的负极。

2. 晶体三极管的 h_{FE} 的测量和电极判断

（1）h_{FE} 的测量　在已知被测三极管 PN 结排列结构的情况下，将选择开关拨置于对应的管型 PNP 或 NPN 挡位。打开万用表电源开关（ON 位置），按 E、B、C 插入被测管就可读出 h_{FE} 的数值。

例如，已知被测晶体管为 PNP 型，则可将转换开关拨至 h_{FE} 挡 PNP 处。打开电源开关，显示屏显示"000"。然后将被测晶体管插入对应的 PNP 型 E、B、C 电极插孔管座，显示屏显示被测晶体管的 h_{FE} 为"200"，即被测管的 h_{FE} = "200"。注意：测量完毕必须养成断电和将转换开关复位的习惯。

（2）电极判断　通常是首先判断基极 B。表棒插位、挡位同测二极管时一样。其原理也同二极管，即对 PN 结方向进行判断。先假定 A 脚为基极，用黑表棒与该脚相接，红表棒与其他两脚分别接触，若两次读数均为 0.5～0.8 V，然后再用红表棒接 A 脚，黑表棒接其他两脚，若均显示"1"，则 A 脚为基极，否则，需重新测量，且此管为 PNP 硅管。其次，如果假定 A 脚为基极，用红表棒与该脚相接，黑表棒与其他两脚分别接触，若两次读数均为 0.5～0.8 V，然后再用黑表棒接 A 脚，红表棒接其他两脚，若均显示"1"，则 A 脚为基极，否则，需重新测量，且此管为 NPN 硅管。如前所述，锗管的正向压降为 0.2～0.3 V，于是可用同样方法判断出锗晶体管的基极。

现在来判断集电极 C 和发射极 E。数字万用表不能像指针表那样利用指针摆幅来判断，但可以用"h_{FE}"挡来判断：先将挡位拨到"h_{FE}"挡，可以看到挡位旁有一排小插孔，分为 PNP 和 NPN 管的测量。前面已经判断出管型，于是可将基极插入对应管型的"B（b）"孔，其余两脚分别插入"C（c）"，"E（e）"孔，此时可以读取 β 的数值；再固定基极，其余两脚对调，比较两次读数，读数较大的一次的插孔"c""e"将对应管脚正确的"c""e"。

3. MOS 管的测量

N 沟道 MOS 管有 3D01、4D01、日产的 3SK 系列。G 极（栅极）的确定：利用万用表的二极管挡，若某脚与其他两脚测得的正反压降均大于 2 V，即显示"1"，此脚即为栅极 G。再交换表棒测量其余两脚，压降小的那次中，黑表棒接的是 D 极（漏极），红表棒接的是 S 极（源极）。

第二节　元器件引脚的成形

整形主要起到提高生产效率和使安装到印制板上的元器件整齐美观的作用。

一、元器件引脚成形要求

对于手工插装和手工焊接的元器件，一般把引脚加工成如图 9—4 所示的形状；对采用自动焊接的元器件，最好把引脚加工成如图 9—5 所示的形状。

图 9—4a 为轴向引脚元件卧式插装方式，L_a 为两焊盘的跨接间距，l_a 为轴向引脚元件体长度，d_a 为元件引脚的直径或厚度，$R = 2d_a$，折弯点到元件体的长度应大于 1.5 mm，两条引脚折弯后应平行。图 9—4b 为立式安装方式，$R = 2d_a$，R 应大于元件体的半径。对于自动焊接方式，可能会出现因振动使元器件歪斜或浮起等缺陷，所以最好把元器件的引脚加工成如图 9—5 所示的形状。对于易受热损坏的元器件，其引脚可加工成如图 9—6 所示形状。

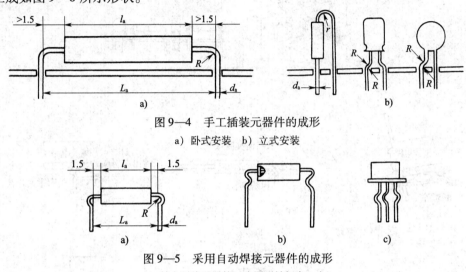

图 9—4　手工插装元器件的成形
a）卧式安装　b）立式安装

图 9—5　采用自动焊接元器件的成形
a）轴向引线元器件（半圆形转折弯 1 个）
b）轴向引线元器件（半圆形转折弯 2 个）　c）径向引线元器件

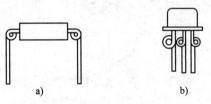

图 9—6　易受热损坏元器件的成形
a）轴向引线元器件　b）径向引线元器件

二、元器件引脚成形的方法

目前，元器件引脚成形主要有专用模具成形、专用设备成形以及用尖嘴钳进行简易加工成形等方法。其中模具手工成形较为常用。如图 9—7 所示为引脚成形模具。模具的垂直方向开有供插入元件引脚的长条形孔，孔距等于格距。将元器件的引脚从上方插入长条形孔后，插入插杆，引脚即成形。然后拔出插杆，把元器件水平移动即可成形。使用这种办法加工的引脚一致性极好。

对于某些元器件，如集成电路的引脚成形不便使用模具时，可使用钳具加工引脚。这时最好把长尖嘴钳钳口加工成圆弧形，以防引线成形进而损伤引脚。使用长尖嘴钳加工引脚的过程如图 9—8a 所示，集成电路引脚成形如图 9—8b 所示。

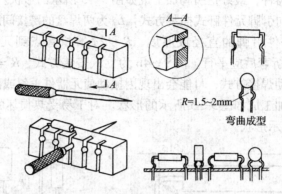

图 9—7　引脚成形模具

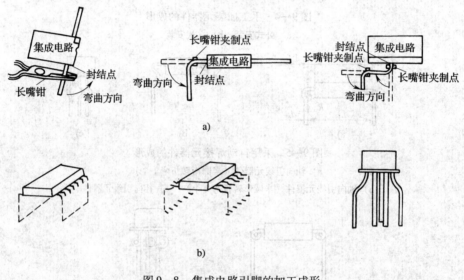

图 9—8　集成电路引脚的加工成形
a）加工过程　b）成形后的形状

第三节　导线加工的方法

在整机装配准备阶段，必须对所使用的线材进行加工。加工内容包括：剪切、绝缘导线和屏蔽导线端头的加工。

一、绝缘导线的加工方法

绝缘导线加工可分剪裁、剥头、捻头（多股导线）、浸锡、清洁、印标记等工序。

1. 裁剪

导线裁剪前，用手或工具短促地拉伸，使之尽量平直，然后用尺和剪刀，将导线裁剪成所需尺寸。如果需要裁剪较多根同样尺寸的导线，可用下面方法进行：在桌上放一直尺或根据所需尺寸在桌上做好标记。用左手大拇指和食指拿住导线，并置于直尺（或标记）左端，右手拿剪刀，用剪刀刃口夹住导线向右拉，当剪刀的刃口达到预定尺寸时，将其剪断。剪刀返回左端夹住导线，重复上述动作即可将导线尺寸剪成等长度。剪裁的导线长度允许有 5% ~10% 的正误差，不允许出现负误差。

2. 导线端头的加工

导线裁剪完后接着就是导线端头绝缘层的剥离。剥离的方法有两种：一种是刃截法，另一种是热截法。刃截法设备简单但可能损伤导线。热截法需要一把热剥皮器，或用电烙铁，用电烙铁时需将烙铁头加工成宽凿形。热截法的优点是：剥头质量好，不会损伤导线。

（1）刃截法

1）电工刀或剪刀剥头　先在规定长度的剥头处切割一个圆形线口，然后切深，注意不要割透绝缘层而损伤导线，接着用偏口钳或电工刀嵌入切口（注意深度只能及不伤导线处；用电工刀时需要一个手指在对面配合），然后用力扯出需剥离的绝缘层。无工具时，可在切口处来回弯曲导线，靠弯曲时的张力撕破残余的绝缘层，最后轻轻地拉下绝缘层。

2）剥线钳剥头　剥线钳适用于 $\phi0.5$ mm ~ $\phi2$ mm 的橡胶、塑料为绝缘层的导线、绞合线和屏蔽线。有特殊刃口的剥线钳也可用于聚四氟乙烯为绝缘层的导线。剥线时，将规定剥头长度的导线插入刃口内，压紧剥线钳，刀刃切入绝缘层内，随后夹爪抓住导线，拉出剥下的绝缘层。

注意要点：一定要使刀刃口与被剥的导线相适应，否则会出现损伤芯线或拉不断绝缘层的现象。遇到绝缘层受压易损坏的导线时，要使用宽且光滑夹爪的剥线钳，或在导线的外面包一层衬垫物。被剥芯线股数与最大允许损伤股数的关系见表9—1。

表 9—1　　　　　被剥芯线股数与最大允许损伤股数的关系

芯线股数	允许损伤的芯线股数	芯线股数	允许损伤的芯线股数
<7	0	26 ~ 36	4
7 ~ 15	1	37 ~ 40	5
16 ~ 18	2	>40	6
19 ~ 25	3		

（2）热截法　通常使用的热控剥皮器外形如图9—9所示。使用时，将热控剥皮器通电预热 10 min 后，待热阻丝呈暗红色时，将需剥头的导线按剥头所需长度放在两个电极之间。边加热边转动导线，待四周绝缘层均切断后，用手边转动边向外拉，即可剥出无损伤的端头。

加工时注意通风，注意正确选择剥皮器端头合适的温度。

3. 捻头

多股导线剥去绝缘层后，要进行捻头以防止芯线松散。捻头时要顺原来合股方向，捻线时用力不宜过猛，否则易将细线捻断。捻过之后的芯线，其螺旋角一般在30° ~

45°，如图9—10所示。芯线捻紧后不得松散，如果芯线上有涂漆层，应先将涂漆层去除后再捻头。

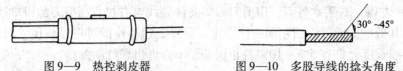

图9—9　热控剥皮器　　　　图9—10　多股导线的捻头角度

4. 浸锡（又称搪锡、预挂锡）

捻好的导线端头浸锡的目的在于防止氧化，以提高焊接质量。浸锡有锡锅浸锡、电烙铁上锡两种方法。

（1）锡锅（又称搪锡缸）浸锡　锡锅通电使锅中焊料熔化，温度一般为260℃～270℃将捻好头的导线蘸上助焊剂，然后将导线垂直插入锡锅中，并且使浸渍层与绝缘层之间留有1～2 mm间隙，如图9—11所示。待润湿后取出，浸锡时间为1～3 s。浸锡时注意：

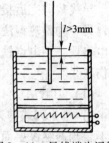

图9—11　导线端头浸锡

1）浸渍时间不能太长，以免导线绝缘层受热后收缩。

2）浸渍层与绝缘层之间必须留有间隙，否则绝缘层会过热收缩甚至破裂。

3）元器件引脚从锡锅中提起的动作要缓慢以利合金形成。

4）从锡锅取出后应立即浸入酒精内清洗，去除残留物。

5）应随时清除锡锅中的锡渣，以确保浸渍层光洁。

6）如一次不成功，可稍停留一会儿再次浸渍，切不可连续浸渍。

（2）电烙铁上锡　待电烙铁加热至熔化焊锡时，在烙铁上蘸满焊料，将导线端头放在一块松香上，烙铁头压在导线端头，左手边慢慢地转动边往后拉，当导线端头脱离烙铁后导线端头即上好了锡。上锡时注意：

1）松香要用新的，否则端头很脏。

2）烙铁头不要烫伤导线绝缘层。

二、屏蔽导线端头的加工

屏蔽导线是一种在绝缘导线外面套上一层铜编织套的特殊导线。其加工过程如下。

1. 导线的剪裁和外绝缘层的剥离

用尺和剪刀（或斜口钳），剪下规定尺寸的屏蔽线。导线长度只允许5%～10%的正误差，不允许有负误差。

2. 剥去端部外绝缘护套

（1）热剥法　在需要剥去外护套的地方，用热控剥皮器烫一圈，深度直达铜编织层，再顺断裂圈到端口烫一条槽，深度也要达到铜编织层。再用尖嘴钳或医用镊子夹持外护套，撕下外绝缘护套，如图9—12所示。

（2）刃截法　基本同热剥法，但需要用刀刃（或单面刀片）代替温控剥皮器。具体做法是：从端头开始用刀刃划开外绝缘层，再从根部划一圈后用手或镊子钳住，即可剥离绝缘层。注意刀刃要斜切，边划边注意，不要伤及屏蔽层。

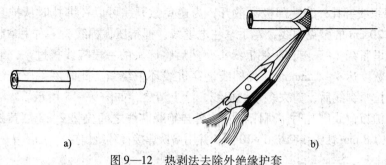

图 9—12 热剥法去除外绝缘护套

a）用热剥器在径、轴向烫出槽口 b）用钳子撕下护套

3. 铜编织套的加工

（1）较细、较软屏蔽线铜编织套的加工

1）左手拿住屏蔽线的外绝缘层，用右手指向左推编织线，使之成为图 9—13a 所示形状。

2）用针或镊子钳把铜编织线上拨开一个孔，弯曲屏蔽层，从孔中取出芯线，如图 9—13b 所示。用手指捏住已抽出芯线的铜屏蔽编织套向端部捋一下，根据要求剪取适当的长度，端部拧紧。

（2）软粗、较硬屏蔽线铜编织套的加工 先剪去适当长度的屏蔽层，在屏蔽层下面缠黄腊绸布 2～3 层（或用适当直径的玻璃纤维套管），再用 $\phi0.5$ mm～$\phi0.8$ mm 的镀银铜线密绕在屏蔽层端头上，宽度为 2～6 mm，然后用电烙铁将绕好的铜线焊在一起（和套管一起）后，空绕一圈，并留出一定长度，最后套上收缩套管。注意焊接时间不宜过长，否则易将绝缘层烫坏。

（3）屏蔽层不接地时的加工 将编织套推成球状后用剪刀剪去，仔细修剪干净即可，如图 9—14a 所示。要求较高的场合，剪去编织套后，将剩余的编织线翻过来，如图 9—14b 所示，再套上收缩性套管，如图 9—14c 所示。

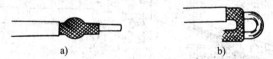

图 9—13 细软屏蔽线的加工

a）用右手推出球状 b）用镊子在球形屏蔽线上剥开一个孔，并从孔中取出芯线

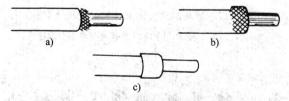

图 9—14 屏蔽层不接地时的端头加工

a）编织套推成球状后剪净 b）剪净后将剩余翻出 c）翻出后套上热缩套管

4. 绑扎护套端头

对于多根芯线的电缆线（或屏蔽电缆线）的端口必须用棉线或镀银铜线等绑扎。

（1）棉织线绑扎外套端部极易散开，为避免散开，可以在绑扎时从护套端口沿电缆放长 15 ~ 20 cm 的腊克棉线，左手拿住电缆线，拇指压住棉线头，右手拿起棉线从电缆线端口往里紧绕 2 ~ 3 圈，压住棉线头，然后将起头的一段棉线折过来，继续紧绕棉线。当绕线宽度达 4 ~ 8 mm 时，将棉线端穿进线环中绕紧。此时左手压住线层，右手抽紧线头。拉紧绑线后，剪去多余的棉线，涂上清漆，如图 9—15 所示。

（2）用镀银铜线绑扎时，可以在防波套与绝缘芯线之间先垫 2 ~ 3 层黄蜡绸，再用 $\phi 0.5$ mm ~ $\phi 0.8$ mm 镀银线密绕 6 ~ 10 圈，并用烙铁焊接（环绕焊接），如图 9—16 所示。

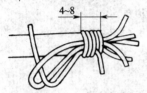

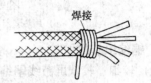

图 9—15　棉织线套电缆端头的绑扎　　　图 9—16　防波套外套电缆端头的加工

5. 芯线加工

屏蔽导线的芯线加工过程基本同绝缘线的加工方法。但要注意的是屏蔽导线的芯线大多是采用很细的铜丝做成，切忌用刃截法剥头，而应采用热截法。捻头时不要用力过猛。

6. 浸锡

操作与绝缘导线浸锡相同。但浸锡时，要用尖嘴钳夹持离端头 5 ~ 10 mm 的地方，防止焊锡渗透进很长一段距离而形成硬结，如图 9—17a 所示。加工好的屏蔽线如图 9—17b 所示。

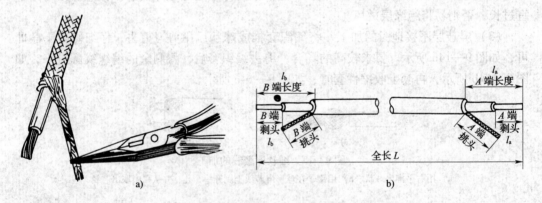

图 9—17　屏蔽端头浸锡和加工好的尺寸名称

a）屏蔽端头浸锡　b）加工好屏蔽线各部分名称

第四节　线扎的制作与电缆的加工

在无线电整机装配工作中常用细绳线、扎搭扣等把导线扎成各种不同形状的线扎（也称线把、线束）。

一、线扎的制作

制作线扎的方法主要有"连续结"法和"点结"法两种，下面根据线扎制作过程，介绍连续结和点结线扎的制作过程和方法。

1. 剪裁导线及加工线端

按工艺文件中导线表剪裁好符合规定尺寸和规格的导线，并进行线端加工（包括剥头、捻头、浸锡等）。

2. 导线端头印标记

为了区分复杂线扎中的每根导线，需要在导线两端印上标记（号码或色环），也可将印好标记的套管套在线端（对于小型线扎可以省略）。印记标记的方法如下：

（1）用酒精将线端或套管擦清洁晾干待用。

（2）用盐基染料（颜料的数量和种类随需要而定，如深色导线用白色颜料，浅色导线用黑色颜料等），加 10% 的聚氯乙烯和 90% 二氯乙烷配成，或直接用各式油墨印字符。

（3）用眉笔描色环或用橡皮印章打印标记。打印前先要将颜色或油墨调匀，将少量油墨放在油板上，用小油滚滚成一薄层，再用印章去蘸油墨。打印时，印章对准位置，左右摇动一下，若标记不清要马上擦掉重印。

（4）导线标记位置应在离绝缘端 8～15 mm 处（见图 9—18），印字要清楚，方向要一致，数字号与导线粗细相配。

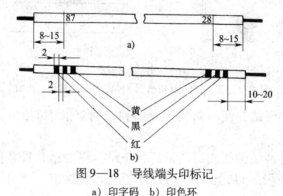

图 9—18　导线端头印标记

a）印字码　b）印色环

3. 制作配线板

把 1∶1 的配线图贴在成形木板上，为防止损坏配线图，可在图上盖一张透明薄膜。在线扎的分支处钉上去掉钉帽的铁钉，铁钉入板深度为 8～15 mm（线扎直径大时，应钉得深些），再在铁钉上套一段聚氯乙烯套管，以便扎线，如图 9—19 所示。

4. 排线

按工艺文件导线加工表排列顺序，在配线板上按图样走向依次排列。排列时，屏蔽导线应尽量放在下面，然后排短导线，最后排长导线。电子管的灯丝线应拧成绳状之后再排线。靠近高温热源的导线应有隔热措施（如加上石棉板、石棉绳等隔热材料）。如导线的根数较多不易放稳时，可在排完一部分之后，先用铜线临时捆扎，待所有的导线排完之后，再边绑扎边拆除铜线。

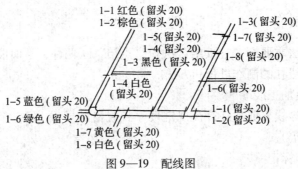

图 9—19　配线图

5. 连续结捆扎

用棉线、亚麻线、尼龙线等作为扎线材料由起始结、中间结、终端结将线扎捆扎成合格线扎。

（1）起始结　起始结是扎在线扎的开头处。起始结的扎法如图 9—20 所示。

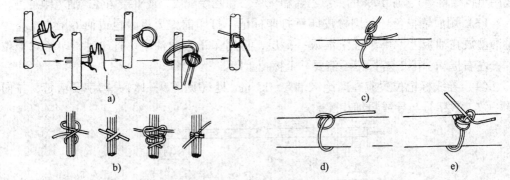

图 9—20　起始结

a) 打结过程　b) 几种结型　c)、d)、e) 不同打法样例

（2）中间结　中间结分绕一圈的中间结和绕两圈的中间结。两种中间结扎法如图 9—21 所示。

（3）终端结　终端结是扎线后的最后一个结。终端结几种扎法如图 9—22 所示。终端结通常由两个中间结再加上一个普通结作为保险而结束。

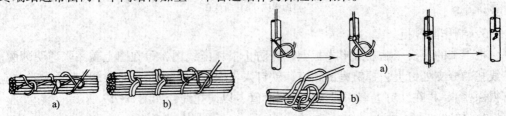

图 9—21　中间结

a) 单线结　b) 双线结

图 9—22　终端结

a) 打结过程　b) 结型

（4）延长结　当扎线到中间发现不够长时可用延长结加接一段线段，以便继续扎线，如图 9—23 所示。

（5）"T" 形结、"Y" 形结与 "十" 字形结　在线扎分支处和转弯处需要用到这三种结中的一种。分支线的三种绑扎结如图 9—24 所示。

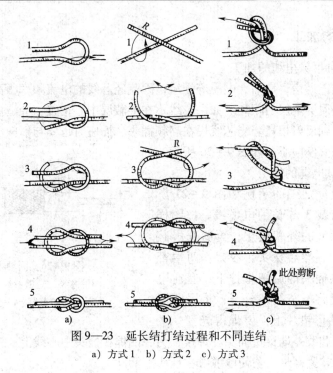

图 9—23   延长结打结过程和不同连结

a）方式 1   b）方式 2   c）方式 3

6. 点结线扎

点结是用扎线打成不连续的结，点结打法如图 9—25 所示。由于这种方法比连续结简单，点结法正逐步取代连续结捆扎法。

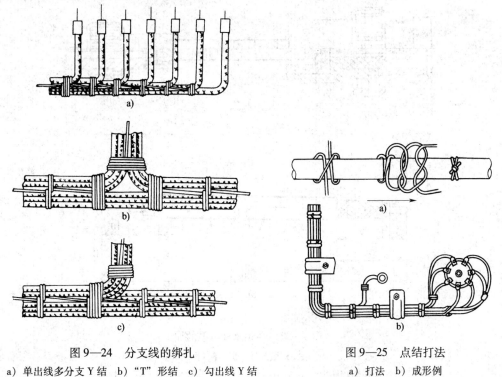

图 9—24   分支线的绑扎

a）单出线多分支 Y 结   b）"T"形结   c）勾出线 Y 结

图 9—25   点结打法

a）打法   b）成形例

二、电缆的加工

1. 绝缘同轴射频电缆的加工

同轴电缆用于通信、广播、电视等领域，因流经芯线的电流频率很高，加工时需特别注意芯线与金属屏蔽层的距离。如果芯线不在屏蔽层中心位置，会造成特性阻抗不准确，信号传输受到反射损耗。当芯线焊在高频插头、插座时也要与射频电缆相匹配。焊接的芯线应与插头座同心，如图 9—26 所示。

2. 高频测试电缆的加工

射频连接电缆加工的示例如图 9—27 所示。先按图样剪裁 3 m 长的电缆线。按图样规定剪开电缆两端的外塑胶层，再剪开屏蔽层，剥去绝缘层，然后捻头、浸锡。两端都准备完毕后，将插头的后螺母拧下，套在电缆线上。用划针将屏蔽线端分开，将屏蔽层线均匀地焊在圆形垫片上，要焊得光滑、平

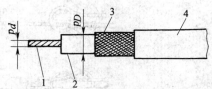

图 9—26　同轴电缆
1—芯线　2—高频绝缘介质
3—金属屏蔽层　4—塑胶层

整、无毛刺。将芯线一端穿过插头孔焊接，另一端焊在插头中心线上，一定要焊在中心位置上。焊完后拧紧螺母，勿使电缆线在插头上活动。

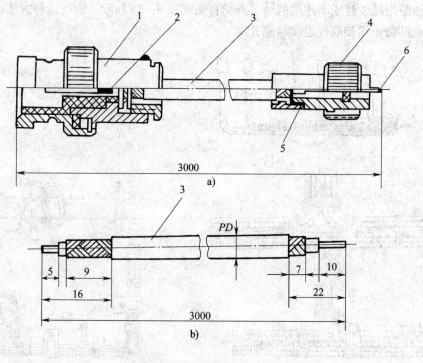

图 9—27　高频测试电缆的加工
a）装配图　b）零件图
1—BNC 高频插头　2、5、6—焊接处　3—高频电缆线　4—视频插头

第五节   浸 锡 方 法

一、芯线浸锡

芯线浸锡的方法、要求可参阅本章第三节中导线的加工。

二、裸导线浸锡

裸导线、铜带、扁铜带等在浸锡前要先用刀具、砂纸或专用设备等清除浸锡端面的氧化层污垢，然后再蘸助焊剂浸锡。镀银线浸锡时，工人应戴手套，以保护镀银层。

三、元器件的焊片、引线浸锡

元器件的焊片分无孔焊片和有孔焊片。无孔焊片要根据焊点的大小和工艺的规定决定浸入锡锅的深度。有孔的小的焊片浸锡要没过孔 2 ~ 5 mm。浸完锡不要将孔堵住，如果堵塞可再浸一次锡，然后立即下垂流掉，否则芯线将不能穿过焊片孔绕接。

元器件引线浸锡前，应在距离器件的根部 2 ~ 5 mm 处开始去除氧化层，如图 9—28 所示。除氧化层时见到原金属本色即可。从除氧化层到浸锡的时间一般不要超过几个小时。浸锡以后立刻浸入酒精散热。浸锡的时间要根据焊片大小和引线的粗细来掌握，一般在 2 ~ 5 s。时间太短，焊片或引线未能充分预热，易造成浸锡不良；时间过

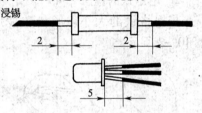

图 9—28   元件引线浸锡

长，大量热量传到器件内部，易造成器件变质、损坏。有些晶体管、集成电路或其他怕热器件，浸锡时应当用易散热工具夹持其引线上端。这样可防止大量热量传导到器件内部。

经过浸锡的焊片、引线等，其浸锡层要牢固均匀，表面光滑、无孔状、无锡瘤。浸锡所用的工具、设备有刀具、夹具、电炉、普通锡锅或超声锡锅等。

第十章　初级焊接技术

第一节　手工烙铁焊技术

一、焊接的手法

1. 焊接丝的拿法

经常使用烙铁进行锡焊的人，都是把成卷的焊锡丝拉直，然后截成一尺左右长的一段。在连续进行锡焊时，焊锡丝的拿法如图 10—1a 所示，即用左手的拇指、食指和小指夹住焊丝，用另外两个手指配合就能把焊锡丝连续向前送进，若不是连续锡焊，焊锡丝的拿法也可采用其他形式，如图 10—1b 所示。

2. 电烙铁的握法

根据烙铁的大小、形状和被焊件要求不同，握电烙铁的方法有三种形式，如图 10—2 所示。

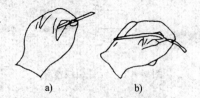　

图 10—1　焊锡的拿法　　　　　图 10—2　电烙铁的握法
a）锡丝在掌内　b）锡丝在手背　　a）正握法　b）反握法　c）握笔法

图 10—2a 所示为正握法，焊接时动作稳定，长时间操作手也不会感到疲劳。它适用于大功率的电烙铁和热容量大的被焊件。

图 10—2b 所示为反握法，适用于弯头电烙铁操作或直烙铁头在机架上焊接互连导线。

图 10—2c 为握笔式，这种握电烙铁的方法就像写字时手拿笔一样。这种方法易于掌握，但手容易疲劳，烙铁头易出现抖动现象。它适合于小功率和热容量小的被焊件。

二、手工烙铁焊锡的基本步骤

手工烙铁焊接时，对热容量大的焊件，常采用五步操作法；对热容量小的焊件则采用三步操作法。

1. 五步操作法

（1）准备　首先把被焊件、焊锡丝和烙铁准备好，处于随时可焊状态。也就是说左手拿焊锡丝，右手握住已经上过锡的烙铁（烙铁头被加热后，在一块蘸上水的泡沫塑料上轻轻地擦拭，以除去烙铁头上的氧化物残渣，然后把少量的焊料和焊剂加到清洁的烙铁上），做好随时可焊接准备。

（2）加热被焊件　把烙铁头放在接线端子和引线上进行加热。

（3）放上焊锡丝　被焊件经过加热达到一定温度后，立即将左手中的焊锡丝触到被焊件上熔化适量的焊料，焊锡应加到被焊件上烙铁头对称的一侧，而不是直接加到烙铁头上。

（4）移开焊锡丝　当焊锡丝熔化一定量（焊料不能太多）之后，迅速移开焊锡丝。

（5）移开电烙铁　当焊料的扩散范围达到要求后移开烙铁。撤离烙铁的方向和速度的快慢与焊接质量有关，操作时应特别注意。

以上各操作步骤如图 10—3a 所示。所形成焊点形状与要求如图 10—3b 所示。焊锡量的控制如图 10—3c 所示。

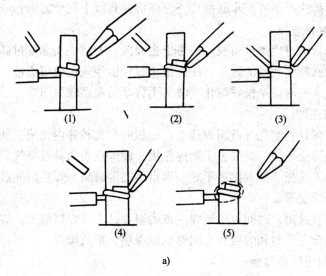

图 10—3　手工锡焊五步操作法

a）操作步骤　b）焊点形状　c）焊锡量控制要求

2. 三步操作法

（1）准备　右手拿经过预上锡的烙铁，左手拿焊锡丝并与烙铁靠近，处于随时可焊接状态。

（2）同时加热与加焊料　在被焊件的两侧，同时分别放上烙铁头和焊锡丝，以熔化适量的焊料。

（3）同时移开烙铁和焊锡丝　当焊料的扩散范围达到要求后，迅速拿开烙铁和焊锡丝。拿开焊锡的时间不得迟于拿开烙铁时间。

上述步骤如图10—4所示。

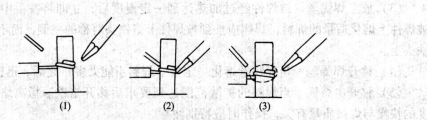

图10—4　手工锡焊三步操作法

三、焊接注意事项

在焊接过程中除应严格按照步骤操作外，还应注意以下几个方面：

1. 烙铁的温度要适当

烙铁温度是否合适可用烙铁头放到松香上去检验，若烙铁头温度过高，松香会迅速熔化，发出声音，并产生大量的蓝烟，松香颜色很快由淡黄色变成黑色。烙铁头温度过低，松香不易熔化。一般说来松香熔化较快又不冒烟的温度较为适宜。

2. 焊接时间要适当

从加热焊接点到焊料熔化并流满焊接点，一般应在几秒钟内完成。如果焊接时间过长，焊点上的焊剂完全挥发，就失去了助焊作用，使焊点表面易被空气氧化，造成焊接点表面粗糙发黑、不光亮、焊料扩展不好、焊点不圆等疵病。焊接时间过长，还会损坏被焊器件及导线绝缘层等。

焊接时间也不宜过短，时间过短则焊接点的温度达不到焊接温度，焊料不能充分熔化，未挥发的焊剂会在焊料和焊接点之间形成绝缘层，造成虚焊。

3. 焊料与焊剂使用要适量

对于小型电子管管座一类器件的焊接，若使用焊料过多，则多余的焊料会流入管座的底部，可能造成管脚之间短路或降低管脚之间的绝缘；若使用焊剂过多，则多余的焊剂极易流入管座插孔焊片底部，在管脚周围形成绝缘层，造成管脚与管座之间接触不良。

4. 防止焊接点上的焊锡任意流动

理想的焊接应当是焊锡只在需要焊接的地方。在焊接操作上，开始焊料要少些，待焊接点达到焊接温度，焊料流入焊接点空隙后再补充焊料，迅速完成焊接。所以不宜使用大功率电烙铁焊接较小器件。为了防止焊料在焊接点上任意流动，还可变换被焊接件的接点角度，如将接点水平放置或尖端向下。

5. 焊接过程中不要触动焊接点

在焊接点上的焊料尚未完全凝固时，不宜移动焊接点上的被焊元器件及导线，否则焊接点要变形，可能出现虚焊现象。

6. 其他焊接过程中注意不应烫伤周围的元器件及导线。如果有桥接或损伤应及时处理，并做好焊接后的清理工作。

第二节　印制电路的装连技术

一、印制板的插装准备

1. 元器件装连前对引线的要求

（1）在元器件引线弯曲成形过程中，应将弯曲成形工具夹持在元器件终端封接处到弯曲起点之间的某一点上，以减少传给元器件的应力。

（2）电子元器件成形工具必须表面光滑，使用时不应使元器件引线产生裂痕或损伤。

（3）自元器件终端封接处弯曲到起点之间的最小距离应大于 1.5 mm，弯曲半径应等于或大于 2 倍引线直径。

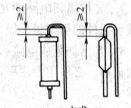

图 10—5　元器件的立装引线的弯曲形式

（4）扁平封装集成电路引线的成形最小弯曲半径应有两个引线厚度，扁平封装集成电路终端封接点处到弯曲起点之间的最小距离为 1 mm。

（5）当电子元器件壳体长度大于两个连接盘的安装间距时，元件可采用立式安装，其引线弯曲形式如图 10—5 所示。

（6）晶体三极管、线性集成电路立装、倒装时的引线弯曲及中小功率晶体三极管装塑料脚管的要求如图 10—6 所示。

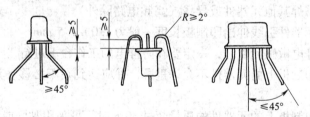

图 10—6　晶体三极管、线性集成电路引线的弯曲形式

（7）元器件引线弯曲成形后，应放在有盖的容器中，加以保护。

（8）静电敏感元器件成形，其工具夹应接地良好。弯曲成形后的静电敏感元器件为免受静电放电而损坏，必须装入屏蔽盒或屏蔽容器内，严禁放在一般工作台面上或塑料盒内。

（9）成形后的引线应做浸锡处理。

2. 印制电路板铆孔

为了加固质量较大的电子元器件，在某些印制电路上必须事先用铜铆钉铆孔。

3. 装散热片

大功率的三极管、功放集成电路等需要散热的元器件，要预先做好散热片的准备工作。

二、一般元器件的插装方法及要求

1. 印制板组装件包含的所有元器件和附件应按设计文件及工艺文件要求进行装连。装连过程应严格按工艺文件中的各道工序进行。

2. 插装元器件，应保证元器件上的标志易于识别。

3. 电子元器件装连的顺序原则上是先低后高（如电阻、电感、晶体二极管、晶体三极管、集成电路，一般要求最后装接大规模集成电路）。

4. 元器件引线、导线在接线端子上安装时卷绕最少为1/2匝，但不超过3/4匝。

5. 0.5 W以上的电阻一般不允许紧贴印制板装接，应根据其耗散功率大小，使其电阻壳体距印制板留有2~6 mm间距。

6. 当元器件引线穿过印制板后，折弯方向应沿印制导线方向，紧贴连接盘，折弯长度不应超出焊接区边缘或有关规定的范围。

7. 装接高频电路的元器件时应十分注意设计文件和工艺文件要求，元件尽量靠近，连线与元件的引线尽量短，以减少分布参数。

8. 凡诸如集成电路、集成电路插座、微型插孔、多头插头等多引线元件，在插入印制板前，必须用专用平口钳或专用设备将引线校正，不允许强力插装，力求引线对准孔的中心。

9. 凡带有金属外壳的元器件要求贴装印制板装连时，必须在与印制板的印制导线相接触部位用绝缘体衬垫。

10. 凡不宜采用波峰焊接工艺的元器件，一般先不装入印制板，待波峰焊接后按要求装连。

11. 印制板组装件的每个连接盘只允许连接一根元器件引线。不允许在元器件引线上或印制导线上搭焊其他元器件或导线（高频电路除外）。

12. 导线和元器件引线伸出印制板长度一般为1.0~1.5 mm。

13. 凡装连静电敏感元件时，一定要在防静电的工作台上进行。

14. 装连在印制板上的元器件不允许重叠，并应达到在不必移动其他元器件情况下就可拆装元器件。

15. 组装在印制板上的元器件的质量超过30 g时，可采用黏固或绑扎加以支撑。

16. 装配中，如两个元器件相碰，应调整或采用绝缘材料进行隔离。

三、特殊器件的装插方法及要求

1. 大功率三极管、电源变压器、彩色电视机高压包等大型元器件的装插孔要用铜铆钉加固。体积、质量都较大的大容量电解电容器，其引线强度不够，容易发生元件歪斜、引线折断及焊点焊盘损坏现象。为此，这种元件的装插孔除用铜铆钉加固外，还要用黄色硅胶将其底部粘在印制电路板上。

2. 中频变压器、输出输入变压器带有固定插脚，插入电路板插孔后，将插脚压倒并锡焊固定。较大的电源变压器则采用螺钉固定，并加弹簧垫圈防止螺钉、螺母松动。

3. 集成电路引线脚比晶体管及其他元器件多得多，引线间距也小，装插前应用夹具整形，插装时要弄清引脚排列顺序，并和插孔位置对准，用力时要均匀，不要倾斜，以防引线脚折断或偏斜。

4．电源变压器、电视机高频头、中放集成块、遥控红外接收头等需要屏蔽的元器件，屏蔽装置的接地应良好。

四、印制电路的手工焊接

当今常用的焊接形式有手工焊接和机器焊接（如波峰焊、再流焊接等）两种方式。波峰焊、再流焊接技术具体内容将在后面有关章节介绍，这里将只就印制电路板的手工焊接作一概要说明。手工焊接在小批量、新品试制以及调试、维修时仍是不可或缺的工作，焊接印制电路板更是极基础和常见的装接工序，是装接工首先会接触到的工作，也是无线电装接工的基本功，是必须熟练掌握的基本技能。

1．印制板组装件的手工焊接，一般采用低压 24 ~ 36 V 控温电烙铁。烙铁头要接地良好，对热敏电阻加热不得超过 2 s，并加适当的散热措施。若在规定的时间内未焊好，应等焊点冷却后再复焊，复焊次数不超过 2 次。

2．印制板组装件手工焊接用的焊料、焊剂，一般为直径为 0.5 ~ 1 mm 的活性树脂芯焊锡丝。对难焊的，在复焊与修整时，再添加 BH66—1 液态焊剂。

3．印制电路板焊接时，电烙铁的接触方法如图 10—7a 所示。补充焊料的方法如图 10—7b 所示。

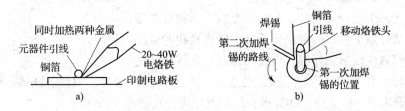

图 10—7　电烙铁焊接印制板的接触方法与补充焊料方法

a）电烙铁的接触方法　b）补充焊料的方法

4．焊接时，电烙铁不能用力摩擦焊盘，电烙铁也不能在一个焊点上停留时间太长，否则会使焊盘剥离和基板产生焦斑。对抗热性差的器件，应使用镊子散热。在焊接静电敏感器件时，必须使用接地的电烙铁。焊接后焊点表面应光滑，焊料应包围并润湿引线和连接盘，焊料量要适量。单面、双面印制板组装件上焊点的质量要求如图 10—8 所示。

5．焊接完的印制板组装件上的金属件表面，应无锈蚀和其他污物。

6．元器件、导线与接线端子等均应牢固地焊接在印制板上，其表面不允许有损伤，连接件不得松动。

7．焊点表面应无针孔、气泡、挂锡、拉尖、桥接、虚焊、漏焊等缺陷。

8．印制板组装件焊接完毕后，应按设计文件自检和互检。检验合格后用镊子（镊子头加防护套）对元器件的排列及导线位置进行整理，达到整齐、美观的效果。

9．印制板组装件装连完后，应根据焊剂残留物的实际情况和产品的具体要求确定是否需要清洗。

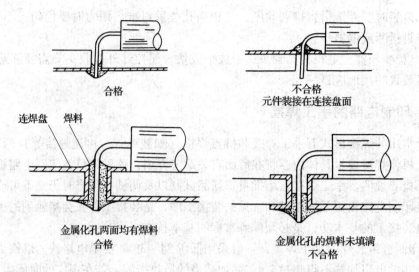

图 10—8　单、双面印制板上焊点要求

五、装连质量检验

1. 装连质量一般可用 5 ~ 10 倍放大镜目测检查或用在线测试仪检测。

2. 在检查过程中，要求元器件的装连不应有错装、漏装、错连和歪斜等弊病。

合格焊点的鉴别标准：

（1）元件引线、导线与印制板焊盘应全部被焊料覆盖。

（2）从焊点上看能辨别出元器件引线或导线的轮廓、尺寸。

（3）焊料应浸润到导线、引线与焊盘、金属化孔之间。

（4）焊点表面应光洁、平滑，无虚焊、气泡针孔、拉尖、桥接、挂锡、溅锡及外来夹杂物等缺陷。缺陷焊点的外观、危害及原因分析见表 10—1。

表 10—1　　　　　　　　　缺陷焊点的外观、危害及原因分析

名称	缺陷焊点	外观特点	危害	原因分析
虚焊		焊锡与元器件引线或与铜箔之间有明显黑色界限，焊锡向界限凹陷	不能正常工作	①元器件引线未清洁好，未镀好锡或锡被氧化 ②印制板未清洁好，喷涂的助焊剂质量不好
焊料堆积		焊点结构松散，白色无光泽	力学强度不足，可能虚焊	①焊料质量不好 ②焊接温度不够 ③焊锡未凝固时，元器件引线松动
焊料过多		焊料面呈凸形	浪费焊料，且可能包藏缺陷	焊丝撤离过迟

续表

名称	缺陷焊点	外观特点	危害	原因分析
焊料过少		焊接面积小于焊盘的80%，焊料未形成平滑的过渡面	力学强度不足	①焊锡流动性差或焊丝撤离过早 ②助焊剂不足 ③焊接时间太短
松香焊		焊缝中夹有松香渣	强度不足，导通不良，有可能时通时断	①焊剂过多或已失效 ②焊接时间不足，加热不足 ③表面氧化膜未去除
过热		焊点发白，无金属光泽，表面较粗糙	焊盘容易剥落，强度降低	烙铁功率过大，加热时间过长
冷焊		表面呈豆腐渣状颗粒，有时可能有裂纹	强度低，导电性不好	焊料未凝固前焊件抖动
浸润不良		焊料与焊件交界面接触过大，不平滑	强度低，不通或时通时断	①焊件清理不干净 ②助焊剂不足或质量差 ③焊件未充分加热
不对称		焊锡未流满焊盘	强度不足	①焊料流动性差 ②助焊剂不足或质量差 ③加热不足
松动		导线或元器件引线可移动	导通不良或不导通	①焊锡未凝固前引线移动造成空隙 ②引线未处理好（浸润差或不浸润）
拉尖		出现尖端	外观不佳，容易造成桥接现象；高压、高频时易放电	①助焊剂过少而加热时间过长 ②烙铁撤离角度不当
桥接		相邻导线连接	电气短路	①焊锡过多 ②烙铁撤离方向不当
针孔		目测或用低倍放大镜观察发现有孔	强度不足，焊点容易腐蚀	引线与焊盘孔的间隙过大

续表

名称	缺陷焊点	外观特点	危害	原因分析
气泡		引线根部有喷火式焊料隆起，内部藏有空洞	暂时导通，但长时间工作容易引起导通不良	①引线与焊盘孔间隙大 ②引线浸润性不良 ③双面板堵通孔焊接时间长，孔内空气膨胀
铜箔翘起		铜箔从印制板上剥离	印制板已被损坏	焊接时间太长，温度过高
剥离		焊点从铜箔上剥落（不是铜箔与印制板剥离）	断路	焊盘上金属镀层不良

第十一章　一般电子产品的总装

一般电子产品的总装就是指将整机内含的零件、部件和组件（整件等）按设计规定的要求进行装配，并紧固在机箱（机柜）内，再用导线和/或接插件等将各零件、部件、组件之间进行电气连接，以及进行自检和互检的工作，有时还包括检查和测试。下面就以稳压电源的制作为例做一概要介绍。

一、电路工作原理简介

一串联稳压电源电原理如图 11—1 所示。其基本工作原理是：变压器 T 将 220 V 交流电降低到 18 V 左右，并送入稳压电路。VD1、VD2、VD3、VD4 和 C1 组成桥式整流滤波电路，将 18 V 交流电变成单向脉动的直流电。V1 与 V2 组成复合调整管，它与外接负载相串联，V3 为比较放大管，它与 R1、R2、C2、C3 组成负反馈电路，去控制 V2 的 U_{be}，达到稳定输出电压的目的。R3、VD5 是给 V3 发射极提供基准电压的。C4 为加速电容，C5 为输出滤波电容，R4、RP 和 R5 组成取样电路。

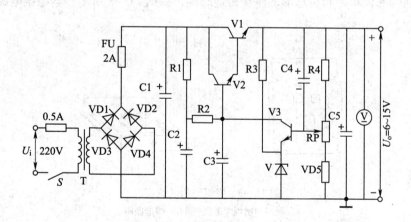

图 11—1　串联稳压电源电原理图

电路的具体的稳压过程是当输入的电网电压或负载增大时，会使输出电压也有一个上升的趋势，它会通过 R4 分压，使 V3 基极电位跟随上升。因 VD5 的稳压作用，使 V3 发射极电位不变，所以 V3 的 U_{be3} 增加，且 U_{c3} 减小，即 V2、V1 复合管基极电位减小、集电极电流 I_{c1} 减小、U_{ce1} 增加，从而使输出电压下降，与开始的电压上升趋势相互抵消，这时输出的电压便稳定。同理，若交流电源或负载减小时，控制过程与其相反。电路中的 RP 是可调的，它可控制稳压电源的输出范围。该电源的输出电压在 6～15 V 以内连续可调。

二、装接前准备

1. 机箱、底板、面板的选择

（1）机箱的选择　无线电设备机箱的作用主要是保护机器，防潮、防尘并防止机械损伤，保证安全，同时还可以固定部件及控制机构。机箱有插板式左右围框结构机箱、型板结构机箱、多组合式结构机箱等几种，如图 11—2 所示。稳压电源机箱可选用型板结构机箱。可用铝型材制作，它具有结构合理、造型新颖、强度和刚度较高、加工量小和工艺简单，并便于装配和维修等优点。

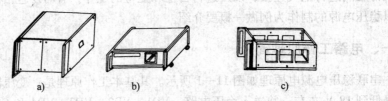

图 11—2　几种机箱结构形式

a）插板式左右围框结构机箱　b）型板结构机箱　c）多组合式结构机箱

（2）底板（底座）的选择　无线电设备底座是用来安装、固定和支撑各种电子元器件、机械零、部件以及插入组件等基础结构。此外，在电路连接上还可起公共接地点的作用。

底板通常有板料冲制折弯形底座和铸造底座，如图 11—3 所示。本稳压电源选用折弯形底座。

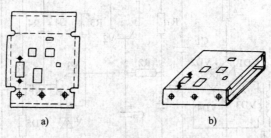

图 11—3　底板结构的选择

a）板料冲制折弯形底座　b）铸造底座

（3）面板的选择　无线电设备面板通常是用来安装控制和指示装置的，分前面板和后面板。面板不但同底座、机架一样，对内部元器件起保护作用，而且为整台设备外观起到装饰作用。本稳压电源前、后面板如图 11—4 所示。

2. 导线的加工、元器件引线的成型

将有关导线按剪切→剥头→捻头→浸锡的工序进行加工。

剪线时按规定长度剪切，一般剪切长度都为 5 mm 的倍数，长度公差为 +5% 左右。

剥头时将导线两端绝缘外皮去掉，露出 1 mm 芯线即可。对多股芯线可捻紧一次，然后将处理好的导线放在搪锡缸里浸一下锡。

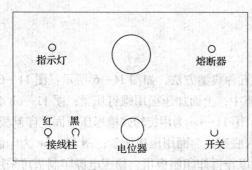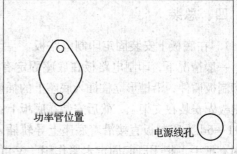

图 11—4　前、后面板

元器件在安装前必须对其引线进行加工处理，一般的过程是：刮脚→浸锡→整形。

因某种原因引起元器件引出线表面出现氧化、锈蚀时，应用刀片或钢锯条等带刃工具从离开元器件根部 3 mm 以上的地方进行刮脚，去掉氧化层。刮好脚的元器件应及时浸锡。浸锡可在锡锅中进行，也可用电烙铁上锡。上好锡的元器件引线再根据其在印制板上装插的情况进行整形。

三、印制电路板的插装与焊接

按表 11—1 所列元器件规格和图 11—5 所示的印制电路板接线图装插元器件后，将元器件——焊好。并对焊点质量进行检查，以确定无漏焊、错焊、虚焊、桥连等缺陷。

表 11—1　　　　　　　　　稳压电源用元器件

晶体管	规格	备注	电容	规格	电阻	规格	其他	规格
VD1 ~ VD4	2CZ11 或 11V5391	—	C1	2 000 μF/25 V	R1	1.5 kΩ	熔断器	0.5 A
V1	3DDl5 或 3DD120	要加散热片	C2	100 μF/25 V	R2	1 kΩ		2 A
V2	3DG12 或 3DK4	—	C3	10 μF/25 V	R3、R4	680 Ω	电压表	直流 500 mA
V3	3DG6 等高频管		C4	10 μF/25 V	R5	1 kΩ	开关 插头	
VD5	2CW13 或 2CW14	稳压：5 V	C5	470 μF/16 V	RP	680 Ω	接线柱	

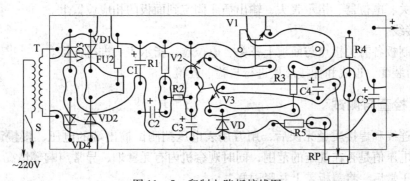

图 11—5　印制电路板接线图

四、总装

1. 在底板上安装固定印制电路板

一般情况下，印制电路板在底座固定有五种典型方法，如图11—6所示：图11—6a为印制板插件，沿槽形立柱插入底座上的插座中，上面加压板用螺钉压紧；图11—6b为印制板先安装在支架上，然后安装在底板上；图11—6c为用旋转式槽形压板固定印制板；图11—6d为印制板直接沿着底座上导轨插入底座，前面用压板压紧；图11—6e为印制板附有把手，把手既起固定卡紧作用，又可以作拆卸印制板用。稳压电源印制板可采用图11—6a所示形式固定。

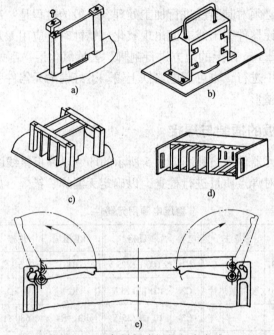

图11—6 印制电路板的固定方式

a）印制板插入底座上的插座中 b）印制板装入支架和底板

c）槽型压板固定住印制板 d）印制板直接插入底座 e）便于紧固和拆卸印制板的把手示意图

2. 安装面板

将开关、电位器、指示表头、输出插座固定到面板的相应位置上。

3. 接线

将印制板各有关接点与面板上开关、电位器、指示表头进行连接。

4. 对装配、连线和焊接质量进行自检、互检

五、检查与测试

检查连线和焊接质量无误后，用万用表电压挡测试输出端的电压，慢慢调节电位器，观察电压值是否在规定的范围，同时观察机内有无冒烟、异常声响等情况。

一切正常后，将盖板盖上并紧固好。

第 **3** 部分

中级无线电装接工知识要求

第十二章　中级电工基础

第一节　复杂直流电路的分析计算

一、基尔霍夫定律

1. 复杂电路

在初级部分，已经学习了欧姆定律和电阻串联、并联的特点及其计算公式，这样就能对电路分析计算了。但是，实际的电路往往比较复杂，不完全能用电阻的串、并联加以简化。复杂电路如图12—1所示，这两种电路中的各电阻间既不是串联关系，也不是并联关系。

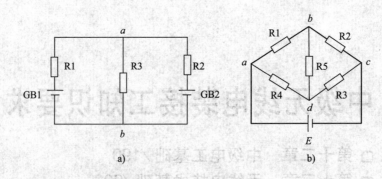

图 12—1　复杂电路

a）含和不含串、并接元件的电路　b）含非并、非串的多元件的电路

凡是不能用电阻串、并联简化的电路叫复杂电路。解决复杂电路的方法有很多种，但它们的依据是欧姆定律和基尔霍夫定律这两条基本定律。基尔霍夫定律既适用于直流电路，也适用于交流电路，同时也适用于含有电子元件的非线性电路。它是分析计算电路的基本定律。

在讲述基尔霍夫定律前，首先介绍电路中几个常用术语。

（1）支路　由一个或几个元件依次相接构成的无分支的电路叫支路。如图12—1a中的 R1 和 GB1 构成一条支路，R3 构成一条支路。

（2）节点　三条或三条以上的支路的汇交点。图12—1b 的 a、b、c、d 都是节点。

（3）回路　电路中的任何一个闭合路径都叫回路。一个回路可能只有一条支路，也可能包含几条支路。如图12—1a 中的 $a-R1-GB1-b-R3-a$ 和 $a-R2-GB2-b-GB1-R1-a$ 都是回路。

（4）网孔　不可再分的最简单的回路。如图12—1a 中的 $a-R1-GB1-b-R3-a$

及 $a-R2-GB2-b-R3-a$ 都是网孔。

2. 基尔霍夫第一定律

基尔霍夫第一定律也叫节点电流定律。它的内容是：流进某个节点的电流之和恒等于流出该节点的电流之和，即：

$$\Sigma I_\text{入} = \Sigma I_\text{出} \tag{12—1}$$

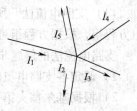

如图 12—2 所示，有五条支路汇交于一个节点，其中 I_1 和 I_4 是流入节点的，I_2、I_3 和 I_5 是流出节点的，则该点的节点电流方程是：

$$I_1 + I_4 = I_2 + I_3 + I_5 \text{ 或 } I_1 + I_4 - I_2 - I_3 - I_5 = 0$$

这就是说，如果规定流入节点的电流为正，流出节点的电流为负，那么，对任意节点来说流过节点电流的代数和为零，即：

图 12—2　节点电流

$$\Sigma I = 0 \tag{12—2}$$

式（12—1）和式（12—2）是同一定律的两种表达形式。

基尔霍夫第一定律不仅适用于节点，也可以推广于封闭面，如图 12—3 所示，假设有一个封闭面 S 将电路包围，则流入封闭面的电流 I_1 必等于流出封闭面的电流 I_2。

3. 基尔霍夫第二定律

基尔霍夫第二定律也叫回路电压定律，它的内容是：在任意回路中，电动势的代数和恒等于各电阻上电压降的代数和，即：

$$\Sigma E = \Sigma IR \tag{12—3}$$

在利用基尔霍夫第二定律列回路电压方程时，各电压和电动势的正负确定方法如下：

（1）首先选定各支路电流的参考方向。

（2）任意选定回路的绕行方向。

（3）若流过电阻的电流方向与绕行方向一致，则该电阻上的电压降取正，反之取负。

（4）电动势方向与绕行方向一致时取正，反之取负。

在确定好电动势和电压降正负后，就可以根据基尔霍夫第二定律列出回路电压方程。对于图 12—4 所示电路，电压方程为：

$$E_1 - E_2 = I_1R_1 - I_2R_2 + I_3R_3$$

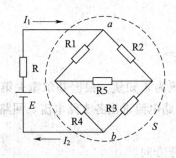

图 12—3　基尔霍夫第一定律推广于封闭面

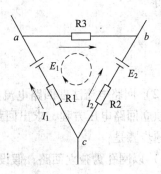

图 12—4　回路电压

基尔霍夫定律揭示了电路中各支路电流和回路各电压之间的关系，并可列出相应的节点电流方程和回路电压方程，是解决复杂电路问题的重要定律。

4. 基尔霍夫定律的应用

通常求解复杂电路都是已知电源电动势和电阻值，求各支路中的电流，常用的方法有支路电流法和回路电流法两种。

（1）支路电流法　所谓支路电流法是以支路电流为未知量，依据基尔霍夫定律列出方程组，根据方程组可直接求出各支路电流。

支路电流法的解题步骤如下：

1）假定各支路电流的参考方向并选定回路的绕行方向。

2）根据基尔霍夫第一定律列出节点电流方程。假设某电路节点总数为 m，则该电路独立的节点电流方程数必为 $m-1$。

3）根据基尔霍夫第二定律列出独立的回路电压方程。由于网孔都是独立的回路，所以独立的回路电压方程数正好就是电路的网孔数。

4）联立独立的节点电流方程和独立的回路电压方程，代入已知数据求解方程组。解得支路电流若为正，该支路电流实际方向与参考方向一致；支路电流为负，该支路电流实际方向与参考方向相反。

例 12—1　如图 12—5 所示电路中，已知 $E_1 = 120$ V，$E_2 = 130$ V，$R_1 = 10\ \Omega$，$R_2 = 2\ \Omega$，$R_3 = 10\ \Omega$，求各支路电流。

解：各支路电流的参考方向及回路的绕行方向如图 12—5 所示，根据基尔霍夫定律列独立方程如下：

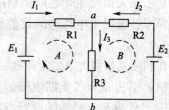

节点 a：　　$I_1 + I_2 - I_3 = 0$

回路 A：　　$I_1 R_1 + I_3 R_3 = E_1$

回路 B：　　$-I_2 R_2 - I_3 R_3 = -E_2$

图 12—5　支路电流法求解复杂电路

联立方程并代入数据，则

$$\begin{cases} I_1 + I_2 - I_3 = 0 \\ 10I_1 + 10I_3 = 120 \\ 2I_2 + 10I_3 = 130 \end{cases}$$

解之得

$$\begin{cases} I_1 = 1\,(A) \\ I_2 = 10\,(A) \\ I_3 = 11\,(A) \end{cases}$$

（2）回路电流法　回路电流法就是以回路电流为未知量，根据基尔霍夫第二定律列出独立回路电压方程，求出回路电流，然后以回路电流求出各支路电流。回路电流法的解题步骤是：

1）以网孔为独立回路，假设各回路的电流参考方向。

2）根据基尔霍夫第二定律列出各回路（网孔）的电压方程。列方程时要特别注意的是，相邻回路的电流在公共支路上的压降不能忽略。压降的正、负要视公共支路上的相邻回路电流方向与本回路电流方向是否一致而定，一致时取正，相反时取负。

3）代入数据，解联立方程组求得回路电流。

4）假设各支路电流的参考方向，根据支路电流与回路电流的关系求出各支路的电流。

例 12—2　仍以例 12—1 为例，用回路电流法求解。为方便讨论，将电路图重画成如图 12—6 所示形式，电路参数见例 12—1。

解：回路电流的方向如图 12—6 所示，根据基尔霍夫定律列回路电压方程如下：

$$\begin{cases} (R_1 + R_3)I_{11} - R_3I_{22} = E_1 \\ (R_2 + R_3)I_{22} - R_3I_{11} = -E_2 \end{cases}$$

代入数据得

$$\begin{cases} 20I_{11} - 10I_{22} = 120 \\ 12I_{22} - 10I_{11} = -130 \end{cases}$$

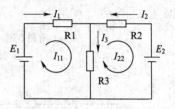

图 12—6　回路电流法求解复杂电路

解之得

$$\begin{cases} I_{11} = 1(\text{A}) \\ I_{22} = -10(\text{A}) \end{cases}$$

假设各支路电流方向如图 12—6 所示，则根据支路电流与回路电流的关系可知：

$$I_1 = I_{11} = 1(\text{A})$$
$$I_2 = -I_{22} = 10(\text{A})$$
$$I_3 = I_{11} - I_{22} = 1 - (-10) = 11(\text{A})$$

从上例可知，采用回路电流法解题时，以回路电流为未知量，方程数比支路电流法要少，运算简便。所以，作为一种求解复杂电路的方法，回路电流法更为人们所重视。

二、戴维南定理

由若干元件、支路或线路连接起来的一个系统称为网络，较复杂电路就是一个网络，只有两个端口的网络，称为二端网络。二端网络内含有对外起作用的电源时称为有源二端网络，不含电源或虽含电源，但对外相互抵消不起作用时，称为无源二端网络。

戴维南定理指出：对任何一个线性有源二端网络来说，都可以用一个具有电动势 $E_。$ 和内阻 $R_。$ 的等效电源来等值代替。电动势 $E_。$ 的值就等于有源二端网络两端间的开路电压；内阻 $R_。$ 的值就等于网络内所有电源均不起作用（电动势短路）时的无源二端网络的等效电阻。戴维南定理如图 12—7 所示。

由戴维南定理，图 12—7b 可画成图 12—7c。

例 12—3　如图 12—8a 所示电路中，已知 $E_1 = 15\ \text{V}$，$E_2 = 10\ \text{V}$，$E_3 = 6\ \text{V}$，$R_1 = 3\ \Omega$，$R_2 = 2\ \Omega$，$R_3 = 1.8\ \Omega$，$R_4 = 12\ \Omega$，试用戴维南定理求电流 I。

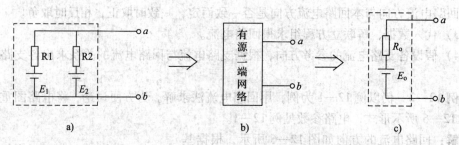

图 12—7　戴维南定理

a）有源直流二端网络　b）等效方框图　c）等效电路图

注：＊在交流电路中为内阻抗

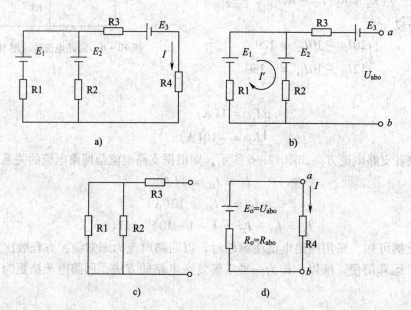

图 12—8　用戴维南定理求解复杂电路流过负载的电流

a）直流有源电路　b）负载开路后的有源二端网络

c）短路图 12—8b 的电源求二端网络的等效内阻　d）由等效电路求出流过负载的电流

解：将 R4 断开，余下部分即成为一个有源二端网络，如图 12—8b 所示，首先求出有源二端网络的开路电压 U_{abo}。

因为
$$I' = \frac{E_1 - E_2}{R_1 + R_2} = \frac{15 - 10}{3 + 2} = 1 \text{（A）}$$

所以
$$U_{abo} = -E_3 + E_2 + I'R_2 = -6 + 10 + 1 \times 2 = 6 \text{（V）}$$

即：
$$E_o = U_{abo} = 6 \text{（V）}$$

将网络内所有电动势短路即得图 12—8c 所示的无源二端网络，此时的等效电阻为：

$$R_{abo} = R_1 /\!/ R_2 + R_3 = \frac{3 \times 2}{3 + 2} + 1.8 = 3(\Omega)$$

即：

$$R_o = R_{abo} = 3 （\Omega）$$

根据上面的结果，即可得到图 12—8d 所示的等效电源，显然，

$$I = \frac{E_o}{R_o + R_4} = \frac{6}{3 + 12} = 0.4(A)$$

根据上例可总结出运用戴维南定理解某一支路电流的一般步骤，其步骤如下：

1. 将原电路划分成待求支路和有源二端网络两部分。

2. 断开待求支路，求出有源二端网络的开路电压。

3. 将有源二端网络中的各电动势短路，电阻保留，求出无源二端网络的等效电阻。

4. 画出等效电源，接入待求支路，根据全电路欧姆定律求出该支路电流。

最后还应指出，戴维南定理只适用于线性电路。同时，画等效电源时，电动势的方向必须根据开路电压的正负来确定。

三、电源的最大输出功率

任何电源总有内阻，因此电源提供的总功率是由内阻上消耗的功率和电源的输出功率（负载获得的功率）两部分构成，若内阻上消耗的功率增大，则电源的输出功率就减小。在电子电路中，总希望负载上能获得最大的功率，即电源（或信号源）能输出最大功率。那么，负载符合什么条件，电源就能输出最大功率了呢？

运用所学过的知识可知，当负载电阻 R 等于电源内阻 R_o 时，电源输出最大功率。最大功率是：

$$P_m = \frac{E_2}{4R_o} = \frac{E^2}{4R} \tag{12—4}$$

式中　　P_m——电源输出的最大功率，W；

E——电源电动势，V；

R——负载电阻，Ω；

R_o——电源内阻，Ω。

第二节　单相交流电路

一、单一参数电路

在交流电电路中，单一参数元件是不存在的，但如果某一参数对电路的影响显著，其他参数对电路的影响较小（可以忽略不计），这样的电路就可叫单一参数电路或称纯电路，即纯电阻、纯电容、纯电感电路。这里主要讨论单一参数电路的电压、电流关系，并介绍电路中能量转换和功率计算的方法。

纯电阻、纯电容、纯电感电路的电压、电流关系、功率计算方法对比见表 12—1。

表 12—1 　　　　　　　　　　　　　　**单一参数电路的比较**

		纯电阻（R）	纯电感（L）	纯电容（C）
阻抗		$Z = R$	$Z = jX_L$ 感抗 $X_L = \omega L = 2\pi fL$	$Z = -jX_C$ 容抗 $X_C = \dfrac{1}{\omega C} = \dfrac{1}{2\pi fC}$
电压、电流的频率关系		相同	相同	相同
电压、电流的相位关系		同相	电压超前电流90°	电压滞后电流90°
电压、电流的数量关系		$I_R = \dfrac{U_R}{R}$	$\dot{I}_L = \dfrac{\dot{U}_L}{Z}$，$I_L = \dfrac{U_L}{X_L}$	$\dot{I}_C = \dfrac{\dot{U}_C}{Z}$，$I_C = \dfrac{U_C}{X_C}$
解析式		设 $u_R = U_{Rm}\sin\omega t$（V） 则 $i_R = I_{Rm}\sin\omega t$（A）	设 $u_L = U_{Lm}\omega t$（V） 则 $i_L = I_{Lm}\sin\left(\omega t - \dfrac{\pi}{2}\right)$（A）	设 $u_C = U_{Cm}\sin\omega t$（V） 则 $i_C = I_{Cm}\sin\left(\omega t + \dfrac{\pi}{2}\right)$（A）
波形图				
相量图				
电功率	有功功率	$P = I_R U_R = I_R^2 R = \dfrac{U_R^2}{R}$	$P = 0$	$P = 0$
	无功功率	$Q = 0$	$Q_L = I_L U_L = I_L^2 X_L = \dfrac{U_L^2}{X_L}$	$Q_C = I_C U_C = I_C^2 X_C = \dfrac{U_C^2}{X_C}$

在交流电路中，电压、电流的瞬时值之积称为瞬时功率，用字母 p 表示，则：

$$p = ui \tag{12—5}$$

瞬时功率在一个周期内的平均值称为有功功率，用字母 P 表示，显然在纯电感、纯电容电路中的有功功率为零。说明在纯电感、纯电容电路中，不消耗能量，但纯电感、纯电容元件是储能元件，它们与电源之间存在能量的交换。为了反映能量交换的规模，引入无功功率的概念，用字母 Q 表示，单位是乏尔（var），1 var = 1 W。无功功率在数值上取瞬时功率的最大值。因此在纯电感电路的无功功率 Q_L 为：

$$Q_L = U_L I = I^2 X_L = U_L^2/X_L \tag{12—6}$$

纯电容电路的无功功率 Q_C 为：

$$Q_C = U_C I = I^2 X_C = U_C^2/X_C \tag{12—7}$$

二、串联电路

下面首先用矢量法讨论 R—L 的串联电路，然后用符号法研究 R—L—C 的串联电路。

1. R—L 串联电路

在含有线圈的交流电路中，当线圈的电阻不能忽略时，就构成了由电阻 R 和电感 L 串联后所组成的交流电路，简称 R—L 串联电路，如图 12—9a 所示。

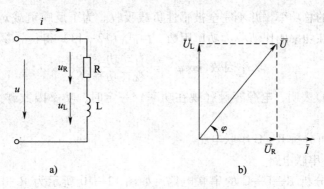

图 12—9 R—L 串联电路

a）电路图 b）相量图

（1）电压与电流的频率关系 由于纯电阻和纯电感电路中的电压与电流频率相同，所以 R—L 串联电路中电压与电流的频率也相同。

（2）电压与电流的数量关系 先画出该电路的电压与电流的矢量图。由于串联电路的电流相等，所以，以总电流方向为参考方向做矢量图，如图 12—9b 所示。电阻两端电压 $\bar{U}_R$ 与电流同相，电感两端电压 $\bar{U}_L$ 超前电流 90°，因此 R—L 串联电路的端电压 $\bar{U} = \bar{U}_R + \bar{U}_L$，即由 $\bar{U}_R$ 与 $\bar{U}_L$ 为边的平行四边形对角线所表示。由于 $\bar{U}$、$\bar{U}_R$、$\bar{U}_L$ 构成直角三角形，所以：

$$U = \sqrt{U_R^2 + U_L^2} \qquad (12—8)$$

又因 $U_R = IR$，$U_L = IX_L$，将它们代入就得到了电压与电流的数量关系为：

$$U = \sqrt{(IR)^2 + (IX_L)^2} = I\sqrt{R^2 + X_L^2}$$

令 $Z = \sqrt{R^2 + X_L^2}$ 称为 R—L 串联的阻抗（单位 Ω），即可得到常见的欧姆定律形式：

$$I = U/Z \qquad (12—9)$$

（3）电压与电流的相位关系 从矢量图 12—9b 可见，在 R—L 电路中，总电压要超前总电流一个角度 φ，且 $0 < \varphi < 90°$。通常把电压超前电流的电路叫感性电路，或说负载是感性负载。从图 12—9b 可知，电压超前电流的角度 φ 为：

$$\varphi = \arctan\frac{U_L}{U_R} = \arctan\frac{X_L}{R} \qquad (12—10)$$

（4）功率 通常电路两端的电压有效值与电流有效值的乘积叫视在功率，它表示电源提供的总功率，以 S 表示，其数学表达式为：

$$S = IU \qquad (12—11)$$

视在功率单位是伏安（V·A），1 V·A = 1 W。

根据有功功率和无功功率的定义可得：

有功功率 $\qquad P = U_R I = UI\cos\varphi = S\cos\varphi \qquad$ (12—12)

无功功率 $\qquad Q = U_L I = UI\sin\varphi = S\sin\varphi \qquad$ (12—13)

则 S、P、Q 三者满足如下关系：

$$S = \sqrt{P^2 + Q^2} \qquad (12—14)$$

可见，电源提供的总功率，并不完全被感性负载吸收。为了反映负载对电源的利用率，把有功功率与视在功率的比值称为功率因数，由式（12—13）得：

$$功率因数（\cos\varphi）= \frac{有功功率（P）}{视在功率（S）} \qquad (12—15)$$

式（12—15）表明，电源容量（视在功率）一定时，功率因数越大，电源利用率越高。

用同样方法可分析 R—C 串联电路。

2. R—L—C 串联电路

采用符号法分析 R—L—C 的串联电路。如图 12—10 所示为 R—L—C 串联电路，设所加的电压为：

$$u = \sqrt{2}U\sin(\omega t + \varphi_u)$$

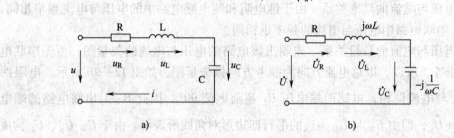

图 12—10　R—L—C 串联电路

a）电压、电流用瞬时值表示　b）电压电流用复数形式表示

复数形式为：

$$\dot{U} = Ue^{j\varphi_u} = U\underline{/\varphi_u}$$

R、L、C 上的电压分别为 u_R、u_L、u_C，则：

$$u = u_R + u_L + u_C$$

表示成复数形式为：

$$\dot{U} = \dot{U}_R + \dot{U}_L + \dot{U}_C$$

在 u 的作用下，电路中必产生交流电流 $i = \sqrt{2}I\sin(\omega t + \varphi_i)$，其复数形式为 $\dot{I} = Ie^{j\varphi_i} = I\underline{/\varphi_i}$，则：

$$\dot{U} = \dot{U}_R + \dot{U}_L + \dot{U}_C = R\dot{I} + jX_L\dot{I} - jX_C\dot{I} = (R + jX_L - jX_C)\dot{I} = Z\dot{I} \quad (12—16)$$

即：

$$\dot{I} = \frac{\dot{U}}{Z} \qquad (12—17)$$

式中　$Z = R + jX_L - jX_C = R + j(X_L - X_C) = R + jX$

从式（12—17）可得：

$$Z = \frac{\dot{U}}{\dot{I}} = \frac{U}{I} e^{j(\varphi_u - \varphi_i)} = \frac{U}{I} e^{j\varphi} = z \angle \varphi$$

Z 称为复阻抗（单位 Ω），实部 R 是电路的电阻，虚部 X 为电路的电抗，且 $X = X_L - X_C = \omega L - \frac{1}{\omega C}$。复阻抗的模代表了阻抗的幅值。幅角反映了电压电流的相位差。复阻抗的模和幅角分别如下式所示：

$$z = \sqrt{R^2 + X^2} \tag{12—18}$$

$$\varphi = \arctan \frac{X}{R} = \arctan \frac{X_L - X_C}{R} \tag{12—19}$$

由式（12—19）可见，当 $X_L > X_C$ 时，$\varphi > 0$，说明电压超前电流，电路呈感性；$X_L < X_C$ 时，$\varphi < 0$，电压滞后电流，电路呈容性；$X_L = X_C$ 时，$\varphi = 0$，电压和电流同相位，电路呈纯阻性，称为串联谐振。R—L—C 串联电路的相量图如图 12—11 所示。

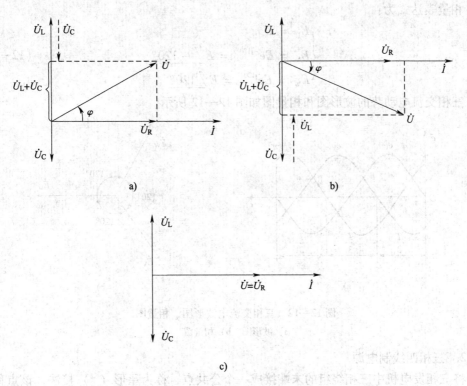

图 12—11　R—L—C 串联电路相量图

a) $X_L > X_C$　b) $X_L < X_C$　c) $X_L = X_C$

第三节　三相交流电路

本节主要讨论对称三相交流电路的分析计算方法。

一、三相交流电源

1. 三相交流电动势的产生

三相交流电是由三相交流发电机产生的。三相发电机主要由定子和转子两部分构成。在定子上嵌入三个绕组，每个绕组的形状、尺寸、匝数均相同，且在空间位置上相互间隔 120°。转子上有一电磁铁，在原动机拖动下以匀角速度 ω 沿逆时针方向旋转。这样在每个绕组上所产生的感应电动势的最大值相等，频率也相同，但在相位上互差 120°。这三个电动势分别用字母 e_U、e_V、e_W 表示，若设 e_U 的初相位为零，则三相电动势的解析式可表示为：

$$\begin{cases} e_U = \sqrt{2}E\sin\omega t \\ e_V = \sqrt{2}E\sin(\omega t - 120°) \\ e_W = \sqrt{2}E\sin(\omega t + 120°) \end{cases} \qquad (12\!-\!20)$$

相量表达式为：

$$\begin{cases} \dot{E}_U = E \\ E_V = Ee^{-j120°} = E\underline{/-120°} \\ E_W = Ee^{j120°} = E\underline{/120°} \end{cases} \qquad (12\!-\!21)$$

三相交流电动势的波形图和相量图如图 12—12 所示。

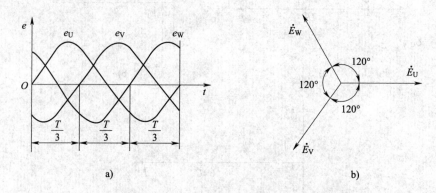

a)   b)

图 12—12　三相交流电波形图、相量图

a) 波形图　b) 相量图

2. 三相四线制电源

将三相发电机中三相绕组的末端接成一个公共点，称为星形（Y）接法，该点称为电源中点，以 N 表示。从三个始端分别引出三根接负载的导线，称为端线（或相线）。这样就构成了三相四线制供电，如图 12—13 所示。

在三相四线制电路中，相线与中线的电压称为相电压，用 $\dot{U}_U$、$\dot{U}_V$、$\dot{U}_W$ 表示。相线与相线的电压称为线电压，用 $\dot{U}_{UV}$、$\dot{U}_{VW}$、$\dot{U}_{WU}$ 表示。因此，三相四线制电源可输出线电压和相电压两种电压。当忽略电源内阻时，相电压等于相电动势。不难推出，线电压与相电压的关系为：

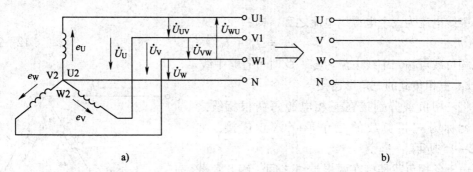

a)   b)

图 12—13　三相四线制电源

a) 三相四线制供电电路　b) 简化画法

$$\begin{cases} \dot{U}_{UV} = \sqrt{3}\dot{U}_U e^{j30°} \\ \dot{U}_{VW} = \sqrt{3}\dot{U}_V e^{j30°} \\ \dot{U}_{WU} = \sqrt{3}U_W e^{j30°} \end{cases} \qquad (12—22)$$

从上式可知，线电压和相电压的数量关系为 $V_{线} = \sqrt{3}U_{相}$，两者的相位关系是：线电压超前对应相电压30°。

二、三相负载的连接

三相负载由三个单相负载组成，若各相阻抗完全相同，称为对称三相负载，如三相电动机；若各相阻抗不相同，称为不对称负载，如日常照明系统。

1. 三相负载的星形连接

把三相负载分别接在三相电源的一根端线和中线的接法称为星形（丫）接法，如图 12—14 所示。

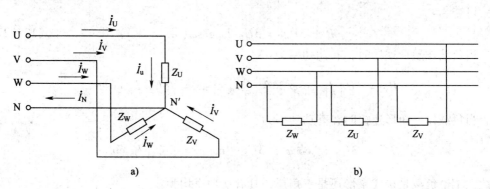

a)   b)

图 12—14　三相负载的星形连接

a) 三相星形负载电路　b) 图 a 的另一种画法

在忽略线路损耗的条件下，加在每相负载上的相电压等于电源的相电压。流过每相负载的电流等于电源的线电流，即：

$$\dot{I}_{Y相} = \dot{I}_{Y线} = \frac{\dot{U}_{Y相}}{Z_Y} \qquad (12—23)$$

中线电流为三个电源线电流之和，即：

$$\dot{I}_N = \dot{I}_U + \dot{I}_V + \dot{I}_W \qquad (12\text{—}24)$$

若三相负载对称，中线电流为零，此时可省略中线。

2. 三相负载的三角形连接

将三相负载分别接在三相电源每两根相线之间，就称为三相负载的三角形（△）连接，如图 12—15 所示。

由于各相负载是接在两根端线之间，因此负载的相电压就是电源的线电压，即：

$$U_{\text{线}\triangle} = U_{\text{相}\triangle}$$

对于三相对称负载，通过计算可得电源的线电流与负载的相电流关系为：

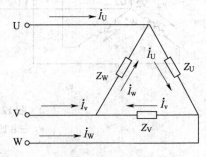

图 12—15　三相负载三角形连接

$$\begin{cases} \dot{I}_U = \sqrt{3}\dot{I}_U e^{-j30°} \\ \dot{I}_V = \sqrt{3}\dot{I}_V e^{-j30°} \\ \dot{I}_W = \sqrt{3}\dot{I}_W e^{-j30°} \end{cases} \qquad (12\text{—}25)$$

式（12—25）说明，当负载接成三角形时，若负载对称，线电流的大小为相电流的 $\sqrt{3}$ 倍，在相位上比对应的相电流滞后 30°。

三、三相电功率

在三相交流电路中，三相负载消耗的总功率为各相负载消耗功率之和，即：

$$P = P_U + P_V + P_W(\text{W}) \qquad (12\text{—}26)$$

若负载对称，各相电压、电流相等，功率因数也相同，每相负载消耗功率也相同，因而上式可变为：

$$P = 3P_{\text{相}} = 3U_{\text{相}} I_{\text{相}} \cos\varphi(\text{W}) \qquad (12\text{—}27)$$

当负载作星形连接时，有功功率为：

$$P_Y = 3U_{\text{相}} I_{\text{相}} \cos\varphi = 3\frac{U_{\text{线}}}{\sqrt{3}} I_{\text{线}} \cos\varphi = \sqrt{3}U_{\text{线}} I_{\text{线}} \cos\varphi$$

当负载作三角形连接时，有功功率为：

$$P_\triangle = 3U_{\text{相}} I_{\text{相}} \cos\varphi = 3U_{\text{线}} \frac{I_{\text{线}}}{\sqrt{3}} \cos\varphi = \sqrt{3}U_{\text{线}} I_{\text{线}} \cos\varphi$$

因此，不论负载是接成星形还是三角形，其有功功率均为：

$$P = \sqrt{3}U_{\text{线}} I_{\text{线}} \cos\varphi \qquad (12\text{—}28)$$

注意，虽然负载星形连接与三角形连接的计算公式相同，但同一三相负载在同一三相电源上两种接法所消耗的功率不同。由于三角形连接时线电流是星形连接时线电流的 $\sqrt{3}$ 倍，所以三角形接法所消耗的功率是星形接法所消耗功率的 $\sqrt{3}$ 倍。

第四节　R—C 电路的暂态过程和非正弦交流电

一、R—C 串路的暂态过程

所谓暂态过程是从一种稳定状态变化到另一种稳定状态必须经过的变化过程，这一过程时间一般都很短，常称为"暂态"。R—C 的充、放电过程就是一种暂态过程。

1. R—C 充电暂态过程

如图 12—16 所示为 R—C 串联电路。当开关 SA 合向 1 端电容器充电。在此电路中电阻两端的电压 u_R 等于电源电压 U 与电容两端电压 u_C 之差，即：

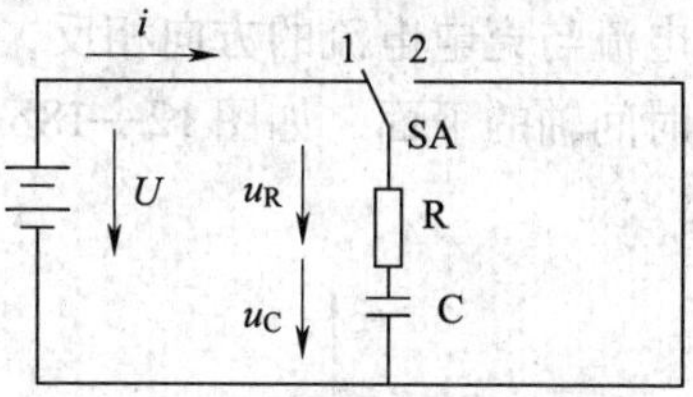

$$u_R = U - u_C$$

经过电阻的充电电流为：

$$i = \frac{u_R}{R} = \frac{U - u_C}{R} \qquad (12—29)$$

当开关合向 1 的瞬间，由于电容器原来不带电，故 $u_C = 0$，流过电阻 R 的充电电流最大，其电流值为：

$$I_o = \frac{u_R}{R} = \frac{U}{R} \qquad (12—30)$$

在充电过程中，随着电容器极板上电量的增多，使电容器两端电压升高，电源电压与电容器两端电压之差也逐渐减小，因而充电电流也逐渐减小。电流的减小说明电容器极板上的电量增长的速率和电容器上电压的增长速率在减小，即电压增加得越来越慢。最后，当电容器两端电压上升到等于电源电压 U 时，充电电流下降到零，此时电容器端电压达到稳定值（稳态）。

电容器充电电压 u_C、充电电流 i 随时间 t 变化的曲线如图 12—17 所示，图 12—17a 为充电电压曲线，图 12—17b 为充电电流曲线。

图 12—16　电容充放电电路

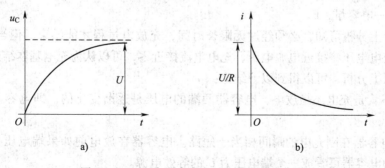

图 12—17　电容器充电电压、充电电流曲线
a）充电电压曲线　b）充电电流曲线

2. R—C 放电暂态过程

将图 12—16 中的开关 SA 合向 2 端时，已充电的电容器就通过开关被导线短接，形成放电电流，放电电流与充电电流方向相反。

放电开始的瞬间，u_C 有最大值且等于放电前的稳定电压 U，此时放电电流最大，最大放电电流为 $\dfrac{u_C}{R} = \dfrac{U}{R}$，此时电流变化率及电压变化率也最大。随着放电的继续，电容器上的电荷不断中和，电压 u_C 逐渐下降，放电电流也随之减小。直到放电完毕时，电压 u_C 和放电电流 i 均为零。

电容器放电时电压 u_C 与放电电流 i 随时间 t 变化的曲线如图 12—18 所示，由于放电电流与充电电流的方向相反，若规定充电电流为正，则放电电流为负，它的曲线应画在时间轴的下面，如图 12—18b 所示。

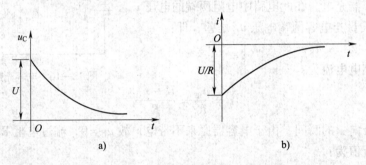

图 12—18　电容器放电电压、电流曲线

3. 时间常数

数学已证明，电容器充放电时电压和电流按指数规律变化。电容器充电时，若电容量越大，储存电荷越多，充电时间就越长；电阻越大，充电电流越小，充电时间就越长。放电规律也是如此。这说明 R 和 C 的大小影响着充放电的时间的长短，把 R 与 C 的乘积叫作 R—C 电路的时间常数，用 τ 表示，即：

$$\tau = RC \tag{12—31}$$

式中　τ——时间常数，s；

　　　R——电阻值，Ω；

　　　C——电容量，F。

从理论上分析可知，必须经过无限长时间，充放电过程才能结束。但当 $t = 5\tau$ 时，电容器的充电电压将接近电源电压，充电电流接近零，可以认为充电基本结束。

通过以上分析，可以得到以下结论：

（1）不管是充电还是放电，电容器两端的电压是逐渐变化的，即电容器两端电压不能突变。

（2）电容器在刚充电的瞬间相当于短路。电容器在放电前如果端电压为 U，放电开始瞬间的电容器可看成一个端电压为 U 的等效电源。

（3）电容器充放电按指数规律，充放电快慢由时间常数 τ 来衡量，τ 越大，充放电时间越长；τ 越小充放电时间越短。一般认为 $t = 5\tau$ 时，充放电过程基本结束。

二、非正弦交流电流的产生

电路中产生非正弦交流电流的原因一般有下列几种：

1. 电源或信号源本身是非正弦的。在讨论正弦交流电路时，总认为电源电动势是理想的正弦波，实际上交流发电机发出的电动势波形总与理想的正弦波形有些差别。有时由于实际需要，人为地产生非正弦电流。如电视机中的锯齿波扫描电压、晶闸管的触发电压、半波或全波整流后的电压，这些电压所形成的相应电流是非正弦的。

2. 两个以上不同频率的电动势同时作用在电路上，即使各电动势本身是正弦波，合成电动势也不可能是正弦波，电路中的电流就不可能是正弦的。

3. 电路中有非线性元件存在，如半导体或铁芯线圈，由于这类元件本身的非线性特性，电路中的电流必定要产生畸变。

第十三章 无线电技术基础

第一节 反馈及负反馈放大器

一、反馈的定义

放大电路中的反馈是指将放大电路的输出量（电压或电流）的一部分或全部，经过一定的元件或网络（反馈网络）回送到放大电路的输入端，这一回送信号（反馈信号）和外加输入信号共同参与对放大器的控制作用。如果回送到输入端的反馈信号与原来外加输入信号相位相反，则削弱了原来的输入信号，这种反馈称为负反馈。反之，若反馈信号与外加输入信号相位相同，则加强了原输入信号，这种反馈称为正反馈，正反馈多用于振荡电路。

二、反馈的判别方法

判别的方法可根据电路中有无反馈通路来确定，即首先看它的输出与输入回路之间有没有联系的元件（反馈元件）。若输出量经过反馈元件回送一定的信号（反馈信号）影响放大器的净输入，则存在反馈，否则没有。反馈放大电路如图 13—1 所示，从图中可见 R_f 接在输出和输入端之间，输出信号通过它送回到输入端而影响输入信号，形成反馈通路，因此该电路是带有反馈的放大电路。

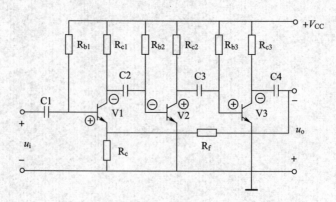

图 13—1　反馈放大电路

三、反馈放大器的分类

1. 按反馈极性分类，反馈放大器有正反馈和负反馈两种。可用瞬时极性判别，从输入端开始"＋"或"－"，经放大反馈回送到输入端的极性和原输入信号极性相比较。如果极性相反，则为负反馈；如果极性相同，则为正反馈。

2. 按反馈信号的交直流性质分类，反馈放大器有直流反馈和交流反馈两种。直流反馈的反馈信号只是直流成分，多用于稳定静态工作点；交流反馈信号只有交流成分，用以改善放大电路的动态性能，一般是两者同时存在的。

3. 按反馈网络从输出端的取样方式分类，反馈放大器有电压反馈和电流反馈两种类型。电压反馈的反馈信号取自输出电压 U_o，并与输出电压成正比；电流反馈的反馈信号取自输出电流 I_o，并与输出电流成正比。判别方法是将放大电路输出端（U_o）假想交流短路（令 $U_o=0$），观察反馈是否存在，若存在为电流反馈，不存在为电压反馈。

4. 按输入端求和方式分类，反馈放大器有串联反馈和并联反馈两种。若反馈信号和输入信号在输入回路中相串联（以电压形式相加），则为串联反馈；若反馈信号和输入信号在输入回路中相并联（以电流形式相加），则为并联反馈。下面列出四种类型负反馈电路方框图，如图 13—2 所示。

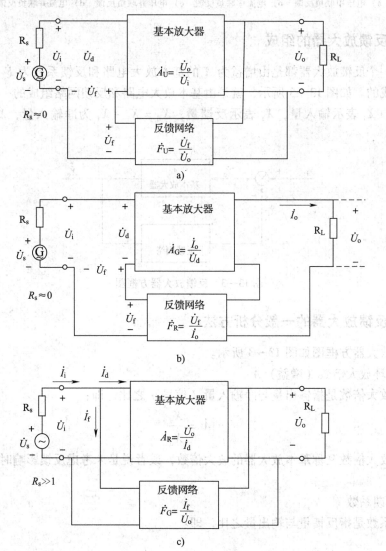

a)

b)

c)

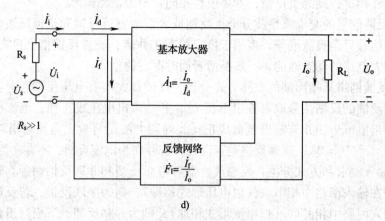

d)

图 13—2　负反馈四种类型电路

a）电压串联负反馈　b）电流串联负反馈　c）电压并联负反馈　d）电流并联负反馈

四、反馈放大器的组成

任何一个反馈放大器都是由增益为 $\dot{A}$ 的基本放大电路和反馈系数为 $\dot{F}$ 的反馈网络两部分组成的。如图 13—3 所示，就是由基本放大电路和反馈网络组成的一个闭环反馈系统。图中 $\dot{X}_i$ 表示输入量，$\dot{X}_f$ 表示反馈量，$\dot{X}_d = \dot{X}_i - \dot{X}_f$ 为净输入量，$\dot{X}_o$ 表示输出量。

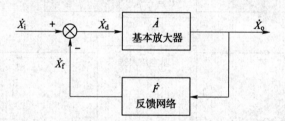

图 13—3　反馈放大器方框图

五、反馈放大器的一般分析方法

反馈放大器方框图如图 13—3 所示。

1. 开环放大倍数（增益）$\dot{A}$

开环放大倍数是指输出量与净输入量（信号）之比，即：

$$\dot{A} = \frac{\dot{X}_o}{\dot{X}_d} \tag{13—1}$$

开环放大倍数又称基本放大器的放大倍数，或者说是未考虑反馈影响时放大器的放大倍数。

2. 反馈系数 $\dot{F}$

反馈系数是指反馈量与输出量之比，即：

$$\dot{F} = \frac{\dot{X}_\mathrm{f}}{\dot{X}_\mathrm{o}} \tag{13—2}$$

它表示反馈网络从输出量中取多大比例的量反馈到输入端。

3. 闭环放大倍数 $\dot{A}_\mathrm{f}$

反馈放大器的输出量与输入量之比称为闭环（系统）的放大倍数，即：

$$\dot{A}_\mathrm{f} = \frac{\dot{X}_\mathrm{o}}{\dot{X}_\mathrm{i}} \tag{13—3}$$

从图 13—3 可看出 $\dot{X}_\mathrm{i} = \dot{X}_\mathrm{d} + \dot{X}_\mathrm{f}$，则式（13—3）可化为：

$$\dot{A}_\mathrm{f} = \frac{\dot{X}_\mathrm{o}}{\dot{X}_\mathrm{d} + \dot{X}_\mathrm{f}} = \frac{\dot{A}}{1 + \dot{A}\dot{F}} \tag{13—4}$$

式（13—4）是反馈放大器的基本关系式，它表明了闭环放大倍数 $\dot{A}_\mathrm{f}$ 与开环放大倍数 $\dot{A}$ 的关系，当 $|1 + \dot{A}\dot{F}| \gg 1$ 即为深度负反馈时，式（13—4）可简化为：

$$\dot{A}_\mathrm{f} = \frac{1}{\dot{F}} \tag{13—5}$$

式（13—5）说明，深度负反馈放大电路的闭环放大倍数只与反馈系数有关，而与基本放大器无关。

六、温度对晶体三极管参数的影响

温度对晶体三极管的参数有很大影响，主要是：

1. 随着温度的升高，U_be 将减小。

2. 随着温度的升高，I_cbo 将增大。

3. 随着温度的上升，β 值将增大。

温度对 U_be、I_cbo、β 值的影响最终都反映在集电极电流 I_c 上，温度升高，最终结果都是使 I_c 增大。温度对 I_c 的影响将导致三极管工作稳定性和放大电路的稳定性变坏，因此要在电路中采取适当措施加以改善，可采用基极分压式射极偏置电路来改善，以稳定静态工作点。

七、负反馈的作用

负反馈虽然使放大倍数降低，但却能带来以下几点好处：

1. 提高放大电路的稳定性。

2. 负反馈能扩展通频带。

3. 能改善非线性失真。

4. 负反馈对输入、输出电阻的影响。根据反馈类型不同，影响也不同。

（1）串联负反馈使输入电阻增大；并联负反馈使输入电阻减小。

（2）电压负反馈使输出电阻减小；电流负反馈使输出电阻增大。

第二节 四 端 网 络

一、四端网络概念

前面第十二章第一节讲戴维南定理时讲过二端网络，它们只有两个引出端与外电路连接，如图13—4所示。像放大器的输入和输出端口共有四个引出端与外电路连接，这种网络称为四端网络，如图13—5所示。

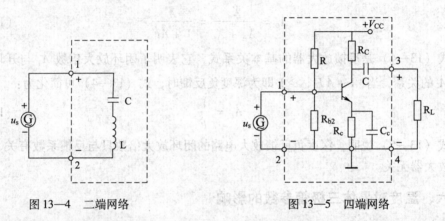

图 13—4　二端网络　　　　　　　　　图 13—5　四端网络

如果组成网络的所有元件都是线性元件，则这一网络称为线性网络。所谓线性元件是指参数不随电压和电流变化的元件。内部不含电源或内部虽有电源但对外相互抵消不起作用的网络称为无源网络。一般实用中多是无源线性四端网络。下面将介绍一些这方面常用的四端网络。

二、衰减器

1. 衰减器的作用

在电子设备或仪器中，为了调节信号的电平，常用电阻构成衰减器（或称衰耗器）。衰减器只有衰减，没有相移。由于没有电抗元件，所以它能在很宽的频率范围内匹配。

2. 衰减器的基本工作原理

衰减器是纯电阻网络，其特性阻抗为纯电阻。在分析和设计衰减时，使用衰减系数不方便，通常用功率比 K_p。

$$K_p = P_1/P_2 \tag{13—6}$$

式中　网络输入功率 $P_1 = U_1 I_1$，网络输出功率 $P_2 = U_2 I_2$。

对一般对称网络来说，

$$\sqrt{K_p} = U_1/U_2 = I_1/I_2 = K \tag{13—7}$$

式中　K 称为电压或电流衰减倍数。

由此可见，选择适当的网络参数（即电阻值），即可调节有关信号的电平。

3. 衰减器的种类及其典型电路

衰减器种类较多，大体上可分为固定衰减器和可变衰减器两大类。固定衰减器常用 T 型或 Π 型网络，如图 13—6 所示。而可变衰减器常用可变桥 T 型网络，如图 13—7 所示。

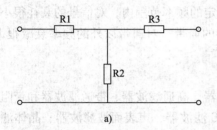 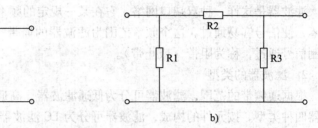

图 13—6　固定衰减器电路

a）T 型　b）Π 型

三、变量器

在电子技术中常用的磁芯（或铁芯）变压器，除用于变换电压外，还能用于阻抗变换，因此也称为变量器。

如图 13—8 所示为理想变量器电路。若变量器输出口（次级）和输入口（初级）绕组匝数之比为 n，则出口电压和入口电压的关系为：

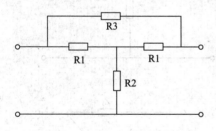 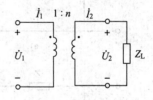

图 13—7　可变桥 T 型衰减器　　　　图 13—8　理想变量器

$$\dot{U}_2 = n\dot{U}_1 \ \text{或} \ \dot{U}_1 = \frac{\dot{U}_2}{n} \tag{13—8}$$

理想变量器不损耗能量，所以入口和出口功率之和等于零，即：

$$\dot{U}_1\dot{I}_1 + \dot{U}_2\dot{I}_2 = 0，\text{故可得}$$

$$\dot{I}_2 = -\frac{\dot{I}_1}{n} \ \text{或} \ \dot{I}_1 = n(-\dot{I}_2) \tag{13—9}$$

如果变量器的出口接有负载阻抗 Z_L，则有 $Z_L = \dfrac{\dot{U}_2}{\dot{I}_2}$，可得变量器的输入阻抗为：

$$Z_{in} = \frac{\dot{U}_1}{\dot{I}_1} = \frac{\dfrac{\dot{U}_2}{n}}{n(-\dot{I}_2)} = \frac{1}{n^2}\frac{\dot{U}_2}{-\dot{I}_2} = \frac{1}{n^2}Z_L \tag{13—10}$$

也就是说，经过变量器的变换作用，将阻抗 Z_L 变换为 Z_L/n^2。

四、滤波器

1. 滤波器的定义

滤波器是这样一种双端口网络，它在某一规定的频率范围内，对信号的衰耗很小或为零，使信号容易通过，这个频率范围为滤波器的通带。对通带以外的频率衰减很大，抑制信号通过，称为阻带（或止带）。

2. 滤波器的类型

根据通频带的范围，滤波器可分为低通滤波器、高通滤波器、带通滤波器和带阻滤波器四种类型。按元件的构成，滤波器可分为 LC 滤波器、声表面波滤波器、晶体滤波器、陶瓷滤波器和由机械元件组成的机械滤波器等。

3. 滤波器和通带条件

常用的滤波器是 T 型和 Π 型（X 型也可等效为 T 型或 Π 型），最简单的是 Γ 型，两个 Γ 型可构成 T 型或 Π 型滤波器，如图 13—9 所示。Γ 型网络的串联臂阻抗取 $Z_1/2$，并联臂阻抗取 $2Z_2$。

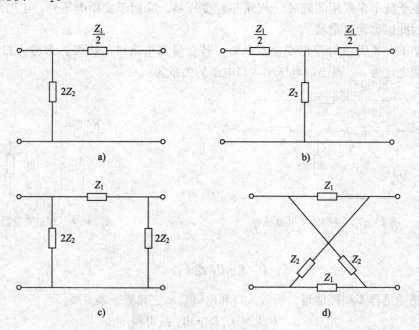

图 13—9　滤波器的电路结构

a) Γ 型　b) T 型　c) Π 型　d) X 型

（1）K 式滤波器的条件　在 Γ 型、T 型、Π 型滤波器中，如果串联臂阻抗与并联臂阻抗的乘积是常数，并且是一个正实数，则这种滤波器称为 K 式滤波器。令其常数为 K^2，则 K 式滤波器的条件是：

$$K^2 = Z_1 Z_2 \qquad\qquad (13—11)$$

对于 T 型及 Π 型滤波器要满足上式条件，Z_1 和 Z_2 的电抗必定是异号。如果 Z_1、Z_2 都是纯电阻，虽然也满足上述条件，但对于通过的电流只能给予一定的衰减，而与频率无关，则不是滤波器，所以 Z_1 和 Z_2 的电抗性质相反是滤波器构成的条件。

（2）滤波器的通带条件　根据分析推导，滤波器的通带条件为：

$$-1 \leqslant \frac{Z_1}{4Z_2} \leqslant 0 \qquad\qquad (13—12)$$

从滤波器的构成条件可知，$Z_1/4Z_2$ 不会是正的。由式（13—12）通带条件，$Z_1/4Z_2=0$ 和 $Z_1/4Z_2=-1$ 成为滤波器通带和阻带的边界条件。如图 13—10 所示，$Z_1/4Z_2$ 在 0 与 -1 之间为通带，$Z_1/4Z_2 \leqslant -1$ 或 $Z_1/4Z_2 \geqslant 0$ 为阻带。满足边界条件的频率是截止频率，滤波器的截止频率可由下式求得：

$$\frac{Z_1}{4Z_2}=-1 \quad 或 \quad \left|\frac{Z_1}{4Z_2}\right|=1 \qquad\qquad (13—13)$$

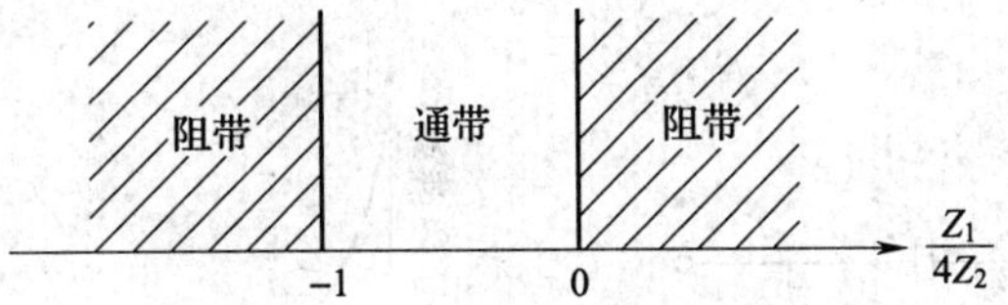

图 13—10　滤波器的通带与阻带

4. 典型滤波器及其原理分析

（1）低通滤波器　K 式低通滤波器电路结构及衰减特性如图 13—11 所示。

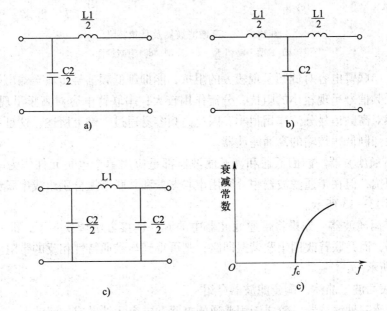

图 13—11　K 式低通滤波器

a）Γ型　b）T型　c）Π型　d）衰减特性

低通滤波器串联臂是电感线圈，它对高频呈现较大的阻抗，能抑制高频信号传输至输出端；并联臂是电容，对高频呈现较小的阻抗，使高频信号有较大的分流作用。串联臂电感对低频呈现较低阻抗，使低频信号无衰减地通过；并联臂电容对低频呈现高阻抗，分流作用很小，所以构成了只让低频信号通过而对高频信号具有很强抑制能力的低通滤波器。

（2）高通滤波器　电路结构和衰减特性如图13—12所示。

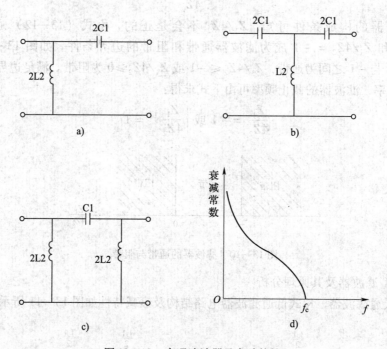

图13—12　高通滤波器及衰减特性

a）Γ型　b）T型　c）Π型　d）衰减特性

其中，串联臂电容对低频呈现较大的阻抗，能抑制低频信号传输至输出端，而并联臂电感对低频信号呈现较小的阻抗，分流作用较大；串联臂电容对高频呈现较低阻抗，并联臂电感对高频信号分流作用很小，因此高频容易通过。综上所述，这是一种只让高频通过，而抑制低频传输的高通滤波器。

（3）带通滤波器　前面低通和高通滤波器都是应用单个电抗元件作为串联臂阻抗和并联臂阻抗，但在带通滤波器中，则用串联谐振和并联谐振分别组成串联臂和并联臂阻抗，如图13—13所示。

（4）带阻滤波器　如果将带通滤波器中的元件连接方法调换一下，即串联臂用并联谐振回路，而并联臂改用串联谐振回路，则可得到与带通特性相反的带阻滤波器，如图13—14所示。

5. 声表面波、晶体、陶瓷滤波器介绍

下面介绍三种滤波器，较之于用普通的电感和电容元件做成的滤波器，其衰减特性好、体积也小。

（1）声表面波滤波器　它的结构和外形与集成块相似，常用环氧树脂封装，有四个脚引出。器件本身是以压电材料为基片，敷有金属导电膜，按一定切割方向进行光刻

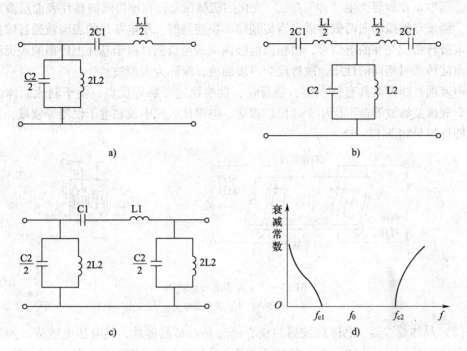

图 13—13 K 式带通滤波器及衰减特性
a) Γ 型 b) T 型 c) Π 型 d) 衰减特性

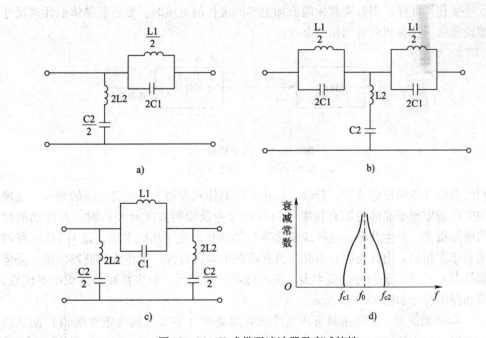

图 13—14 K 式带阻滤波器及衰减特性
a) Γ 型 b) T 型 c) Π 型 d) 衰减特性

加工成为两对梳齿状电极，构成输入、输出换能器，电极间相互绝缘，交错相嵌。当交变的电信号加至输入换能器时，电压就会在基底表面的电极间产生交变电场，在电场作用下，压电基片表层产生"伸""缩"变化的机械振动，在梳齿间的基片表面层激起表面波，借质点的振动向两侧传播，当传到输出换能器时，压电基片的表面波通过输出梳齿状电极转换成交变的电信号，由输出电极两端送至负载。由于基片上传播的表面波具有超声波传播时相同的性质，故称此为声表面波，简称为表面波。

声表面波滤波器具有体积小、质量轻、性能稳定可靠等优点，便于制成固体滤波器。声表面波滤波器被广泛用于通信、雷达、电视接收机中放和电子仪器等领域，其结构及图形符号如图 13—15 所示。

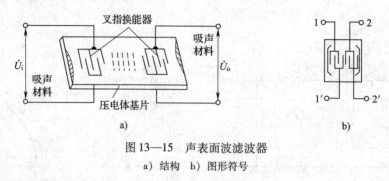

图 13—15　声表面波滤波器

a）结构　b）图形符号

（2）晶体滤波器　晶体滤波器的核心部分是石英晶体片，具有压电效应。如果在石英晶体的某一方向施加压力，则在与这方向垂直的石英晶体两个表面上产生极性相反的电荷，从而形成电场，如图 13—16 所示。如果外力改变方向，则产生的电荷极性相应地发生变化。同样，当石英晶体两面加上不同极性的电压时，则石英晶体的几何尺寸将压缩或伸张，这种现象就叫作压电效应。

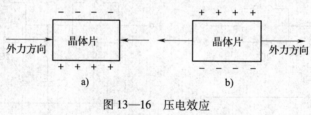

图 13—16　压电效应

a）加力→生电　b）加电→生力

利用石英晶体的压电效应，若改变加在石英晶体两表面上的交变电压的频率，发现当外加电压频率等于晶体的固有频率（与外形尺寸及切割方式有关）时，其振动的幅度突然增加很多，产生共振，这种现象称为石英晶片产生了压电谐振，这与 LC 回路的谐振现象非常相似。由此表明石英晶体具有谐振电路的特性，可作为滤波器使用。晶体滤波器具有 Q 值高、衰减特性斜率大、选择性好、损耗低、稳定性高和体积小等优点。其外形和图形符号如图 13—17 所示。

（3）陶瓷滤波器　它是由具有压电性能的陶瓷片（主要配料为锆钛酸铅）制成的新型压电器件。它的结构很像瓷介电容器，也是一块具有特定几何尺寸的薄片，而电性能类似于晶体滤波器。按实际用途可分为两端或三端陶瓷滤波器，如图 13—18 所示。陶瓷滤波器具有体积小、质量轻、品质因数高、频率特性好等优点。两端式一般作为串联谐振使用，三端式一般作为并联谐振使用。

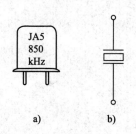

图 13—17　石英晶体滤波器

a）外形　b）图形符号

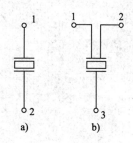

图 13—18　陶瓷滤波器

a）两端符号　b）三端符号

五、阻抗均衡器

1. 阻抗均衡器的作用

在信号传输中，常会遇到所需负载与实际负载不相等的情况，由于阻抗不匹配，使整个系统达不到最大功率传输，而且会引起一些诸如反射等不良现象。因此，需要一个网络介于负载与电源之间，把实际负载阻抗变换为电源所需的负载阻抗，从而获得匹配的阻抗，通常把这种阻抗变换网络称为阻抗均衡器（或称阻抗匹配器）。

为了不消耗信号的功率，阻抗均衡器通常由纯电抗元件构成。这种网络只有相移，没有衰减，所以又称为电抗相移器。

2. 阻抗均衡器的分类

通常使用的阻抗匹配器多数为 T 型和 Π 型四端网络，如图 13—19 所示。

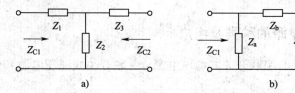

图 13—19　阻抗均衡器

a）T 型　b）Π 型

3. 典型阻抗均衡器电路原理分析

如图 13—19 所示，鉴于 T 型和 Π 型网络的特性阻抗和传输常数 $\gamma = \alpha + j\beta$，考虑到无损耗阻抗匹配器的衰减常数 $\alpha = 0$，传输常数 $\gamma = j\beta$，于是 T 型和 Π 型阻抗均衡器的元件值可分别由下列各式求得：

T 型网络：

$$Z_1 = j\left[\frac{\sqrt{Z_{C1}Z_{C2}}}{\sin\beta} - \frac{Z_{C1}}{\tan\beta}\right]$$

$$Z_2 = -j\left[\frac{\sqrt{Z_{C1}Z_{C2}}}{\sin\beta}\right]$$

$$Z_3 = j\left[\frac{\sqrt{Z_{C1}Z_{C2}}}{\sin\beta} - \frac{Z_{C2}}{\tan\beta}\right] \tag{13—14}$$

Π 型网络：

$$Z_a = j\,\dfrac{\sqrt{Z_{C1}Z_{C2}}\sin\beta}{\sqrt{\dfrac{Z_{C2}}{Z_{C1}}}\cos\beta - 1}$$

$$Z_b = j\,\sqrt{Z_{C1}Z_{C2}}\sin\beta$$

$$Z_c = j\,\dfrac{\sqrt{Z_{C1}Z_{C2}}\sin\beta}{\sqrt{\dfrac{Z_{C1}}{Z_{C2}}}\cos\beta - 1} \qquad\qquad (13{-}15)$$

第三节　开关型稳压电源

一、开关型稳压电源的特点

1. 功耗小、效率高。开关型稳压电源的晶体管工作在开关状态，管耗较小，直流变换效率可达 90% 以上。

2. 稳压范围宽。当电网电压在 130 ~ 260 V 变化时，开关型稳压电源的输出电压变化只有 ±1%，而串联型线性稳压电源允许电网电压波动的范围是 220（1 ± 10%）V。显然，开关型稳压电源的稳压范围较宽。

3. 开关型稳压电源可省去电源变压器，因而体积小，质量轻。

4. 开关型稳压电源电路的工作频率高，一般在 17 ~ 68 kHz 的范围，这样便于滤波。

二、开关型稳压电源的种类及组成

开关型稳压电源主要有串联开关式稳压电源、并联开关式稳压电源和变压器开关式稳压电源。

开关电源的基本结构组成如图 13—20 所示。它的作用是将整流滤波后的不稳定直流电压 U_1 加到直流—直流换能器的输入端，使输出端上的负载获得稳定的直流电压。每种换能器都必须有扼流圈或变压器作为储能元件。在串联开关式电源中，扼流圈与负载串联，在开

图 13—20　开关电源的基本结构

关管导通期间，电流流过扼流圈和负载；在并联开关式电源中，扼流圈与负载相并联，在开关管导通期间，电流只流过扼流圈，并以磁能的形式储存在里面，在开关管截止期间，扼流圈释放能量，并传输给负载。

三、典型开关式稳压电源及其工作原理分析

1. 并联开关式稳压电源

并联式稳压电源的基本电路如图 13—21 所示，在输入、输出之间接开关调整管 V2

和储能电路，储能电路由储能电感 L、续流二极管 V1 和储能电容 C 组成。电路工作时，输入电压通过调整管的周期性开（饱和）、关（截止）工作，把能量输入储能电路经均衡滤波后变为电压输出。输出电压的大小取决于储能电路输入能量的多少，即取决于调整管开启时间的长短，它受脉冲电压控制。脉冲电压由脉冲发生电路自激产生，经脉冲调宽电路进行宽度调制后得到。将输出电压和基准电压相比较，若输出电压升高，则使脉宽变窄，调整管开启的时间缩短，电源输入储能电路的能量减少，输出电压因而降低。反之，输出电压降低，脉宽变宽，输出电压就升高。因而，使输出电压保持稳定。

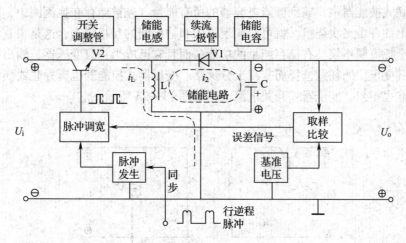

图 13—21　并联型开关稳压电路原理

当调整管饱和导通时，V1 反偏而截止，输入电压加到 L 两端，使 L 的电流 i_L 随 V2 的导通而增加，脉宽越宽，电流越大。当调整管截止后，L 中的电流 i_L 停止增大，储存的磁能不再增加，因 L 的电流不能突变，两端产生的感应电动势的极性为上负下正，使二极管 V1 正偏导通。此时续流电流 i_z 通过续流二极管向储能电容 C 充电，随着电容 C 的充电，i_z 逐渐减小，C 两端电压逐渐上升。这样，调整管截止时，储能电感把磁能释放出来，转变为电容 C 的电能，当调整管导通时，储能元件电感 L 储存磁能，负载由电容 C 供电，这就是开关电源的基本工作原理。

2. 串联型开关电源

将储能电感和负载接成串联时，称为串联型开关电源，如图 13—22 所示。

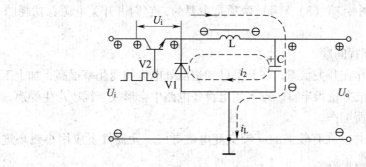

图 13—22　串联型开关电源

串联型和并联型两种开关电源的稳压原理大致相同，但性能有以下差别：

（1）两种电路对开关管的耐压要求不同。开关管截止时，并联型的耐压要求是串联型的两倍。

（2）串联型开关电源只有一个电压输出，而并联型开关电源可以有几路电压输出。

（3）并联型开关电源可省去电源变压器，具有体积小、质量轻、省电等优点，从而得到了广泛应用。

3. 变压器式开关电源

在并联式换能器中，输到储能电容器的所有能量，先被储存在扼流圈中，因此如果在扼流圈上加一个二次绕组，就可以实现输入和输出间的互相隔离，这是很有益的。实际上，这个扼流圈不仅具有储存能量的功能，而且它已成为一只变压器，输出电压的大小可以由其变压比的任意选择而变得十分灵活。变压器式换能器也属并联式换能器，故它们的性能也相似。变压器式开关电源电路如图 13—23 所示。

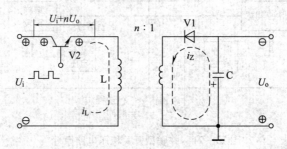

图 13—23　变压器式开关电源

四、开关电源的功耗和干扰问题

1. 开关电源的功耗包括：

（1）开关变压器线圈电阻的热损耗，也称铜损。

（2）开关晶体管的饱和压降的热损耗。

（3）阻尼电路的热损耗，阻尼电路用于吸收漏感中储存的磁能。

（4）在开关脉冲下降边沿期间开关管的热损耗。

（5）其他有关元件的热损耗等。

在上面这些功耗中，第（3）、（4）两项是主要的，它们占开关电源总功耗的 70% 左右。

2. 开关电源的干扰问题

由于开关电源工作在开关状态，在开关脉冲边沿处电流的变化率很高，加上工作电流一般都较大，其谐波分量很丰富，窜入用电设备电路中会形成干扰或产生噪声，因此必须做好以下几个方面工作。

（1）合理布置元件。在有较强的高频交变电磁导线、元器件上应用小磁环进行屏蔽，以尽量减小它们的辐射。

（2）仔细安排印制板与走线，各级自成回路，导线要宽、粗且短。

（3）选用高频特性好的电容器（无感电容器）作为电源输入和直流输出的滤波电容，各整流元件应并接缓冲电容器。

（4）在开关管集电极回路和输出整流回路中接入适当的小电感线圈，以降低一些电流变化率。

第四节　自动增益控制（AGC）电路

一、自动增益控制（AGC）电路的作用

自动增益控制（简称 AGC）是指随着接收机所收到的信号发生强弱变化时能够自动地调整放大器的增益，使得在弱信号时接收机处在高增益状态，而在接收强信号时增益自动减小，以避免强信号使晶体管或终端器件阻塞或过载。这样能够在输入信号强弱变化时，输出信号基本不变，使接收机能保持在满意的正常工作状态之下。

二、AGC 电路的性能要求

1. AGC 的可控制范围要宽

当输入信号变化时，能使输出电压基本保持不变的输入信号电压的变化范围，称为 AGC 的可控范围。一般控制范围在接收机中应是输入信号电平变化为 $20 \sim 60$ dB 时，输出电平变化 ± 1.5 dB。

2. 性能要稳定

性能要稳定是指要求 AGC 电路在额定的各种外界因素的变化范围内能稳定地工作。

3. 控制灵敏度要高

AGC 控制灵敏度就是指输出信号电压的变化量与高频输入信号电压变化量之比值。灵敏度高，就是要求在输入或其他因素要引起输出较小变化的情况下，AGC 输出几乎保持不变。

4. 控制速度要适当

AGC 控制速度是指当高频输入信号电平变化时，能否迅速地调节被控管的增益，控制速度不能太慢也不能太快，通常是通过 AGC 电压滤波电路 RC 的时间常数来进行调节的。

三、接收机为什么要加 AGC

接收机加 AGC，一方面是由于接收的信号有强弱变化，悬殊较大，若不加 AGC 将使输出起伏较大，影响效果；另一方面是为了能够接收微弱信号，接收机的放大量总是做得较大，即其灵敏度高，但在接收强信号时，如果不对通道的放大量进行调节控制，将产生许多不良后果。现从以下三点说明：

1. 中放末级的输入信号必须限制在一定的电平。当输入信号太强时，晶体管受动态范围的限制，超出线性范围产生非线性失真，这种现象在中放末级尤为明显。

2. 混频级的输入信号要限制在一定的电平。为避免混频级产生较大的失真和交扰调制，要求本振电压大于输入信号电压两倍以上。一般本振电压（如电视机）为100～300 mV，所以要求混频级输入信号电压小于100 mV，如高频放大器的增益为20 dB（10倍），则进入高频调谐器的信号电平应限制在10 mV以下。从而必须对高放级的增益进行控制。

3. 输入信号过大会引起伴音失真或蜂音。

由此可见，接收机必须要加AGC。

四、AGC电路的组成

AGC电路的方框图如图13—24所示，AGC检波级将检波器输出的基本不变的交流信号变换成AGC直流电压，这个电压反映了高频输入信号的强弱，用它来控制高放及中放的增益，使输出电压的大小基本保持不变。AGC检波输出的电压一般较小，还不足以控制高、中放级，因而必须加一级AGC直流放大，以提高AGC控制灵敏度和供给被控管所需要的控制功率。

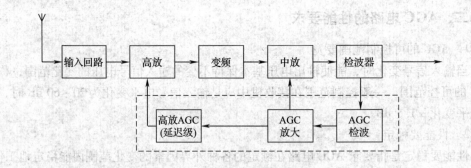

图13—24　AGC电路方框图

五、AGC电路的种类

按照AGC电路控制被控管集电极电流 I 的方式，可分为正向AGC和反向AGC两类。按照AGC电压的获取方式不同，AGC电路又可分为平均值型、峰值型和键控型。

平均值型AGC的控制电压是和输出信号的平均分量成正比的；峰值型AGC的控制电压是和输出信号的峰值成正比的；而键控型AGC是用行逆程变压器的选通脉冲和视频信号中的同步脉冲作为开关按键来控制AGC输出电压，因而相对于峰值型AGC来说，键控型AGC的抗干扰能力较强。

第五节　自动频率控制（AFC）电路

一、AFC电路的作用

自动频率控制电路，简称为AFC电路。它能使振荡器的频率自动调整并锁定在近似等于标称频率上。如电视接收机中行振荡的频率和电视台的行同步信号频率之间的同步锁定就是由 AFC 电路实现的。

二、AFC 电路的性能指标

表征 AFC 电路的性能指标主要有同步保持范围、同步捕捉范围和抗干扰性。

同步保持范围是指接收机在保持同步状态下，能够改变振荡频率的范围。如果缓慢地改变振荡频率，使其不超出此范围都能实现同步，一旦超过此范围就不能保持同步所以又称同步带或抑别带。

同步捕捉范围又称同步引入范围，它是指能够实现同步的振荡器的频率范围。同步捕捉范围一般都比同步保持范围小，如电视机行频为 15 625 Hz，若开机时行振荡器频率在 $f_2 = 15\ 525$ Hz 到 $f_3 = 15\ 725$ Hz 之间，电视机在接收电视信号时，都能自动地引入同步，而离开这个范围的行振荡频率都不能同步，则此范围即为同步捕捉范围或捕捉带。

同步捕捉范围和保持范围如图 13—25 所示。如果行频在 $f_1 \sim f_2$ 以外和 $f_3 \sim f_4$ 之内，行频虽然都在同步保持范围内，但在变换频道或关机后再开机时，还要重新捕捉。这时，电视图像便不能保持同步，这是因为同步捕捉范围比同步保持范围小。

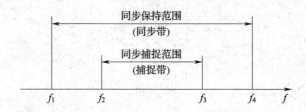

图 13—25　同步捕捉范围和保持范围

三、AFC 电路的组成

自动频率控制基本原理方框图如图 13—26 所示，可以看出它是一个自动调整系统。

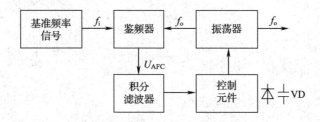

图 13—26　AFC 电路组成方框图

在鉴频器中将基准信号频率（标称频率）f_i 与振荡器产生的频率 f_o 进行频率比较，输出一个相位误差信号电压 U_{AFC}，它与频率误差 $\pm \Delta f$ 成比例，误差电压通过积分滤波（低通滤波）后，形成直流控制电压，加到控制元件（如变容二极管 VD）上，使其电容参数发生相应变化。控制元件是振荡器回路的元件，其参数变化使振荡器的振荡频率

f_o 发生变化，最终使频率误差 $|\pm\Delta f|$ 减小到最低值，使振荡频率和基准频率步调达到一致即同步，实现自动频率控制。

有时把控制元件和振荡器组合在一起，俗称压控振荡器（简称 VCO），即该振荡器的振荡频率可由电压来调节改变。

四、AFC 电路的类型

AFC 电路的核心部分是鉴频（相）器，根据鉴频（相）器的组成形式不同，可将 AFC 分为平衡式（也叫双脉冲型）AFC 和不平衡式（也叫单脉冲型）AFC 两种类型。其作用都是将振荡信号和基准信号进行频率（或相位）比较，以得到一个误差控制信号。

第十四章　脉冲数字电路

第一节　组合逻辑电路

一、组合逻辑电路的定义

组合逻辑电路是指在某一时刻的输出状态仅由该时刻的输入状态决定，而与电路的原始状态无关的电路。

二、组合逻辑电路的基本特点

组合逻辑电路的基本特点是电路在任何时刻的输出信号状态，仅取决于该时刻各个输入信号状态的组合。也就是说，组合逻辑电路不具有记忆的功能，它的任一组输出值，完全由当时输入值的组合确定，而与电路在输入信号作用前的状态无关。以前介绍的几种门电路及由这些门电路组成的逻辑电路都是组合逻辑电路，组合逻辑电路又简称组合电路。

三、组合逻辑电路的种类

由于人们在实际中遇到的逻辑问题错综复杂，为解决这些实际问题而用到的组合逻辑电路也是多种多样的，基本的有运算器、比较器、编码器、译码器和奇偶校检器等。

四、组合逻辑电路的基本分析方法

组合逻辑电路的分析有以下三个环节：

1. 写表达式

由输入到输出逐级推导出输出表达式。

2. 化简

采用公式或图形化简表达式。

3. 逻辑功能与分析

可按化简后的表达式列出其逻辑真值表。

例 14—1　如图 14—1a 所示组合逻辑电路，试分析其逻辑功能。

解：（1）逐级写出 Y 输出表达式

$$Y = \overline{Y_5 + Y_6} = \overline{\overline{Y_1 \cdot Y_2} + \overline{(Y_3 + Y_4)}} = \overline{\overline{A \cdot B\overline{A} + C} + \overline{(BC + \overline{B}C)}}$$

（2）化简

$$Y = (AB + \overline{A} + C)BC + \overline{B}C（根据狄·摩根定律 \overline{A + B} = \overline{A} \cdot \overline{B}, \overline{A \cdot B} = \overline{A} + \overline{B}）$$

$$= \overline{A}\,\overline{B}C + \overline{B}C + AB\overline{C} + \overline{A}B\overline{C} \quad （根据吸收定律）$$

$$= \overline{B}C + B\overline{C} = B \oplus C \quad （B 和 C 异或） \tag{14—1}$$

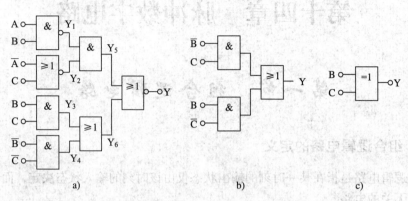

图 14—1 逻辑电路
a）原型电路 b）化简电路 c）逻辑图形符号

（3）逻辑功能分析 根据化简后的表达式列出真值，见表 14—1，该组合逻辑电路为异或门，可用图 14—1b 或图 14—1c 代换。

表 14—1 真值表

输入		输出
B	C	Y
0	0	0
0	1	1
1	0	1
1	1	0

五、组合逻辑电路的设计过程

根据实际问题的逻辑要求，进行组合逻辑电路设计的一般步骤为：

1. 建立实际问题的逻辑关系，由此列出真值表。这一步是设计组合电路的关键，它需根据实际问题的各种条件、逻辑关系列出输入、输出变量的逻辑状态，然后列出真值表。

2. 由真值表写出逻辑表达式。

3. 对逻辑表达式进行化简，可采用公式法和图形法化简。

4. 将得到的最简表达式用逻辑图表达。

六、典型组合逻辑电路及其原理分析

在计算机中最基本的操作之一是算术运算，而算术运算的最基本内容为加法。这是因为在计算机中加、减、乘、除都是通过分解为加法运算而进行的，所以加法器是数字系统中进行算术运算的基本运算器。下面重点介绍加法器。

1. 定义与真值表

全加器是实现二进制全加运算的组合逻辑电路，即当对两个二进制数进行加法运算时，除了将本位的两个数 A、B 相加外，还要加上低位送来的进位数 C_{n-1}，所以全加器有三个输入端（被加数 A、加数 B 和低位来的进位数 C_{n-1}），两个输出端（和数 S_n、向高位进位数 C_n），其逻辑图如图 14—2 所示。根据全加器定义所提出的逻辑关系，可列出其真值表，见表 14—2。

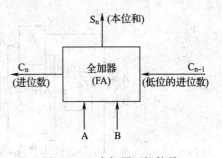

图 14—2 全加器逻辑符号

表 14—2　　　　　　　　　全加器真值表

输　　入			输　　出	
被加数 A	加数 B	低位来的进位数 C_{n-1}	和数 S_n	向高位的进位数 C_n
0	0	0	0	0
0	1	0	1	0
1	0	0	1	0
1	1	0	0	1
0	0	1	1	0
0	1	1	0	1
1	0	1	0	1
1	1	1	1	1

2. 全加器输出 S_n 与 C_n 的逻辑表达式

根据全加器真值表可分别写出和数 S_n 与向高位进位数 C_n 的表达式：

$$S_n = \overline{A}\,\overline{B}C_{n-1} + \overline{A}B\overline{C}_{n-1} + A\overline{B}\,\overline{C}_{n-1} + ABC_{n-1}$$

$$= (\overline{A}B + A\overline{B})\overline{C}_{n-1} + (\overline{A}\,\overline{B} + AB)C_{n-1}$$

$$= (A \oplus B)\overline{C}_{n-1} + \overline{A \oplus B}\,C_{n-1}$$

$$= A \oplus B \oplus C_{n-1} \tag{14—2}$$

令 $S = \overline{A}B + A\overline{B} = A \oplus B$，式（14—2）可写为：

$$S_n = S \oplus C_{n-1} = \overline{C}_{n-1}S + C_{n-1}\overline{S} \tag{14—3}$$

$$C_n = AB\overline{C}_{n-1} + \overline{A}BC_{n-1} + A\overline{B}C_{n-1} + ABC_{n-1}$$

$$= (\overline{A}B + A\overline{B})C_{n-1} + AB$$

$$= C_{n-1}S + AB \tag{14—4}$$

3. 全加器逻辑图

根据上面的 S_n、C_n 最简表达式可得到全加器的逻辑电路，如图 14—3 所示。

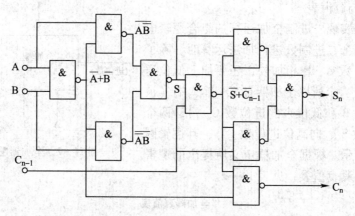

图 14—3　全加器逻辑电路

七、其他组合逻辑电路的介绍

1. 比较器

在数字电路中，经常需要对两个数码（通常为二进制数）进行比较，这种比较两个数码是否相等，或者比较两个数码大小的逻辑电路称为数码比较器。比较两个数码是否相等的数码比较器称为同比较器，比较两个数码大小的数码比较器称为大小比较器。常见的有一位数码比较器和四位数码比较器等。

2. 奇偶校检器

奇偶校检器是用来检查增加了奇偶校验位的二进制数码，经过传送后是否仍保持原有奇偶性的逻辑电路。如果保持了原来的奇偶性，说明数码在传送过程中没有产生错误；如果破坏了原来的奇偶性，说明数码在传送过程中产生了错误。常见的有四位奇偶校验器和八位奇偶校验器。

3. 编码器

在数字电路中，经常要把输入的各种信号，例如文字、符号、十进制数等转换为二进制代码或二—十进制代码，这种转换过程称为编码。能够完成编码功能的组合逻辑电路称为编码器。常见的有二进制编码器、二—十进制编码器（BCD 码编码器）和优先编码器等。

4. 译码器

译码和编码的过程相反，它是把代码所表示的含义翻译出来，能实现译码功能的组合逻辑电路称为译码器。通常有二进制译码器、二—十进制译码器和显示译码器等。

二进制译码器是将输入的二进制码，译成对应的高低电平信号，例如 3 线—8 线译码器，就是将输入的 3 位二进制码译成最多可能的 8 个高低电平输出；二十进制译码器的逻辑功能是将输入的 BCD 码译成最多可能的十种高低电平输出。显示译码器，例如，七段显示译码器是将输入代码译成相应七段字码管能显示的相关字样，0、1、2、…、9。

第二节　时序逻辑电路

一、触发器

触发器是组成时序逻辑电路中存储部分的基本单元，通常由逻辑门电路组成。但其逻辑功能和逻辑门电路完全不同，常有两个状态，分别称为"0"状态和"1"状态。触发器具有记忆和存储的功能，它在某一时刻的输出不仅和当时的输入状态有关，而且还与在此之前的电路状态有关。也就是说，当输入信号消失后，触发器的状态被记忆，直到再输入信号后它的状态才可能变化。

触发器的种类很多，按照逻辑功能的不同，可分为 RS、D、JK、T 和 T′ 五种。下面介绍常用的几种触发器。

1. RS 触发器

如图 14—4a 所示是 RS 触发器的逻辑符号，有两个输入端 R、S，两个输出端 Q 和 $\bar{Q}$。"∧"符号表示时钟脉冲的输入端。Q 和 $\bar{Q}$ 总是一个为 1，另一个为 0，一般称 Q = 1 时为"1"状态，Q = 0 时为"0"状态。它的逻辑功能是：

若 R = 0，S = 1　则 CP 到来后，Q = 1、$\bar{Q}$ = 0。

R = 1，S = 0　则 CP 到来后，Q = 0、$\bar{Q}$ = 1。

R = 0，S = 0　则 CP 到来后，触发器状态不变。

R = S = 1　则 CP 到来后，Q = $\bar{Q}$ = 1。

R = S = 1 时，当 CP 消失后触发器状态将不定，因此，R 与 S 之间必须满足约束条件 RS = 0。用 Q^n 表示触发器的现状态，简称现态，Q^{n+1} 表示触发器的下一个状态，简称次态。则 RS 触发器满足下列关系：

$$\begin{cases} Q^{n+1} = S + \bar{R}Q^n \\ RS = 0 \end{cases} \tag{14—5}$$

这称为 RS 触发器的特性方程。

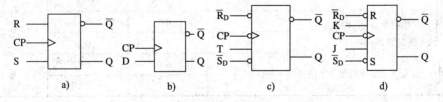

图 14—4　几种常见触发器的逻辑图形符号

a）RS 触发器　b）D 触发器　c）T 触发器　d）JK 触发器

注：逻辑符号图中输入信号端口的 △ 表示为边沿触发方式，△ 旁边画圈（○）表示下降沿触发，△ 旁边不画圈表示上升沿触发，S（$\bar{S}_D$）为直接置位端、R（$\bar{R}_D$）为直接复位端，S、R 旁边的圈（○）表示低电平有效。

RS 触发器特征表见表 14—3。

表14—3   **RS 触发器特性表**[①]

时钟脉冲 CP	输入		现态 Q^n	次态 Q^{n+1}	功能说明
	S	R			
×	×	×	×	Q^n	
	0	0	0	0	保持不变 $Q^{n+1} = Q^n$
	0	0	1	1	
（适用于上升沿触发电路，例如图14—4a）	1	0	0	1	置1 $Q^{n+1} = 1$
	1	0	1	1	
	0	1	0	0	置0 $Q^{n+1} = 0$
（适用于下降沿触发电路）	0	1	1	0	
	1	1	0	1[②]	不定 （不允许出现）[②]
	1	1	1	1[②]	

注：①特性表又称特征表、功能表，是指当触发器的次态 Q^{n+1} 不仅与输入状态有关，而且与触发器的原态（也叫作初态）Q^n 有关时，把 Q^n 也作为一个变量列入了真值表，并将 Q^n 称作状态变量的真值表。

②CP 回到低电平后输出状态不定，因而，正常工作时输入信号应遵守约束条件 RS = 0。

2. D 触发器

图14—4b 是 D 触发器的逻辑符号，有一个输入端 D，两个输出端 Q 和 $\overline{Q}$。它的输出状态仅取决于时钟脉冲到达的瞬间（即 CP 端由 0 变 1 时）输入端 D 的状态。它的逻辑功能是：

若 CP 由 0 变成 1 时，D = 0，则 $Q^{n+1} = 0$。

若 CP 由 0 变为 1 时，D = 1，则 $Q^{n+1} = 1$。

由此可见，D 触发器的特性方程为：

$$Q^{n+1} = D \tag{14—6}$$

D 触发器特征表见表14—4。

表14—4   **D 触发器特征表**

时钟脉冲 CP	输入 D	现态 Q^n	次态 Q^{n+1}	功能说明
（适用于上升沿触发电路，例如图14—4b）	0	0	0	置0
	0	1	0	
（适用于下降沿触发电路）	1	0	1	置1
	1	1	1	

3. T 触发器

图14—4c 是 T 触发器的逻辑符号，有一个输入端 T，两个输出端 Q 和 $\overline{Q}$。它的逻辑功能是：当 T = 1 时，每来一个时钟脉冲，它均需翻转一次，而当 T = 0 时，保持原状态不变。因此，T 触发器的特性方程为：

$$Q^{n+1} = T\overline{Q^n} + \overline{T}Q^n \tag{14—7}$$

T 触发器特征表见表 14—5。

表 14—5　　　　　　　　　　　**T 触发器特征表**

时钟脉冲 CP		输入 T	现态 Q^n	次态 Q^{n+1}	功能说明
⎍ （适用于上升沿触发电路）		0	0	0	$Q^{n+1} = Q^n$
		0	1	1	保持不变
⎍ （适用于下降沿触发电路 例如图 14—4c）		1	0	1	$Q^{n+1} = 0\ \overline{Q^n}$
		1	1	0	翻转

当 T 恒为 1 时，式（14—7）简化为 $Q^{n+1} = \overline{Q^n}$。只要有时钟脉冲到来，触发器状态就要翻转，有时称它为 T′触发器。

4. JK 触发器

图 14—4d 是 JK 触发器的逻辑符号，有两个输入端 J、K，两个输出端 Q 和 $\overline{Q}$，CP 输入端有"。"的表示下降沿触发。它的逻辑功能为：

若 J = 0，K = 1　则 CP 作用后，Q^{n+1} = 0，称为 0 状态。

若 J = 1，K = 0　则 CP 作用后，Q^{n+1} = 1，称为 1 状态。

若 J = 1，K = 1　则 CP 作用后，触发器翻转，即 $Q^{n+1} = \overline{Q^n}$。

若 J = 0，K = 0　则 CP 作用后，触发器维持原状态不变。

则其特性方程为：

$$Q^{n+1} = J\overline{Q^n} + \overline{K}Q^n \tag{14—8}$$

JK 触发器特征表见表 14—6。

表 14—6　　　　　　　　　　　**JK 触发器特征表**

时钟脉冲 CP	输入		现态 Q^n	次态 Q^{n+1}	功能说明
	J	K			
⎍ （适用于上升 沿触发）	0	0	0	0	保持不变
	0	0	1	1	$Q^{n+1} = Q^n$
	0	1	0	0	置0
	0	1	1	0	$Q^{n+1} = 0$
⎍ （适用于下降 沿触发，例如 图 14—4d）	1	0	0	1	置1
	1	0	1	1	$Q^{n+1} = 1$
	1	1	0	1	状态翻转
	1	1	1	0	$Q^{n+1} = \overline{Q^n}$

由上面分析可知，JK 触发器的两输入端状态无约束条件，其输入状态的任意组合都是允许的，而且在 CP 到来后，触发器的状态总是一定的。

二、时序逻辑电路的定义

数字电路按其组成和逻辑功能的不同，常分成两大类：一类为前面所讲的组合逻辑电路；另一类就是下面介绍的时序逻辑电路，简称时序电路。

时序逻辑电路是一种在任意时刻的输出不仅取决于该时刻的输入信号，而且还取决于电路原来状态的逻辑电路。

三、时序逻辑电路的基本特点

为便于和组合电路比较，现用如图14—5所示框图加以说明。

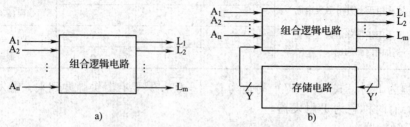

图 14—5 组合逻辑与时序逻辑电路比较

a）组合逻辑电路结构 b）时序逻辑电路结构

与组合电路相比较，时序电路有下述两个特点：

1．电路元件

组合逻辑电路的任意时刻输出只取决于该时刻电路的输入，因此不需要记忆过去状态，只用门电路就可实现其逻辑功能。而时序逻辑电路，除有组合逻辑电路外，还包含有存储电路，具有记忆电路过去状态的功能，一般时序电路中的存储电路是由触发器组成。

2．逻辑电路的输出

在任何时刻，组合逻辑电路的输出状态，只取决于某一时刻各输入状态的组合，而与先前状态无关。而时序逻辑电路的输出状态不仅与输入变量的状态有关，而且还与系统原先的状态有关。因此，时序逻辑电路的输出与输入之间至少要有一条反馈路径。

四、时序逻辑电路的分类

时序逻辑电路可分为同步时序电路和异步时序电路两大类。

1．同步时序电路

同步时序电路中存储电路的各触发器，都受同一时钟脉冲控制，因此所有触发器的状态变化都在同一时刻发生（如CP上升沿或下降沿）。

2．异步时序电路

异步时序电路中存储电路的各触发器没有统一的时钟脉冲或者就没有时钟脉冲，因此，各触发器状态变化不是发生在同一时刻。

常用的时序电路包括触发器、寄存器、计数器等。

五、时序逻辑电路的分析方法

时序逻辑电路大致可按如下步骤进行分析：

1．了解电路的组成。包括确定输入信号、输出信号、组合电路部分的结构、存储电路，如触发器的类型等。

2. 写出组合电路部分的输出逻辑表达式、触发器的驱动方程及状态方程。

3. 列出真值表，该表包括组合电路部分的所有输入状态的组合及对应的输出（输出部分通常包括触发器的输入控制信号）状态和触发器的次态。

4. 由真值表作出状态图和状态表，有时可直接从真值表确定电路的逻辑功能，于是这一步就可省略。

5. 进行分析，确定电路的逻辑功能和特点。

例 14—2　试分析如图 14—6 所示时序电路的逻辑功能。

解：（1）电路的输入端是 I_1 和 I_2，其输出端是 Y。组合电路部分为两级与非结构，记忆部分为 JK 触发器。

（2）组合电路部分的输出逻辑表达式为：

$$Y = \overline{I}_1 \overline{I}_2 Q^n + I_1 \overline{I}_2 \overline{Q}^n + \overline{I}_1 I_2 \overline{Q}^n + I_1 I_2 Q^n \tag{14—9}$$

JK 触发器的驱动方程为：

$$\begin{cases} J = I_1 I_2 \\ K = \overline{I}_1 \overline{I}_2 \end{cases} \tag{14—10}$$

将式（14—10）代入 JK 触发器的特性方程得状态方程：

$$Q^{n+1} = I_1 I_2 \overline{Q^n} + \overline{\overline{I}_1 \overline{I}_2} Q^n \tag{14—11}$$

（3）根据式（14—9）~式（14—11）列出真值表，见表 14—7。由图 14—6 可知，组合电路部分的输入量包括 I_1、I_2 和触发器的输出 Q 与 $\overline{Q}$。J 和 K 的状态由组合电路部分的输入信号状态决定，故将它们作为组合电路部分的输出，它们由式（14—10）确定。Y 的状态由式（14—9）确定。Q^{n+1} 的状态由式（14—11）确定。

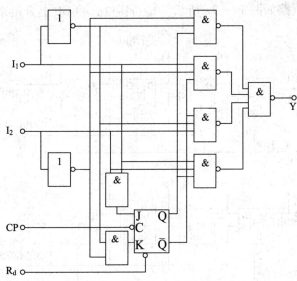

图 14—6　时序逻辑电路

（4）由真值表可以确定电路的功能，故画状态图和列状态表这一步骤可省去。

（5）如果将 I_1、I_2、Q^n、Y 和 Q^{n+1} 分别换成 A、B、C_{n-1}、S_n 和 C_n，那么表 14—7 与

表14—2所示的全加器真值表一致，所以该电路为串行全加器。相加时，由低位向高位逐次输入，低位产生的进位信号由触发器保存，参加高一位的运算。

表 14—7   时序电路的真值表

组合电路输入			组合电路输出			次态
I_1	I_2	Q^n	Y	J	K	Q^{n+1}
0	0	0	0	0	1	0
0	1	0	1	0	0	0
1	0	0	1	0	0	0
1	1	0	0	1	0	1
0	0	1	1	0	1	0
0	1	1	0	0	0	1
1	0	1	0	0	0	1
1	1	1	1	1	0	1

六、典型时序逻辑电路及其原理分析

1. 移位寄存器

在数字系统中，由于某种运算的需要，除要求寄存器能够寄存数码或信息功能外，常常还要求寄存器中的代码能够左、右移位。具有移位功能的寄存器称为移位寄存器。

（1）单向移位寄存器　单向移位寄存器可在移位脉冲作用下，将寄存器中数码左移或右移，分别称为左移移位寄存器和右移移位寄存器。下面以右移移位寄存器为例，分析其工作原理，电路如图14—7a所示。每当移位脉冲CP上升沿来到时，输入数码

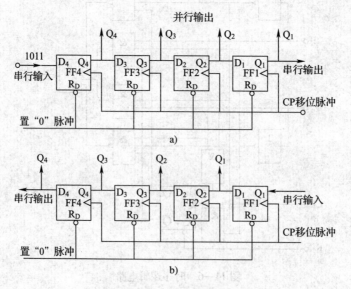

图14—7　移位寄存器

a）右移移位寄存器　b）左移移位寄存器

由低位到高位移入触发器 FF4, 同时每个触发器的状态也输出给下一个（低位）触发器。例如设输入数码为 1011, 触发器的初始状态为 $Q_4Q_3Q_2Q_1 = 0000$, 当第一个移位脉冲 CP 上升沿到来时, 第一位（低位）数码 1 进入 FF4 中, 第二个 CP 上升沿到来的第二位数码 1 进入 FF4 中, 同时 FF4 在第一个 CP 上升沿来到时存入的数码 1 也移入 FF3 中, 就这样在连续四个移位脉冲作用下, 数码 1011 由低位到高位依次送入移位寄存器中。其数码运动情况见表 14—8。

表 14—8　　　　　　　　　　　　移位寄存器数码运动情况表

CP	移位寄存器中的码			
移位脉冲作用次数	Q_4	Q_3	Q_2	Q_1
0	0	0	0	0
1	1	0	0	0
2	1	1	0	0
3	0	1	1	0
4	1	0	1	1

左移移位寄存器与右移移位寄存器相比较, 工作过程基本相同, 只是该触发器数码输入顺序由低位到高位依次在 CP 作用下送入寄存器, 即 $D_n = Q_{n-1}$。与右移寄存器正相反, 从 D_1 输入, 从 D_4 输出。

（2）双向移位寄存器　双向移位寄存器在左移和右移寄存器的基础上加了一个控制门, 当控制门输入为 1 时（或 0 时）把左移输入信号封锁, 当控制门输入为 0 时（或 1 时）把右移输入信号封锁, 从而实现双向移位。

2. 计数器

计数器的主要功能是对脉冲信号进行计数, 它主要由触发器和门电路组成。计数器按工作方式分为同步计数器和异步计数器; 按计数功能分为加法计数器、减法计数器及可逆计数据; 按计数数制分为二进制计数器、二—十进制计数器等。计数器是数字系统中应用最广泛的基本部件, 它不仅可以计数和进行数字运算, 还可以用作分频、定时及程序控制等。

第三节　数字量与模拟量的转换（D/A 转换）

一、数字量和模拟量转换的作用

众所周知, 数字电子计算机只能处理数字信号（或称数字量）, 其输出也都是数字信号。所谓数字信号是一组包含了特定信息的 "0" "1" 状态码, 表现在电路中, 它们就是一组相互独立的低电平和高电平。然而在生产过程中需要处理的信息常是连续变化的物理量, 即人们常说的模拟量, 如温度、压力、音频电压（电流）等。显然这些模拟信号（模拟量）不能直接用计算机去处理, 因此, 就必须先把模拟量（连续变化的电信号）转换成能代表这些模拟信号的数字量（若干组"0""1"电平），这个转换过程就叫作模—数转换，简写成 A/D 转换。把完成这种功能的电路叫模—数转换器，简称为 ADC。经计算机处理的数字量，一般还要转换成模拟量，这一过程叫数—模转换，简写成 D/A 转换，相应的电路叫数—模转换器，简写成 DAC。表示具有这一系列转换功能的典型计算机控制系统方框图，如图 14—8 所示。

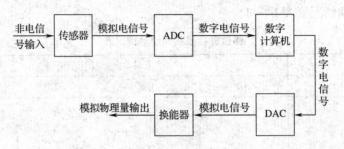

图 14—8　具有 A/D 转换和 D/A 转换的计算机控制系统方框图

二、转换性能优劣的主要指标

1. D/A 转换器的主要技术指标

（1）分辨率　这是指最小输出电压与最大输出电压之比。

例如，在 10 位 D/A 转换器中，分辨率就等于：

$$\gamma = \frac{1}{2^{10} - 1} = \frac{1}{1\,023} \approx 0.001$$

（2）线性度　通常用非线性误差的大小表示 D/A 转换器的线性度，并且把偏离理想的输入—输出特性的偏差与满刻度输出之比的百分数定义为非线性误差。

（3）转换精度　这是以最大的静态转换误差的形式给出的一个指标，由常用分辨率和转换误差来描述，由不同因素引起的转换误差各不相同，主要有非线性误差、比例系数误差以及漂移误差等。

（4）输出电流（或电压）的建立时间　从输入数字信号起，到输出电流或电压达到状态值所需要的时间，称为输出建立时间。

（5）输出方式、输入逻辑电平及输出值范围。

（6）温度系数　在满刻度输出的条件下，温度每升高一度，输出变化的百分数定义为温度系数。

（7）电源抑制比　输出电压的变化与相对应的电源电压变化之比称为电源抑制比。

2. A/D 转换器的主要技术指标

（1）分解度　也称分辨率，以输出二进制代码的位数表示分解度的大小。位数越多，说明量化误差越小，转换的精度越高。

（2）输入模拟电压范围、输出数字信号的逻辑电平及带负载能力。

（3）相对精度　这是指实际的各个转换点偏离理想特性的误差。理想情况下，所有的转换点应当在一条直线上。

（4）转换速度　通常用完成一次 A/D 转换操作所需时间来表示转换速度。

（5）温度系数。

（6）电源抑制比。

（7）电源功率损耗。

三、数字量与模拟量转换的几个基本概念

1. 分辨率和输出范围

分辨率是用来规定 D/A 转换器可以接受输入数字码的位数及相应的模拟输出电平。它通常用输入信号的位数来表明，对于 n 位分辨率的转换器，必须能产生 2^n 个离散的模拟电平。有时也用输出电压的最小可能改变量来表示分辨率。

输出范围指输出电压的最大值，若用 r 表示分辨率，最大输出电压为 1 V，则对于 n 位 D/A 转换器，分辨率为：

$$r = \frac{1}{2^n - 1} \tag{14—12}$$

2. 各位输入端的权电压

对输入端二进制码或 BCD 码的每一位上的"1"所对应的输出电压是不同的，把这个值称作该位数码的权电压，如 0001 中的"1"为 1 V，0010 中的"1"代表 2 V，权电压的值可表示为：

$$U_i = 2^i r \tag{14—13}$$

其中 $i = 0$、1、2、3…，2^i 表示第 i 位码的权。显然对于输入数码 B_3、B_2、B_1、B_0，其输出电压是各位权电压之和，即：

$$U_o = r(2^3 B_3 + 2^2 B_2 + 2^1 B_1 + 2^0 B_0) \tag{14—14}$$

当输入为 1010 时，$U_o = 1 \times (2^3 \times 1 + 2^2 \times 0 + 2^1 \times 1 + 2^0 \times 0) = 10$ V

对 n 位 DAC 电路，其输出：

$$U_o = r(2^{n-1} B_{n-1} + 2^{n-2} B^{n-2} + \cdots + 2^0 B_0) \tag{14—15}$$

3. BCD 码输入的权电压

DAC 通常使用二进制输入，但也有一些 DAC 使用 BCD 码作为输入，两位 BCD 码输入的 DAC 方框图如图 14—9 所示，两位 BCD 码的每一位都是四位二进制码，取值范围是 0000 ~ 1001，两位 BCD 码输入的十进制数为 00 ~ 99，第一组低四位码每位的权电压为 $2^i r$，第二组高四位码每位的权电压为 $10 \times 2^i r$，设 $r = 0.1$ V，则 $A_1 = 0.2$ V，$B_2 = 4$ V，读者可依此推出更多位的权电压。

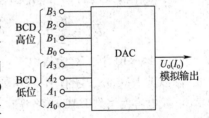

图 14—9　两位 BCD 码输入
DAC 电路方框图

四、基本 DAC 电路

DAC 电路通常由电阻网络和运算放大器构成。基本的 DAC 电路如图 14—10 所示，通常称为权电阻 D/A 转换电路。

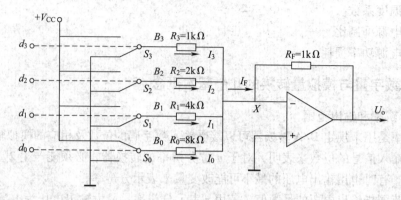

图 14—10　权电阻 D/A 转换电路

该电路由电阻网络（$R_0 \sim R_3$）、模拟开关（$S_0 \sim S_3$）、参考电源 V_{CC} 及运算放大器构成，数字信号从 $d_0 \sim d_3$ 输入，并控制 $S_0 \sim S_3$。当 $d_i = 1$，模拟电子开关 S_i 接到参考电源上；$d_i = 0$ 时，S_i 接地。RF 为反馈电阻，X 点是虚地，流经 RF 的电流等于流过四个电阻的电流之和，即：

$$I_F = I_3 + I_2 + I_1 + I_0 = \frac{U_{B3}}{R_3} + \frac{U_{B2}}{R_2} + \frac{U_{B1}}{R_1} + \frac{U_{B0}}{R_0} \qquad (14—16)$$

而根据运放原理可知：

$$U_o = - R_F \times V_{CC} \left(\frac{1}{R_3} d_3 + \frac{1}{R_2} d_2 + \frac{1}{R_1} d_1 + \frac{1}{R_0} d_0 \right) \qquad (14—17)$$

V_{CC} 用负电源作为基准电源或参考电源，是为了使输出电压为正值。在电阻网络中，若 R_i 与 2^i 成正比，即：$R_i = 2^n R$，则 $2^n / R_i = 1/R$，于是，式（14—17）可化为：

$$U_o = - \frac{R_F V_{CC}}{2^3 R} (2^3 d_3 + 2^2 d_2 + 2^1 d_1 + 2^0 d_0) \qquad (14—18)$$

对于 n 个输入端的 D/A 转换电路，则有：

$$U_o = \frac{R_F V_{CC}}{2^{n-1} R} (2^{n-1} d_{n-1} + 2^{n-2} d_{n-2} + \cdots + 2 d_1 + 2^0 d_0) \qquad (14—19)$$

在图 14—10 中，R_i 为权电阻，四位按 2^3、2^2、2^1、2^0 权计算。

除以上 DAC 外，还有 R—2R 梯形 DAC、倒梯形 DAC、权电流型 DAC、开关树型 DAC、权电容网络型 DAC 电路等。

五、模拟量和数字量转换的几个基本概念

1. 取样和保持

模拟信号是随着时间连续变化的，若要将它用一定位数（如 4 位）的"0""1"编码去表示，就必须对模拟量进行周期性取样。

取样是指按一定的频率将连续变化的模拟量转换成离散的模拟信号作为样品，在每次取样后到下一次取样之前，还必须将取样得到的电压（或电流）样值保持不变，这个过程称为保持。

2. 量化和编码

经过取样、保持后的模拟信号变成了一个个离散的电平，显然，这样的离散电平有无穷多个，直接对它们进行编码是不可能的。为了用有限个 "0" "1" 编码去表示所有的取样电压，必须把这些取样电压转化为某个最小单位电压的整数倍，这就是量化过程，例如，取样电压在 0~0.1 V 的都用 0 V 表示，在 0.1~0.2 V 的用 0.1 V 表示等，那么 0.1 V 就是最小单位，这个最小单位称为量化单位，也称为分辨率。量化单位的大小取决于输入模拟电压的范围 FS 及输出编码的位数，如输入模拟电压范围为 0~1 V，编码位数是 3 位时，则可取最小量化单位为：

$$\gamma = \frac{FS}{2^n} = \frac{1}{8}$$

然后，再将这个量化的电平编成相应的码，此过程叫作编码。当输入模拟电压在正负范围内变化时，通常用原码表示正数，用补码（补码等于反码加 1，如 +3 用 011 表示，它的反码是原码逐位取反为 100，再加 1 就是补码 101，表示 −3）表示负数。

3. 基本的 ADC 电路

并行比较型 A/D 转换电路是一种基本的 ADC 电路，它由电阻分压电路、电压比较器及编码电路组成，三位并行比较型 ADC 电路方框图如图 14—11 所示。

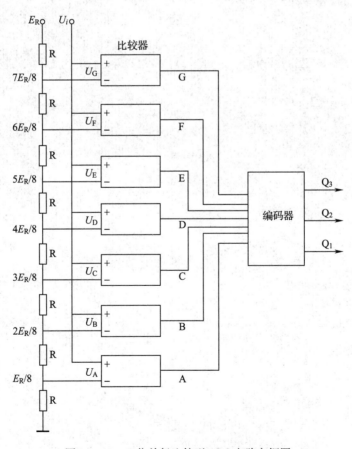

图 14—11　三位并行比较型 ADC 电路方框图

分压器用于确定量化电平，比较器用来确定模拟取样电平的量化单位，并产生数字量输出，编码器对比较器的输出进行编码，并输出二进制码，图14—11中未画出取样保持电路，电路的输入电压 U_i 就是取样保持电路的输出。分压器是由八个阻值为 R 的电阻组成，它们把 E_R 分为 $1/8E_R$、$2/8E_R$、$3/8E_R$……$7/8E_R$ 七个量化电平，量化单位 $\gamma=1/8E_R$。各比较器的两个输入端分别接量化比较电平和输入的取样电压 U_i，对每个比较器而言，分别设其比较电平为 U_A、U_B……U_G，则当 U_i 大于某比较电平时，比较器输出为高电平，反之输出为低电平。

并行比较型 A/D 转换的优点主要是转换速度快，因为各位输出代码的转换是同时完成的，转换速度与输出代码的位数多少无关。它的缺点是使用的电压比较器数目比较多，输出为 n 位代码的转换器需要 2^n-1 个比较器。

另外，还有反馈比较型 A/D 转换器，其中常用的是计数式 A/D 转换器和逐位比较型 A/D 转换器两种，它们适用于精度要求较高而对速度要求不太高的场合。

第十五章　中级焊接工艺

第一节　浸焊与波峰焊

一、浸焊与浸焊设备

浸焊是将安装好元器件的印制电路板，在锡锅内浸熔化的锡，一次完成印制板上全部元器件的焊接方法，可提高生产率，消除漏焊。常见的浸焊有手工浸焊和机器浸焊两种形式。

1. 手工浸焊

手工浸焊指由装配工人用夹具夹持待焊接的印制板（装好元件）浸在锡锅内完成的，其步骤和要求如下：

（1）锡锅的准备　锡锅熔化焊锡的温度以 230~250℃ 为宜。且要随时加入松香助焊剂，并及时去除焊锡层表面的氧化层。

（2）印制板的准备　将装好元器件的印制板涂上助焊剂。通常是在松香酒精溶液中浸渍，使焊盘上涂满助焊剂。

（3）浸焊　用夹具将待焊接的印制板夹好，水平地浸入锡锅中，使焊锡表面与印制线路板的印制导线完全接触。浸焊深度以印制板厚度的50%~70%为宜，切勿使印制板全部浸入锡中。浸焊时间以 3~5 s 为宜。

（4）完成浸焊　在浸焊时间达到后，要立即取出印制板。稍冷却后，检查质量，如属大部分未焊好，可重复浸焊，并检查原因。个别焊点可用烙铁手工补焊。

印制板浸焊的关键是印制板浸入锡锅一定要平稳，接触良好，时间适当。所以手工浸焊不适用大批量的生产。

2. 机器浸焊

机器浸焊是指将装好元器件的印制板放在具有振动头的专用设备上，由传动机构导入锡锅，浸焊2~3 s 时开启振动头2~3 s，使焊料深入焊接点的孔中，焊接更牢靠，并可振掉多余的焊锡。所以机器浸焊比手工浸焊质量要好。

使用锡锅浸焊有两个不足：

（1）焊料表面极易氧化，要及时清理。

（2）焊料与印制板接触面积大，温度高，易烫伤元器件，还可能造成印制板变形。

3. 浸焊设备

浸焊设备的焊锡槽如图 15—1 所示。常见的浸焊设备有两种：普通浸焊设备和超声波浸焊设备。

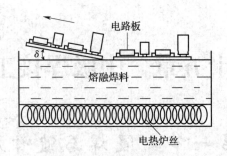

图15—1　浸焊设备的焊锡槽

（1）普通浸焊设备　普通浸焊设备有人工浸焊和机器浸焊两种。人工浸焊设备由锡锅、加热器和夹具等组成。机器浸焊设备由锡锅、振动头、传动装置、加热电炉等组成。

（2）超声波浸焊设备　超声波浸焊设备是利用超声波来增强浸焊的效果，适于用一般锡锅浸焊较困难的元器件，利用超声波增加焊锡的渗透性。此设备由超声波发生器、换能器、水箱、焊料槽、加温控制设备等几部分组成。

（3）浸焊机的操作及注意事项

1）焊料温度控制　一开始要选择快速加热，当焊料熔化后，改用保温挡进行小功率加热，这样既防止了由于温度过高加速焊料氧化，保证浸焊质量，也节省了电力消耗。

2）焊接前，让电路板浸蘸助焊剂，应该保证助焊剂均匀涂敷到焊接面的各处。有条件的，最好使用发泡装置，有利于助焊剂涂敷。

3）在焊接时，要特别注意电路板面与锡液完全接触，保证板上各部分同时完成焊接，焊接的时间应该控制在3 s左右。电路板浸入锡液的时候，应该使板面水平地接触锡液平面，让板上的全部焊点同时进行焊接；离开锡液的时候，最好让板面与锡液平面保持向上倾斜的夹角，在图15—1中，$\delta \approx 10° \sim 20°$，这样不仅有利于焊点内的助焊剂挥发，避免形成夹气焊点，还能让多余的焊锡流下来。

4）在浸锡过程中，为保证焊接质量，要随时清理刮除漂浮在熔融锡液表面的氧化物、杂质和焊料废渣，避免废渣进入焊点造成夹渣焊。

5）根据焊料使用消耗的情况，及时补充焊料。

6）如遇到线路板起泡或者有焦味、焊接点锡量少、虚焊、漏焊等现象，表明温度过高，请适当调整温度；若有出现焊锡点表面光泽不够，焊接点锡多或是连焊，则表明温度过低，应适当调整温度。

二、波峰焊与波峰焊机

波峰焊也称为群焊或流动焊接，是20世纪电子产品装联工艺中最成熟、影响最广、效率最明显的一项成就，到80年代仍是装接工艺的主流。尽管近20多年来出现了焊锡膏—再流焊工艺，并不断扩展应用范围，但是在今后的一段时间内，波峰焊接技术仍是不可缺少的。

波峰焊接的主要设备是波峰焊机，常见的波峰焊接工序和流程为：

印制板、元器件准备→印制电路板元器件的插装、贴装→<u>电路板上机</u>→

<u>涂助焊剂</u>→<u>预热</u>→波峰<u>焊接</u>→<u>热风刀</u>→<u>冷却</u>→<u>清洗</u>→<u>卸板</u>→<u>质检</u>→出线。

其中：

（1）印制电路板安装（元器件插装、贴装）时，对于有引线元器件是插装，而对表贴元器件则是点胶和贴装。元器件插装有人工流水线作业和机器作业两种。人工插装是将元器件按一定规律分配给各工位，通过人工插入印制电路板的相应位置；机器作业则是将部分元器件按类别进行自动插装于印制电路板上。表贴元器件安装时，一般是先用手动、半自动或全自动点胶机点胶，然后再用半自动或全自动贴片机贴装，最后通过加温固化，完成电路板安装。

（2）涂助焊剂的作用是去除被焊件部位的氧化物和污物，阻止焊接时被焊件表面发生氧化等。常用的方法有波峰式、发泡式、滚刷式、喷射式和浸涂式等，其中又以发泡式优点多而被广泛应用。

（3）预热的作用是提高助焊剂的活化，防止如若突然进入焊接区，元器件会因突受高热冲击而损坏，印制板也因突受高热冲击而变形。

（4）波峰焊接是焊接的重要过程，作用当然是将元器件可靠地焊接于印制板。

（5）热风刀工序的目的是去除桥接并减轻组件的热应力。

（6）焊后的冷却使焊料、焊件固接形成焊点，减轻热滞留引起的不利影响，防止印制板变形，提高印制导线与基板的附着强度，增加焊点的牢固性。

（7）清洗是为清除焊剂的残渣，因为各种助焊剂都有一定的副作用，如不及时清洗干净，会影响电路的电气和机械性能。要做到较有效的清洗，需要根据产品的特点，选择合适的焊接材料、清洗材料、清洗设备，并得到有效的匹配。清洗设备有超声波、气相、喷淋等几种。一般可以选用免清洗焊接材料、环保水基清洗剂和离线的清洗设备。但近年来清洗设备和清洗工艺有淡出电子制造企业的趋势，这不仅是因为排放清洗剂废液涉及环保问题，还由于成本竞争要求减少清洗环节的能源消耗和加工时间。在大多数电子产品制造企业中，采用免清洗助焊剂进行焊接已经成为主流工艺。

波峰焊机操作的主要工序是焊料波峰与 PCB 接触工位，其余都是辅助工序，但是，所有工序都是确保焊接质量的必要环节，缺一不可。

1. 波峰焊机结构及其工作原理

波峰焊机在构造上有圆周型和直线型两种。它们的基本构造都是由涂助焊剂装置、预热装置、焊料槽、冷却风扇和传动机构等组成，分别如图 15—2a 和图 15—2b 所示。图 15—2c 所示为波峰焊机的外形。焊接过程基本是：已装好元器件的印制电路板放在能控制速度和以规定速度运行的传送导轨上，导轨下面是温度能自动控制的加热区和熔融的、温度为规定值的锡缸，锡缸内装有机械式或电磁离心式泵和具有特殊结构的喷口，泵根据焊接要求不断压出一定温度的锡波，焊锡波以波峰形式源源不断地喷出，使焊件在焊接面上形成浸润焊点而完成焊接。最后，以规定速率的冷却、焊件出线。波峰焊机是在浸焊机的基础上发展起来的自动焊接设备，两者最主要的区别在于设备的焊锡。波峰焊机的焊锡槽如图 15—2d 所示。

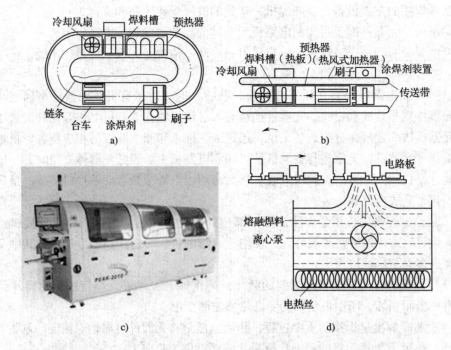

图 15—2　波峰焊机

a）圆周型构造　b）直线型构造　c）一种波峰焊机外形　d）焊机焊锡槽

与浸焊机相比，波峰焊接设备具有以下优点：

（1）熔融焊料的表面漂浮一层抗氧化剂隔离空气，只有焊料波峰暴露在空气中，减少了氧化的机会，可以减少氧化渣带来的焊料浪费。

（2）电路板接触高温焊料时间短，可以减少印制电路板的翘曲变形。

（3）浸焊机内焊料是相对静止的，焊料中不同比重的金属会产生分层现象。波峰焊机在焊料泵的作用下，整槽熔融焊料循环流动，使焊料成分均匀。

（4）波峰焊机的焊料充分流动，有利于提高焊点质量。

现在，波峰焊设备已经国产化，波峰焊成为应用十分普遍的一种焊接印制电路板的工艺方法。这种方法适宜成批、大量地焊接一面装有分立元件和集成电路的印制线路板。凡与焊接质量有关的重要因素，如焊料与焊剂的化学成分、焊接温度、速度、时间等，在波峰焊机上均能得到比较完善的控制。一般波峰焊机的内部结构如图 15—3 所示。

在波峰焊机内部，焊锡槽被加热使焊料熔化，机械泵根据焊接要求工作，使液态焊锡从喷口涌出，形成特定形态的、连续不断的锡波；已完成插件工序的印制电路板放在匀速运动的导轨上，向前移动，顺序经过涂敷焊剂和预热工序，进入焊锡槽上部，电路板的焊接面在通过焊锡波峰时进行焊接。然后焊接面经冷却后完成焊接过程，被送出焊接区。常用的冷却方式有水冷和风冷，强迫风冷用得更为广泛。研究表明，冷却速率对焊点的质量有很大影响，它决定焊点的结晶形态、内部组织，进而影响焊点的可靠性；它还对焊点外观有一定的影响，尤其对于非共晶系无铅焊料，影响更为明显。冷却速率

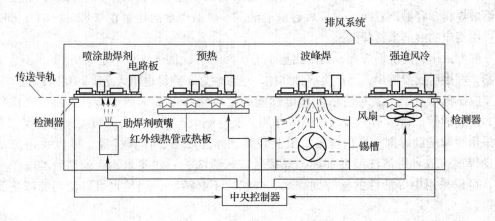

图 15—3　波峰焊机的内部结构

低，共晶合金的生长、焊点凝固时间就长，结晶颗粒就大，强度差；冷却速率高，可以避免枝状结晶的形成。通常希望速率高些，但也不能太高，太高容易损坏元器件，印制板也会因应力作用而变形。一般以（−2～−4）℃/s 为宜。

助焊剂喷嘴既可以实现连续喷涂，也可以被设置成检测到有电路板通过时才进行喷涂的经济模式。预热装置由热管组成，电路板在焊接前被预热，可以减少温差，避免热冲击。预热温度在 90～120℃，预热时间必须控制得当，预热使助焊剂干燥并处于活化状态。焊料溶液在锡槽中始终处于流动状态，使喷涌的焊料波峰表面无氧化层，由于印制电路板和波峰之间处于相对运动状态，所以助焊剂容易挥发，焊点内不容易出现气泡。

为了获得良好的焊接质量，焊接前应做好充分的准备工作，如预镀焊锡、涂敷助焊剂、预热等；焊接后的冷却、清洗、检验、返修等操作也都要做好。

2. 波峰焊工艺因素的调整

在波峰焊机工作的过程中，焊料和助焊剂被不断消耗，需要经常对这些焊接材料进行监测与调整。

（1）焊料　波峰焊一般采用 Sn63/Pb37 的共晶焊料，熔点为 183℃，今后会更多用无铅焊料，例如，Sn−0.7Ag−Ni 熔点为 227℃。Sn 的含量应该保持在一定的范围内，例如，对 Sn63/Pb37 要求在 61.5% 以上，并且 Sn−Pb 两者的含量比例误差不得超过 ±1%。

应该根据设备的使用情况，一周到一个月定期检测焊料的比例和主要金属杂质含量。如果不符合要求，可以更换焊料或采取其他措施。例如，当 Sn 的含量低于标准时，可以添加纯 Sn 以保证含量比例。

焊接质量由焊料温度、焊接时间、波峰的形状及高度决定。焊接时，Sn−Pb 焊料的温度一般设定为 245℃左右，焊接时间在 3 s 左右。

随着无铅焊料的应用以及高密度、高精度组装的要求，新型波峰焊机需要在更高温度下进行焊接，焊料槽部位也将实行氮气保护。

（2）助焊剂　波峰焊使用的助焊剂，要求表面张力小，扩展率大于 85%；黏度小于熔融焊料，容易被置换；焊接后容易清洗。一般助焊剂的比重在 $0.82 \sim 0.84$ g/mL，可以用相应的溶剂来稀释调整。

假如采用免清洗助焊剂，要求比重小于 0.8 g/mL，固体含量小于 2.0wt%，不含卤化物，焊接后残留物少，不产生腐蚀作用，绝缘性好，绝缘电阻大于 1×10^{11} Ω 等。

应该根据电子产品对清洁度和电性能的要求选择助焊剂的类型：卫星、飞机仪表、潜艇通信、微弱信号测试仪器等军用、航空航天产品或生命保障类医疗装置，必须采用免清洗助焊剂；通信设施、工业装置、办公设备、计算机等，可以采用免清洗助焊剂，或者用清洗型助焊剂，焊接后进行清洗；一般要求不高的消费类电子产品，可以采用中等活性的松香助焊剂，焊接后不必清洗，当然也可以使用免清洗助焊剂。

应根据设备的使用频率，每天或每周定期检测助焊剂的比重。如果不符合要求，应及时更换助焊剂或添加新助焊剂以保证比重合格。

（3）焊料添加剂　在波峰焊的焊料中，还要根据需要添加或补充一些辅料。防氧化剂可以减少高温焊接时焊料的氧化，不仅可以节约焊料，还能提高焊接质量。防氧化剂由油类与还原剂组成。要求还原能力强，在焊接温度下不会碳化。锡渣减除剂能让熔融的铅锡焊料与锡渣分离，起到防止锡渣混入焊点、节省焊料的作用。

此外，波峰焊机的传送系统，即传送链、传送带的速度，也应依据助焊剂、焊料等因素与生产规模综合选定与调整。传送链、传送带的倾角在设备制造时是根据焊料波形设计的，但有时也要随产品的改变进行微调。

3. 波峰焊机的类型

旧式波峰焊机在焊接时容易造成焊料堆积、焊点短路等现象，修补焊点的工作量较大。并且，在采用一般的波峰焊机焊接 SMT（表面安装技术）电路板时，有两个技术难点：

①气泡遮蔽效应。在焊接过程中，助焊剂或 SMT 元器件的粘贴剂受热分解所产生的气泡不易排出，遮蔽在焊点上，可能造成焊料无法接触焊接面而形成漏焊。

②阴影效应。印制板在焊料熔液的波峰上通过时，较高的 SMT 元器件对它后面或相邻的较矮的 SMT 元器件周围的死角产生阻挡，形成阴影区，使焊料无法在焊接面上漫流而导致漏焊或焊接不良。

为克服这些 SMT 焊接缺陷，除了采用再流焊等焊接方法以外，已经研制出许多新型或改进型的波峰焊设备，有效地排除了原有的缺陷，创造出空心波、组合空心波、紊乱波、旋转波等新的波峰形式。新型的波峰焊机按波峰形式分类，可以分为单峰、双峰、三峰和复合峰四种波峰焊机。

（1）斜坡式波峰焊机　这种波峰焊机和一般波峰焊机的区别在于传送导轨以一定角度的斜坡方式安装，如图 15—4a 所示。这样的好处是增加了电路板焊接面与焊锡波峰接触的长度。假如电路板以同样速度通过波峰，等效增加了焊点浸润的时间，从而可以提高传送导轨的运行速度和焊接效率。不仅有利于焊点内的助焊剂挥发，避免形成夹气焊点，还能让多余的焊锡流下来。

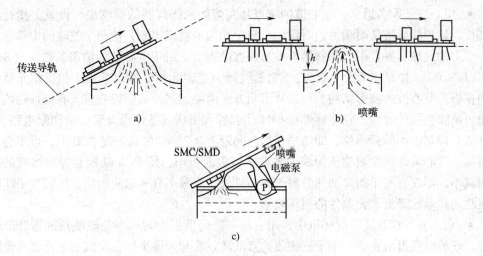

图 15—4　三种波峰焊机

a) 斜坡式波峰焊机　b) 高波峰焊机　c) 电磁泵喷射波峰焊机

（2）高波峰焊机　高波峰焊机适用于 THT 元器件"长脚插焊"工艺，它的焊锡槽及其锡波喷嘴如图 15—4b 所示。其特点是，焊料离心泵的功率比较大，从喷嘴中喷出的锡波高度比较高，并且其高度 h 可以调节，保证元器件的引脚从锡波里顺利通过。一般，在高波峰焊机的后面配置剪腿机，用来剪短元器件的引脚。

（3）电磁泵喷射波峰焊机　在电磁泵喷射空心波焊接设备中，通过调节磁场与电流值，可以方便地调节特制电磁泵的压差和流量，从而调整焊接效果。这种泵控制灵活，每焊接完成一块电路板后，自动停止喷射，减小了焊料与空气接触的氧化作用。这种焊接设备多用于焊接贴片/插装混合组装的电路板中，其原理如图 15—4c 所示。

（4）双波峰焊机　双波峰焊机是 SMT 时代发展起来的改进型波峰焊设备，特别适合焊接那些 THT + SMT 混合元器件的电路板。双波峰焊机的焊料波型如图 15—5 所示，使用这种设备焊接印制电路板时，THT 元器件要采用"短脚插焊"工艺。电路板的焊接面要经过两个熔融的铅锡焊料形成的波峰：这两个焊料波峰的形式不同，最常见的波形组合是"紊乱波" + "宽平波"，"空心波" + "宽平波"的波形组合也比较常见；焊料熔液的温度、波峰的高度和形状、电路板通过波峰的时间和速度这些工艺参数，都可以通过计算机伺服控制系统进行调整。

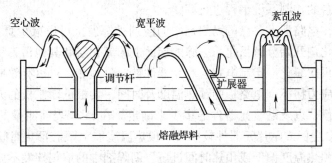

图 15—5　双波峰焊机的焊料波型

● 空心波　顾名思义，空心波的特点是在熔融铅锡焊料的喷嘴出口设置了指针形调节杆，让焊料熔液从喷嘴两边对称的窄缝中均匀地喷流出来，使两个波峰的中部形成一个空心的区域，并且两边焊料熔液喷流的方向相反。由于空心波的伯努利效应（Bernoulli Effect，一种流体动力学效应），它的波峰不会将元器件推离基板，相反使元器件贴向基板。空心波的波形结构，可以从不同方向消除元器件的阴影效应，有极强的填充死角、消除桥接的效果。它能够焊接 SMT 元器件和引线元器件混合装配的印制电路板，特别适合焊接极小的元器件，即使是在焊盘间距为 0.2 mm 的高密度 PCB 上，也不会产生桥接。空心波焊料熔液喷流形成的波柱薄、截面积小，使 PCB 基板与焊料熔液的接触面减小，不仅有利于助焊剂热分解气体的排放，克服了气体遮蔽效应，还减少了印制板吸收的热量，降低了元器件的损坏概率。

● 紊乱波　在双波峰焊接机中，用一块多孔的平板去替换空心波喷口的指针形调节杆，就可以获得由若干个小子波构成的紊乱波。看起来像平面涌泉似的紊乱波，也能很好地克服一般波峰焊的遮蔽效应和阴影效应。

● 宽平波　在焊料的喷嘴出口处安装了扩展器，熔融的铅锡熔液从倾斜的喷嘴喷流出来，形成偏向宽平波（也叫片波）。逆着印制板前进方向的宽平波的流速较大，对电路板有很好的擦洗作用；在设置扩展器的一侧，熔液的波面宽而平，流速较小，使焊接对象可以获得较好的后热效应，起到修整焊接面、消除桥接和拉尖、丰满焊点轮廓的效果。

（5）选择性波峰焊设备　近年来，SMT 元器件的使用率不断上升，在某些混合装配的电子产品里甚至已经占到 95% 左右，按照以往的思路，对电路板 A 面进行再流焊、B 面进行波峰焊的方案已经面临挑战。在以集成电路为主的产品中，很难保证在 B 面上只贴装耐受温度的 SMC 元件、不贴装 SMD——集成电路承受高温的能力较差，可能因波峰焊导致损坏；假如用手工焊接的办法对少量 THT 元件实施焊接，又感觉一致性难以保证。为此，国外厂商推出了选择性波峰焊设备。这种设备的工作原理是：在由电路板设计文件转换的程序控制下，小型波峰焊锡槽和喷嘴移动到电路板需要补焊的位置，顺序、定量喷涂助焊剂并喷涌焊料波峰，进行局部焊接。

4. 波峰焊的温度曲线及工艺参数控制

理想的双波峰焊的焊接温度曲线如图 15—6 所示。从图中可以看出，整个焊接过程被分为三个温度区域：预热、焊接、冷却。实际的焊接温度曲线需根据实际工件试焊或实践，通过对设备的控制系统编程进行调整。

在预热区内，电路板上喷涂的助焊剂中的溶剂被挥发，可以减少焊接时产生气体。同时，松香和活化剂开始分解活化，去除焊接面上的氧化层和其他污染物，并且防止金属表面在高温下再次氧化。印制电路板和元器件被充分预热，可以有效地避免焊接时急剧升温产生的热应力损坏。电路板的预热温度及时间，要根据印制板的大小、厚度、元器件的尺寸和数量，以及贴装元器件的多少来确定。在 PCB 表面测量的预热温度应该在 90 ~ 130℃，多层板或贴片元器件较多时，预热温度取上限。预热时间由传送带的速度来控制。如果预热温度偏低或预热时间过短，助焊剂中的溶剂挥发不充分，焊接时就会产生气体引起气孔、锡珠等焊接缺陷；若预热温度偏高或预热时间过长，焊剂被提前

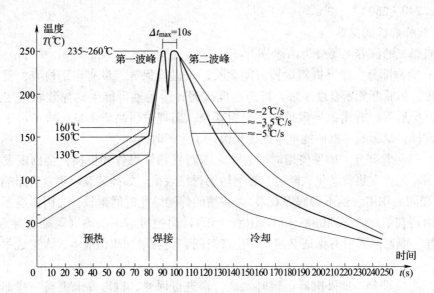

图 15—6　理想的双波峰焊的焊接温度曲线

分解，使焊剂失去活性，同时会引起毛刺、桥接等焊接缺陷。为恰当控制预热温度和时间，达到最佳的预热温度，不同印制电路板在波峰焊时的预热温度见表 15—1，也可以从波峰焊前涂敷在 PCB 底面的助焊剂是否有黏性来进行判断。

表 15—1　　　　　　　　　不同印制电路板在波峰焊时的预热温度

PCB 类型	元器件种类	预热温度 （℃）
单面板	THC + SMD	90 ~ 100
双面板	THC	90 ~ 110
双面板	THC + SMD	100 ~ 110
多层板	THC	110 ~ 125
多层板	THC + SMD	110 ~ 130

焊接过程是焊接金属表面、熔融焊料和空气等之间相互作用的复杂过程，同样必须控制好焊接温度和时间。如焊接温度偏低，液体焊料的黏性大，不能很好地在金属表面浸润和扩散，就容易产生拉尖和桥接、焊点表面粗糙等缺陷；如焊接温度过高，容易损坏元器件，还会由于焊剂被碳化失去活性、焊点氧化速度加快，产生焊点发乌、不饱满等问题。测量波峰表面温度，一般应该在（250 ± 5）℃ 的范围之内。因为热量、温度是时间的函数，在一定温度下，焊点和元件的受热量随时间而增加。波峰焊的焊接时间可以通过调整传送系统的速度来控制，传送带的速度要根据不同波峰焊机的长度、预热温度、焊接温度等因素统筹考虑来进行调整。以每个焊点接触波峰的时间来表示焊接时间，一般焊接时间为 3 ~ 4 s。

综合调整控制工艺参数，对提高波峰焊质量非常重要。焊接温度和时间是形成良好焊点的首要条件。焊接温度和时间与预热温度、焊料波峰的温度、导轨的倾斜角度、传输速度都有关系。双波峰焊的第一波峰一般调整为（235 ~ 240℃）、1 s，第二波峰一般设置在（240~260）℃、3 s。

5. 波峰焊机的保养

波峰焊机的保养主要分为四部分：

（1）机械部分　如果机器运转时间太长，未进行保养，没有定期检查，就会出现螺钉松脱，齿轮牙轮密合度不好，链条速度减慢，传动轴可能生锈导致轨道变形（如喇叭口、梯形等）并由此导致掉板、卡板现象，出现炉后品质不良、轨道水平变形等状况。这样，既影响了机械的本身性能又浪费了生产时间。

（2）发热管部分　如果使用时间过长，未对发热管保养和更换，会出现发热管发热温度不均匀，发热管老化、断裂，影响熔锡焊接效果。如插装波峰焊就会影响助焊剂对 PCB 浸润的作用（达不到润焊效果）。锡槽的焊锡熔化时间延长，会因温度不匀导致爆锡（因锡在熔化时爆到链条，轴承上而卡死），温控表示不准确（可能会导致误判）等。这样，既对品质没有保证又浪费了生产时间，更会增加机械成本、人工成本和物料成本。

（3）电气部分　如果机器运转时太长，未进行保养、检修或未更换一些部件，就会产生电气部件（如交流接触器、继电器电流表、电压表等）损坏，电线的电阻增大，使之导电性能不强，接触不良，在通电时会拉弧光、短路，此时电路中的电流就会成倍增长，可能烧坏电气部件、仪表。不仅使机械设备电气部分严重受损，耽误生产而且对人体造成难以预测的伤害。

（4）喷雾部分　如果长时间使用，不对喷雾系统进行保养会导致光电感应失灵，PLC（可编程序控制器）程序控制不准确，与轨道电动机、喷雾电动机同步的识码器识别资料不精确，喷雾电动机速度减慢等故障。此故障会影响助焊剂喷雾不均匀（量不均匀，可能会提前或延后喷雾），喷嘴堵塞，压力不够，流量减少，助焊剂水分增多等现象。不仅影响了出炉后的品质，还增加了炉后检修人员的工作量。

6. 波峰焊质量分析及解决办法

元器件焊点的焊接质量是直接影响功能单元乃至整机质量的关键因素。产品的波峰焊接受到许多参数的影响，如焊料、基板、元器件可焊性、助焊剂质量及焊接工艺。下面将针对日常生产中所遇到的几种典型焊接缺陷，以有铅焊料焊接为例进行分析，并提出相应的工艺方法来解决。

（1）焊料不足　焊料不足是指焊点干瘪、不完整、有空洞，插装孔及导通孔焊料不饱满，焊料未爬到元件面的焊盘上。

产生焊料不足的原因有：

①PCB 预热和焊接温度过高，使焊料的黏度过低。

②插装孔的孔径过大，焊料从孔中流出。

③插装元件细引线、大焊盘，焊料被拉到焊盘上，使焊点干瘪。

④金属化孔质量差或阻焊剂流入孔中。

⑤PCB 爬坡角度偏小，不利于焊剂排气。

相应的解决办法：

①预热温度 90~130℃，元件较多时取上限，锡波温度（250±5）℃，焊接时间

3 ~ 5 s。

②插装孔的孔径比引脚直径大 0.15 ~ 0.4 mm，细引线取下限，粗引线取上限。

③焊盘尺寸与引脚直径应匹配，要有利于形成弯月面。

④反映给 PCB 加工厂，提高加工质量。

⑤PCB 的爬坡角度为 3° ~ 7°。

（2）焊料过多　焊料过多是指元件焊端和引脚有过多的焊料包围，润湿角大于 90°，如图 15—7 所示。

产生焊料过多的原因有：

①焊接温度过低或传送带速度过快，使熔融焊料的黏度过大。

②PCB 预热温度过低，焊接时元件与 PCB 吸热，使实际焊接温度降低。

③助焊剂的活性差或比重过小。

④焊盘、插装孔或引脚可焊性差，不能充分浸润，产生的气泡裹在焊点中。

⑤焊料中锡的比例减少，或焊料中杂质 Cu 的成分高，使焊料黏度增加、流动性变差。

⑥焊料残渣太多。

相应的解决办法：

①锡波温度（250±5）℃，焊接时间 3 ~ 5 s。

②根据 PCB 尺寸、板层、元件多少、有无贴装元件等设置预热温度，PCB 底面温度在 90 ~ 130℃。更换焊剂或调整适当的比例。

③提高 PCB 板的加工质量，元器件先到先用，不要存放在潮湿的环境中。

④锡的比例 <61.4% 时，可适量添加一些纯锡，杂质过高时应更换焊料。

⑤每天结束工作时应清理残渣。

（3）焊点桥接或短路　焊点桥接情况如图 15—8 所示。

图 15—7　焊料过多

图 15—8　焊点桥接

产生焊点桥接的原因有：

①PCB 设计不合理，焊盘间距过窄。

②插装元件引脚不规则或插装歪斜，焊接前引脚之间已经接近或已经碰上。

③PCB 预热温度过低，焊接时元件与 PCB 吸热，使实际焊接温度降低。

④焊接温度过低或传送带速度过快，使熔融焊料的黏度降低。

⑤阻焊剂活性差。

相应的解决办法：

①按照 PCB 设计规范进行设计。两个端头的片状元件的长轴应尽量与焊接时 PCB 运行方向垂直，SOT、SOP 的长轴应与 PCB 运行方向平行。将 SOP 最后一个引脚的焊盘加宽。

②插装元件引脚应根据 PCB 的孔距及装配要求成型，如采用短插一次焊工艺，焊接面元件引脚露出 PCB 表面 0.8～3 mm，插装时要求元件体端正。

③根据 PCB 尺寸、板层、元件多少、有无贴装元件等设置预热温度，PCB 底面温度在 90～130℃。

④锡波温度（250±5)℃，焊接时间 3～5 s。温度略低时，传送带速度应调慢些。

⑤更换助焊剂。

（4）润湿不良、漏焊、虚焊

产生润湿不良、漏焊、虚焊原因有：

①元件焊端、引脚、印制板基板的焊盘氧化或污染，或 PCB 受潮。

②片状元件端头金属电极附着力差或采用单层电极，在焊接温度下产生脱帽现象。

③PCB 设计不合理，波峰焊时阴影效应造成漏焊。

④PCB 翘曲，使 PCB 翘起位置与波峰焊接触不良。

⑤传送带两侧不平行（尤其使用 PCB 传输架时），使 PCB 与波峰接触不平行。

⑥波峰不平滑，波峰两侧高度不平行，尤其电磁泵波峰焊机的锡波喷口，如果被氧化物堵塞，会使波峰出现锯齿形，容易造成漏焊、虚焊。

⑦助焊剂活性差，造成润湿不良。

⑧PCB 预热温度过高，使助焊剂碳化，失去活性，造成润湿不良。

相应的解决办法：

①元器件先到先用，不要存放在潮湿的环境中，不要超过规定的使用日期。对 PCB 进行清洗和去潮处理。

②波峰焊应选择三层端头结构的表面贴装元器件，元件本体和焊端能经受两次以上的 260℃ 波峰焊的温度冲击。

③SMD/SMC 采用波峰焊时元器件布局和排布方向应遵循较小元件在前和尽量避免互相遮挡原则。另外，还可以适当加长元件搭接后剩余焊盘长度。

④PCB 板翘曲度小于 0.8%～1.0%。

⑤调整波峰焊机及传输带或 PCB 传输架的横向水平。

⑥清理波峰喷嘴。

⑦更换助焊剂。

⑧设置恰当的预热温度。

（5）焊点拉尖　焊点拉尖情况如图 15—9 所示。

产生焊点拉尖的原因：

①PCB 预热温度过低，使 PCB 与元器件温度偏低，焊接时元件与 PCB 吸热。

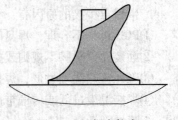

图 15—9　焊点拉尖

②焊接温度过低或传送带速度过快，使熔融焊料的黏度过大。

③电磁泵波峰焊机的波峰高度太高或引脚过长，使引脚底部不能与波峰接触。因为电磁泵波峰焊机是空心波，空心波的厚度为 4～5 mm。

④助焊剂活性差。

⑤焊接元件引线直径与插装孔比例不正确，插装孔过大，大焊盘吸热量大。

相应的解决办法：

①根据 PCB、板层、元件多少、有无贴装元件等设置预热温度，预热温度在 90～130℃。

②锡波温度为 (250±5)℃，焊接时间 3～5 s。温度略低时，传送带速度应调慢一些。

③波峰高度一般控制在 PCB 厚度的 2/3 处。插装元件引脚成型要求引脚露出 PCB 焊接面 0.8～3 mm。

④更换助焊剂。

⑤插装孔的孔径比引线直径大 0.15～0.4 mm（细引线取下限，粗引线取上限）。

（6）针孔及气孔　针孔与气孔之区别，针孔是在焊点上发现一小孔，气孔则是焊点上较大孔可看到内部，针孔内部通常是空的，气孔则是内部空气完全喷出而造成的大孔，其形成原因是焊锡在气体尚未完全排除即已凝固，而形成此问题。

产生原因及解决办法：

①有机污染物　基板与零件脚都可能产生气体而造成针孔或气孔，其污染源可能来自自动植件机或由于储存状况不佳造成，此问题较为简单，只要用溶剂清洗即可。若发现污染物为 SILICONOIL（用于脱模及润滑）时，因其不容易被溶剂清洗，故在制作过程中应考虑其他代用品。

②基板有湿气　如使用较便宜的基板材质，或使用较粗糙的钻孔方式，在贯孔处容易吸收湿气，焊锡过程中受到高热蒸发出来而造成，解决方法是放在烤箱中 120℃烘烤 2 h。

③电镀溶液中的光亮剂　使用大量光亮剂电镀时，光亮剂常与金同时沉积，遇到高温则因挥发而造成缺陷，特别是镀金时，应改用含光亮剂较少的电镀液，当然这要回馈到供货商。

（7）其他缺陷

①冷焊　冷焊一方面是由于传送带震动，冷却时受到外力影响，使焊锡紊乱。此时应检查电动机是否有故障，检查电压是否稳定，传送带是否有异物。另一方面是由于焊接温度过低或传送带速度过快，使熔融焊料的黏度过大，使焊点表面发皱。此时锡波温度应为 (250±5)℃，焊接时间 3～5 s。温度略低时，传送带速度应调慢一些。

②锡丝　造成锡丝的原因有三个，一是 PCB 预热温度过低。由于 PCB 与元器件温度偏低，与波峰接触时溅出的焊料贴在 PCB 表面而形成。此时应提高预热温度或延长预热时间。二是印制板受潮，这时应对印制板进行去潮处理。三是阻焊膜粗糙，厚度不均匀造成，此时应提高印制板加工质量。

③板面脏污　主要由于助焊剂固体含量高、涂敷量过多、预热温度过高或过低，或由于传送带爪太脏、焊料锅中氧化物及锡渣过多等造成。

④PCB 变形　PCB 变形一般发生在大尺寸 PCB，由于大尺寸 PCB 质量大或元器件布置不均匀造成质量不平衡。这需要设计 PCB 时尽量使元器件分布均匀，在大尺寸 PCB 中间设计工艺边。

⑤掉片（丢片）　贴片胶质量差，或贴片胶固化温度不正确，固化温度过高或过低都会降低黏接强度，波峰焊接时经不起高温冲击和波峰剪切力的作用，使贴装元件掉在料锅中。

⑥看不到的缺陷　焊点晶粒大小、焊点内部应力、焊点内部裂纹、焊点发脆、焊点强度差等，需要 X 光、焊点疲劳试验等检测。这些缺陷主要与焊接材料、PCB 焊盘的附着力、元器件焊端或引脚的可焊性及温度曲线等因素有关。

第二节　无 锡 焊 接

近年来无锡焊接在无线电整机装配中得到推广和使用，压接与绕接这两种焊接是采用得较多的无锡焊接。它的特点是不需要焊料与焊剂即可获得可靠的连接，因而避免了因焊接而带来的诸多问题。无锡焊接在无线电整机装配中得到了一定的应用。

1. 压接

压接分冷压接与热压接两种，压接是借助较高的挤压力和金属位移，使引脚或导线与连接端子实现连接的。压接使用的工具是压接钳，将导线端头放入压接触脚或端头焊片中用力压紧，即获得可靠的连接。

压接触脚是专门用来连接导线与导线的器件。通常，压接触脚有多种规格供选用。压接技术主要特点如下：

（1）操作简便　压接操作方便简单，使用简单的工具即可完成。

（2）适宜于众多的场合　压接操作方法与所用工具简便，可在屋内、屋外及各种气候条件下操作。

（3）生产效率高、成本低　与焊接相比，省去了导线端头浸焊及焊接和焊接后的清洗等工序，提高了生产效率，又节省了大量材料，降低了成本。

（4）无任何公害和污染　压接不使用焊料与焊剂，在压接过程中无任何化学反应，不会产生有害气体。

2. 绕接

绕接也是一种无锡焊接，通常借助工具进行，主要用于针对导线的连接。

（1）实践证明，绕接比锡焊有一定的优越性，其特点主要有以下几个方面：

1）可靠性高、寿命长、没有虚假焊。

2）接触电阻比锡焊小。

3）抗震能力比锡焊大。

4）不使用焊锡和助焊剂，因而不产生有害物质。

5）不需要加热，可避免烫坏导线绝缘层。

6）节约焊锡、焊剂等材料，可提高劳动生产率，降低成本。

绕接技术虽有许多优点，但也存在不足之处。如要求导线必须是单芯线，接线柱是特殊形状的，导线剥头比较长等。它在电子设备的装配中还有一定的用武之地。

（2）绕接器及使用知识 用电动绕接器对单股实芯裸导线施加一定的拉力，按要求的圈数将导线紧密地绕在带有棱边的接线柱上，使导线与接线柱紧密连接，以达到可靠的电气连接目的，电动绕接器的操作部分主要是绕头，它是一个可以旋转的轴，沿轴心卅有孔（称为接线柱孔），用来套在固定的接线柱上。在绕头边缘上有一个较长的小槽孔，用以容纳导线，称为导线孔。绕头外面为固定的绕套，用以约束和限制导线。当绕头在其中回转时，导线为绕套所限制，随导线孔环绕固定在接线柱上，同时从孔中将导线拉出，直到完全绕在接线柱上。

第三节 拆 焊 知 识

在无线电的装接过程中，不可避免地要对装错、损坏或因调试的需要拆换元器件，这就是拆焊，也叫解焊。在实际操作中拆焊比焊接困难，如拆焊不得法，很容易将元器件损坏或损坏印制板焊盘或焊接点。因此，装配技术工人都必须掌握拆焊的技术。

1. 拆焊的适用范围

（1）误装误接的元器件、导线或不该焊接的地方。

（2）在维修或检修过程中需更换或调试的元器件。

（3）在调试过程中需拆除的临时安装的元件、导线等。

（4）在质检或其他检查时需要进行的拆焊。

（5）其他需要解焊的地方。

2. 拆焊的原则和要求

拆焊的目的只是解除焊接，所以在拆焊时应注意如下几点：

（1）不损坏拆除的元器件、导线。

（2）拆焊时不可损坏焊接点和印制导线。

（3）在拆焊过程中不要拆、动、移其他元器件，如需要，要做好标记，事后要完好地恢复原状。

3. 拆焊的工具

常用的拆焊工具除烙铁之外，还有以下几个辅助工具：

（1）划针 用于穿孔或协助烙铁进行焊孔恢复。

（2）钟表镊子 以端头较尖的不锈钢为佳，用来夹持元器件或替代划针。

（3）吸锡绳 用于吸取焊接点上的焊锡。

（4）吸锡电烙铁 用于吸去熔化的焊料，使锡盘与元件引脚分离，达到解除焊接的目的。

（5）热风枪（台） 一般用于 SMD/SMC 的拆焊，使用起来比普通烙铁方便得多，能拆焊的元器件种类也多。

4. 拆焊的操作要求

（1）严格控制加热的温度和时间　因拆焊加热时间较焊接时长，加热温度较焊接时高，所以要严格控制加热温度和加热时间，以免将元器件烫坏或使焊盘脱胶。

（2）拆焊时不要用力过锰　元器件的引脚封装都不是非常坚固的，在拆焊时要注意用力的大小，操作时不可过分用力拉、摇、扭，以免损坏焊盘或元器件。

各类元件拆焊技能参阅操作技能部分。

第十六章 无线电整机结构布局和布线基本知识

第一节 无线电整机结构的特点

由于生产和科学技术的发展，工艺手段的不断提高，新材料、新器件的使用，大规模集成电路的不断出现和推广，使无线电产品在设计和结构上都有了很大的发展。电子产品在各个领域都发挥了较大的作用，就电子产品的结构总结起来有如下几个特点：

1. 电子设备结构复杂、组件较多、组装密度大 现代电子设备的功能越来越强大，需要完成各种各样的任务，所以设备的结构也变得复杂起来，大规模集成电路的使用，使元器件的数量相对减少，但设备仍较为复杂。

2. 设备使用广泛，对环境的适应性更强 现代电子设备应用到各行各业，这就要求电子设备要有较强的适应性，能在恶劣的气候、机械及其他条件下使用。

3. 设备可靠性高、寿命长 电子设备的可靠性和寿命长是电子设备的必然要求，这给使用带来了很大的方便。如卫星通信和大型电子设备，一旦设备的可靠性出现问题，会带来不可弥补的损失。

4. 设备精度要求高，控制系统复杂 现代电子设备往往要求高的精度和高度的自动化，才能满足各行各业的要求。

第二节 电源电路元器件的布局

一、电源电路的特点和要求

1. 能输送给负载规定的直流电流和电压，并保证在最大负荷下保持输出稳定。

2. 能保持输出电压稳定不变，希望有较高的稳定系数。保证输送给负载的直流电接近于恒定直流电。

3. 高效率的电源能减少工作时的发热量，对设备工作有利。

4. 电源电路中的电源变压器、散热器、功率管等大器件质量都较重，在布局时要多加注意。

二、电源电路元器件布局的原则

1. 电源中主要元器件有电源变压器、整流管、滤波电容器等，这些元器件体积大、质量重，安装时应考虑到重心的平衡。较重的元器件应该放置在底座上，其他元器件应放在印制板上。

2. 大功率管、变压器、整流管等发热器件，因其所产生的热量较大，在布局时，应充分考虑到通风和散热，如装在底座的后面或两侧面空气容易流通的地方。对大功率整流管和调整管等应装有散热器，并远离变压器，对于电解电容器之类怕热的元件也应远离发热器件，以减少温度对它的影响。

3. 易发生故障的元器件，如调整管、电解电容器、继电器等，在安装时还要考虑到维修方便。对经常需要测量的测试点，在布置元器件时应注意保证测试棒能够方便地接触。

4. 由于电源设备内部会产生 50 Hz 泄漏磁场，当它与低频放大器的某些部分连接时，对放大器会产生干扰。因此，电源部分必须与低频部分隔离开，或者进行屏蔽。

5. 电源变压器的接线柱上接有高压电，对裸露的高压部分一定要用绝缘套管套好，以免在维修、调试或检测时发生触电事故。

第三节　放大器电路元器件的布局与布线

一、放大器元件布局的一般要求

1. 低频放大器的要求

低频放大器多用于音频的放大，要求放大器完全将原来的声音重放，就要减少其非线性失真，并将杂音抑制到一定的限度，具体要求如下：

（1）因前置放大器级的输入电平最低，故增益较高，所以，第一级电路的位置应远离输出级和电源部分及其引线，输入端的信号线和输入变压器应加屏蔽。

（2）当电路中采用具有铁芯的变压器时，如输入、输出、级间、电源变压器等，它们的漏磁场将影响有些元器件的工作，故要求各带铁芯件之间以及带铁芯件和其他元器件之间应相互垂直。

（3）低电平放大器的极间耦合电容应直接跨接到下级晶体管的基极。

（4）扬声器的接地引线应该接在印制板功放输出级的接地点，切勿任意接地。

2. 中频放大器的一般要求

中频放大器的增益比较高，如有微弱的杂波寄生信号窜入输入级会引起不良的影响，除了适当选择元器件或加屏蔽外，排列元件时应注意以下几点：

（1）检波二极管应远离信号输入部分，拉开信号输入与输出距离，检波级元件应相对集中放置，接地线尽量短，而且要汇集在一点，不要穿过其他电路。

（2）各中放管与变频管的集电极应尽量与本级负载中的中频变压器靠近些，以免因集电极输出阻抗高、信号大、走线过长容易引起辐射。中放管的集电极退耦电容的接地点要靠近中放管，以避免被滤除的中频信号能通过地线影响其他级的工作。

（3）各级发射极电阻和旁路电容的接地点与基极偏置电阻和退耦电容的接地点之

间的距离应尽量小些，最好能接在一起。这点在调频接收机上尤为重要。

二、放大器元器件布局的一般原则与布线

1. 元器件布局的一般原则

（1）放大器各级最好能按电原理图排成直线形式，这种排法的优点是各级的接地电流就在本级闭合流动，不影响其他电路的工作；当输入级与输出级距离较远时，还减小了输入级与输出级之间的寄生耦合干扰。

在一般情况下，放大器电路元件的排列不要排成平行的两行，否则它们之间的寄生耦合会增加。但在空间不够时，排成此形式，一定要采取措施，尽量减小相互之间的干扰，以保证电路正常工作。

（2）底座上布置有电子管或晶体管时，除考虑管子的顺序和直线排列外，还应考虑管子的方向，以保证前一级的输出电极紧靠下一级的输入电极，并且避免导线跨越其他元器件。

（3）放大器如采用金属底座，每一级的接地线点最好连接在一起，进行一点接地。地线应经热浸焊后焊在底座的中央，并确保焊牢。

放大器的印制电路板应尽量采用大面积地线，并排布在电路板的边缘。各级接地应根据具体情况采用一点接地或就近接地。

（4）电感器、变压器应正确放置，以减小电磁耦合。电感器、变压器等有较强的磁场，在它们的周围应有适当大的空间或进行磁屏蔽，以减小对其他电路的影响。

（5）元器件排列的间距要适当。元器件排列时，其间距应考虑到它们之间有无可能被击穿或打火。

（6）有推挽电路、桥式电路的放大器布置应注意元器件电参数的对称性和结构的对称性，使对称元器件的分布参数尽可能一致。

2. 导线布线

（1）布线原则

1）尽量避免导线间的相互干扰和寄生耦合 连接导线宜短不宜长，这样分布参数小，这对高频电路尤为重要。不同用途的导线不应绑扎在一起，例如，低电平与高电平信号线、输入与输出信号线、交流与直流馈线、脉冲信号线与模拟放大信号线等均不能绑扎在一起。

2）处理好接地导线 在电路中同时存在高、低频率及交直流馈电的情况时，公共地线往往会产生寄生耦合，很容易通过公共地线产生相互干扰。所以对电路的地线安排要注意以下问题：

①接地线应短而粗，以尽量减少地阻抗。

②输入线、输出线或电源馈线，应有各自的接地线，并使信号线、馈线与各自地线扭绞后布置，避免采用公共地线。

③对多级放大电路不论其工作频率相近或相差较大，允许各个电路的回地线相互连接后引出一根公共地线接到电源地线上，但后级电路中的大电流切勿通过前级的地线回向电源地线。地线的接法如图 16—1 所示。

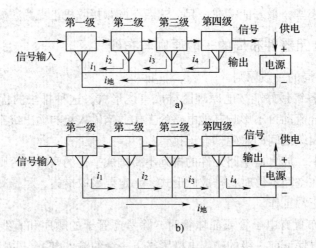

图 16—1　地线的接法

a）后级大电流流向前级流过不正确　b）前级小电流流向后级流过正确

（2）导线布设注意点

1）导线布设要整齐、美观，要有条理地布线并与元器件的布局相协调。

2）在电性能允许的前提下，布线宜同向平行布线，并扎成线扎或编成线带敷设，并尽可能地减少导线的布设面积。

3）导线的布局要便于和各元器件相连接，且要使导线长度尽可能最短。导线布设地点应放在安全和可靠的地方，以保证导线结构牢固和稳定。

4）导线布设应不影响元器件安装、调整和维修，同时应避开金属锐边、棱角，不要不加保护穿过金属孔。

5）导线布设要便于固定，防止工作时受冲击振动而产生位移和磨坏。

（3）线束的固定和安装

电子设备内部往往有很多接线，走线容易零乱，因此在不影响电性能的前提下，尽量将各种相关导线扎成线束，既便于走线又便于组织生产，并且整齐美观。线束在机内的布设和固定应做到：

1）线束要沿着机架和底座的边沿布置，并且尽可能放在看不到的地方，要避开安装孔。

2）线束的布置要考虑到外界机械力作用于机器时，内部导线不会损坏、变形和位移。

3）一般线束要和高压线分开安装，低频线束要和高频线（高频电缆）分开安装，以防止相互干扰。

4）需要从整机中抽出的分机或部件，如果有线束相连，其线束应足够长，且应单独成束，以便于日常维修和定期检修。

3．印制导线的布线

（1）一般将公共地线布置在印制板的最边缘，便于安装印制板时，与机架地线相连接。电源、滤波、控制等的低频与直流导线和元件靠边缘布置，高频元件、高频管、高频印制导线应布置在印制板的中间，以减小它们对地线和机壳的分布电容。印制导线与印制板的边缘应留有一定的距离（不小于板厚），这不仅便于安装和进行机械加工，而且还提高了绝缘性能。

（2）单面印制板的印制导线布置要注意以下几点：

1）高频电路中必须保证高频导线、晶体管各电极的引线、输入和输出线短而直，并避免相互平行。

2）要尽量避免印制导线在电路板上绕着走或平行走。这样布置的印制导线容易使导线电感增大，导线与导线之间、电路与电路之间的寄生耦合也会增大。

3）对个别绕着走或与其他导线平行的印制导线，此时可采用外接导线（又叫跨接线）连接，但要注意在高频电路中应尽量避免采用外接导线跨接。若需要交叉的导线较多，最好采用双面印制板，将交叉的印制导线布置在板的两面，使连接导线短而直。

4）用双面印制板时，两面印制线应避免互相平行，以减小导线间的寄生耦合，最好成垂直布置或斜交。高频电路的印制导线，其长度和宽度要小，导线间距离要大，以减小分布电容的影响。

（3）作为插接形式用的印制板，为便于使用，往往将输入、输出、电源线和地线等平行安排在板子的一边。为减小导线间的寄生耦合，布线时应将输入线与输出线分离，并且将输入电路的信号线与输出电路的信号线分别布于两边，中间用地线或电源线隔开。对于不作为插接形式用的印制板，为了便于与外电路的连接，各有关引出点应布置在印制板的同一边。

（4）印制板上各级电路的地线一般做成封闭回路，可以保证每级电路的高频地电流在本级地回路中流通，不流过其他单元的地回路，从而减小了级间的地电流耦合。每级电路的四周都应是地线，便于元件就近接地，缩短接地线，减少对外的辐射。当工作环境中有较强的电磁场时，地线的布置就不能做成封闭回路，以免封闭的地线中产生感应电流。当电路的工作频率较高时，为减小地阻抗，地线应有足够的宽度，可采用大面积接地的方法，如图 16—2 所示。

a)　　　　　　　　　　　　　b)

图 16—2　大面积接地

a）大面积接地　b）全地线印制板

第十七章　工艺文件知识

第一节　工艺工作

一、工艺工作的重要性

工艺工作是一个工业企业生产中带有法规性质的工作程序，是企业全面质量管理的一个重要组成部分，也是现代企业管理的一项基本制度。工艺工作在电子工业中占有重要位置。

二、工艺工作的程序

在工业企业中，最基础的工作是产品的生产和生产技术管理工作。在一个企业中，把原材料制成零件，把零件组装成部件、整件，是一项复杂的工作，必须通过一种计划的形式来组织和指导。为了使生产活动有秩序按计划进行，各企业应有一个符合本企业实际和客观规律的工艺工作程序：

1. 工艺性调研和访问用户

由主管工艺人员参加新产品的设计调研以及对老产品用户的访问工作，了解国内外同类产品的性能指标及用户对该产品的意见和要求。

2. 参加新产品设计方案的讨论和老产品改进设计方案的讨论

针对产品结构性能、精度的特点和企业的技术水平、设备条件等进行工艺分析，提出改进产品工艺性的意见。

3. 审查产品设计的工艺性

由有关工艺人员对产品设计图样进行工艺性审查，提出工艺性审查意见书。

4. 编制工艺方案

工艺方案是工艺技术准备工作的重要指导性文件，由主管工艺人员负责编写。编制工艺方案的依据是：

（1）产品图样（设计文件）、产品标准及其有关技术文件。

（2）有关领导和科室的意见。

（3）产品的生产批量和周期。

（4）有关工艺资料，如企业的设备条件、工人技术等级和技术水平等。

（5）企业现有工艺技术水平和国内外同类产品的新工艺、新技术成就。

工艺方案的一般内容是：

（1）根据产品的生产性质、生产类型，规定工艺文件的种类，并规定工装系数。

（2）专用设备、工装和量刃具的购置、改进和设计意见。

（3）提出关键工艺试验项目和新工艺、新材料在本产品上的实施意见，并进行必要的技术经济分析。

（4）提出外购件和外协件项目。

5．编制工艺文件

（1）编制零件工艺过程卡和装配工艺过程卡　此类文件是组织生产，进行生产技术准备工作的最基本的技术文件，也是产品生产的工艺技术设计，应由主管工艺人员负责编制。

（2）编制工艺规程和工艺说明　此类文件是各种专业工艺实践经验的总结，是保证产品质量的指导性技术文件，应由专业工艺人员负责编制。

根据以上文件中的数据、内容，编制出不同要求的统计资料，供有关部门进行生产技术准备工作。其内容有编制协作零、部、整件明细表；编制专用工艺装置综合明细表；编制标准工具综合明细表、统计表、分类表；编制材料消耗工艺定额综合明细表、统计表、分类表；编制工时、设备台时工艺定额综合明细表、统计表、分类表等。

6．参加工装验证、工艺验证和对车间的工艺服务

7．进行工艺总结

一个生产周期完成后，要进行工艺总结。总结经验，发现问题，改进工艺，提高工艺工作质量，最后根据工艺总结进行工艺整顿。

第二节　工　艺　文　件

一、工艺文件的重要性

工艺文件是企业组织生产的主要依据和指导生产的基本法则，是工业企业部门必备的一种技术资料。它是加工、装配、检验的技术依据，是生产路线、计划、调度、原材料准备、劳动力组织、定额管理、工模具管理、质量管理等的主要依据和前提。只有建立一套完整的、合理的且行之有效的工艺工作程序和工艺文件体系，才能保证实现企业优质、高效、低消耗和安全生产，才能使企业获得最佳的经济效益。工艺文件是根据设计文件提出具体的施工手段、方法和要求，以实现设计图样上的要求，并以工艺规程和工艺文件图样指导产品施工。因此，要求无线电装接工必须要掌握有关工艺文件知识，按工艺文件的要求进行操作。

二、工艺文件的编制原则

编制工艺文件，应以保证产品质量、稳定生产，用最经济、最合理的工艺手段进行加工为原则。为此，应做到以下几点：

1．编制工艺文件，要根据产品批量大小和复杂程度区别对待。一次性生产的产品可不编写已规工艺文件。

2. 编制工艺文件要考虑到车间的组织形式和设备条件，以及工人的技术水平等情况。

3. 工艺文件应以图为主，使加工者一目了然，便于操作，必要时可加注解或说明。

4. 凡属装接工应知应会的已有的基本工艺规程内容，工艺文件中需要时可直接引用不必再行编入。

5. 对于未定型的产品，也可编制临时性工艺文件或编写部分必要的工艺文件。

三、工艺文件的编制要求

整机工艺文件编制有以下几项要求：

1. 工艺文件要有统一的格式，应符合标准。幅面应统一，图幅大小应符合规定，以便于装订成册，配齐成套。

2. 工艺文件的字体要正规，书写清楚，图形正确，工艺图上尽量少用文字说明。

3. 工艺文件所用的产品名称、型号、图号、符号、编号及代号等，应与设计文件相一致。但各种导线的标记号可由工艺文件决定。

4. 工序安装图画法上可不完全按照实物，但基本上轮廓要相似，紧固件安装可用简图，安装层次一定要标示清楚。

5. 装配接线图中接线部位要清楚，连接线的接点要明确，视图可放大或缩小，不要求按结构尺寸，内部接线的部分可假想移出展开。

6. 线扎图尽量采用1∶1的图样，便于在图样上直接排线。

7. 印制板装配图正面的图形符号一般采用电气原理图上的电气图形符号标志方法，反面的图形符号一般以元器件的外形尺寸绘制，某些元器件可作简化。

8. 编制工艺文件要执行会签、审核、批准手续。

四、工艺文件的格式及填写方式

工艺文件的格式规定为23种格式，工厂日常工艺文件常用的格式有以下9种：

1. 封面

作为产品全套工艺文件装订成册的封面。在填写"共××册"中填写全套工艺文件的册数；"第××册"填写本册内容在全套工艺文件中的序数；"共××页"填写本册所有的页数；型号、名称、图号均填写产品型号、名称、图号；"本册内容"填写本册的主要工艺内容的名称；最后执行批准手续，并且填写批准日期。

2. 工艺文件目录

工艺文件目录供装订成册的工艺文件编写目录用，反映产品工艺文件的齐套性。填写中"文件代号"栏填写文件的简号，不必填写文件的名称；其余各栏按标题填写零、部、整件的图号、名称及其页数。

3. 工艺路线表

工艺线路表是产品的整件、部件、零件在加工、准备过程中工艺路线的简明显示，供企业有关部门作为组织生产的依据。

"装入关系"栏，以方向指示线显示产品零、部、整件的装配关系；"部件用量"

和"整件用量"栏，填写与产品明细表相对应的数量；"工艺路线及内容"栏，填写整件、部件、零件加工过程中各部门（车间）及其工序的名称或代号。

4. 导线及扎线加工表

导线及扎线加工表是导线及扎线的剪切、剥头、浸锡加工和装配焊接的依据。"编号"栏，填写导线的编号或线扎图中导线的编号；其余各栏按标题填写导线材料的名称、规格、颜色、数量；"长度"栏，填写导线的剥线尺寸及剥头的长度尺寸，通常 A 端为长端，B 端为短端；"去向、焊接处"栏，填写导线焊接的去向；空白栏处供画简图用。

5. 配套明细表

配套明细表是编制装配需用的零、部、整件及材料与辅助材料清单，供各有关部门在配套及领、发料时使用，也可作为装配工艺过程卡的附页。"图号""名称"及"数量"栏，填写相应的部、整件设计文件明细表的内容；"来自何处"栏，填写材料来源处；辅助材料填写在顺序的末尾。

6. 装接工艺过程卡

装接工艺过程卡反映装接工艺的全过程，供机械装配和电气装接用。"装入件及辅助材料"栏的序号、图号、名称、规格及数量应按工序填写相应设计文件的内容，辅助材料填在各道工序之后；"工序（步）内容及要求"栏，填写装配工艺加工的内容和要求；空白栏处供画加工装配工序图用。

7. 工艺说明及简图

工艺说明及简图可作任何一种工艺过程的续卡，供画图、表及文字说明用；也可供编制规定格式以外的其他工艺过程时用，如调试说明、检验要求、各种典型工艺文件等。

8. 材料消耗定额表

材料消耗定额表列出生产产品所需的所有原材料（包括外购件、外协件、辅助材料）的定额，一般以一千套为一个单位，并留有一定的余量作为生产中间的损耗。它是供应部门采购原料和财务部门核算成本的依据。

9. 工艺文件更改通知单

工艺文件更改通知单对工艺文件内容需要修改时用。通知单中应填写原为、改为和更改原因、生效日期及处理意见；"更改标记"栏，按有关图样管理制度字母填写；最后要执行更改会签审核、批准手续。

第十八章 电子测量知识与仪器

第一节 基本电参数测量

一、电压的测量

电压是电子技术中最重要的基本参数之一，目前广泛采用的电压测量方法主要有电压表测量法和示波器测量法。

1. 电压表测量法

（1）直读测量法 直接由电压表的读数决定测量结果（电压值）的测量方法称为电压表的直读测量法。直读法简便直观，是电压测量的最基本方法。

用电压表测量法进行测量时，首先应考虑电压表选择问题。通常要根据被测信号特点（如频率高低、幅度大小等）和被测电路状态（如内阻的数值等）来考虑。以电压表的使用频率范围、测量电压范围和输入阻抗高低作为选择电压表的依据。

其次，常用的交流电压表大多是以正弦电压的有效值来刻度的，因此只能测量出正弦电压有效值。

最后，要考虑电压的测量精度问题。在电压测量中，直流电压测量精度一般比交流测量精度高。通常在较高的精度的电压测量中采用数字式电压表。一般数字式直流电压表的测量精度在 $10^{-6} \sim 10^{-4}$ 数量级；数字式交流电压表的测量精度在 $10^{-4} \sim 10^{-2}$ 数量级。

（2）差值测量法 在电路的测量中，经常需要测量直流电压的微小变量。在一般情况下，直流电压微小变量是采用高精度的数字式直流电压表来进行的。

若在不具备数字式直流电压表的情况下，也可以运用差值测量法，用指针式仪表进行测量。

差值法的测量如图 18—1 所示。图 18—1 中采用一个辅助直流电源与直流电压表串联后，然后一起并联到被测直流电源的输出端负载电阻 R_L 上。若直流电压表的内阻远大于负载电阻 R_L，则测量电路的分流作用可忽略不计。对于辅助电源，要求其电压值能调节到等于（或接近）被测电压的实际值。根据串联电压表的读数，可测量出被测电压的微小变化量。

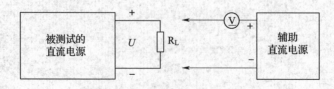

图 18—1 差值测量法原理图

2. 示波器测量法

用示波器测量电压除适用于在观察电压波形的同时顺便测量其大小外，最主要特点是能够测定波形的峰值或各部分波形峰值的大小。示波器测量电压的具体方法参阅本章第二节中有关示波器的介绍。

二、频率的测量

频率是交流信号的基本参量，测量频率也是电子测量的基本任务之一，目前广泛采用的频率测量方法有：无源测量法、拍频测量法、差频测量法、计数法和示波器法。

1. 无源测量法

所谓无源测量法就是利用具有尖锐频率特性的可调谐无源网络，再配以适当的指示装置来对被测频率进行测量的方法。根据被测频率的高低，无源测量主要有电桥法和谐振法。电桥法是利用文式电桥来实现对频率的测量，它仅适用于低频范围的粗测。谐振法是利用 LC 谐振回路的频率特性来实现对频率的测量，它适用于高频范围的测量，如图 18—2 所示。

2. 比较法

比较法是通过"参考频率"与待测频率进行比较，最后由两者的关系及参考频率的数值来确定被测频率的大小。参考频率应是标准频率。

（1）拍频法　拍频法是将待测信号与参考信号直接叠加于线性元件来实现对频率的测量。线性元件可以是电压表、耳机或示波器，测量原理如图 18—3 所示。图 18—3 中，f_x 为被测频率，f_s 为参考频率。测量时，若用耳机作线性元件，则当两个信号都为音频时，可以从耳机中听到两个高低不同的音调。当两个信号的频率逐渐靠近，直至相差不到 4～6 Hz 时，将难分辨出两个不同的音调，这时只听到一个近似于单一的音调。同时，声音的响度（振幅）将随时间作周期性变化。当两频率完全相等时，合成信号的强度将不再变化，由此可从参考频率中求得被测频率，即：

$$f_x = f_s \pm F \tag{18—1}$$

式中　F 为合成信号频率。

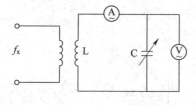

图 18—2　谐振法测量原理

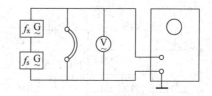

图 18—3　拍频法测量原理

（2）差频法　差频法是利用被测信号，与参考信号在非线性元件上叠加来实现频率的测量。差频法适用于高频范围的测量，其原理如图 18—4 所示。

图 18—4 中检波器是非线性元件，因此当两个频率不同的信号同时作用于其上时，回路中将产生很多新的频率分量，包括：mf_x、nf_s 及 $|mf_x \pm nf_s|$（m、n 为 1、2…）。其中，除直流分量外，mf_x、nf_s 及 $mf_x + nf_s$ 都是高频分量。它们因频率高而被电容旁路，

不能经过耳机，而 $|mf_x - nf_s|$ 有可能是音频范围使人可以听到它们的声音，因而可以作为测频的依据。

假设它们的差频为 F，则 $F = |mf_x - nf_s|$，调节 f_s，使 F 接近于 0 时，这时将听不到音频信号，说明 f_s 已接近 f_x，其绝对误差仅为 ±20 Hz。

差频法测频的突出优点是灵敏度非常高，可测量的最低电平达 0.1～1 μV。因此，差频法适用于对微弱信号的测量。

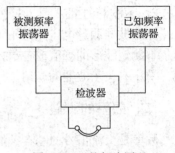

图18—4　差频法原理

（3）计数法　计数法是从频率的基本定义出发来对频率进行测量，即用计数的方法累计出被测信号单位时间 t 内重复变化的次数 N，由此测得该信号的频率为：

$$f_x = N/t \qquad\qquad (18—2)$$

根据计数法的测频原理制作而成的仪器，最有代表性的就是电子计数器。

（4）示波器法　示波器法测频率主要是指扫速定度法和李沙育图形法。具体测量频率的方法参阅本章第二节有关示波器的介绍。

三、相位测量

相位测量又称为相位差的测量，可用于研究多相系统中各路信号之间的相位关系，也可用于确定二端网络、四端网络的相频特性。相位测量主要有比较法、直读法和示波器法等。

1. 比较法

比较法测量相位差的原理方框图如图18—5所示。测量时，被测信号分别从 A 端及 B 端输入。其中，从 B 端输入的信号经"可调移相器"再送入相位平衡指示器。假设 u_1 和 u_2 之间存在如图18—6所示的相位差 $\Delta\varphi$，则通过调节移相器可使 u_2 信号的相位前移 $\Delta\varphi$，使 u_2 与 u_1 同相，平衡指示器读数最大，或者调节移相器使 u_2 后移 $\pi - \Delta\varphi$，使 u_2 与 u_1 反相，平衡指示器读数最小。这样根据指示器的读数情况，便可从移相器度盘上获得 u_1 与 u_2 之间的相位差。

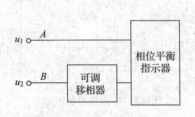

图18—5　用比较法测相位

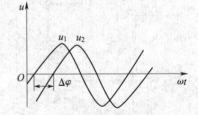

图18—6　两个信号间的相位差

2. 直读法测量相位差

直读法测量相位的原理是，首先将待测相位差变换为与之成比例的电压、电流或时间。再测量出变换后的电压、电流或时间。目前根据直读法原理制作而成的仪器既有模拟式的，也有数字式的。直读式相位计除具有直读的特点外，还具有测量速度快，能显示相位变化等优点。如图 18—7 所示是数字式平均值相位计原理方框图。该相位计的基本原理是先将待测相位差转变为成比例的时间量，然后再通过电子计数器测出该时间量来获得被测相位差的大小。

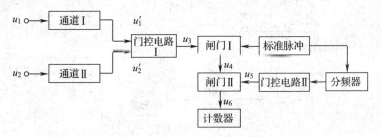

图 18—7　数字式平均值相位计原理方框图

相位的测量还可采用示波器法，用示波器测量相位的方法在本章第二节的"二、示波器"中介绍。

四、频率特性的测量

一个网络或者一个具体的放大电路对不同频率正弦输入信号的稳态响应称为网络或者放大电路的频率响应，也称为频率特性。一般情况下，网络的频率特性是复函数。网络传递函数或放大器放大倍数的幅度大小与频率的关系称为幅频特性；输出信号与输入信号之间的相位差与频率的关系称为相频特性。因而，频率特性测量包括幅频特性测量和相频特性的测量。不过，通常频率特性的测量主要是指幅频特性的测量。线性系统幅频特性的测量方法有点频测量法和扫频测量法。

1. 点频测量法

点频测量法，就是指在固定频率点上逐点进行测量，然后，将所有测量数据记录于表格或者在坐标纸上标出，并连接起来描绘成曲线的方法。这种方法烦琐、费时，且不连续和直观，有时误差还很大，会漏掉一些突变点。所以，现在很少使用。

2. 扫频测量法

一个正弦信号的频率在一定范围内随时间按照一定规律反复连续变化的过程称为扫频。这种频率扫动的信号称为扫频信号。利用扫频信号的测量称为扫频测量。频率特性的扫频测量法是指将扫频信号加至被测对象的输入端，然后用示波器来显示信号通过被测对象后振幅的变化情况的方法。由于扫频信号的频率是连续变化的，因而在示波器屏幕上可直观显示出被测对象的幅频特性。这种方法又称为动态测量法。

扫频测量法的仪器连接如图 18—8 所示。扫描电压发生器一方面为示波器 X 轴提供扫描信号，另一方面又去控制扫频振荡的频率，使其输出频率从低到高周期性反复变化的扫频信号。这种加至被测对象的扫频信号，从被测对象输出后，由峰值检波器检波检出，加到示波器 Y 轴，示波器屏幕上就显示出反映输出幅度随频率变化的图形——幅频特性。

基于扫频法原理制成的测试频率特性的通用仪器称为频率特性测试仪或扫频仪，如图 18—8 中细虚线框内所示。由图 18—8 可见，扫描信号发生器产生周期性变化的扫描锯齿波，这个锯齿波一方面送到示波器的 X 轴扫描；另一方面送到扫频信号发生器进

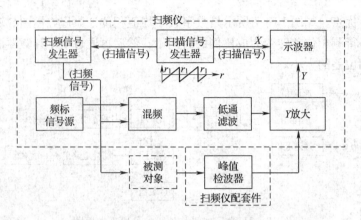

图18—8　扫频测量法的仪器连接

行扫频。扫频信号发生器频率的改变主要靠改变其可变振荡器的频率，改变的方法很多，例如，磁调电感法、YIG（铱铁石榴石）谐振法、变容二极管法等。扫频信号发生器输出的扫频信号是可变频率振荡器与固频振荡器差频出来的，它可以是0～1 000 MHz频率能连续变化的信号。扫频仪中还插入了频率标志信号，以标示出所测量的频率范围。频标是通过频标发生器的晶体振荡器进行谐波形成，并与扫频信号混频后加到Y轴得到的。扫频仪是产品调试、维修和保养中十分有用的仪器。扫频仪与被测对象连接时，必须考虑匹配问题。

第二节　常用电子测量仪器及使用

一、信号发生器

在电子技术领域中，经常需要使用多种频率、波形的信号源。能够产生各种不同已知特定振荡信号的发生器称为信号发生器。信号发生器按输出波形分类，有正弦波信号发生器、脉冲信号发生器、函数信号发生器和噪声信号发生器等。常用的正弦信号发生器，按其频率范围分，又可分为低频、高频、甚高频和超高频信号发生器等。

顾名思义，正弦信号发生器可产生不同频率、电压或功率的正弦波信号；脉冲信号发生器能产生不同周期、宽度、占空比或脉冲序列的脉冲信号；函数信号发生器通常能产生多种波形的信号，例如，正弦、脉冲、三角波等信号；噪声信号发生器则能产生出噪声信号，如白噪声等。低频指20 Hz～20 kHz，高频通常指的是100 kHz～30 MHz，甚高频通常指的是30 MHz～300 MHz，超高频则是GHz级。仪器型号不同，具体频率范围也不同，一般会大于上述范围。装接工在生产实践中接触最多的是低频和高频信号发生器。

1. 低频信号发生器

低频信号发生器的频率范围通常为1 Hz～1 MHz，它能输出正弦波电压，有的还能输出一定的正弦波功率。为了满足多功能测量的需要，有的低频信号发生器还能输出方波信号。

低频信号发生器主要用于测量或检修电子仪器及家用电器中的低频放大电路，也可用于测量传声器、扬声器、低频滤波器等元器件的频率特性，还可作为高频信号发生器的外调制信号源。此外，低频信号发生器在校准电子电压表时，可用作基准电压源。因此，低频信号发生器是一种用途极为广泛的信号源。

（1）对低频信号发生器的一般要求　这些要求主要有：

1）在满足各项规定指标的范围内，能连续或分波段调节输出信号的频率，并且具有较高的稳定性和准确度。一般稳定度应在 ±1%。

2）能连续调节输出电压，并且在整个频率范围内，输出电压能保持稳定，其不均匀性应在 ±1 dB。

3）应具有一种或几种不同的输出阻抗，以适应不同需要，通常有 8 Ω、50 Ω、600 Ω 和 5 kΩ 等几种不同的输出阻抗。

4）输出信号波形的非线性失真系数不超过 1% ~ 3%。

（2）AS1033 型低频信号发生器　AS1033 型低频信号发生器采用了中央处理器（CPU）控制、面板操作的方式，具有友好的人机对话界面。仪器的工作频率范围为 2 Hz ~ 2 MHz，幅度范围为 0.5 ~ 5 Vrms，输出有正弦波、方波（占空比可调）和 TTL 波形，以数码形式显示出输出信号的频率和幅度。

1）主要技术指标

①频率范围　2 Hz ~ 2 MHz，共分 5 个波段：2 ~ 30 Hz，30 ~ 450 Hz，0.45 kHz ~ 7 kHz，7 kHz ~ 100 kHz，0.1 MHz ~ 2 MHz。频率准确度：5 位数码显示输出频率，分辨率为 $1 \times 10^{-4} \pm 1$ 个字。

②正弦波

输出幅度　最大输出电压为 5 Vrms（开路电压）。

输出电平为 -80 ~ 13 dBm，0 ~ 1 dBm 微调，分 1 dBm 和 10 dBm 两种步进方式，3 位数码显示。

幅频特性　≤ ±0.3 dB。

失真度　在 10 ~ 200 Hz 时，不大于 0.1%。

200 kHz ~ 2 MHz 谐波抑制 > 46 dB。

③方波　最大输出电压为 20 V_{p-p}（负载开路）；占空比系数为 20% ~ 80%；逻辑电平输出为 TTL 电平时，上升、下降沿 ≤ 25 ns。

④输出阻抗　600 Ω。

2）组成方框图　AS1033 型低频信号发生器组成框图如图 18—9 所示。整机在中央处理器（CPU）的统一控制和协调下进行工作。从中央处理器输出的数字信号经数模转换电路转换成直流控制电压，控制压控振荡器的频率，产生频率连续可调的低频正弦波信号和方波信号。振荡器的工作频段在 3 位编码开关作用下，实现波段切换。经波形切换电路后，信号通过稳幅放大，以获得足够的电压增益和良好的频率特性，然后经步进衰减器和连续调节衰减器，输出一定电压的低频正弦波和方波信号。另外，从波形切换电路分出一路方波，经 TTL 输出电路的电平变换，输出 TTL 测试信号。同时，从仪器输出的信号频率通过频率显示电路、电压通过电平显示电路，以数码显示的方式显示出来，供操作者读数。

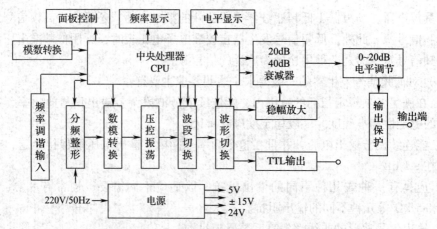

图 18—9　AS1033 型低频信号发生器组成框图

3）面板说明　AS1033 型低频信号发生器的面板图如图 18—10 所示。

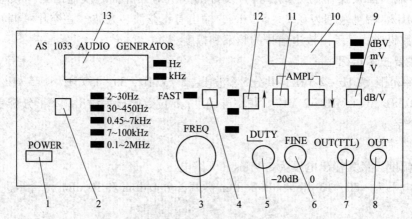

图 18—10　AS1033 型低频信号发生器面板图

1——整机电源开关（POWER）。按下此键，接通电源，同时指示灯点亮。

2——频段选择手动按钮。每按一次，转换一个频段，指示灯上移一位，在 5 个频段内循环切换。

3——频率调节旋钮（FREQ）。调节该旋钮，频段跟着自动换挡。

4——频率调节快慢选择按钮（FAST）。与"FREQ"旋钮配合使用。每按一下，快速调节与慢速调节之间转换一次，"FAST"灯亮时为快速调节频率，否则为慢速调节频率。

5——占空比调节电位器（DUTY）。该旋钮只对方波有控制作用，调节范围为 20% ~ 80%。

6——输出幅度细调电位器（AMPL. FINE）。按顺时针方向旋转该旋钮，输出幅度增大；反之，逆时针方向调节，输出幅度减小。总的调节幅度量为 20 dB。

7——逻辑电平输出端（TTL）。TTL 逻辑电平输出端口。

8——输出端（OUT）。主信号输出端，输出阻抗为 600Ω。

9——输出电平或电压值指示切换按钮（dB/V）。

10——输出幅度显示器。使用 3 位数码管显示输出正弦波电压的有效值或电平。

11——输出幅度粗调按钮（↑ ↓），每 20 dB 为一挡，向下每按一次，增加衰减量 20 dB；向上每按一次，减小衰减量 20 dB。

12——输出波形选择按钮。每按一次，转换一种波形，指示灯下移一位，在正弦波、方波和占空比可调方波内循环切换。

13——输出频率显示器。使用 5 位数码管显示输出信号的频率。

4）使用方法　使用信号发生器之前应检查电源电压。检查外壳是否可靠接地，若没接地应在仪器下垫上绝缘板。开机预热 15 min 后，仪器进入稳定的工作状态。

①频率调节　轻触"频段"按钮置于所需频段，指示灯亮表明当前所处频段，调节"频率调节"（FREQ）旋钮使输出频率显示器显示所需频率值。如要加快调节频率的速度，可按"FAST"调节频率按钮，指示灯亮，频率调节速度加快。

②输出电压调节　根据所需输出正弦波的幅度大小，按"输出幅度粗调"（AMPL）键，并调节"输出幅度细调"（FINE）旋钮，使"输出幅度显示器"显示出所需电平或电压。按"dB/V"键可切换电平和电压的单位。

③波形切换　轻触"输出波形选择"键可进行正弦波、方波和 TTL 输出信号的切换。"输出波形选择"处在 TTL 位置时，可从 TTL 输出端输出逻辑电平信号，向 TTL 电路提供测试信号，其脉宽可通过"DUTY"来调节。"输出波形选择"处在其余位置时，从 OUT 输出正弦波或方波测试信号。

2. 高频信号发生器

高频信号发生器用来产生几十千赫兹至几百兆赫兹的高频正弦波信号，一般还具有调幅和调频功能，这种信号发生器有较高的频率准确度和稳定度，通常输出幅度可在几微伏至 1 V 范围内调节，输出阻抗为 50 Ω 或 75 Ω。对于输出信号频率、输出电压或调幅度值均有较精确的数值指示，衰减器较精密，而且，能保证在较宽的电压范围内有精确数值指示。现在的高频信号发生器引入了微处理器控制技术，因而，可方便地对频率进行自动调节和锁定，对输出电压进行精密控制，对输出信号的各种工作方式（如内外调幅、调频等）的数据进行存储和提取，大大方便了应用，例如，多频段、多功能、多波段接收机的调试和检测。

（1）AS1053 型高频信号发生器主要技术指标

1）频率范围　0.1～150 MHz，共分为 3 个频段。频段 1：0.1～1 MHz；频段 2：1～10 MHz；频段 3：10～150 MHz。

2）音频内调制信号

①调幅内调制信号频率：1 000 Hz；调制深度约 30%（50 Ω 终端负载）；工作频段：1、2、3。

②调频内调制信号频率：400 Hz、1 000 Hz；调频频偏：22.5 kHz（400 Hz）、75 kHz（1 000 Hz）；工作频段：2、3。

③立体声调制信号频率：L：400 Hz，R：1 000 Hz；调频频偏约 75 kHz；工作频段：3。

④立体声调制隔离度：≥30 dB。

⑤调频信噪比：≥40 dB。

⑥内音频输出：1 kHz≥2 Vrms。

⑦外调制输入幅度：0～3 Vrms。

⑧外调制深度：0～90%。

3）射频信号

①输出幅度：316 mVrms/50 Ω（110 dBuV）。

②幅频特性：+1 dB（0.1～150 MHz）。

③频率指示准确度：$1 \times 10^{-4} \pm 1$ 个字。

4）工作频率、信号方式存储：10 个存储单元。

（2）原理框图

AS1053 型高频信号发生器的原理框图如图 18—11 所示。仪器主要由控制单元、射频信号发生单元、音频调制单元和显示单元等部分组成。

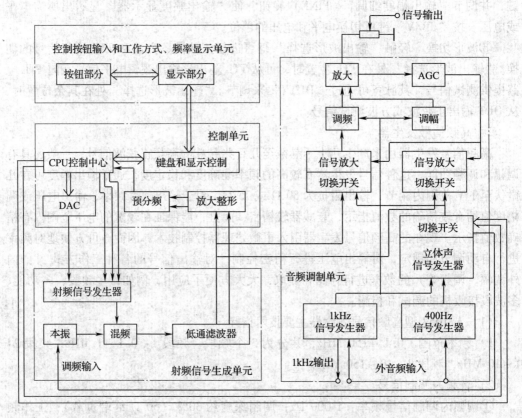

图 18—11　AS1053 型高频信号发生器原理框图

1）控制单元采用 MC51 微机芯片作为控制核心，其主要功能是：

①控制射频信号发生单元的波段切换以及射频信号工作频率的调节。

②控制音频调制器单元的调频、调幅、立体声、外调制等工作方式的切换。

③控制频率显示器和预置存储单元显示器的数码显示。

④实现"人机对话"，控制仪器的工作状态指示、输出信号的数据存储与调用等。

2）射频信号发生单元由 3 组本振信号及相对应的 3 组射频信号组成，经双平衡混频器混频，混频信号通过对应的低通滤波器滤波后输出。

第一、二波段输出信号为低端输出，第三波段输出信号为高端输出，低、高端输出各分为两路，一路送控制单元供频率数字显示用，另一路送音频调制单元。信号的各种工作方式都在音频调制单元处理，各种需要的信号形式也最后由此输出。

3）音频调制单元内部设置 1 kHz 和 400 Hz 两组振荡器，供内部调制使用。仪器处在内调幅工作方式时，1 kHz 调制信号经调幅后产生调制度约 30% 的调幅信号；在内调频工作方式时，经调频后产生频偏分别为 75 kHz 和 22.5 kHz 的调频信号。

射频信号发生单元输出信号送入音频调制单元，经稳幅放大后由信号输出插座输出。

4）显示单元采用数码技术，用 5 位数码管显示输出信号频率值，另外设置 1 位数码管显示（0～9）10 个预置存储单元，供操作者存储信号的工作频率、工作方式等数据。

（3）使用方法

AS1053 型高频信号发生器的面板图如图 18—12 所示。信号发生器在开机预热 15 min 后，即能进入稳定的工作状态。仪器开机后将进入上次关机时的工作状态，然后根据要求进行操作。

①等幅波输出 "调幅 AM" 控制按钮和 "调频 FM" 控制按钮在断开位置，将 "工作频段" 选在所需波段，调节 "频率调节" 旋钮于所需频率，调节 "射频输出幅度"，从射频信号 "输出插座" 可得到高频等幅波。

②调幅波输出 调幅波分内调幅和外调幅两种工作方式。内调幅时，按下 "调幅 AM" 控制按钮和将 "工作频段" 选在所需波段，调节 "频率调节" 旋钮于所需频率，调节 "射频输出幅度" 旋钮，从射频信号 "输出插座" 可得到内调幅波。内调制信号频率为 1 000 Hz，调制深度固定为 30%。外调幅时，按下 "外音频调制" 工作按钮，取出附带的双莲花头线，将机内 "音频输出" 连接至 "外音频输入 R 端"（在后面板上），调节 "外调制调制度" 旋钮，即可得到各种调制深度（0～90%）的调幅波。

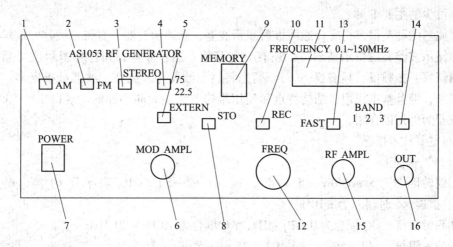

图 18—12 AS1053 型高频信号发生器面板图

1—调幅 AM 控制按钮 2—调频 FM 控制按钮 3—立体声 STEREO 控制按钮

4—调频频偏 22.5 kHz 和 75 kHz 选择键 5—外音频调制工作按钮 6—外调制调制度调节旋钮

7—电源开关 8—射频频率和信号工作方式存储按钮 9—存储或调取单元编号显示数码管（0～9）

10—存储的频率和工作方式调取按钮 11—频率显示器 12—频率调谐旋钮

13—频率快速调谐选择按键 14—工作频段选择按键 15—射频输出幅度调节旋钮 16—射频信号输出插座

③调频波输出　按下"调频 FM"控制按钮，将"工作频段"选择在第二或第三频段，内调频频偏固定于 22.5 kHz（400 Hz）或 75 kHz（1 000 Hz）。外调频时可得到各种频偏（0~75 kHz）的调频波输出。

④立体声调频输出　按下"立体声"控制按钮，将"工作频段"选择在第三频段，可得到频偏为 75 kHz 的立体声调频输出。内调频频偏固定于 22.5 kHz（400 Hz）或 75 kHz（1 000 Hz）；外调频时可得到各种频偏（0~75 kHz）的调频波输出。

⑤信号频率和工作方式的存储　先调好要存储的信号频率和工作方式，然后按一下"STO"键（存储键），右上角指示灯亮后，再用调节电位器在 0~9 选一个单元，再按一下"STO"键，指示灯熄灭后，设置的信号频率和工作方式就存入所选择的单元中。

⑥存储内容的调取　调取时，先按一下"RECALL"键（调取键），右上角指示灯亮后，再用调节电位器在 0~9 选一个单元，再按一下"RECALL"键，指示灯熄灭后，就完成了存储内容的调取。此时信号发生器将按原储存在该单元中的工作方式和频率工作。

二、示波器

示波器是一种能将电信号用图形方式显示出来的电子仪器。它不仅可用来观察电压、电流的波形，测定电压、电流、功率，而且还可用来定量地测量信号的频率、幅度、相位、宽度、调幅度、幅频特性、相频特性等参数。示波器还可以同其他仪器相结合，测定电路的输入阻抗、输出阻抗，检查各种元器件的参数，检查电路的工作状态和失真情况，以及对各种非电量转换为电量后进行测量等。示波器在维修各种电子设备中是必不可少的主要工具之一。

示波器的种类很多，有普通阴极射线示波器、脉冲示波器、宽带示波器、取样示波器、存储示波器、逻辑示波器等，还有一些其他专用示波器，如各种图示仪（晶体管特性测试仪、扫频仪、频谱仪……）、暂态特性示波器等。虽然示波器种类繁多，原理结构复杂，但其基本原理、结构特点和使用维修方法是大同小异的。现以 XJ4323 型双踪示波器为例加以介绍。

1. 主要技术指标

（1）Y 轴信道

①偏转因数　5 mV/div~5 V/div，按（1—2—5）×10^n 顺序分 10 挡，误差为 ±5%，扩展 ×5 时误差为 ±10%。

②频带宽度　DC 耦合为 0~20 MHz，AC 耦合为 10 Hz~20 MHz。

③输入阻抗　（1+5%）×1 MΩ / 25 pF ±5 pF。

④最大输入电压　400 V（DC+ACp−p）。

⑤工作方式　CH1 信（通）道 1、CH2 信（通）道 2、ADD 相加，ALT 交替，CHOP 断续。

（2）X 轴信道

①时基因数　0.2 μs/div~0.2 s/div，按 1—2—5 顺序分 20 挡，误差为 ±5%，扩

展×10 时误差为 ±10%。

②扫描工作方式 （AUTO）自动、（NORM）常态、TV（电视）、$X-Y$、外。

③触发方式 CH1、CH2、电源、电视、外触发。

④耦合方式 AC 交流。

（3）主机

①增辉电压与极性 5Vp p，负极性。

②频率范围 0～5 MHz。

③校准信号方波 （0.5±0.25）V、（1±0.1）kHz。

2. 工作原理

XJ4323 型双踪示波器的原理框图如图 18—13 所示。

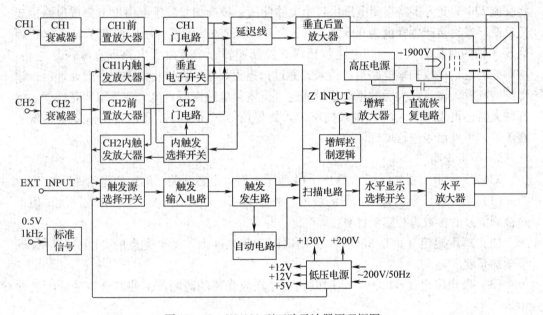

图 18—13 XJ4323 型双踪示波器原理框图

（1）Y 轴信道 Y 轴信道由衰减器、前置放大器、门电路、延迟线、垂直后置放大器、电子开关、内触发放大器及内触发开关等组成。被测信号可分别由两个 Y 输入插座（CH1、CH2）输入经衰减后送至前置放大器放大，借助电子开关及门电路的作用，可任意控制两个信道的信号或单独输出或轮流输出或同时输出至延迟线，然后经垂直后置放大器放大再加到示波器的 Y 偏转板。示波器的显示方式可由面板上的"垂直方式"开关选择决定。当双踪显示时，它能根据扫描频率的高低自动确定显示方式，即高扫速时为交替显示，低扫速时为断续显示，以便取得最佳的双踪显示效果。内触发放大器对前置放大器输出的部分被测信号进行放大，内触发选择开关根据电子开关的工作状态自动选择其中一路被测信号送往 X 轴信道作为内触发信号。

（2）X 轴信道 由于本示波器的功能较强，因而 X 轴信道也显得较为复杂。触发信号经"触发源"选择开关进入触发输入放大电路放大，再由触发信号发生器整形变为矩形脉冲控制扫描信号发生器。示波器有自动（AUTO）、常态（NORM）、电视

（TV）和锁定（LOCK）四种扫描工作方式，其过程由自动电路完成。示波器还允许工作于 X－Y 或外扫描方式。当工作于 X－Y 方式时，CH1 信号作为 X 轴信道的前端，X 信号通过 CH1 衰减器、前置放大器、内触发放大器、触发源选择开关、触发输入电路、触发发生器、扫描电路等电路处理之后由水平显示选择开关送入水平放大器加到 X 偏转板；切换到 X－Y 方式是通过"CH1 或 X"开关完成的。当为外扫描方式时，"外触发"输入插座输入扫描信号，经由触发源选择开关选通接入触发输入电路、触发发生器、扫描电路、水平显示选择开关送至水平放大器，接到 X 偏转板完成外扫描。

（3）电源及增辉电路　这部分主要指高压电源、低压电源、校准信号发生器和增辉电路等。高压电源主要为示波管提供各级电压，包括增辉信号的恢复直流；低压电源将交流 220 V 变为多路直流电压供各个电路使用；校准信号发生器由 TTL 集成电路接成正反馈形式直接产生幅度为 0.5 V、频率为 1 kHz 的方波信号，用以校准 Y 轴的偏转因数及 X 轴的时基因数；增辉电路包括增辉控制逻辑、增辉放大电路和直流恢复电路。增辉控制逻辑接收扫描电路来的信号，通过扫描正程增辉、逆程消隐的逻辑处理后，输出到增辉放大器，放大后的增辉信号通过直流恢复电路恢复直流，使显示调亮增辉。增辉放大器还被用来放大由 Z 输入插座输入的外信号，同样，在通过直流恢复电路恢复直流后，用外信号进行增辉调节。

3. 面板说明

XJ4323 型示波器的面板如图 18—14 所示。面板上各开关、旋钮的作用说明如下：

（1）荧光屏　显示被测信号的波形。外置 10 div ×8 div（X×Y）有效刻度，便于对被测信号的参数进行定量计算。

（2）辉度旋钮（INTENSITY）　用以调节荧光屏上波形、光点的亮度。顺时针调节增加亮度。

（3）聚焦旋钮（FOCUS）　用以调节光点或光迹的清晰度，使其获得最清晰的显示。

（4）光迹旋转旋钮（TRACE ROTATION）　调节时基线的水平度，直到光迹和水平格线平行。

（5）电源指示灯　电源接通时指示灯亮。

（6）校准信号（PROBE ADJUST）　向本机提供校准方波信号。方波信号的幅度为 0.5 V，频率为 1 kHz。

（7）电源开关（POWER）　用以接通或断开示波器电源。

（8）CH1 垂直位移旋钮（↕POSITION）　调节 CH1 的光迹在屏幕上的垂直位置，顺时针旋转光迹向上移动，逆时针旋转光迹向下移动。

（9）CH1 或 X 输入插座（1MΩ 25pF ◎）　CH1 信道输入端口。在 X—Y 显示方式时，作为 X 轴（水平）信号输入端口。为避免仪器受损，所输入信号的对地电压不能超过 400V（DC＋、AC Vp－p）。

（10）CH1 或 X 切换开关（CH1 OR X）　当开关按下时，示波器处于 X—Y 显示方式，CH1 输入的信号加在 X 偏转板上；反之，CH1 输入的信号加到 Y 轴通道。

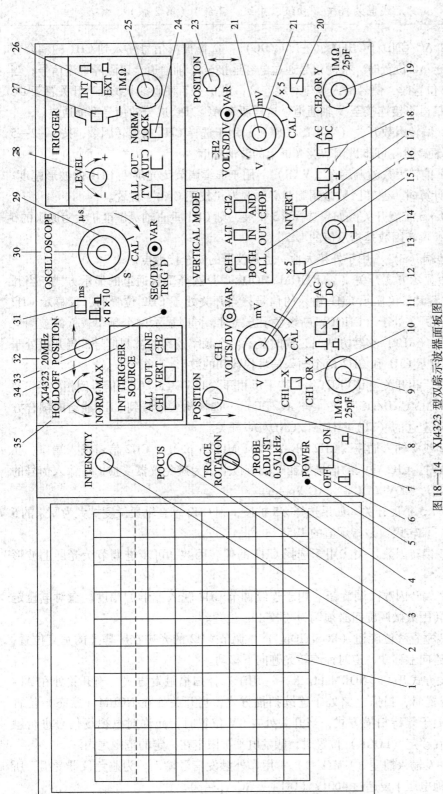

图 18—14　XJ4323 型双踪示波器面板图

1—荧光屏　2—辉度　3—聚焦　4—光迹旋转　5—电源指示灯　6—校准信号　7—电源开关　8—CH1 垂直位移　9—CH1 或 X 输入插座　10—CH1 或 X 切换开关
11—CH1 输入耦合开关　12—CH1 偏转因数开关　13—CH1 偏转因数微调　14—CH1 ×5 扩展开关　15—接地端　16—垂直显示方式　17—CH2 反相开关
18—CH2 输入耦合开关　19—CH2 或 Y 输入插座　20—CH2 ×5 扩展开关　21—CH2 偏转因数开关　22—CH2 偏转因数微调　23—CH2 垂直位移
24—触发方式开关　25—外触发输入插座　26—内、外触发开关　27—触发极性开关　28—触发电平　29—时基因数开关　30—时基因数微调
31—×10 扩展开关　32—触发状态指示灯　33—水平位移　34—内触发源选择开关　35—释抑时间

（11）CH1 AC/GND/DC 开关（⏚ AC/DC）　选择被测信号输入到 CH1 的耦合方式。当开关置于 AC 位置时，被测信号通过电容连接至 Y 轴通道，以阻隔直流信号；当开关置于 GND 位置时，信号输入端口对地连接，建立一个对地参考线；当开关置于 DC 位置时，被测信号直接连接至 Y 轴通道，这样所有 AC、DC 成分的信号都能通过。

（12）CH1 偏转因数开关（VOLTS/DIV）　用于选择 CH1 的偏转因数，按 1—2—5 顺序调节 Y 轴衰减量，可步进调节荧光屏上的波形幅度。

（13）CH1 偏转因数微调旋钮（VAR）　用于连续调节荧光屏上 CH1 的波形幅度。在对电压定量计算时，偏转因数微调旋钮必须调为"校正 CAL"位置。

（14）CH1 ×5 扩展开关　如果选择 ×5 扩展，则 CH1 垂直轴灵敏度扩大为原来的 5 倍，也就是说，偏转因数是指示值的 1/5。

（15）接地端（⎓）　用于外接大地，也是仪器的安全接地点。

（16）垂直显示方式开关（VERTICAL MODE）　选择垂直通道的显示方式。当开关处于 CH1 位置时，仅显示 CH1 输入的信号；当开关处于 CH2 位置时，仅显示 CH2 输入的信号；当开关处于（CHOP）断续显示方式时，同时显示两个频率较低的被测信号；当开关处于（ALT）交替方式时，同时显示两个频率较高的被测信号；当开关处于 ADD 位置时，显示 CH1 和 CH2 两个输入信号代数和的波形。

（17）CH2 反相开关（INVERT）　按下反相开关 INVERT，CH2 信号倒相。

（18）CH2 AC/GND/DC 开关（⏚ AC/DC）　选择输入信号到 CH2 通道的耦合方式，作用类似于上述的（11）CH1 AC/GND/DC 开关。

（19）CH2 或 Y 输入插座（CH2 OR Y ◎1 MΩ 25 pF）　CH2 信道输入端口。在 X—Y 显示方式时，CH2 输入的信号加在 Y 偏转板上。为避免仪器受损，所输入信号的对地电压不能超过 400V（DC +、AC Vp-p）。

（20）CH2 ×5 扩展开关　如果选择 ×5 扩展，则 CH2 垂直轴灵敏度扩大为原来的 5 倍，也就是说，偏转因数是指示值的 1/5。

（21）CH2 偏转因数开关　用于选择 CH2 的偏转因数，可步进调节荧光屏上波形的幅度。

（22）CH2 偏转因数微调旋钮　用于连续调节 CH2 输入波形的幅度。在对电压定量计算时，偏转因数微调旋钮必须调为"校正"位置。

（23）CH2 垂直移位旋钮（POSITION↕）　调节 CH2 的光迹在屏幕上的垂直位置，顺时针旋转光迹向上移动，逆时针旋转光迹向下移动。

（24）触发方式开关（NORM LOCK）　用于选择扫描触发方式。当开关处在 AUTO（自动）位置时，扫描电路处于连续扫描方式；当开关处在 NORM（常态）位置时，扫描电路处于等待扫描方式；当开关处在 TV 位置时，允许对电视场信号进行触发；当开关处在锁定（LOCK）位置时，触发电平被限定在一定的范围之内。

（25）外触发输入插座（1 MΩ ◎）　用作外触发信号输入。为避免仪器受损，所输入信号的对地电压不要超过 400 V（DC +、AC Vp-p）。

（26）内、外触发开关（INT EXT）　选择内、外触发信号源。当开关处于外触发信号时，必须从外触发输入插座输入触发信号。

（27）触发极性开关（⌐ ⌐）　选择正极性或负极性触发信号，作为扫描起始点位置。开关弹出为正极性（上升沿）触发，开关按下为负极性（下降沿）触发。

（28）触发电平旋钮（LEVEL）　选择触发信号的电平，顺时针旋转，触发点移向触发信号的正峰点；逆时针旋转，触发点移向触发信号的负峰点。

（29）时基因数开关（SEC/DIV）　习惯上用"t/div"来表示。按 1—2—5 顺序步进改变扫描速度，即步进选择时基因数，用以调节波形在水平方向上显示的有效周期。

（30）时基因数微调旋钮（VAR）　用于连续调节时基因数。测量时间时，水平因数微调旋钮必须顺时针旋到底，VAR 处于"校准"（CAL）位置。

（31）×10 扩展开关　当按下 ×10 扩展按钮，扫描速度提高为原来的 10 倍，即时间因数是指示值的 1/10。

（32）触发指示灯　用于指示触发电路的工作状态。

（33）水平位移旋钮（POSITION ←→）　调节光迹在屏幕上的水平位置，顺时针旋转光迹向右移动，逆时针旋转，光迹向左移动。

（34）内触发源开关（INT TRIGGER）　可方便地选择各种触发源。当开关处在 VERT（垂直）位置时，CH1 或 CH2 的信号作为触发信号；当开关处在 CH1 位置时，CH1 自动成为触发源；当开关处在 CH2 位置时，CH2 自动成为触发源；当开关处在 ALL（双踪）位置时，在所有"SEC/DIV"挡范围内的信号作为交替触发信号；当开关处在 LINE（电源）位置时，选择电网的电压作为触发信号，如果被测信号与市电频率相关，则选择电源触发，可以得到稳定的波形；如果开关处在 OUT（外触发）位置时，则选择示波器之外的信号作为触发信号。

（35）释抑（HOLD OFF ↙ ↘）　在扫描结束后提供连续可变的释抑时间，有利于对非周期性信号的同步控制。

（36）Z 轴输入插座（位于后面板）　外接增辉调亮信号输入插座。

4. 使用方法

（1）检查电源电压，将三芯电源线接入交流插座。通电之前，不要按下过多的按键，应按需切换功能键。通常，可以这样首先设定开关或旋钮的位置：

1）电源　弹出。

2）辉度、聚焦、水平、垂直位移　居中。

3）DC—GND—AC　GND。

4）垂直显示方式　CH1。

5）VOLTS/DIV　100mV/div。

6）时基因数微调、偏转因数微调　校准。

7）触发方式　自动。

8）内触发源开关　VERT。

9）SEC/DIV　0.5 ms/div。

（2）按下电源开关，调节亮度和聚焦旋钮，使扫描基线清晰度较好。

（3）校准探极，将探极（×1）电缆接通 CH1 输入插座和校准信号输出端，将 AC—GND—DC 改为 AC 位置，使显示的方波为规定的形状，如波形底部或顶部不平坦，可调节探极上的微调修正电容，如图 18—15 所示，使波形达到如图 18—16 所示的最佳补偿。

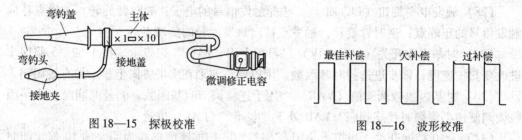

图 18—15　探极校准　　　　　　　图 18—16　波形校准

（4）使用注意事项

1）不能让显示的波形或光点持久地停留在一个位置上，辉度不应开得过亮。

2）不要随意调节面板上的开关和旋钮，应根据需要进行调节，避免开关和旋钮失效。

3）被测电压不应超过示波器规定的最大允许输入电压。

4）测量较高电压时，严禁用手直接触及被测点，以免发生触电。

5. 示波器的应用

（1）电压测量

电压测量有交流测量和直流测量两种。无论测量哪一种电压，在测量电压之前，"V/div"的微调必须处于"校准"位置。

1）交流电压的测量

①将 Y 轴输入耦合开关"AC—GND—DC"置于"AC"处。

②从 CH1 或 CH2 插座接入被测电压（将"垂直显示方式开关"置于 CH1 或 CH2），调节相应的偏转因数，改变时基因数旋钮，使波形处于便于读数的范围内。若波形幅度超过 8 格，可将探极上的开关置于"×10"，调节"X 轴移位"和"Y 轴移位"旋钮，使被测波形处于屏幕中央。波形在水平方向上一般占据 1~3 个周期，垂直方向上占据 4~6 格。如波形出现水平移动，可调节"电平"旋钮（常态下）使其稳定。

③根据"偏转因数"V/div 的示值和波形的高度 H（div），如图 18—17 所示，算出被测信号的电压值：

$$U_{p-p} = \frac{V}{div} \times H \text{（div）} \tag{18—3}$$

如果探极上的开关置于 ×10 位置，则应按下式计算被测信号的电压值：

$$U_{p-p} = \frac{V}{div} \times H \text{（div）} \times 10 \tag{18—4}$$

2）直流电压的测量

①把触发方式置于"自动"，使屏幕上出现时基线。

②调节"垂直位移"旋钮，"输入耦合"置于"DC"，确定"0V 基准"，接入被测直流电压，若此时时基线偏离原高度为 H 格，如图 18—18 所示，按式（18—3）或式（18—4）计算。

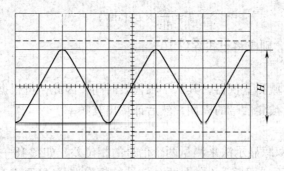

图 18—17　测量交流电压

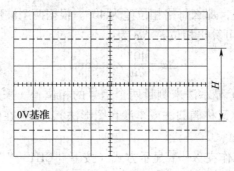

图 18—18　测量直流电压

③算出直流电压的大小。应该注意的是，如果接入电压后时基线向下偏移，说明输入直流电压的极性为负。

3）调幅波的测量　将调幅波信号接入 Y 通道，调节"偏转因数"和"时基因数"开关，使波形显示在有效屏幕内，如图 18—19 所示，然后根据式（18—5）算出被测调幅波信号的调幅系数 m：

$$m = \frac{H_2 - H_1}{H_2 + H_1} \times 100\% \qquad (18—5)$$

（2）时间间隔测量　测量时间时，必须将示波器的"时基因数"微调旋钮置于"校准"状态。接入被测电压，调节"时基因数"开关，使显示波形在有效屏幕内，如图 18—20 所示。若被测的某两点距离为 L 格，则该两点的时间间隔 T 为：

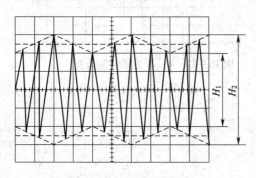

图 18—19　测量调幅系数

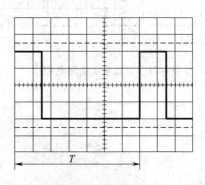

图 18—20　测量时间间隔

$$T = \frac{t}{div} \times L \ (\text{div}) \tag{18—6}$$

如使用"扩展×10"，则应将上式除以 10。

（3）频率测量

由于示波器是时域测量仪器，其水平轴代表时间，因此，可根据频率与周期互为倒数的关系，先测量出被测信号的周期，然后计算出其频率。

（4）相位测量

1）利用示波器双踪显示法来测量两个信号的相位差，如图 18—21 所示。将示波器"垂直方式"开关置于"双踪"（根据两个信号的频率选择 ALT 或 CHOP）显示。从两个信道分别输入同频比较信号，调节"时基因数"开关和"时基因数"微调旋钮，使一个周期的波形占据 9 格，那么每格相位差为 40°。根据两个波形在 X 轴上的距离（设为 L 格），则由以下公式可算出相位差 $\Delta\varphi$ 为：

$$\Delta\varphi = \frac{40°}{div} \times L \ (\text{div}) \tag{18—7}$$

2）利用示波器 X—Y 显示法来测量两个信号的相位差。采用 X—Y 显示法来测量两个同频信号的相位差（又称椭圆法或李沙育图形法），这是在低频相位差测量中较常使用的一种方法。

测量时，使示波器工作在 X—Y 显示方式（按下"CH1—X"开关），分别从 CH1、CH2 输入插座输入两个正弦波信号，这时示波器的荧光屏便会显示一个椭圆图形，调节两个通道的偏转因数，使显示的波形便于读数，如图 18—22 所示，则两个信号的相位差可由下式算出：

$$\Delta\varphi = \arcsin \frac{B}{A} \tag{18—8}$$

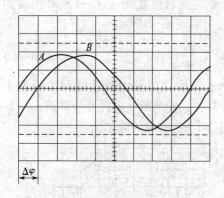

图 18—21 双踪显示法测量相位

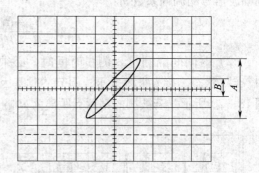

图 18—22 X—Y 显示法测量相位差

第

4

部分

中级无线电装接工技能要求

第十九章 零、部件的检测技术

第一节 元器件仪表检测方法

一、用 WQJ—05 型万用电桥测量电阻、电容、电感

1. 测试准备

（1）接通电源前将被测元件插入"测量"接线柱，接线越短越好。

（2）通电后将"测量电源"与"检测计"置于"内接"位置。

（3）将桥臂读数开关"×1""×10""×10^2"置于"0"位置。

（4）将损耗因数和品质因数旋钮"Q""Q_1D""Q_1Q_2D"置于"0"位置。

（5）逆时针旋转"灵敏度"到最小，使平衡指示表的指针达到"100"，如达不到就调节"零点调节"电位器直到满刻度正好为止。然后顺时针转动"灵敏调节"到最大，"平衡指示表"的指针应指向零。这时应注意"测量选择"如放在电容挡，则桥臂读数开关"×1"应放在"1"挡；如"测量选择"放在"电感 Q_1 挡"，应将"Q_1Q_2D"旋向右端。

2. 测量电阻

（1）将"测量选择"置于"电阻挡"。

（2）根据被测电阻的标称范围，将"倍率选择"开关放在适当的挡级。

（3）顺序调节"×1""×10""×10^2""×10^3"四个读数开关，观察"平衡指示电表"的指针渐渐向右偏转，反复增减读数开关，使电表指针偏转到满刻度。这时无论如何调节"灵敏度调节"电位器，指针都稳定在满刻度而不摆动，说明电桥已达到平衡状态。

（4）将读数开关指示数值的总和与"倍率选择"开关所指挡级的读数相乘，就是被测电阻的电阻值。

3. 测量电容

（1）将"测量选择"开关置于"电容"挡级。

（2）根据被测电容标称值范围，将"倍率选择"开关置于适当挡级。

（3）与测量电阻方法中"（3）"项操作相同，顺序反复增减四个读数开关指示值，使"平衡指示表"指针偏转到最大限度。如被测电容有一定的介质损耗时，应同时调节损耗因数"Q_1D"与"Q_1Q_2D"旋钮，使平衡指示表指针偏转更大，再反复调节读数开关及损耗因数旋钮，直到电桥达到完全平衡状态。

（4）各读数开关指示数值的总和与"倍率开关"指示数值的乘积，就是被测电容的电容量。"Q_1D"与"Q_2D"开关所指读数之和，就是被测电容的损耗因数 D 值。

4．测量电感

（1）根据被测电感的品质因数 Q 值大小，正确放置"测量开关"位置。当被测电感的 $Q < 10$ 时，"测量选择"开关置于"电感 Q_1"挡；当 $Q > 10$ 时，"测量选择"开关置于"电感 Q_2"挡。

（2）根据被测电感的数值范围，选好相应的"倍率选择"的挡级。

（3）与测试电容步骤的"（3）"项大致相同，但比测量电容时更难调节到完全平衡状态。因此要更耐心地反复调节"读数开关"与"品质因数"开关，使"平衡指示表"指针偏转到最大限度。

（4）各读数开关指示数值之和与"倍率选择"开关指示数值的乘积，就是被测电感的电感量。

二、用 JT1 型晶体管图示仪测量晶体管

1．仪器使用基本步骤

（1）开启电源，预热 15 min 后使用。

（2）调整示波管部分，即调节"标尺亮度"为红色标尺；调节"聚焦"与"辅助聚焦"，使亮点和线条清晰。

（3）将集电极扫描的"峰值电压范围""极性""功耗电阻"等旋钮调到测量需要的范围；"峰值电压旋钮"先置于最小位置，测量时慢慢增加。

（4）"Y"轴作用与"X 轴作用"中的"毫安—伏/度"与"伏/度"旋钮置于需要读测位置。

（5）将"基极阶梯信号"中的"极性""串联电阻""阶梯选择"等旋钮调到需要读测的位置。"阶梯作用"置于"重复"，"级/秒"可任意放在"100"或"200"位置。

（6）将测试台的"测试选择"放在中间位置，插上被测晶体管，然后转动"测试选择"开关到要测试的一方，即可进行有关测量。

2．使用举例

共射极晶体管的输入、输出特性测试（见图 19—1、图 19—2）。

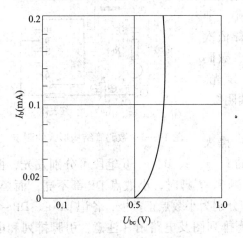

图 19—1　晶体管输入特性曲线

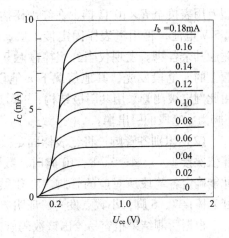

图 19—2　晶体管输出特性曲线

被测管：3DK2

（1）输入特性测试

峰值电压范围：0～20 V

极性：正（+）

功耗电阻：1 kΩ

Y轴作用：I_b（0.02 mA/度）（0.02 V/度）

X轴作用：U_{be}基级电压

级/秒：下100

（2）输出特性测试

峰值电压范围：0～20 V

极性：正（+）

功耗电阻：1 kΩ

Y轴作用：I_c（1 mA/度）

X轴作用：U_{ce}（1 V/度）

极性：正（+）

阶梯选择：I_b（0.01 mA/度）

级/族：10

三、万用表对特殊器件的简要检测

1．检查 LED 数码管的方法

用一块万用表和一节 1.5 V 电池，能完成下述检测内容：①判断数码管结构形式（共阴式或共阳式）；②识别管脚；③检查全亮笔段。

实例：被测管是一只超小型 LED 数码管，外形尺寸为 11 mm×7 mm×4 mm，字形尺寸 7.6 mm×4.5 mm，发光颜色为绿色，采用双列直插式，左右各竖排着 5 个管脚。管壳上无任何标记。

（1）判定结构形式　如图 19—3 所示，将 500 型万用表拨至 $R×10$ Ω 挡，在红表棒插孔上串一节 1.5 V 电池，再用黑表棒固定接 1 脚，红表棒依次碰触其余各脚。发现仅当红表棒碰触 9 脚时，数码管上的 a 笔段发光，其他情况下 a 笔段均不发光。由此判定被测管采用共阴极结构，9 脚是公共阴极，1 脚为 a 笔段的引出端。

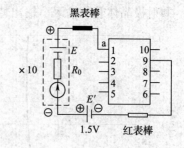

图 19—3　数码管结构形式的测定

（2）识别各管脚　将红表棒固定接 9 脚，黑表棒依次接 2、3、4、5、8、10 脚时，数码管的 f、g、e、d、c、b 笔段可分别发光，由此能确定各笔段所对应的管脚。唯独黑表棒测 6、7 脚时，小数点 DP 都不亮；而黑、红表棒接 7、6 脚，小数点发光，证明 7、6 脚分别为小数点正负极，各记 DP+、DP−。

根据所测结果很容易绘出该数码管的管脚排列图及电路图（注意：引脚排列和电路会随具体产品而各有差异，使用时应以生产企业所给资料为准），如图 19—4 所示。

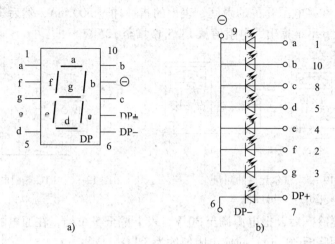

图 19—4　数码管管脚的排列及内部结构

a) 管脚排列　b) 电路图

（3）检查全亮笔段　把 a~g 段和 DP + 全部短路后接黑表棒，公共电极与 DP – 端一同接红表棒，显示全亮笔段"8"，无笔段残缺现象。

注意事项：

1）在判定结构形式时，若黑表棒固定接某脚，红表棒碰其他任何一脚都不亮，证明被测管属于共阳式结构，应交换表棒位置重测。

2）大多数 LED 数码管的小数点是不独立的，在内部已同公共电极连通。

2. 检查霍尔元件的方法

霍尔元件广泛用于磁场测量、移位测量、接近开关和限位开关中。

检测方法：

（1）测量输入电阻 R_i、输出电阻 R_o　测量电路图如图 19—5 所示，对 H2 系列产品应选择万用表的 $R \times 10 \ \Omega$ 挡；对于 HT、HS 系列产品建议选 $R \times 1 \ \Omega$ 挡。测量结果应与手册中规定值相符。若电阻为零或无穷大，说明元件已损坏。

（2）估测灵敏度 KH　取两块万用表，将表 1 拨至 $R \times 10 \ \Omega$ 挡或 $R \times 1 \ \Omega$ 挡（视控制电流大小而定），向霍尔元件提供控制电流 I，再将表 2 拨于 2.5 V 挡测量霍尔电动势 E_H。拿一条形磁铁垂直移近霍尔元件表面，应能观察到表 2 的偏转。在同样测试条件下，表 2 偏转越大，证明霍尔元件的灵敏度越高。测试时，输入、输出引线不得接反。

3. 检查 PTC 热敏电阻器的方法

正温度系数热敏电阻器（PTC）的特征是，在温度范围内具有正温度系数。它被用于测温、控温、保护等电路。在彩色电视机、电熨斗、电子驱蚊器等日用电器中大量应用。

例如，被测元件型号为 Mz72，标称阻值 12（1 ±20%）Ω。

PTC 热敏电阻器测试电路如图 19—6 所示。将 JWC—30F 型直流稳压电源调至 10 V，准备两块万用表，其中表 1 拨至 500 mA 挡与 PTC 串联后接电源。用表 2 的 50 V 以上挡监测电源电压。在接电源开关的瞬间，表1的指针冲过500 mA，然后迅速降低，经过36 s降至80 mA。不难算出，电阻值从13.5 Ω增至125 Ω。

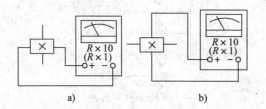

图19—5　霍尔元件的测量

a）测量R_i　b）测量R_o

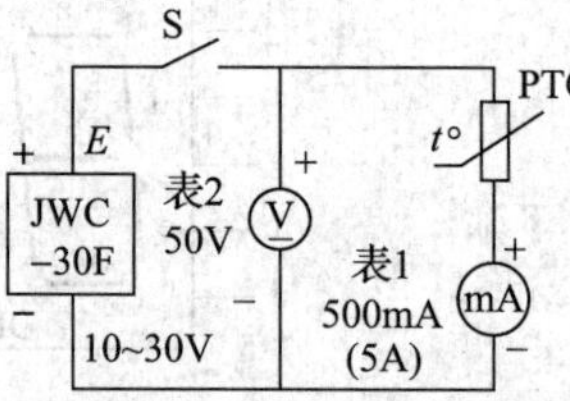

图19—6　PTC热敏电阻器的测量

等PTC恢复冷态后，把电源调至30 V，表1拨至5 A挡，在通电的瞬间电流接近2 A，经8 s时间降至30 mA。对应电阻值约为3 kΩ。

4. 检查压敏电阻的方法

（1）压敏电阻（VSR）是电压灵敏电阻器的简称，是一种新型的过压保护元件，广泛应用于过压保护电路、消噪电路、消火花电路、吸收回路中。

（2）检测压敏电阻器的方法

1）检查绝缘电阻　用万用表$R×1$ kΩ挡测量两脚之间的正、反向绝缘电阻，应均为无穷大，否则说明元件的漏电流大。

2）测量标称电压　由于工艺的离散性，压敏电阻所标的电压会有一定偏差，应以实际值为准，测试电路如图19—7所示。利用兆欧表提供测试电压，再用万用表直流电压挡和电流挡分别测出$U_{1\,mA}$、$I_{1\,mA}$。然后调换元件引线位置，测出$U'_{1\,mA}$、I'_{mA}。应满足$U_{1\,mA} ≈ |U'_{1\,mA}|$，否则说明元件对称性不好。

实例：选择2C25—3型兆欧表和500型万用表500 V挡和1 mA挡，测量一只国产MYL470（标称电压为470 V）压敏电阻。分别测出$U_{1\,mA} = 470$ V（$I_{1\,mA} = 0.17$ mA）、$U'_{1\,mA} = -480$ V（$I'_{1\,mA} = -0.18$ mA），证明元件合格。

5. 检测运放集成电路方法

运算放大器分单运放、双运放、四运放等多种，典型产品分别为 μA741、TL062、LM324，其中以四运放的利用率最高。四运放管脚排列如图19—8所示，图中 V_+、GND 分别为正电源端和地端。IN_+、IN_- 分别为同相输入端和反相输入端，OUT 为输出端。

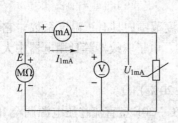

图19—7　压敏电阻器的测量

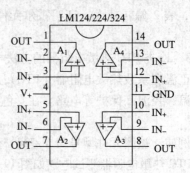

图19—8　四运放管脚排列图

用万用表（500 型）$R \times 1$ kΩ 挡测量 LM324 四运放的非在路各管脚电阻值，数据见表 19—1。

表 19—1　　　　　　　　　　　**LM324 四运放的非在路电阻值**

黑表棒位置	红表棒位置	正常电阻值 kΩ	不正常电阻值	黑表棒位置	红表棒位置	正常电阻值 kΩ	不正常电阻值
U$_+$	GND	16 ~ 17		U$_+$	IN$_-$	55	
GND	U$_+$	5 ~ 6	0 或 ∞	OUT	U$_+$	20	0 或 ∞
U$_+$	IN$_+$	50		OUT	GND	60 ~ 65	

第二节　电气零件、部件的检测

一、接插件

接插件又称连接器或插头座，通常泛指连接器、接头、插座、接线柱、熔断器座、电子管座以及开关等。在无线电设备中，提供简便的插拔式电气连接。对接插件检测的基本要求是：

1. 接头件与插座件是否配合良好，接触可靠。
2. 接插件是否有良好的机械强度。
3. 接插时，是否有一定的插拔力。
4. 接插件是否有一定的电气绝缘性能。

二、继电器

继电器在电子电路中起电气控制及转换作用，市场上有很多型号。对继电器检测的基本要求是：

1. 工作电压（直流或交流）是否 ≤ 额定电压的 2/3。
2. 线圈电阻是否是额定值。
3. 吸合电流和释放电流是否符合标准。
4. 继电器触点允许电压、电流是否符合标准。

三、开关件

开关件主要供电子设备作通断电源或换接线路之用，如电源开关、波段开关、按键开关、微动开关等。对开关件检测的基本要求是：

1. 接触是否良好，触点电流是否符合要求。
2. 换位是否清晰，转换力矩是否适当，定位是否准确可靠。
3. 是否绝缘良好，有一定的使用寿命。对某些使用场合是否具备特殊环境下的适应能力。

四、指示灯、熔断器

指示灯是供无线电设备做照明或电路通断指示用的。主要技术参数是额定工作电压、电流、额定功率和绝缘特性。

熔断器又称保险器，对电路起保护作用，主要检测的参数有熔丝的额定电流、熔丝平均熔化时间和平均全部断开时间。

第三节 机械零部件的检测

一、机械零部件的检测

装接前需对机械零部件进行检测以确保整机质量。通常主要检测：

1. 机械设备的装配是否与装配图一致，提供的装配材料、机械零部件、外购件均需符合现行标准和设计文件要求。

2. 机械零部件表面不允许产生裂纹、凹陷、压伤和可能影响设备性能的其他损伤。

3. 弹性零件装配时不允许造成永久性变形。

4. 有锁紧装置的零部件，在调整完毕时应牢固锁定，并在锁定时不得变位。

5. 对要求完全固定的结构应当安装牢固，不允许有歪斜、摆动、转动、位移现象。

6. 各种橡胶、毛毡及其他非金属衬垫都应紧贴安装部位，不允许有裂纹和皱折。

7. 底座上的安装孔与零部件的安装孔要相互对正，孔不对正、歪斜安装视为不合格产品。

8. 各种零件表面涂覆不得损坏，包括电镀层或喷漆层。

9. 载有射频电流的导线（一般指功率较大的射频器件紧固处），不得使用开口垫圈，应使用波形垫和内齿垫，铝件装配采用内齿垫圈。

10. 大中功率安装件，有关射频导电部分应没有棱角尖端。

11. 机械部件内部不得有残留金属屑及其他杂物。

二、面板、机壳的检查

注塑成型后的面板、机壳，经过喷涂、漏印、烫印后，成为无线电一个重要的部件。在质检过程中主要检查：

1. 面板外观要整洁，表面不应有明显的划伤、裂纹、变形，表面涂覆层不应有起泡、龟裂和脱落。

2. 在面板上的各种可动件，应操作灵活可靠。位置要适中，无明显缝隙，零部件应紧固无松动。具有足够的机械强度和稳定性。

3. 悬挂的金属外物不能进入机壳上的散气孔。机壳打开后，所露机件应无带电现象。

4. 机壳、后盖上的安全标志应清晰。某些机壳、后盖材料应使用阻燃材料。

第二十章 较复杂产品的整机装配技术

无线电整机装配就是将零、部件和组件按预定的设计要求装配在机箱（或机柜）内，再用导线在各零、部件之间进行电气连接。在生产中必须遵循其安装工艺和接线工艺，才能确保产品质量。

第一节 整机安装工艺

一、安装工艺要求

1. 正确装配

（1）保证总装中使用的元器件和零、部件，其规格型号符合设计要求。

（2）整机安装生产线所使用的机动螺钉旋具，在安装时应垂直工件不偏斜，力矩大小选择要适合。

（3）注意安装零、部件的安全要求。

（4）整机安装时，零、部（组合）件用螺钉紧固后，螺钉头部再滴红色胶黏剂固定，以防松脱。

2. 保护好产品外观

（1）各个工位对面板、外壳等注塑件要轻拿轻放。工作台上及流水线传送带上设有软垫或塑料泡沫垫，供摆放注塑件用。

（2）较大的注塑件，如产品的外壳，要加软布外罩。

（3）用运送车搬运注塑件时，要单层放置。

（4）工位操作人员要戴手套操作，防止注塑件被油污、汗渍污染。

（5）操作人员使用和放置电烙铁时要小心，不能烫伤面板、外壳。

（6）给固定螺钉、线扎等滴注胶黏剂时，用量要适当，防止量多溢出。若胶黏剂污染了外壳要及时用清洁剂擦净。

二、总装配安装工艺方法

总装配是指综合运用各种装联工艺的过程，其安装工艺方法如下：

1. 装配工位应按照工艺指导卡进行操作。工艺指导卡阐明了每个工位的操作内容和操作顺序，能够正确指导操作人员进行装配。

2. 采用完全互换法安装。安装过程中如能采用标准化的零、部件，则装配中不需任何修配就能互换安装，使操作简单化。

3. 在总装流水线上，注意均衡生产，保证产品的产量和质量。若总装中因工位布局不合理、人员状况变化及产品机型变更等因素，使各工位工作量不均衡，这时应及时调整工位人数或工作量，使流水线作业畅通。

4. 在总装配过程中，若质量反馈表明装配过程中存在质量问题，应及时调整工艺方法。

5. 电子产品结构不同，安装方法会有区别，即使同类产品，由于采用的元器件和零、部件发生变化，其安装工艺方法也应有所改变。

三、总装安装工艺原则

总装安装工艺原则是制定安装工艺规程时应遵循的基本原则，通常为：

先轻后重、先小后大、先铆后装、先装后焊、先里后外、先低后高、上道工序不得影响下道工序、下道工序不应改变上道工序的安装，注意前后工序的衔接，使操作者感到方便，节约工时。

第二节　总装接线工艺

一、接线工艺要求

导线在整机电路中是作信号和电能传输用的，接线合理与否对整机性能影响极大，如果接线不符合工艺要求，轻则影响电路信号的传输质量，重则使整机无法正常工作，甚至会毁坏整机。总装接线应满足以下要求：

1. 接线要整齐、美观。在电气性能许可的条件下，低频、低增益的同向接线应尽量平行靠拢，使分散的接线组成整齐的线束，并减小布线面积。

2. 接线的放置要安全、可靠和稳固。接线连接要牢固，导线的两端或一端用锡焊接时，焊点应无虚假焊。导线的两端或一端用接线插头连接时，接线插头与插座要牢固，导线不松脱，以保证整机的线路结构牢固和电气参数稳定。

3. 连接线要避开整机内锐利的棱角、毛边，防止损坏导线绝缘层，避免发生短路或漏电故障。

4. 绝缘导线要避开高温元件，防止导线绝缘层老化或降低绝缘强度。

5. 传输信号的连接线要用屏蔽线，防止信号对外干扰或外界对信号形成干扰。避开高频和漏磁场强度大的元器件，减少外界干扰。

6. 安装电源线和高电压线时，连接点应消除应力，防止连接点发生松脱现象。

7. 整机电源引线孔的结构应保证当电源引线穿进或日后移动时，不会损伤导线绝缘层。若引线孔为导电材料，则在引线上加绝缘套，而且此绝缘套在正常使用中应不易老化。

8. 交流电源的接线应使用绞合布线，减小对外界的干扰。

9. 整机内导线要敷设在空位，避开元器件密集区域，为其他元器件检查维修提供方便。

10. 接线的固定可以使用金属、塑料的固定卡或搭扣，导线不多的线束可用黄色胶黏剂进行固定。

二、接线工艺

1. 配线

配线时应根据接线表要求，需考虑导线的工作电流、线路的工作电压、信号电平和工作频率等因素。

2. 布线原则

整机内电路之间连接线的布置情况，与整机电性能的优劣有密切关系，因此要注意连接线的走向。布线原则如下：

（1）不同用途、不同电位的连接线不要扎在一起，应相隔一定距离，或相互垂直交叉走线，以减小相互干扰。例如，输入与输出信号线、低电平与高电平的信号线、交流电源线与滤波后的直流馈电线、输出信号线与中频通道放大器的信号线、不同回路引出的高频接线等。

（2）连接线要尽量缩短，使分布电感和分布电容减至最小，尽量减小或避免产生导线间的相互干扰和寄生耦合。高频、高压的连接线更要注意此问题。

（3）线束在机内分布的位置应有利于分线均匀。从线束中引出接线至元器件的接点时，应避免线束在密集的元器件之间强行通过。

（4）与高频无直接连接关系的线束要远离高频电路，一定不要紧靠高频回路线圈，防止造成电路工作不稳定。

（5）接地线布线时要注意以下几点：

1）接地线应短而粗，减小接地电阻引起的干扰电压。

2）地线按照就近接地原则，本级电路的地线尽量接在一起。

3）模拟电路地线和数字电路地线应分开。

4）电路中同时存在高低频率、不同性质电路的电源或交直流馈电的复杂情况时，电路的接地线要妥善处理，防止产生公共地线的寄生耦合干扰。

5）不同性质电路的电源的地回路线应分别由各目的接地回线接至公共电源地端，不让任何一个电路的电源经过其他电路的地线。

6）扬声器的接地引线应接在印制板功放输出级的接地点上，不能任意接地。

7）输入、输出线或源馈电线，应有各自的接地回路，并作成对地绞合布线，避免采用公共地线。

（6）应满足装配工艺的要求

1）在电性能允许的前提下，应使相互平行靠近的导线形成线束，以压缩导线布设面积，并尽量使导线垂直布设，确保走线有条不紊，整齐美观。

2）布设时应将导线放置在安全可靠的地方，通常是将线束固定在机座和框架上，以保证连线牢固稳定，耐得住振动和冲击。

3）走线时应避开金属锐边、棱角等，以防绝缘层被破坏，引起短路。走线时应尽量避开元器件、零部件；与大功率管、变压器等发热体需保持 10 mm 以上的距离，避免导线受热变形或性能变差。

4）导线布设应避开传送带、风扇等转动机构部件，以防止触及后引起故障。导线长度要留有适当的余量，便于元器件或装配件的查看、调整和更换。对活动部位的线束，应使用相应的软线，并保持一定的活动范围。

3. 布线方法

（1）布线的顺序　复杂的电子产品的内部连线较多，为保证整机的装接质量，使连线有条不紊，应按照从左到右、从上到下、从内到外的顺序进行布线操作。

（2）实施方法

1）机内固定走线尽量贴紧底板，竖直方向的走线紧沿框架四角或面板，使其在结构上有依附，便于机械固定。对于必须架空通过的导线束，应采用专用支架支撑固定，不能让其在空中大幅晃动。

2）线束穿越金属孔时，事先在孔内嵌装橡皮衬套或专用塑料嵌条，或在导线的穿孔部位包缠聚氯乙烯带。对屏蔽层外露的屏蔽导线在靠近元件引线或跨接印制线路时，在屏蔽导线的局部或全部加套绝缘套管，以防短路。

3）为方便和改善电路的接地，一般采用公共地线。公共地线常用较粗的单芯镀锡或镀银的裸铜线制作，用适当的接地焊片将其与底座接通，同时起到固定公共地线位置的作用。公共地线形状取决于电路各个连接点的实际需要，应使接地线最短、最方便，且不构成封闭的回路。

4）为提高线束抗外磁场干扰能力和减少长线回路对外界的干扰，通常采用交叉纽绞布线的方法。单个回路的布线在中间交叉，且回路两半的面积相等。在均匀磁场中，左右两网孔的感应电动势相等、方向相反，所以整个回路的感应电动势为零。在非均匀磁场中，对一个较长回路的两条线，给予多次的交叉（通常称其为麻花线），这样磁场在长线回路中的感应电动势也为零。降低磁场干扰的交叉布线如图20—1所示。

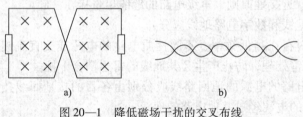

a)　　　　　　　　　　　　　　b)

图20—1　降低磁场干扰的交叉布线

a）交叉　b）扭绞

（3）多芯插座的接地隔离

电子设备内电路的结构单元（印制电路板、电路插件）中有电源馈线、地线、信号线、控制线等，它们常是有意通过多芯插座与其他单元作电气连接，组成一个完整的设备。对于一个放大电路的多芯插座来说，为了减小高电平强信号的输出对弱信号低电平输入线的干扰，应将输出线分配在多线插座的一侧，而将输入线分配在另一侧，使两者相距最远。地线要分配在信号线内侧，以减小信号线引脚间的分布电容，并起一定的电屏蔽作用，电源馈线与地线对交流信号是等电位的，所以电源馈线在多芯插座上的分配原则与地线相同。

所选用的多芯插座引线脚的数量通常多于印制电路板所需对外连接线的数量。地线、电源线及大电流的信号线等的每一线都可占用多芯插座的两个或三个引脚，以减小接触电阻、提高连接的可靠性和起到隔离作用。一个多芯插座引脚的分配情况如图20—2所示，其中高、低电平分布在两侧，中间用地线隔开。

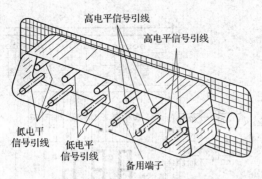

图 20—2 多芯插座引脚的分配图

第三节 整机装接、检验和检修

无线电整机的装接、检验和检修是无线电设备生产中的重要工艺过程。关于装接将以 DT—830B 型数字万用表的装接为例，一方面概要地实践一下整机装接过程，进一步掌握装接技能和相关知识；另一方面通过对数字万用表电路的研讨，加深对已学理论知识的理解。

一、DT—830B 型数字万用表的装接

1. DT—830B 型数字万用表简介

DT—830B 型 $3\frac{1}{2}$ 位数字万用表是一个多功能电表。通过 20 挡拨动开关的控制，它可以测量直流电压（200 mV、2 V、20 V、200 V、1 000 V 共 5 挡）、交流电压（750 V 和 200 V 两挡）、直流电流（200 μA、2 mA、20 mA、200 mA、10 A 共 5 挡）、NPN 和 PNP 型晶体管 h_{FE} 参数（1 挡）、晶体二极管特性和极性（1 挡），以及电阻（200 Ω、2 kΩ、20 kΩ、200 kΩ、2 MΩ 共 5 挡），此外还有一个关机挡。在电路组成上，它主要包括以下几个部分：A/D 转换器电路；电阻测量电路；直流电压测量电路；直流电流测量电路；交流电压测量电路；晶体管 h_{FE} 测量电路；二极管测试电路；小数点驱动电路及低电压指示电路等。其方框图如图 20—3 所示，原理图如图 20—4 所示。由图 20—3 可见它是由三大部分，即参数转换、ADC 和 LCD 组成的。

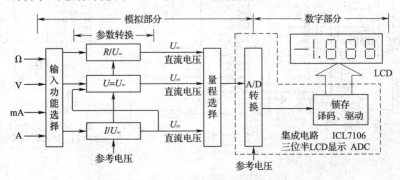

图 20—3 DT—830B 万用表方框图

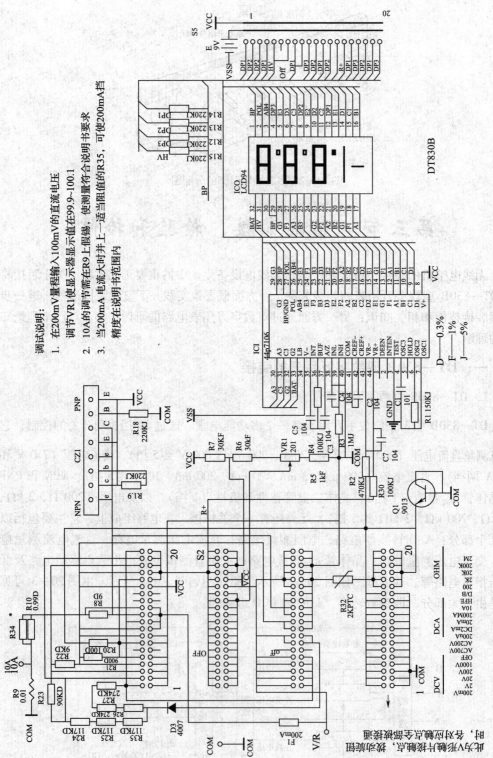

图 20—4　DT—830B 数字万用表原理图

（1）参数转换部分　这一部分将不同大小的输入模拟量转换成 ADC 可接受的直流电压。下面对几个主要测量的转换做一概要介绍：

1）电阻测量　其转换电路如图 20—5 所示。这个电路由电压源、标准电阻（这个电阻为分压电阻，由选择开关根据量程选择合适的阻值）、被测（未知）电阻组成。电表通过两个电阻电压降的比较（$V_{REF}/V_{Rx} = R_{REF}/R_{X}$），确定被测电阻的阻值。测量结果直接由 A/D 转换器得到。其中，R19 和 Q1 用于保护。

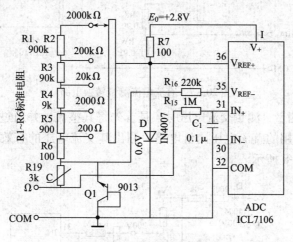

图 20—5　电阻测量转换电路

2）直流电压测量　其转换电路如图 20—6 所示。输入电压被分压电阻分压（分压电阻之和为 1 MΩ），每挡分压系数为 1/10，分压后的电压必须在 −0.199 ~ +0.199 V，否则将显示过载，过载显示为最高位显"1"，其余位数不显示。

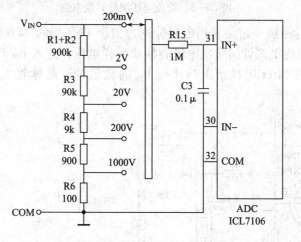

图 20—6　直流电压测量转换电路

3）直流电流测量　简单的直流电流测量转换电路如图 20—7 所示，内部的取样电阻将输入电流转换为 −0.199 ~ +0.199 V 的电压后送入 7106 输入端，当设置在 10 A 挡时，输入电流直接接入 10 A 输入孔而不通过选择开关。

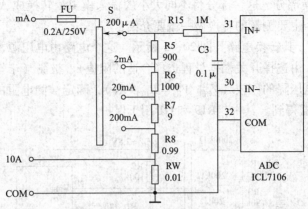

图 20—7　直流电流测量转换电路

4）交流电压测量　测量交流电压时，是首先将其整流，并通过一低通滤波器滤除杂波，然后送入共用的直流电压测量电路，测出其交流电压的有效值。交流电压测量转换电路如图 20—8 所示。

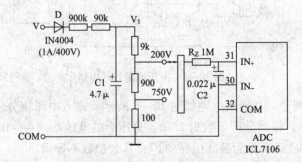

图 20—8　交流电压测量转换电路

5）晶体管 h_{FE} 测量　它是利用电阻分别为被测 PNP 型和 NPN 晶体管提供基极电流，以及利用电阻将被测管的输出电流转换成采样电压，送入 ICL7106 进行 A/D 转换和数据处理，输出到 LCD 显示出晶体管 h_{FE} 的数值的。晶体管 h_{FE} 测量转换电路如图 20—9 所示。

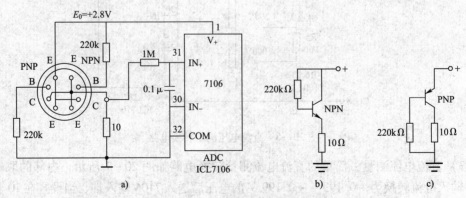

图 20—9　晶体管 h_{FE} 测量转换电路
a）转换电路　b）NPN 管 h_{FE} 测试电原理图　c）PNP 管 h_{FE} 测试电原理图

6）二极管测量　转换电路如图 20—10 所示。其输出显示：正常的二极管正向是其正向压降（硅管为 0.5~0.8 V；锗管为 0.2~0.3 V）；反向为"1"。若管子损坏，则将显示"0000"或其他数值。

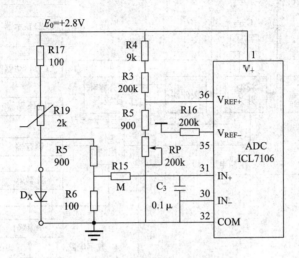

图 20—10　二极管测量转换电路

7）小数点指示及转换电路　如图 20—11 所示，小数点位置由量程开关确定。

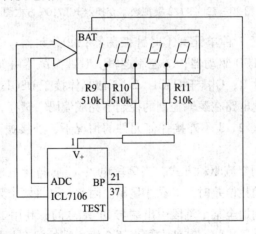

图 20—11　小数点指示转换电路

（2）模拟数字转换器　这是数字万用表的核心部分。DT—830B 用了一块集成电路 ICL7106 完成了 A/D 转换和 LCD 显示器的驱动。ICL7106 的原理方框如图 20—12 所示。由图 20—12 可见 ICL7106 内部包括模拟电路和数字电路两大部分。模拟电路由双积分式 A/D 转换器构成。主要包括 2.8 V 基准电压源、缓冲器、积分器、比较器和模拟开关等。缓冲器专门用来提高电路的输入阻抗，起到隔离和增加带负载的能力的作用。后续电路一方面由控制逻辑产生控制信号，按预定时序将模拟开关接通或断开，进行自动零点校正、定时积分和比较后输出，保证 A/D 转换的正常进行；另一方面比较器输出信号又控制着数字电路的工作状态和显示结果。每个转换周期分三个阶段：自动调零

（AZ）、正向积分（INT）、反向积分（DE），并按照 AZ→INT→DE→AZ 的顺序进行循环。如果时钟脉冲的周期为 T_{CP}，则一个测量周期需 4 000T_{CP}。

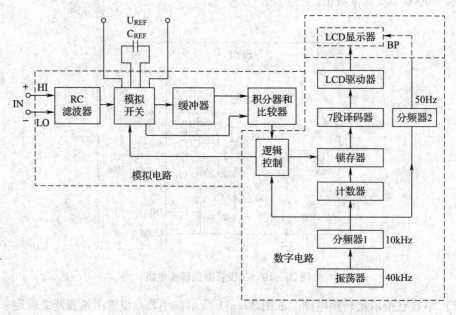

图 20—12　3 1/2 模拟数字变换器 ICL7106 方框图

数字电路主要包括 7 种单元：①时钟振荡器；②分频器；③计数器；④锁存器；⑤译码器；⑥异或门 LCD 驱动器；⑦控制逻辑。时钟振荡器由 ICL7106 内部的两个反相器以及外部阻容元件 R、C 接于 OSC1、2、3 或晶体接于 OSC1、2 组成，它产生工作时钟信号；同时，其他电路在逻辑控制的控制下完成编码、锁存、7 段译码和对 LCD 的驱动。也可以在 OSC1、2、3 不外接任何元件的情况下，外接振荡器输出信号于 OSC1 和 TEST 作为时钟信号。

LCD 显示器须采用交流驱动方式，当笔段电极 a～g 与背电极 BP 呈等电位时不显示，当二者存在一定的相位差时，液晶才显示。因此，可将两个频率与幅度相同而相位相反的方波电压，分别加至某个笔段引出端与 BP 端之间，利用二者电位差来驱动该笔段显示。驱动电路采用异或门。其特点是当两个输入端的状态相异时（一个为高电平，另一个为低电平），输出为高电平；反之输出为低电平。

（3）ICL7106 的引脚功能

1）U＋、U－　分别接 9 V 电源（E）的正、负极。

2）COM　为模拟信号的公共端，简称模拟地，使用时应与 IN－、U_{REF}－端短接。

3）TEST　是测试端，该端经内部 500 Ω 电阻接数字电路的公共端（GND），因二者呈等电位，故称作数字地。该端有两个功能：①作测试指示，将它在接 U＋时 LCD 显示全部笔段 1 888、可检查显示器有无笔段残缺现象；②作为数字地供外部驱动器使用，来构成小数点及标志符的显示电路。

4）a1～g1、a2～g2、a3～g3、bc4　分别为个位、十位、百位、千位的笔段驱动端，接至 LCD 的相应笔段电极。千位 b、c 段在 LCD 内部连通。当计数值 $N > 1\ 999$ 时显示器溢出，仅千位显示 "1"，其余位消隐，以此表示仪表超量程（过载溢出）。

5）POL 为负极性指示的驱动端。为 LCD 背面公共电极的驱动端，简称 "背电极"。

6）OSC1 ~ OSC3 为时钟振荡器引出端。可用三种连接方式来形成时钟信号：①外接晶体于 OSC1、2，构成晶体振荡器；②外接电阻于 OSC1、2，外接电容于 OSC1、3，构成两级反相式阻容振荡器；③外输入时钟信号于 OSC1 和 TEST。

7）U_{REF} +、U_{REF} - 分别为基准电压的正、负端，利用片内 U +、U -、COM 之间的 + 2.8 V 基准电压源进行分压后，可提供所需 U_{REF} 值，也可选外基准。

8）C_{REF} +、C_{REF} - 是外接基准电容端。

9）IN +、IN - 为模拟电压的正、负输入端。

10）C_{AZ} 自动调零电容端。

11）BUF 是缓冲放大器输出端，接积分电阻 R。

12）INT 为积分器输出端，接积分电容 C_{INT}。

需要说明一下，ICL7106 的数字地（GND）并未引出，但测试端（TEST）可视为数字地，该端电位近似等于电源电压的一半。另外，需要注意，封装不同，对应的引脚序号也不一样。

2. DT—830B 的装接

DT—830B 由机壳塑料件（包括上下盖、旋钮）、印制板部件（包括插口）、液晶屏及表棒等组成，组装成功的关键是装配印制板部件。相关知识分述如下：

（1）装接工作流程 流程图如图 20—13 所示。由图可见流程基本上可分为：准备、装接、调试和检验等几个主要工作。

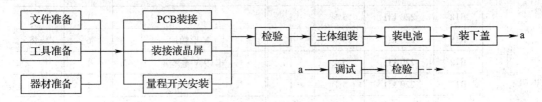

图 20—13 DT—830B 万用表装接流程图

（2）准备 准备工作包括三个方面：文件准备、工具准备和器材准备。

1）文件准备 文件方面主要有设计文件和工艺文件，例如，装配图、原理图、接线图、说明书、工艺文件明细表、工艺流程图、装接工艺卡片等。准备时，既要备齐文件，还要认真阅读，对装接对象的基本机理、施工方法、工作流程、质量要求等都能做到心中有数。

2）工具准备 根据工艺文件准备好装接工具及施工辅料，例如，常用的像烙铁、焊料、焊剂、清洗剂、五金工具（一字、十字旋具，斜口、平口、尖嘴钳，活动、固定扳手等）、工装、量具（盒尺、钢板尺等）。

3）器材准备 备齐装接所需器材，并对其完好性、可用性进行必要的检查。装接DT—830B 型数字万用表的主要器材见表 20—1。

表 20—1　　　　　　　　　装接 DT—830B 型数字万用表器材清单

类别	代号	参数	精度	数量	类别	代号	参数	精度	数量
高精密电阻	R10	0.99 Ω	0.5%	1	二极管	D3	IN4007		1
	R8	9 Ω	0.3%	1	三极管	Q1	9013		1
	R20	100 Ω	0.3%	1	IC	IC1	ICL7106		1
	R21	900 Ω	0.3%	1					
	R22	9 kΩ	0.3%	1					
	R23	90 kΩ	0.3%	1					
	R24	117 kΩ	0.3%	1					
精密电阻	R25	117 kΩ	0.3%	1	其他				
	R35	117 kΩ	0.3%	1	名称规格			数量	备注
	R26	274 kΩ	0.3%	1	仪表盒（壳）体			1	
	R27	274 kΩ	0.3%	1	仪表后盖			1	
	R5	1 kΩ	1%	1	旋钮			1	
	R6	3 kΩ	1%	1	液晶片			1	装袋
	R7	30 kΩ	1%	1	屏蔽纸			1 张	装袋
电阻	R30	100 kΩ	5%	1	液晶片支架			1	
	R4	100 kΩ	5%	1	功能面板（塑料贴膜）			1	
	R1	150 kΩ	5%	1	表笔插孔柱			3	
	R18	220 kΩ	5%	1	保险管、座			1 套	
	R18	220 kΩ	5%	1	h_{FE} 座			1	
	R19	220 kΩ	5%	1	V 形触片			6	装袋
	R12	220 kΩ	5ck	1	9 V 电池			1	
	R13	220 kΩ	5%	1	电池扣			1	
	R14	220 kΩ	5%	1	导电胶条			1 条	
	R15	220 kΩ	5%	1	滚环			2	装袋
	R2	470 kΩ	5%	1	定位弹簧　2.8×5			2	装袋
	R3	1 MΩ	5%	1	接地弹簧　4×13.5			1	装袋
热敏电阻	R32	1.5 kΩ～2 kΩ		1	2×8 自攻螺钉（固定线路板）			3	装袋
电容	C1	100 pF		1	2×10 自攻螺钉（固定表壳）			2	装袋
	C2	100 nF		1	电位器　20J（VR1）			1	装袋
	C3	100 nF		1	锰铜丝电阻（R0）			1	装袋
	C4	100 nF		1					
	C5	100 nF		1					

对于结构件，将主要检查其与图样的符合性，以及外观是否完好等。一般电阻、电容、晶体二极管和三极管可用万用表检查其参数与图样要求的符合性。例如，电阻、电容的数值和精度，二极管的正、反向电阻，三极管的类型和 h_{FE} 是否合适等。集成电路 ICL7106 和 7 段液晶显示器有些特殊，需要有如图 20—14 所示的测试电路。以 200 mV 量程为例，通常可分 4 步进行：

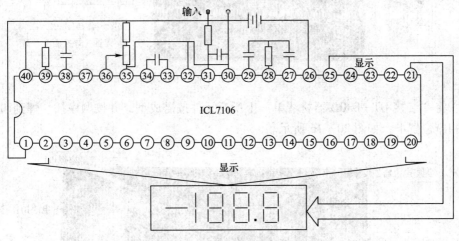

图 20—14　ICL7106 测试参考电路

①检查零输入时的显示值　将 ICL7106 的 IN + 端与 IN − 端短接，使 $U_{IN} = 0$ V，仪表应显示 "000.0"。

②检查比例读数　将 U_{REF} 端与 IN + 端短接，用 U_{REF} 来代替 U_{IN}，即 $U_{IN} = U_{REF} = 100.0$ mV，仪表应显示 "100.0"，此步骤称为 "比例读数" 检查，它表示 $U_{IN}/U_{REF} = 1$ 时仪表的显示值。

③检查全显示笔段　TEST 端接 U + 端，令内部数字地变成高电平，因每个笔段上部加有直流电压（不是交流方波），故仪表应显示全部笔段 "1888"（此时小数点驱动电路也不工作）。为避免降低 LCD 使用寿命，做此步检查的时间应控制在 1 min 之内。

④检查负号显示及溢出显示　将 IN + 端接 U − 端，使 U_{IN} 远低于 − 200 mV。仪表应显示 " − 1"。

通过检查不仅判断了 ICL7106 的质量好坏，不让有缺陷的 ICL7106 进入装接工序，也为区分数字万用表的故障范围究竟在 A/D 转换器 ICL7106 还是在外围电路打下基础。不过，通常购置的套件中，ICL7106 已在印制板上装好，称为 COB（chip on board）方式，且标明全检，质量是有保证的，可不再检查。

（3）主体的装接

1）PCB 电路板元器件的装接

DT—830B 中使用的印制板如图 20—15 所示。这是一块双面印制板。图 20—15 中示出的是 A 面焊接面，中间环形印制导线是功能、量程转换开关电路，需小心保护，不得划伤或污染。

安装步骤：

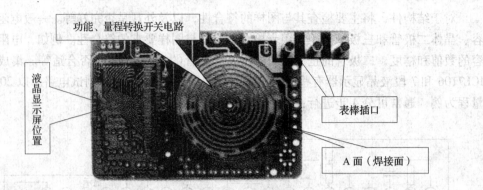

图 20—15　DT—830B 中使用的印制板

①将"装接 DT—830B 器材清单"上所有元件按需成型，并按顺序插、焊到印制电路板相应位置上，如图 20—16 所示。

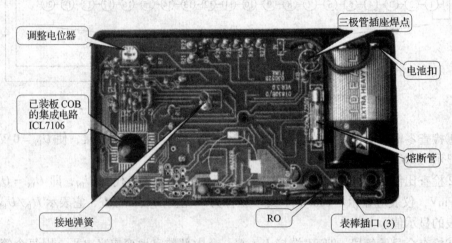

图 20—16　DT—830B 总装图（印制板 B 面）

注意：安装电阻、电容、二极管时，需视孔距决定安装方式。安装孔距 > 8 mm 时（例如，R8、R21 等，丝印图画上如图 20—17 所示电阻符号的），需采用卧式安装方式；如果孔距 < 5 mm，则应采用立式安装（例如，板上丝印图画"○"的其他电阻）；电容采用立式安装；焊接二极管时，注意极性不得接错。

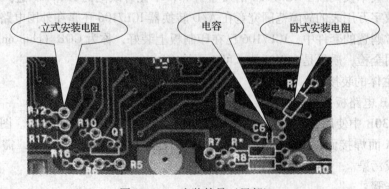

图 20—17　安装符号（局部）

②安装电位器、三极管插座。安装时，需注意安装方向：三极管插座装在 A 面。而且，应使定位凸点与外壳对准，在 B 面焊接。三极管管座安装如图 20—18 所示。

③安装保险丝座、R0、接地弹簧。这些地方焊点较大（见图 20—19），因而，需注意预焊和焊接时间，以免出现焊接质量问题。

图 20—18　三极管管座安装　　　　　　图 20—19　R0 装接

④安装电池线。安装电池线时，将线由 B 面穿到 A 面再插入焊孔，在 B 面焊接。红线接"＋"，黑线接"－"，如图 20—16 所示。

2）液晶屏的安装

①安装时，面壳平面向下置于桌面，从旋钮圆孔两边垫起约 5 mm。液晶屏的安装（1）如图 20—20 所示。

②将液晶屏放入面壳窗口内，白面向上，方向标记在右方；放入液晶屏支架，平面向下；用镊子把导电胶条放入支架两横槽中，注意保持导电胶条的清洁。液晶屏的安装（2）如图 20—21 所示。

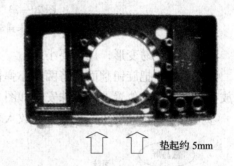

图 20—20　液晶屏的安装（1）

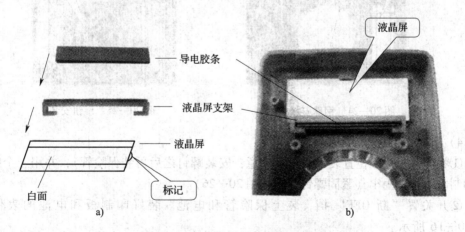

图 20—21　液晶屏的安装（2）

a）安装顺序　b）安装完成

3）旋钮的安装

①将 V 型簧片装到旋钮上　簧片共六个，其安装如图 20—22、图 20—23 所示。

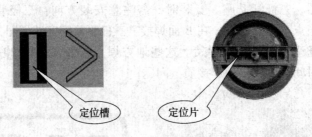

图 20—22　簧片安装（1）

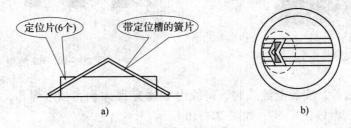

图 20—23　簧片安装（2）

a）簧片定位槽卡到定位片上　b）装好的簧片

注意：簧片易变形，用力要小。

②装完簧片把旋钮翻面，将两个小弹簧蘸少许凡士林放入旋钮两圆孔，再把两小钢珠放在表壳合适的位置上。钢珠安放如图 20—24 所示。

③将装好弹簧的旋钮按正确方向放入表盒，如图 20—25 所示。

图 20—24　钢珠安放

图 20—25　旋钮安装

4）固定印制板

①将印制板对准位置装入表壳（注意：安装螺钉之后再装保险管），并用三个螺钉将印制电路板紧固牢（紧固螺钉位置见图 20—26）。

②开关置"断 OFF"挡，装上保险管和电池。装好印制板和电池的表体如图 20—16 所示。

（4）调试与总装

数字万用表的功能和性能指标由集成电路和选择外围元器件保证，因此，只要元器件质量良好，装接无误，连接可靠，那么，仅作简单调整即可达到设计指标。

图 20—26　三个紧固螺钉孔的位置

1）开关转动灵活性和液晶显示检查　转动功能和量程转换开关，旋钮转动应轻松、灵活；液晶屏也应显示正常。若在功能测试挡，液晶屏显示不正常，应检查液晶屏的安装是否正确，印制板与液晶导电条的接触是否良好，螺钉 1 和螺钉 2 是否拧紧等。

2）校准检测

①校准和检测原理　以集成电路 ICL 7106 为核心构成的数字万用表基本量程为 200 mV 挡，其他量程和功能均通过相应转换电路转为基本量程。故校准时只需对参考电压 100 mV 进行校准即可保证基本精度。其他功能及量程的精确度由相应元器件的精度和正确安装来保证。

②使用仪器　KJ802 数字万用表校准测量仪（以下简称校测仪）。

注意：该仪器 DCV 100 mV 挡作为校准电压源，内部用电压基准和运放调整，并用高精度等级仪表进行过校准，并在合格使用期内。

3）在装后盖前将转换开关置 200 mV 电压挡，插入表棒，将表棒测量端接校测仪的 DCV 100 mV 插孔，调节万用表内电位器 VR1 使表显示 99.9~100.1 mV 即可。

4）检测　将待测万用表置于校测仪相对应挡位，检查显示结果（使用方法参见 KJ802 使用说明书）。

5）总装

①贴屏蔽膜　将屏蔽膜上保护纸揭去，露出不干胶面，按如图 20—27 所示位置贴到后盖内。

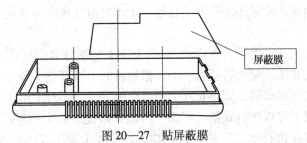

图 20—27　贴屏蔽膜

②盖上后盖，安装后盖 2 个螺钉，至此安装、校准、检测全部完毕。

（5）检验与检修

参照下面"二、整机装接的检验"和"三、整机装接的检修"的相关内容完成。

二、整机装接的检验

检验是保证产品质量的一项重要工作，是对原材料、元器件、部件、整件、整机的一个或多个特性进行测量、检查、试验或度量，并将结果与规定要求进行比较，以确定每项特性合格情况所进行的活动。检验工作贯穿于产品生产的全过程。检验工作应执行自检、互检和专职检验相结合的三级检验制。

1. 检验的基本知识

产品的检验方法分全部检验（全检）和抽样检验（抽检）。产品检验方法的确定，主要根据产品的特点、要求及生产阶段等情况决定，以既能保证产品质量又经济合理为考虑基点。

（1）全检和抽检　全检是指对全部产品都进行检验。全检后的产品可靠性很高，但是要消耗大量的人力、物力，会造成生产成本的增加。因此，一般只对大型单件和可靠性要求特别高的产品、试制品及在生产条件、生产工艺改变后生产的部分产品进行全检。

抽检是从待检产品中抽取若干件进行检验。这是生产中广泛应用的一种检验方法。抽检应在产品设计成熟、工艺规范、设备稳定、工装可靠的前提下进行。抽取样品的数量应根据抽样标准和待检产品的基数确定。样品抽取时，不应从连续生产的产品中抽取，而应从该批产品中任意抽取。抽检结果要做记录，对于抽检产品中的故障，应对照有关的产品故障判断标准进行故障判定。

电子产品故障一般分为致命缺陷、重缺陷、轻缺陷。致命缺陷为否决性故障，即样品中只要出现致命缺陷，抽检批次的产品就被判为不合格。在无致命缺陷情况下，应根据有关抽样标准来判断抽检产品合格与否。不同质量要求的产品，其质量指标也不同，检验时要根据被检产品在规定产品合格水平值下所允许的重缺陷或轻缺陷数来确定。具体的检验方法和所检验的项目应根据产品的技术要求、性能、特点和作用，根据有关的企业标准或国家标准进行。

（2）生产过程中的检验　检验合格的原材料、元器件、外协加工件在整机各道工序装配过程中，可能因操作人员的技能水平、质量意识及装配工艺、设备、工装等因素，使组装后的部件、整件、整机有时不能完全符合质量要求。因此对生产过程中的各道工序都应进行检验，并采用操作人员自检、生产班组互检和专职人员检验相结合的方式。

自检就是操作人员根据设计图样和/或本工序工艺指导卡的要求，对自己所装接的元器件、零部件的装接质量进行检查，不合格的及时予以调整、修正或更换，避免其流入下道工序；互检就是师徒、同事相互之间，以及下道工序对上道工序的检验。自检时往往由于惯性，难于发现所有缺陷、问题，因此，师徒、同事相互之间检验很有必要；下道工序操作人员在进行本工序的操作之前，应检查上道工序的装调质量是否符合要求，这不仅是保证质量的要求，也是分清责任的必要措施。有质量问题的部件应及时反馈给前道工序，绝不在不合格件上继续进行工序操作；专职检验一般为部件、整件、整机的后道工序，是质检部门的专职人员进行的检验。专职检验是根据检验标准，对部件、整件、整机生产过程中各装调工序的质量进行的综合检查。检验标准一般以文字、图样形式表达，对一些不便用文字、图样表达的缺陷，应使用实物建立标准样品作为检验依据。在流水生产过程中，应视情况设置检验工位，为整机的总装提供合格的零、部、整件。

2. 印制电路板的检验

印制电路板在制成之后，要通过质量检验，才能插装和焊接。

(1) 目测检验　目测检验是用肉眼检验所能见到的一切情况，如检验有没有包括凹痕、麻坑、划痕、表面粗糙、空洞、针孔等在内的表面缺陷，以及检验焊盘的重合性，检验孔是否在焊盘中心；测量导线图形的完整性；用照相底图制造的底片覆盖在已加工好的印制板上，来测定导线宽度、外形是否处在要求的范围内；检验印制板的边缘尺寸、安装尺寸是否处于要求范围内等。

(2) 连通性　对于多层电路板基本上都要进行连通性试验，以查明印制板电路图形是否真正连通。这种试验可借助万用表来进行。

(3) 绝缘电阻　试验的目的是测量印制板绝缘部分对外加直流电压所呈现出的电阻。在印制板电路中，此试验既可以在同一层上的各条导线之间进行，也可以在两个不同层之间进行。选择两根或多根间距紧密、电气上绝缘的导线，在加速湿热之前测量其间绝缘电阻；再在加速湿热一个周期后，置于室内条件下恢复 1 h，测量它们之间的绝缘电阻。

加速湿热一个周期是指：将试样垂直放在试验箱的框架上，箱内相对湿度约为100%，温度在 42~48℃，放置几小时到几天。

(4) 可焊性　可焊性是用来测量元器件连接到印制板上时，焊料对印制图形的润湿能力，一般用润湿、半润湿、不润湿来表示。

1) 润湿　焊料在导线和焊盘上自由流动及扩展，而成黏附性连接。

2) 半润湿　焊料首先润湿表面，然后由于润湿不佳而造成焊接回缩，结果在基底金属上留下一薄层焊料层。在表面一些不规则的地方，大部分焊料都形成了焊球。

3) 不润湿　其情况是，虽然表面接触了熔融焊料，但在其表面丝毫未沾上焊料。

(5) 镀层附着力　检查镀层附着力的一种通用方法是胶带试验法。把透明的赛璐玢胶带横贴于要测的导线上并将此胶带用手按压，使气泡全部排除，然后掀起胶带的一端，大约与印制板呈直角状态时扯掉胶带。扯胶带时应快速，如果扯下的胶带完全干净，则说明试验结果合格。

3. 元器件安装检验

元器件安装检验一般包括以下几个方面：

①元器件的标志方向应按照图样规定，安装后能看清元件上的标志。若装配图上没有指明方向，则应使标记向外，易于辨认，并按照从左到右、从上到下的顺序读出。

②元器件位置准确、稳妥，极性正确。

③插装高度应符合要求，同一规格的元器件安装高度应尽量一致。

④安装顺序一般为先低后高、先轻后重、先易后难，先安装一般元器件然后装特殊元器件。

⑤元器件在印制板上不允许斜排、立体交叉和重叠排列。元器件外壳和引线不得相碰，要保证 1 mm 左右的安全间隙。

⑥元器件的引线直径与焊盘孔径应保持 0.2~0.4 mm 的合理间隙。

⑦发热元器件要与印制板面保持一定距离，不允许贴面安装，较大元器件应有固定措施。

4. 焊点的检验

一个良好的焊接点应具备的要求为：

（1）具有良好的导电性　一个良好的焊接点应是焊料与被焊金属形成金属合金形式，而不是简单地将焊料堆附在被焊金属表面上。焊点良好，才能保证有良好的导电性。

（2）具有一定的机械强度　焊接点的作用之一是连接两个或两个以上的元器件，并使其接触良好，所以，焊接点要有一定的机械强度才能保证电气性能良好。另外，只有强度足够，才能抗得住运输、振动和冲击。有时为加强强度，把元件的引脚线、导线弯脚焊接。

（3）焊点上焊料要适量　焊料过少，不仅强度减小，而且随着氧化加深，容易造成焊点失效。但焊料过多，不仅成本上升，而且在焊点密度较大的地方，极易造成桥连，或因细小灰尘在潮湿气候里引起短路。所以一个良好的焊点焊料一定要适量。

（4）焊点表面应有光泽并光滑　一个良好的焊点表面应有光泽且表面光滑，不应有凹凸不平或气泡及其他现象。

（5）焊接点不应有毛刺或空隙　当高频电路中的焊点有毛刺或空隙时，在两个相近的毛刺间易造成尖端放电。

（6）焊接点表面要清洁　焊接点表面周围要清洁、无助焊剂残渣及污垢。这些渣、垢会降低电路的绝缘性，而且对焊接点也有腐蚀作用。

5. 压接检验

外观检查是最常用的检验方法，通常用 5 倍放大镜或肉眼观察接头质量。

（1）良好的压接接头　其压痕必须清晰可见，并且在端子的轴心线上（或与轴心线完全对称），压接端子尾端距离导线绝缘层 0.5~1 mm 作为过渡间隙；导线必须伸出压接端子套管 0.5~1.5 mm 长度。良好的裸压接端子如图 20—28 所示。

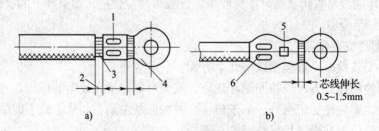

图 20—28　良好的裸压接端子

a）裸压接端子外观　b）带绝缘层压缩端子外观

1—压窝在中间　2—过渡间隙 0.5~1.0 mm　3—压接端子尾端　4—芯线伸出部分

5—正确压痕位置　6—导线的绝缘插套在端子中

对于带绝缘层的压接端子，良好的压接接头导线的绝缘层要插套在端子中，在压接端子尾端与导线的绝缘层之间不得露出导线；在压接端子套管外必须能看到导线伸出 0.5~1.5 mm 的长度；压接痕迹应清晰可见，并且在套管的轴心线上或者与轴心线对称，如图 20—28 所示。

（2）不良压接接头

不良压接接头是指有某种缺陷的压接接头。压接接头缺陷的实际表现形式是多种多样的，而且由于工具、操作、材料等多种原因，不良接头的缺陷常常不是单一的缺陷。为了便于分析和判断不良接头的原因，可以把缺陷分为裸压接缺陷和带绝缘压接缺陷两大类，各十种形式，分别见表 20—2 和表 20—3。

表 20—2   **裸压接缺陷**

序号	裸压接缺陷图例	缺陷原因	对接头的影响
1	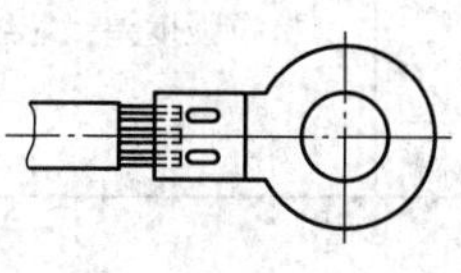	导线插入端子不足	抗拉强度差
2	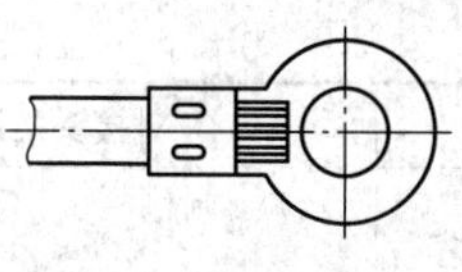	导线插入端子过多	固定不好，接触不良
3	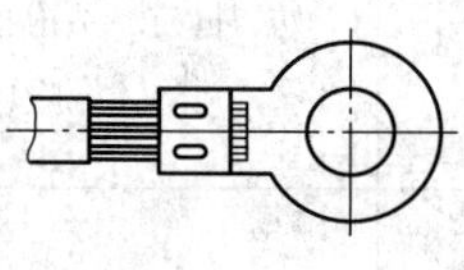	端子尾露出过多	容易短路
4	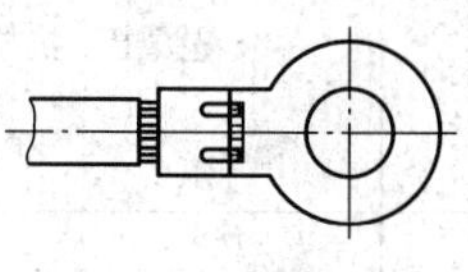	压痕太靠前	端子插入位置不正确容易拔出
5	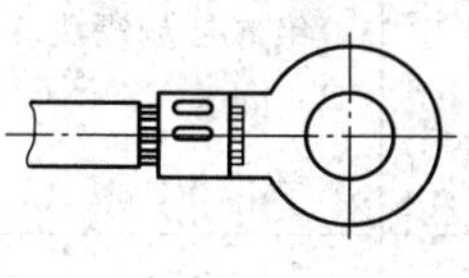	压痕位置偏	影响抗拉强度
6	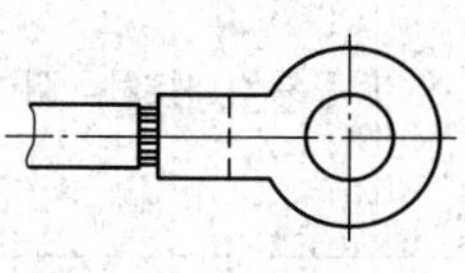	端子压反	影响抗拉强度
7	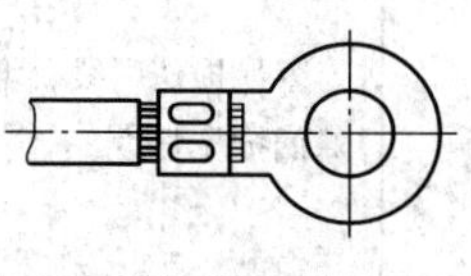	压着过多	压模选小了，芯线易折断

序号	裸压接缺陷图例	缺陷原因	对接头的影响
8		压着不牢	压模选大了，芯线易拔出来
9		压着端子根部	端子插入位置不合适与线易损伤、折断
10		导线和端子不配套	抗拉强度差，芯线容易拔出

表 20—3　　　　　　　　　　带绝缘端子压接缺陷

序号	压接缺陷图例	缺陷原因	对接头的影响
1		导线伸出太多，标准为 0.5～1.5 mm	妨碍固定，造成接触不良
2		导线插入太短	芯线易拔出，抗拉强度差
3		端子尾露太多	绝缘层剥得太多，容易短路，易折断
4		绝缘层进入端子	易增加接触电阻
5		压接位置靠后方	容易损伤引线，增大接触电阻，降低抗拉强度

续表

序号	压接缺陷图例	缺陷原因	对接头的影响
6	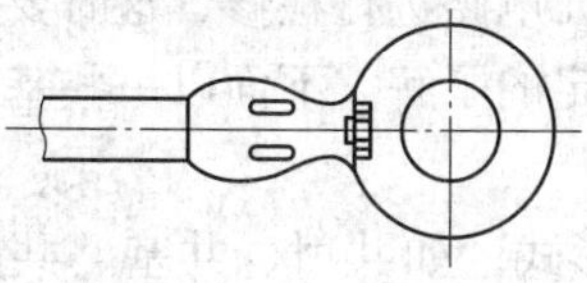	压接位置靠前	引线容易拉出，抗拉强度差，接触不良
7	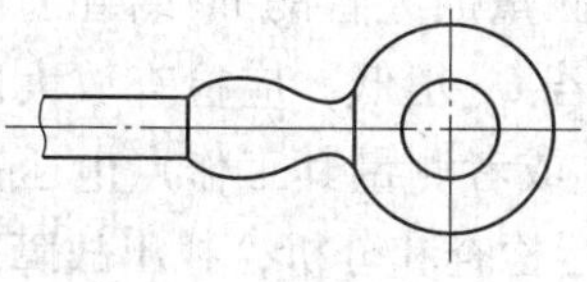	压痕不足	1. 压接工具不良 2. 压接模型号不正确
8	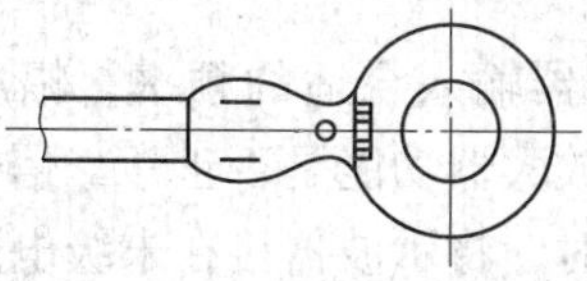	压接位置相反	因操作错误所引起；抗拉强度差
9	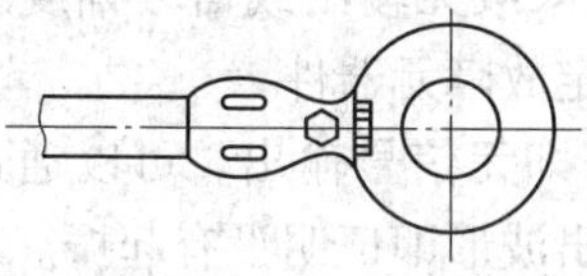	压痕过深	1. 压接工具偏小 2. 压接模型号小，容易拉断
10	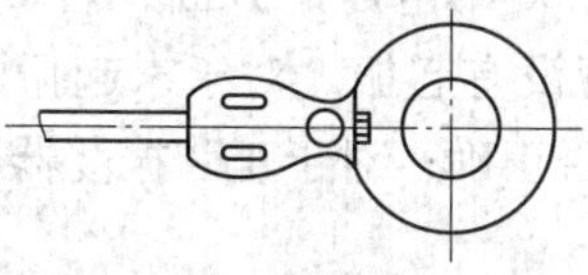	端子过大	压接端子与导线配合不对，容易拉出

三、整机装接的检修

整机装接完成后，有时会出现这样或那样的质量问题，使其不能正常工作，这时需要对其进行检修，查找和排除故障。通常整件、整机的检修从以下几个方面进行：

1. 从焊接、连接质量上检查

首先要检查焊接质量。焊接质量的检查包括焊点的连焊、漏焊、虚焊等问题，检查重点放在连焊问题上。例如，集成电路，由于相邻引脚之间距离小，焊接过程中很容易产生焊桥，这些焊桥在电路通电时，有时会导致电路损坏。检查连焊时，可使用数字万用表的蜂鸣挡检查。若相邻引脚之间本身无电路连接关系，用蜂鸣挡测量时出现蜂鸣，应仔细检查，并排除短路故障。

检查元器件的问题，检查的内容包括电阻的阻值是否正确，电容的容量、极性是否正确，二极管的正负极、三极管的 bce 是否焊反。集成电路是否装错、装反等。检查的方法是对照印制电路板图，对怀疑的部分逐个进行核对。

此外，还应检查导线是否焊错、连错位置，是否存在漏接、松脱等问题。检查的方法是采用数字万用表的蜂鸣挡，按接线图逐个测量电路的导线，若出现蜂鸣则表明连接正确，否则要检查导线是否存在漏接、松脱或焊错、接错等问题。

2. 从电路的功能上检查

电路出现故障时，也可根据故障现象对其基本单元电路进行检修，这时要求检修者对整件、整机的单元电路的组成、基本工作原理有一定的了解。下面以一些基本单元电路为例说明一些检修方法。

（1）放大电路的检修　首先要确定放大电路的形式，如共射、共基、共集，组成放大电路的基本元器件有哪些。接着在通电的情况下测量放大管的 be 结导通电压是否正常，目前放大电路多采用硅管，此时 $U_{be} = 0.7$ V。若 U_{be} 很低，应检查放大电路偏置电阻的阻值；若 U_{be} 很高，则应怀疑放大管是否损坏。或者测量其工作点电压是否与设定值相符，如果不符，则要对元件数值和放大器件进行检查和分析，找出故障点和故障件。另外，在检修之前应首先排除放大管焊错的故障。

放大电路也可采用信号注入法进行检修。给放大器输入合适的频率、幅度的电信号，用示波器测量放大器的输出是否有波形，来判断放大器功能是否正常。信号注入法适合单元中有多级电路的情况，当多级电路出现故障时，将示波器接在末级电路的输出端，由末级开始逐级向前注入信号，当注入哪一级时末级无输出或信号幅度未被放大时，即可确定故障就在此级，应做进一步检查，以确定故障元器件。

（2）振荡器的检修　振荡器的常见故障是停振，即无信号输出。可以通过测量振荡器的输出波形判断其工作是否正常，若振荡器无输出波形即证明没有起振。对于数字电路中的脉冲振荡器，通常还可以通过测量振荡管的 be 结电压来判断，若 $U_{be} \leq 0$ V，则认为电路起振，若 $U_{be} = 0.5 \sim 0.7$ V，则说明振荡管没有起振。对于未起振的振荡电路，应检查正反馈电路和定时元件标称值、极性等是否正确；对于正弦振荡器则常需从反馈上的振幅和相位两个条件是否满足来检查。

（3）逻辑集成电路的检修　逻辑集成电路出现故障可采用代换法进行检修，即将怀疑有故障的逻辑集成电路换上同型号的电路，从而判断出是否有故障。若无同型号电路，可根据逻辑电路的真值表，对其输入相应的逻辑信号，观察输出逻辑功能是否与真值表中提供数据一致，如果不一致，即认为逻辑功能不对，应更换电路。

第二十一章　装接图的绘制与装接工序安排

无线电装接时必须使用各种装接图样，本章主要介绍无线电装接中常碰到的电原理图、接线图、印制电路板装配图的绘制方法，以及根据这些装配文件安排装接工序的一般过程。

第一节　电路图的作用及绘制规定

电路图也称电气原理图，是详细说明产品各元器件、各单元之间的工作原理及其相互间连接关系的略图，是设计、编制接线图和研究产品的原始资料，是装接、检查、试验、调整和使用产品中不可或缺的重要文件。

一、电路图的绘制规定

1. 在电路图上，组成产品所有元器件均以图形符号表示，但有时为了使电路功能更加清晰明了，也可用方框符号表示。各符号在图上的位置可根据产品的工作原理自左向右或自上向下排成一列或数列，并注意采用国家标准的图形符号，使图面看上去结构紧凑、顺序合理。

2. 在电路图中，各元器件的图形符号的近旁应同时标注该元器件的项目代号，项目代号由元器件的文字符号及顺序号组成。

对于由几个单元组成的产品，必要时元器件顺序编号也可按单元编制，此时在文字符号的前面加一该单元的顺序号，并与文字符号写在同一行上。例如，第六单元的第15个电容，写为6C15。

3. 电路图上有时标注元器件目录表，标出了各元器件的位号、代号、名称和型号及数量，是装配工作的基本依据。

电路图示例如图21—1所示。

二、根据装配图测绘电路图的方法与技巧

测绘电路图要求做到快速、准确；不多画、不漏画、不错画。以稳压电源为例从其元器件装配图（见图21—2a）出发把所有元器件的电流通路表示清楚。具体步骤如下：

1. 对照产品元器件装配图（一般包括元件布局图、面板装配图、印制电路图等，本例如图21—2a所示），给所有元器件编上统一的代号，如C1、C2…、R1、R2…等。

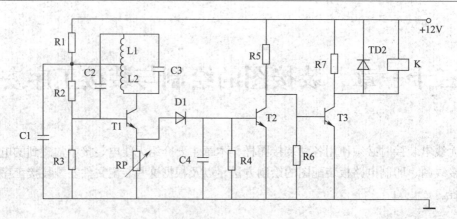

图21—1 某电路的电路图

2. 查出电源正负端位置，凡与电源正端相连的元件焊点、印制板电路结点均用彩笔画成红色，凡与电源负端相连的结点画成绿色。

3. 查清元器件间的相互连线及它们同印制板引出脚的连线，并画在装配图上。

4. 绘出电路草画。为防止出现漏画、重画现象，每查一个焊点必须把与此点相连的所有元器件引线查完后再查下一个点。边查边画，同时用铅笔将装配图上已查过的点、元器件勾去。

5. 复查。草图画完后再将草图与装配图对照检查一遍，看有无错、漏之处。

6. 将草图整理出标准电路图。所谓标准电路图应具备以下条件：

（1）电路符号、元器件代号正确。

（2）元器件供电通路清晰。

（3）元器件分布均匀、美观。

7. 重新编号。对标准电路元件按排列顺序重新编写代号。

8. 修改装配图元器件编号，使之与标准电路元器件编号一致。

稳压电源装配图和原理图如图21—2所示。

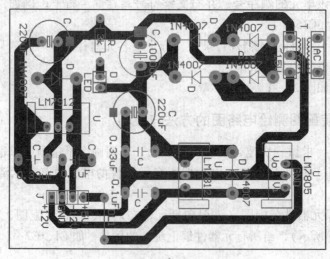

a)

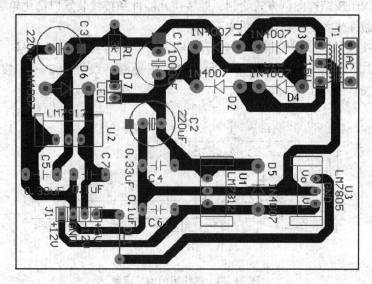

b)

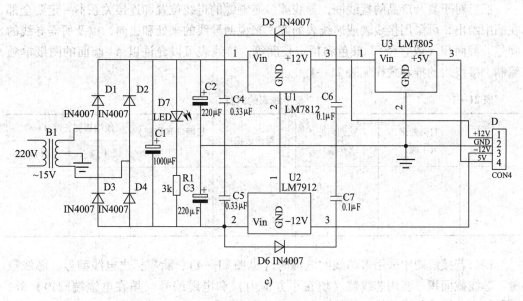

c)

图 21—2 稳压电源装配图和原理图

a) 装配图 b) 画出的印制板标记符号图 c) 原理图

第二节 接线图的作用及绘制规定

接线图是表示产品装接面上各器件的相对位置关系和接线实际位置的略图,供产品的整件、部件等内部使用。在制造、调整、检查和运用产品时与电路图一起使用。接线图一般还包括如接线表、明细表等一些必要的资料。有如下绘制要求:

一、接线图按结构图例方式绘制，即装接元器件和接线装置以简化轮廓绘制。与接线无关的元器件或固定件在接线图中不予绘出。

二、按接线的顺序对每根导线进行编号，必要时可按单元或信号、电位特性编号，此时应加相关序号，例如第2单元的第2根导线，线号为2—2。接线图的编号示例如图21—3所示。

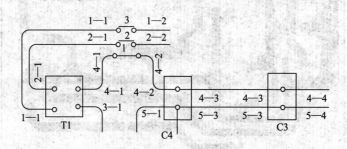

图21—3　接线图的编号示例

三、对于复杂产品的接线图，导线或多芯电缆的走线位置和连接关系不一定要全部在图中绘出，可采用接线表或芯线表的方式来说明导线的来处和去向，以及所需导线的牌号、截面积（或直径）、颜色和预定长度等。接线表可以允许以 A4 幅面的图纸单独编制。接线表的推荐式样见表21—1。

表21—1　　　　　　　　　　　某接线表的式样

线号	自何处来 （A端）	接到何处 （B端）	导线数据	长度（预定值） （cm）	线端修剥长度（cm）	
					A端	B端

四、若接线图中采用多芯线的电缆时（见图21—4），除应标出电缆型号、芯线数量、芯线截面积、实用芯线数（填在小方框内）和电缆编号（填在电缆端圆内）外，还需标出电缆的每根芯线的编号、名称以及芯线的来向和去向，或用芯线表的形式来说明芯线的特征。芯线表的推荐式样见表21—2。

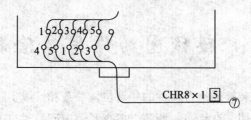

图21—4　多芯线电缆接线图

表 21—2	某芯线表的式样			
电缆编号、型号与数据	芯线号	芯线名称	来自何处	去向何处

五、对于复杂产品，若一个接线面不能清楚地表达全部接线关系时，可将几个接线面分别绘出。绘制时，应以主线面为基础，其他接线面按一定方向展开，在展开面旁要注明展开方向。

六、在一个接线面上，有个别元器件的接线关系不能表达清楚时，可采用辅助视图[如剖视图、局部视图、按指向（A—向、B—向等）视图]来说明，并在视图旁注明视图的性质。在接线面上，某些导线、元器件或元器件的接线处彼此遮盖时，可以移动或适当延长被遮盖导线、元器件或元器件接线处，使其在图中能明显表示，但与实际情况不应出入太大。

七、若接线面中有数排（层）元器件相互遮盖，用延长或移动其轮廓接线的办法仍不能清楚表示时，则在图中只绘出最下（后）一排（层）的元器件及其连接关系，对于其他各排（层）上的元器件及其装接导线，则在图上空白处以辅助视图绘出。在图上对于切断连线的装接导线，应在其切断处注明其去向。

八、当单独导线汇制成线束时，在汇合处以圆弧成 45° 角表示，如需表示其为线扎时，可适当加粗。

九、在接线面背后的元器件或导线，绘制时应以虚线表示，如图 21—5 所示。

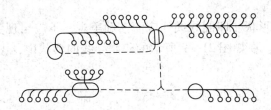

图 21—5　在接线面背后的元器件的表示方法

第三节　印制电路图的绘制

印制电路图的绘制是在各印制电路板上根据电原理图绘制印制电路，一般有手工描制、计算机辅助设计等方法。下面主要介绍手工制图的方法。

一、绘制要求

1. 焊盘的形状及尺寸

印制电路的焊盘是一个与印制电线相连接的圆环，圆环的内径比线孔的直径大 0.1～0.4 mm，线孔直径一般比引线的直径大 0.2～0.3 mm。焊盘的形状如图21—6 所示，图21—6a 为岛形焊盘，图21—6b 为圆形焊盘。在特殊情况下，允许焊盘有如图21—7 和图21—8 所示的变形。图21—8 所示的钳形焊盘的钳形开口应小于外圆的 1/4。

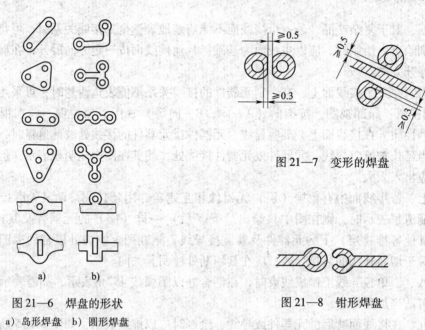

图21—6 焊盘的形状
a）岛形焊盘 b）圆形焊盘

图21—7 变形的焊盘

图21—8 钳形焊盘

2. 印制导线

（1）印制导线的形状 印制导线均应简洁和美观，不应出现尖角，印制导线与焊盘的连接应平滑过渡。在如图21—9 所示的印制导线的形状中，图21—9a 所示的印制导线是绝对不允许的。

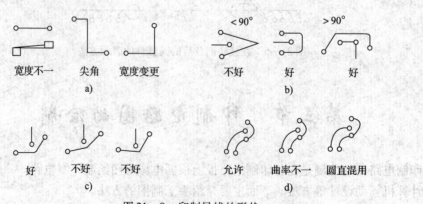

图21—9 印制导线的形状
a）不良形状 b）≥90°避让较好 c）焊盘与印制线保持足够距离 d）焊盘连接通过曲线或曲线—直线过渡

（2）印制电线的间距 在高频电路中，线间距离将影响分布电容和电感的大小，从而影响到信号的损耗、电路的稳定性以及引起信号的干扰等。在高速开关中，导线的间距将影响到信号的传输时间及波形的质量。因此，印制导线的最小间距应大于或等于 0.5 mm，当导线间的电压超过 300 V 时，其间距应不小于 1.5 mm。

（3）印制导线的分支 设计印制电路，应尽量避免印制导线分支，如图 21—10b 所示的导线是可以避免的，应改成图 21—10a 所示的分支。

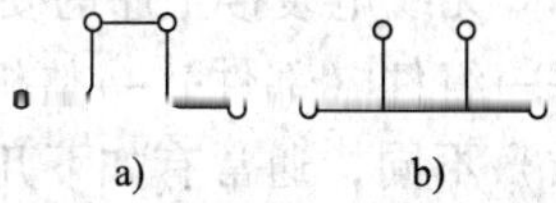

图 21—10 印制导线的分支

（4）印制导线的宽度 在同一块印制电路板上，除地线外，其他印制导线的宽度应尽可能一致。印制导线的宽度主要与通过该导线的电流有关。因为导线的截面积过小，通过电流时导线就会发热，温度过高，导线就会从基板上剥落或起翘。因此，导线的宽度不能过小，一般均大于 0.4 mm。

二、布线的方法

在一张纸上画出印制电路板所有的准确尺寸，并按实物排列方案画出印制板电路接线图，这时最好用铅笔勾勒，便于不断地修改。印制电路中各元件之间的接线安排方式如下：

1. 印制电路不允许有交叉电路。对于可能交叉的线条，可用"钻"与"绕"两种办法解决，即让某引线从别的电阻、电容、三极管等元器件脚下的空隙处"钻"过去，或从可能交叉的某条引线的一端"绕"过去。在特殊情况下如果电路很复杂，为了简化设计也允许用导线跨接，解决交叉问题。

2. 电阻、二极管、管状电容器等元件有"立式""卧式"两种安装方式，对于这两种方式上的元器件孔距是不一样的。对于可变电容器、中频变压器、振荡线圈等元器件不仅引脚几何尺寸是固定的，还有极性的区别。应查明接脚的性质，并用铅笔在纸上点出各接脚的准确位置连线。

3. 同一级电路的接地点应尽量靠近，并且本级电路的电源滤波电容也应该接在该级接地点上。特别是本级晶体管基极、发射极的接地点不能离得太远，否则因两个接地间的铜箔太长会引起干扰与自激。用这样"一点接地法"的电路，工作起来较稳定，不易自激。

4. 总地线必须严格按高频—中频—低频一级一级地按弱电到强电顺序排列，切不可随便乱接。级与级之间宁可长些，也要遵循这一规定。高频头等高放电路用大面积包围式地线，以保证有良好的屏蔽效果，否则就会产生自激以致无法工作。

5. 阻抗高的走线尽量短，阻抗低的走线可以长些。因为阻抗高的走线容易发射和吸收信号，引起电路不稳定。电源线、地线、无反馈元件的基极走线、发射极引线等均属于低阻抗走线。发射极跟随器的基极走线、放大器集电极走线均属于高阻抗走线。

第四节　装接工序的安排

无线电装接工序的安排必须依据装配工艺文件确定，一般情况下装配顺序按元器件→组件（部件）→整机总装顺序进行。但因各厂生产情况（设备、产品、人员素质）不同，通常有如下几种工序模式供参考。

一、"元器件→组件（部件）→整机总装"型工序

"元器件→组件（部件）→整机总装"工序适合产品生产由一家工厂独立完成的装配工作，特别是生产小型机的厂家。例如，一种收音机的装配就有如下工序：

1. 准备工序　准备工序包括元器件的检测、导线加工、元器件引脚加工、组合件的加工等工序，还可细化为：

（1）导线加工　包括剪切、剥头、捻头、浸锡等工序。

（2）元器件引脚加工　包括各元器件的剪脚、浸锡、成型等工位。

（3）组合件加工　包括弦线组件加工、开关电位器组件加工、面板组件加工等。这些工序还可进一步细化，视生产情况而定。

2. 整机总装工序　总装的原则是先轻后重、先铆后装、先里后外、先低后高、易碎后装、上道工序不得影响下道工序。就收音机总装而言，可按如下工序进行：准备工序→收音板装配→双连电容装配→组合件安装→导线连接→整形→检验→包装。

二、"元器件→部件（组件）"型工序

"元器件→部件（组件）"工序适用于为整机总厂配套的生产分厂（或车间）。例如，为整机总厂配套的焊板车间，则生产工序可简化为：准备工序（元器件检测、导线加工、成型与浸锡）→焊前元器件预装（插装或点胶、印刷焊膏等）工序→焊接工序→检验工序→板调工序→入库。

又如，印制电路板波峰焊流水工艺有：

作为收音机厂家可采用以下工序：印制板（插件后）上夹具→预热→喷涂助焊剂→电炉烘干→浸焊→铲头→喷涂助焊剂→电炉烘干→波峰焊→风冷→从夹具上取下。

作为电视机厂家可采用下列工序：印制线路板插件后上夹具→预热（远红外、电炉）→喷助焊剂→波峰焊→风冷（风扇）→从夹具上取下。

三、"部件→整机"型工序

"部件→整机"型工序适用于部件（散件）组装厂家，一般这些厂家为了缩短生产周期，加快产品的更新换代，通常直接采购部件进行组装。则这些工序主要包括：

部件质检（板调）工序→总机安装工序→整机接线工序→总机检验工序→包装工序。

各类工序的安排，应视产品情况、生产情况而定。

第
5
部分

高级无线电装接工知识要求

第二十二章　无线电技术

第一节　自动增益控制（AGC）电路

自动增益控制电路简称 AGC 电路，广泛用于电子接收设备中，以自动调整接收机放大电路的增益，维持其输出幅度恒定。下面着重介绍几种常见的 AGC 电路及其工作原理。

一、正向 AGC 电路及工作原理

正向 AGC 是利用增大被控管集电极电流（I_c）而使功率增益下降的，正向 AGC 的控制特性如图 22—1 所示。

用于正向 AGC 控制的晶体三极管与一般晶体三极管的输出特性是不同的，如图 22—2 所示。正向 AGC 三极管的输出特性曲线（见图 22—2a）呈"扫帚状"，明显的上密下疏（曲线密 β 值小，曲线疏 β 值大），输出特性呈大电流饱和状态，易于实施正向 AGC。而一般三极管其输出特性曲线近似为间隔较均匀的一组平行曲线族，如图 22—2b 所示，放大区的 β 值受静态工作点影响较小，不易施加正向 AGC。

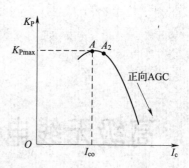

图 22—1　正向 AGC 的控制特性

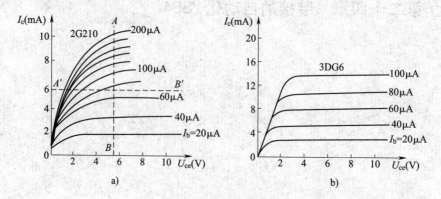

图 22—2　正向 AGC 晶体三极管和一般晶体三极管的比较

a）正向 AGC 三极管的输出特性曲线　b）一般三极管的输出特性曲线

正向 AGC 电路如图 22—3 所示，该电路和普通放大器电路类似，不同的地方：一是三极管不是普通管，而是专门用于正向 AGC 控制的三极管，如 3DG56B（2G210）、

3DG79（DG204）等；二是静态工作点应选在图 22—1 所示曲线的 A_2 位置上，即比电流 I_{co} 略大一些，使其工作更加稳定。

现以 NPN 型三极管为例，说明正向 AGC 的工作原理。高频输入信号增大，使输出的信号也随之增大，AGC 控制电压增大，被控管基极电位 U_b 增加，则 I_c 增大，使增益下降，输出信号减小，从而达到了自动控制增益的目的，所以这实际上是一个负反馈过程。

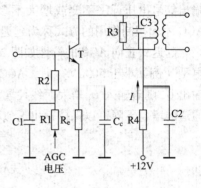

图 22—3　正向 AGC 电路

在图 22—3 中，集电极回路串接一个阻值较大的退耦电阻 R4，当信号增强时，AGC 电压增大，引起集电极电流 I_c 增加，I_c 在 R4 上的电压降增加，加之被控管的 U_{ce} 同时下降，使被控管增益下降得更明显。

正向 AGC 的优点是晶体管工作于大电流状态，信号电流不会达到特性曲线的截止区，不易引起失真，同时 AGC 电压的变动引起被控管输入、输出阻抗的变化也较小。此外，由于正向 AGC 电路中使用了晶体管 3DG56，使正向 AGC 控制灵敏度比反向 AGC 要高，工作电流变动几个毫安就能够有几十分贝的增益控制，所以目前大多数接收机采用正向 AGC 控制的方法。

二、反向 AGC 电路及其工作原理

反向 AGC 电路就和普通的放大电路一样，它是采用被控管的集电极电流（I_c）下降而使功率增益下降的，其控制特性曲线如图 22—4 所示。

现以 NPN 型管为例，说明反向 AGC 的工作原理。当输入高频信号电压增大时，输出的信号电压随之增大，AGC 电路输出的控制电压使受控管基级电位 U_b 减小，导致受控管集电极电流（I_c）减小，功率增益随之下降，迫使输出的信号减小，从而达到自动控制增益的目的，所以这也是一个负反馈的过程。

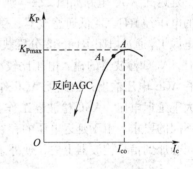

图 22—4　反向 AGC 的控制特性曲线

反向 AGC 的优点是所需的控制功率小，被控管的输入与输出电容变化较小，因而对频率特性的影响也较小。它的缺点是当信号过大、集电极电流很小时，将使信号的包络落在晶体管的非线性区域，甚至进入截止区，产生严重失真。

三、延迟式 AGC 电路及其工作原理

这里指的延迟不是指时间上的延迟，而是指输入信号在一定强度范围内变化时，AGC 不起控制作用的延迟。

延迟式 AGC 的特性如图 22—5 所示，横坐标为高频输入信号电压 U_i，纵坐标为输

出信号电压 U_o。当输入信号较微弱时（即小于 U_{io}），输出电压 U_o 随着高频输入信号电压的增大而线性增大，直到高频输入信号电压 U_i 大于 U_{io} 后，AGC 才开始起作用，使得输出信号电压近乎不变或增大不多，U_{io} 就称为延迟电压。这种输入电平大于某值后，AGC 才起控制作用的方式称为延迟式 AGC。

延迟式正向 AGC 的特性如图 22—6 所示，当输入信号电压 U_i 较为微弱，低于某一电平（例如小于 50 μV）时，AGC 不起控制作用，各受控放大级增益处于最大状态，输出 U_o 随着输入 U_i 增大而线性增大；当 U_i 大于 50 μV 时，AGC 开始起控制作用，使通道的增益下降，以保持输出近似不变。

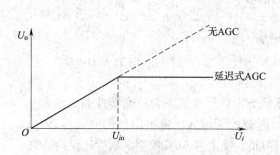

图 22—5　延迟式 AGC 的特性

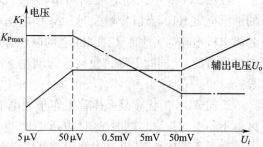

图 22—6　延迟式正向 AGC 特性

要达到延迟，必须要有电平鉴别电路。其作用是，只有当输入高出一定电平时，受控级的 AGC 电路才起控工作，平时处于不工作状态（截止或饱和）。

延迟式 AGC 电路如图 22—7 所示。二极管和负载 R3、C3 组成 AGC 检波器。检波后的电压经 R4、C4 低通滤波器，供给直流 AGC 电压。在二极管上加有一负电压（由负电源 V_{CC} 通过电阻 R1、R2 分压获得），称为延迟电压。当天线上的感应电动势 E_A 很小时，AGC 检波器的输入电压比较小，由于延迟的存在，AGC 检波器的二极管不导通，没有 AGC 电压输出，因此无 AGC 作用。当 E_A 大到一定程度时，检波器输入电压的幅值大于延迟电压，AGC 检波器工作，AGC 起作用。调节延迟电压可改变起控点，以满足不同的要求。由于延迟电压的存在，信号检波器必须与 AGC 检波器分开，否则延迟电压会加到信号检波器上去，使外来信号小时不能检波，而信号大时又会产生非线性失真。

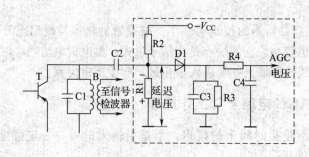

图 22—7　延迟式 AGC 电路

为了提高 AGC 的控制能力，常在 AGC 检波器的前面或后面再增加一个放大器。这种电路称为延迟放大式 AGC 电路，其电路方框图分别如图 22—8a、图 22—8b 所示。

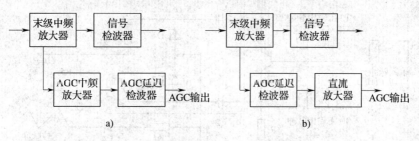

图 22—8　延迟放大式 AGC 电路方框图

a）中频放大后检波　b）检波后直流放大

第二节　自动频率控制（AFC）电路

自动频率控制电路简称 AFC 电路，主要用于电子设备中振荡电路的振荡频率的自动微调和稳定，提高频率稳定度，而 AFC 电路的关键是鉴频器。把频率变化转换为直流电压变化的方法很多，常用的方法有两种。一种是用 LC 线性网络把频率的变化变换为既有频率变化又有幅度变化的信号，其幅度的变化必须反映频率的变化，然后利用振幅检波可以得到直流电压。另一种常用的方法是利用移相网络（前面已介绍），将频率的变化变换为既有频率变化又有相位变化的信号，其幅度的变化必须反映频率的变化，然后用鉴相器将相位变化变换为电压的变化。这种方法在集成电路中得到普遍的采用。

一、鉴相器的电路及其工作原理

鉴相器又称为相位比较器，根据加到相位比较器的两个输入端信号是正弦波还是窄脉冲而分为正弦鉴相器和脉冲鉴相器两大类，而脉冲鉴相器根据电路组成又可分为平衡型（双脉冲型）和不平衡型（单脉冲型）鉴相器。目前用得较多的是双脉冲平衡型鉴相器。

双脉冲平衡型鉴相器电路如图 22—9 所示，T3 是同步分相管，R_c 为集电极负载电阻，R_e 为发射极负载电阻，D1、D2 是特性相同的两只二极管，电阻 R1、R2 相等，电容 C1、C2 相等。它们依次被称为鉴相二极管、鉴相电阻和鉴相电容。R5、C5 组成积分电路，C4 为隔直电容，R3、C3 组成积分电路。

下面利用等效电路来分析，先分析有输入脉冲信号而无比较脉冲信号时的工作情况，此种情况下，双脉冲型鉴相器的等效电路如图 22—10 所示。G 点交流接"地"，T3 集电极输出的负极性脉冲 $-U_h$ 加在 C、G 两点之间，发射极输出的正极性脉冲 U_h 加在 E、G 两点之间。负极性脉冲通过 D1 对电容 C1 充电，充电电流为 i_1。由于 $\tau_充$ 很小，所以 C1 两端的充电电压很快接近于同步脉冲的峰值，在两个同步脉冲的间隔时间内，二极管 D1 截止，电容 C1 上的电荷通过电阻 R1、R5、C5 放电，放电电流为 i_3。

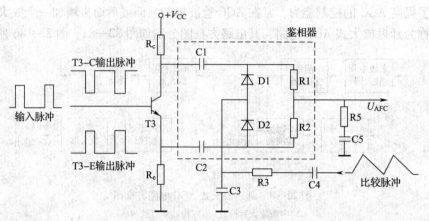

图 22—9　双脉冲型鉴相器电路

与此同时，T3 管发射极输出的正极性同步脉冲通过 D2 对电容器 C2 充电，充电电流为 i_2，同步脉冲过去以后，二极管 D2 截止，电容器 C2 上的电荷通过 R2、R5、C5 放电，放电电流为 i_4，由于电路完全对称（$C_1 = C_2$，$R_1 = R_2$），且同步脉冲的幅度相等，所以充放电电流大小相等（$i_1 = i_2$，$i_3 = i_4$），并且方向相反，于是鉴相器输出电压 $U_{AFC} = 0$。

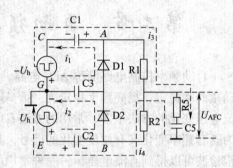

图 22—10　无比较脉冲时等效电路

对于只有比较脉冲而没有同步脉冲输入时的情况和上面只有输入脉冲而无比较脉冲分析一样，最终 $U_{AFC} = 0$。

同步输入脉冲和锯齿比较电压的相对位置关系如图 22—11 所示。

同步脉冲和比较脉冲同时加到鉴相器时，按以下三种情况分析：

1. 两者频率相同，使鉴相器输出电压 $U_{AFC} = 0$，输出和输入处于同步工作状态，如图 22—11a 所示。

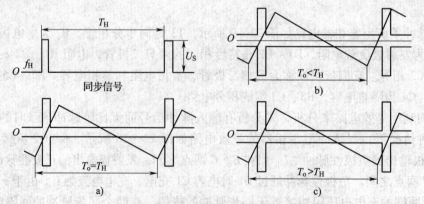

图 22—11　同步输入脉冲和锯齿比较电压的相对位置关系

a）两者频率相同，$U_{AFC} = 0$　b）比较脉冲频率高于同步脉冲，$U_{AFC} > 0$　c）比较脉冲频率低于同步脉冲，$U_{AFC} < 0$

2. 比较脉冲频率 $f_{\circ}$ 高于同步输入脉冲频率 f_{H}（即 $T_{\circ} < T_{\mathrm{H}}$），如图 22—11b 所示，使鉴相器输出电压为正值，即 $U_{\mathrm{AFC}} > 0$。通过滤波后送至振器使振荡频率降低，与同步脉冲实现同步。

3. 比较脉冲频率 $f_{\circ}$ 低于同步输入脉冲频率 f_{H}（即 $T_{\circ} > T_{\mathrm{H}}$），如图 22—11c 所示，使鉴相器输出电压为负值，即 $U_{\mathrm{AFC}} < 0$。使振荡器频率升高，可达到与同步脉冲实现同步。

二、压控振荡器

压控振荡器简称 VCO，它的振荡频率 $\omega_{\circ}(t)$ 受电压 $U_{\mathrm{C}}(t)$ 控制，可用压控特性（$U—f$ 特性）表示 $\omega_{\circ}(t)$ 与 $U_{\mathrm{C}}(t)$ 之间的关系，如图 22—12 所示。它主要是通过控制振荡器的回路的电抗元器件的偏置电压来实现的。

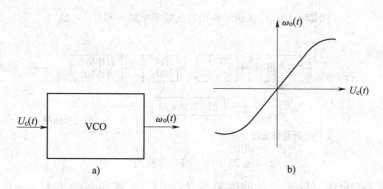

图 22—12 压控振荡器
a) VCO 框图 b) $U—f$ 特性

需要指出的是，相位比较器输出的误差控制信号电压应与 VCO 的控制特性相吻合，即若振荡器频率偏高，通过相位比较器输出的误差电压应使振荡器频率降低，以便与输入同步脉冲频率一致。

三、典型 AFC 电路及其工作原理

电视机平衡型 AFC 电路如图 22—13 所示，其中 T3 为同步分相管，R_{c} 为集电极负载电阻，R_{e} 为发射极负载电阻，C1、C2、R1、R2、V1、D2 构成鉴相器，C4 为隔直耦合电容，R3、C3 为积分电路，将行逆程脉冲变成锯齿波，电容 C6、C5 和电阻 R5、R4 组成积分滤波器。电源电压经电阻 R6、电位器 RP1 分压，从 RP1 的动臂端经 R7、D1、R1、R4 加至行振荡管的基极作为其偏置电压。其工作原理可用如图 22—14 所示的原理框图来说明。AFC 的核心部分是一个鉴相器，鉴相器的工作原理前面介绍过，它将同步脉冲信号和行逆程脉冲经积分电路产生的负向锯齿波的相位相比较。

1. 若只有其中一个信号或两者频率一致，则 $U_{\mathrm{AFC}} = 0$，VCO 按原有自激振荡频率振荡输出。

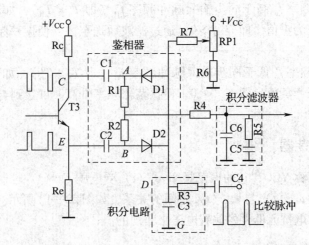

图 22—13　电视机平衡型自动频率控制（AFC）电路

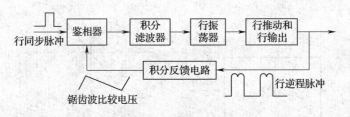

图 22—14　AFC 方框图

2. 若同步信号频率低于自激振荡频率（$f_H < f_o$），鉴相器输出 $U_{AFC} > 0$，经积分滤波后得到直流控制电压，加在 VCO 基极上（PNP 管），使自激振荡频率降低，使之与同步信号同步。

3. 若 $f_H > f_o$，则 $U_{AFC} < 0$，加在 VCO 基极上（PNP 管），使 f_o 升高，以实现和同步信号同步。

第三节　锁相技术

一、锁相技术的作用

自动频率控制（AFC）电路可以对振荡器的频率进行微调，但通过分析可知，达到稳定平衡状态时仍有剩余频率误差 $\pm \Delta f_o$。对于要求频率精度比较高的振荡器，AFC 系统就达不到。相位和频率是相关的，理论和实践证明，可以通过相位控制提高控制频率的精度。采用锁相技术中的自动相位控制（APC）系统就能使振荡电路只存在剩余相位误差，而没有剩余频率误差，可以使振荡频率精确得多。

二、锁相环的方框图及其工作原理

自动相位控制系统常称为锁相环路，它是由电压控制的振荡器简称压控振荡器

（VCO）、鉴相器（PD）和环路低通滤波器（LPF）组成的。其组成方框图如图 22—15 所示，它是一个闭合的反馈控制系统。

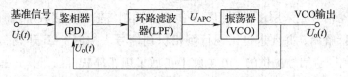

图 22—15　锁相环路的方框图

图 22—15 中，基准信号 $U_i(t)$ 的来源视锁相环路的应用不同而不同。如在频率合成器中，基准信号是由高精度的晶体振荡器（为提高精度往往带有温度控制或补偿措施）产生，其频率和相位被作为基准频率和相位。有时，例如，在彩色接收机解码、基准色副载波恢复 APC 电路中，基准信号则是发射端发出的彩色同步信号，接收端将其取出作为 APC 环路中鉴相用基准信号。

鉴相器是一个相位比较电路，输入基准信号 $U_i(t)$ 和 VCO 压控振荡器输出的信号 $U_o(t)$ 进行相位比较，输出一个代表相位差的误差信号，经过环路低通滤波，滤掉误差信号中的谐波和杂波成分，得到误差电压 U_{APC} 去控制 VCO，使压控振荡器振荡频率朝着减小两信号频率和相位差的方向变化。最终使 VCO 的频率 f_o 等于基准信号的频率 f_i，无频率差，只有静态剩余相位差。

三、锁相环路的捕捉、锁定与跟踪

锁相环路具有自动把压控振荡器的频率牵引到基准信号频率的能力。但环路实现捕捉和锁定是有条件的，即压控振荡器的振荡频率与基准信号频率相差有限，若频率差超过这个限制，环路是不能锁定的。锁相环路能捕捉的最大频率失谐范围，称为捕捉带和捕捉范围。

当环路处于锁定状态后，$\omega_o = \omega_i$，若基准信号频率 ω_i 有变化，只要变化量不大，VCO 振荡器跟随变化，始终保持 $\omega_o = \omega_i$，这个过程称为环路的跟踪。环路的跟踪范围是有限的，环路所能保持跟踪的最大失谐频率范围（即 ω_o 偏离新的 ω_i 的范围）称为同频保持带，又称同步范围。

四、锁相环的特性及应用举例

1. 锁相环的特性

（1）锁定特性，锁定后无剩余频率差，只存在剩余相位差。

（2）窄带滤波特性，例如，数百兆赫兹的中心频率上，带宽只有几赫兹甚至为 1 Hz，显然，这是任何通带的 LC、RC 和晶体滤波器所达不到的。

（3）跟踪特性，同步带内 VCO 的锁定性能。

（4）组成环路的基本电路易于采用集成电路，从而可靠性提高，应用更广泛。

2. 锁相环的应用

锁相环应用较为广泛，具体可归纳为解调、稳频、调制、测量和控制等。下面通过锁相环在彩色解码中解调基准副载波的应用来具体说明。

PAL 制色度信号是采用逐行倒相、平衡正交调制传输的，接收解调时，需要同频同相的副载波进行解调，并要求提供逐行倒相识别信号去控制 PAL 开关。基准相位和识别信号都是由色同步信号提供的，在电路上是通过锁相环获得的，其方框图如图 22—16 所示。

图 22—16 彩色解码器中解调基准副载波的提取

色同步信号与压控晶振来的本地副载波信号在鉴相器中比较相位，若二者之间的频率、相位不一致时，则 PD 输出的误差电压经低通滤波器，产生一个正比于误差信号的直流信号，去控制压控晶振，使 VCO 输出的副载波信号与色同步信号频率相等，相位保持一固定关系。与此同时，鉴相器输出的识别信号，用于控制 PAL 开关，使其与发出的一致。

第四节 取 样 技 术

一、取样的概念

取样就是将一个连续时间信号变换成离散时间信号，取样过程如图 22—17 所示。

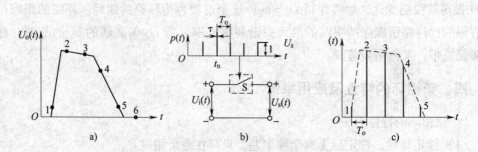

图 22—17 取样过程

a）输入信号 b）取样门与取样脉冲 c）取样信号

在电路中，取样通常是用电子开关（取样门）来实现的，取样门受重复周期为 T_0 的取样脉冲（开关信号）$P(t)$ 所控制，在取样脉冲 $P(t)$ 出现瞬间，取样门 S 开通，输入信号 $U_i(t)$ 被取样，形成离散信号 $U_s(t)$，$U_s(t)$ 被叫作取样信号。

取样信号 $U_s(t)$ 与输入信号 $U_i(t)$ 之间的关系为：

$$U_s(t) = U_i(t) \times P(t) \tag{22—1}$$

式中 $P(t) = \begin{cases} 1 & t_n \leqslant t \leqslant t_n + \tau \\ 0 & t_n + \tau \leqslant t \leqslant t_n + T_o \end{cases}$ τ 为取样脉冲宽度；t_n 为某次取样时刻。

取样分"实时取样"和"非实时取样"，实时取样是在信号经历的实际时间内对一个信号波形进行取样。非实时取样和实时取样的主要区别在于：非实时取样不是在一个信号波上完成全部取样过程，而是取样点分别取自若干个信号波形的不同位置，取样时间间隔为 $(mT_o + \Delta t)$。

二、取样定理

对于实时取样，若输入信号 $U_i(t)$ 为周期性的，其频谱的最高频率为 f_m，只要按取样频率 $f_o(1/T_o) \geqslant 2f_m$ 进行等间隔取样，那么取样信号 $U_s(t)$ 就包含了原信号 $U_i(t)$ 的全部信息。

对于非实时取样，两个取样点之间的时间间隔为 $(mT_o + \Delta t)$，但是实际信号经历的时间为 Δt。所以从等效的观点来看，非实时取样就相当于 $T_o = \Delta t$ 的实时取样，所不同的只是全部取样点不是在同一个波形上取得。这样对非实时取样来说，为了不失真地重现信号波形，必须满足取样定理，取样定理可写成：

$$T_o = \Delta t \leqslant \frac{1}{2f_m} \tag{22—2}$$

由此可见，若要显示一个信号周期（T_o）的波形，就应该由 n 个取样点构成，即：

$$n = \frac{T_o}{\Delta t} \tag{22—3}$$

为了不失真地重现信号波形，取样点必须足够多，则式（22—3）可写成：

$$n \geqslant 2f_m T_o \tag{22—4}$$

三、取样门与闭环取样电路

取样是通过取样门（电子开关）来实现的，取样门电路如图 22—18 所示。一对对称的取样脉冲分别通过变压器 B1 的绕组 L1 和 L2 加到由四个二极管组成的电桥上，变压器 B1 的作用是抑制不对称信号加到门电路上。若两个取样脉冲完全对称，则通过两个绕组的脉冲电流相等，它们产生的磁通互相抵消，这样 L1 和 L2 的阻抗接近为零，对称脉冲畅通无阻。至于不对称信号，由于两磁通不能完全抵消，故 L1 和 L2 阻抗较大，不对称信号受到衰减。

在取样脉冲出现瞬间，四个二极管开通，信号（U_i）波形被取样，即 U_i 通过二极管向取样电容器 C_s 充电。在取样脉冲消失期间，四个二极管被偏置电压 E 所截止。若二极管开通期间，电桥是平衡的，那么取样脉冲仅起控制二极管开关的作用，而不会串入信号源和取样电容器 C_s。

闭环取样电路如图 22—19 所示，从延长电路（包括延长门、保持电容 C_m 和直流

放大器 A_2）输出的取样信号电压 U_o，通过反馈电路 B 反馈到取样电容器 C_s，这样构成一个闭环系统。直流放大器的电压增益（$A_2 = 1$）主要是用来提供较大的输入电阻，以保证 C_m 两端电压得到保持。这样闭环取样电路的特点是，每次取样只取出偏离前一次取样电压的差值，故称"差值取样电路"。差值取样电路的优点是，取样门的实际输入电压的摆动范围较小，这样，对取样门以及后面的电路都不要求具有宽的动态范围。目前的取样示波器中都采用这种电路。

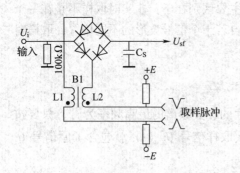

图 22—18 取样门电路

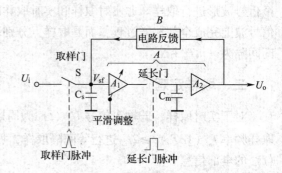

图 22—19 闭环取样电路

四、取样技术的应用

取样技术能将连续时间信号转换为离散时间信号，广泛应用于模拟量转换为数字量中，为计算机的利用、普及打下了基础。取样技术还应用于示波器中，取样示波器最高工作频率可达上千兆赫兹，可用于快速计算机的设计、脉冲编码、遥测技术以及能够满足其他的高速信息系统对观测高速脉冲过程的要求，另外取样技术还用于各种数字式测量仪表、仪器中。

第五节 彩色电视接收机工作原理简介

一、电视和我国的彩色电视标准

电视是指通过电信系统将现场的或记录的活动（包括静止）景物（带或不带伴音），以图像形式及时重现的现象。从重现图像的角度说，首先让人们能看到的现场图像的是黑白电视，也就是说，图像只有亮度深浅（不同灰度）的变化，而没有色彩的变化。早期，它的传递媒体是地面无线电广播和录像带；现在则出现了多种形式，如有线电视广播、卫星电视、网络电视、光盘和硬盘存放等。而且，今天黑白电视已经少见，主要是彩色电视。

为了由可见的光学图像变为电信系统可通行的电信号，电视系统是先用摄像机将光学意义的图像变为终端显像可接受的电信号。显像是像电影一样，利用人眼的视觉暂留特性，在显像器材上一幅一幅画面呈现的。但由于电信号传送是顺序的，显像是逐步的，所以，对一幅图像采用了逐行或隔行扫描的方式；同时，为使观察到的图像逼真，显示的图像在单位时间内要有足够的数量；每幅图像要有足够的行数，因此，我国采用了 50 幅（场）/秒（场频 50 Hz）和 625 行/场，15 625 行/秒（行频 15 625 Hz）的方式。我国采用的是隔行扫描，是 25 帧/秒。此外，为了始端、终端一致，在电信号上还安排了同步信号（同步脉冲）。一行彩色全电视信号的波形如图 22—20 所示，其中，图 22—20a 中各文字符号含义见表 22—1。

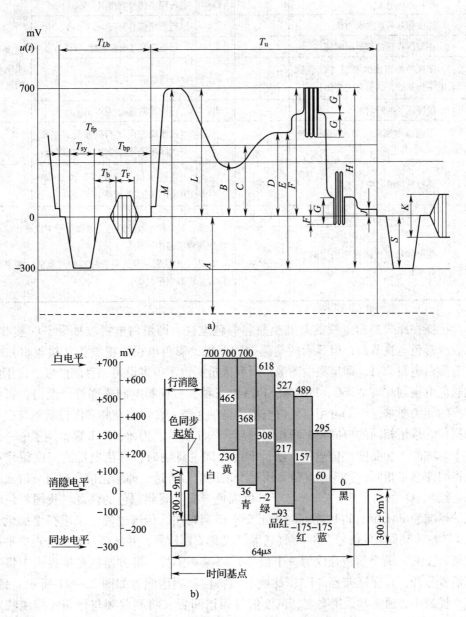

图 22—20　一行彩色全电视波形

a）一般波形　b）100/075/0 彩条

表 22—1　　　　　　　　图 22—20a 中各文字符号的含义

代号	说明	备注	代号	说明	备注
A	无用直流分量*		M	黑白全电视信号幅度的峰—峰值	$M = L + S$
B	有用直流分量		S	行同步信号幅度（−0.3 V）	
C	平均图像电平		T_{SY}	行同步信号宽度（4.7 μs）	
D	亮度信号幅度的瞬时值		T_{Lb}	行消隐信号宽度（12 μs）	
E	相对同步顶的信号瞬时值		T_{fp}	行消隐信号前肩宽度（1.5 μs）	各脉冲宽度皆指半幅度之间的宽度
F	图像信号幅度的峰值（以消隐电平为基准，其值有正有负）		T_{bp}	行消隐信号后肩宽度（5.8 μs）	
G	色度信号的峰值		T_u	行有效期宽度（64 μs）	
H	彩色全电视信号幅度的峰—峰值	1 V	T_b	过渡肩宽度（行同步脉冲后沿与色同步信号前沿之间的宽度）	
J	黑电平与消隐电平之差	0	T_F	色同步信号宽度（2.26 μs 或 10 ± 1 个副载波周期）	
K	色同步信号幅度的峰—峰值	0.3 V		说明：1.*在一般所说的全电视信号中没有，但在传输的视频信号中可能有	
L	亮度信号幅度的标称值（峰值白电平）	0.7 V		2. 表中的数值是我国电视标准的规范值。电平的起算点是消隐电平（0）	

　　为了能在原来黑白电视的基础上兼容彩色电视，即黑白电视收视设备（接收机）可以收看彩色电视节目，但显示的是黑白的图像；彩色电视收视设备（接收机）也可以收看黑白电视节目，即呈黑白图像。研究人员提出了很多设想，目前世界上常用的兼容性彩色电视制式有 NTSC、PAL 和 SECAM 三种。三种彩电制式都符合黑白、彩色两者兼容的相关要求，即①占用与黑白电视同样的带宽；②伴音载频和图像载频与黑白电视相同；③采用相同的扫描频率和相同的复合同步信号。为此，PAL 采常用了——④含有一个基本的 Y（亮度）信息的方法，即传送同一景物时，彩色电视的亮度信号和黑白电视图像信号相同；和⑤色度信息用一个辅助信号传送，即彩色信息通过分解成三基色 R（红）、G（绿）、B（蓝），与三基色混色合成实现到原色的恢复。我国彩色电视制式的标准为 PAL 制，也称逐行倒相正交平衡调幅制。传送过程中采用亮度加色差 R − Y（红差，又称 V）信号、B − Y（蓝差，又称 U）信号，并将两色差信号正交平衡调制到副载波上（两个信号合成为一个信号）以减小干扰，可方便地在接收机中将它和亮度信号分开，并保证兼容。PAL/D 制射频特性和频谱间置如图 22—21 所示。另外，为使干扰最小，通常都采用亮度、色度信号频谱间置（将副载频与行频安排成特定关系，如图 22—21b 所示）和 PAL 还进行了逐行倒相。中国 PAL/D 制彩色电视广播特性摘要见表 22—2。

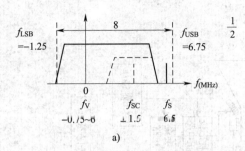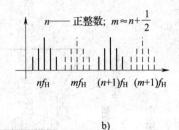

图 22—21　PAL/D 制射频特性和频谱间置

a) PAL/D 制射频特性　b) 半行频频谱间置

表 22—2　中国 PAL/D 制彩色电视广播特性摘要

1. 每帧行数：625

2. 每秒场数（标称值）：50

3. 扫描方式：隔行扫描

4. 每秒帧数（标称值）：25

5. 行频 f_H：15 625 ±0.000 1% Hz

6. 光栅宽高比：4:3

7. 扫描顺序：行—自左至右；场—自上至下

8. 标称视频带宽：6 MHz

9. 彩色全电视信号幅度：

a. 消隐电平（基准电平）：0 V

b. 峰值白电平（用 100/0/75/0 彩条时）：

　　　　　　0.7 V ± 20 mV

c. 黑电平与消隐电平之差：0 + 50 mV

d. 色同步峰—峰值：0.3 V ± 9 mV

e. 同步脉冲电平：− 0.3 V ± 9 mV

10. 脉冲细节参数：（略）

11. 标称射频频道宽度：Ⅰ、Ⅲ、Ⅳ/Ⅴ波段 8 MHz

12. 伴音载频与图像载频的频距：

　　　　　　6.5 ± 0.001 MHz

13. 频道下端与图像载频的频距：− 1.25 MHz

14. 图像信号主边带的标称带宽：6 MHz

15. 图像信号残留边带的标称带宽：0.75 MHz

16. 图像信号下边带在 − 1.25 MHz 以外的最小衰减值：20 dB

17. 彩色副载波

a. 频率（也是与图像载频的频距）f_{SC}：

　　　f_{SC} = 443 361 875 ± 5 Hz

b. 色差信号（U、V）相对于低频分量（100 kHz）的衰减：< 3 dB（1.3 MHz）；> 20 dB（4 MHz）

c. 彩色副载与行频之间的关系：

$$f_{SC} = \left(\frac{1\,135}{4} + \frac{1}{625} \right) f_H$$

18. 色度信号组成：

$$e_C' = E_U' \sin 2\pi f_{SC} t \pm E_V' \cos 2\pi f_{SC} t$$

式中　第二项前的正号适用于第一、二场的奇数行和第三、四场的偶数行（即不倒相行，简称 N 行）负号适用于第一、二场的偶数行和第三、四场的奇数行（即倒相行，简称 P 行）

19. 图像信号调制方式：残留边带振幅调制、负极性

20. 彩色全电视信号的辐射电平：

a. 同步脉冲顶：100% 载波峰值

b. 消隐电平：72.5% ~ 77.5% 载波峰值

c. 黑电平与消隐电平之差：0 ~ 5% 载波峰值

d. 峰值白电平：10% ~ 12.5% 载波峰值

21. 伴音调制：

a. 调制方式：调频

b. 最大频偏：± 50 kHz

c. 预加重时间常数：50 μs

22. 图像/伴音功率比：10:1

23. 其他：（略）

二、彩色电视机原理简介

PAL - D 制彩色电视机的组成方框图如图 22—22 所示。从图 22—22 中可以看出，

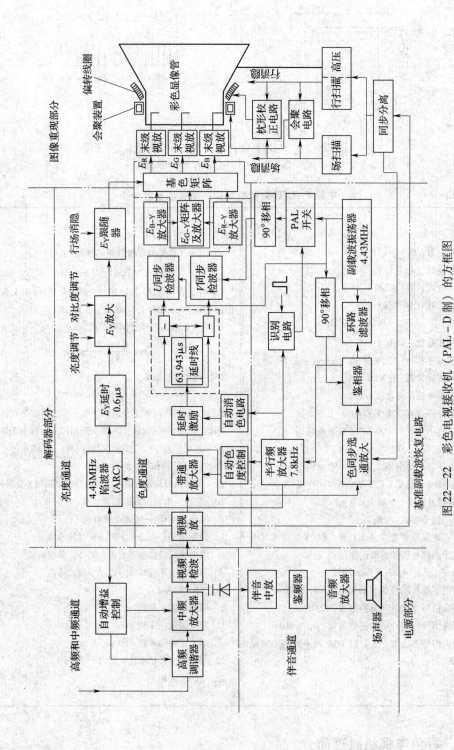

图 22—22 彩色电视接收机（PAL－D 制）的方框图

彩色电视接收机是由高频和中频通道、伴音通道、解码器、图像显示电路及电源五部分组成的。它们的作用如下：

1. 高频和中频通道

高频和中频通道包括高频调谐器、中频放大器、视频检波器和 AGC 电路等。

（1）高频调谐器　又称频道选择器、高频头。由高频放大器、混频器和本机振荡器组成。它的作用土要是：

1）选频　从天线接收到的各种电信号中选择所需要频道的电视信号，抑制其他干扰信号。

2）放大　选择出的高频电视信号（包括图像信号和伴音信号），经高频放大器放大，提高灵敏度，满足混频器所需要的幅度。

3）变频　通过混频级将图像高频信号和伴音高频信号，与本振信号进行差拍，在其输出端得到一个固定的图像中频信号和第一伴音中频信号，然后再送到图像中频放大电路。我国标准规定电视中频为 38 MHz，伴音中频为 31.5 MHz。

调谐器的频道和频段的切换，通常是人为发出指令或在自动搜索指令作用下，由机内控制电路自动切换波段电感和改变调谐回路变容管的电容完成。

（2）中频放大器　它的主要作用是进一步滤除带外无用信号，将有用的图像和伴音中频信号放大到有利检波的电平。

（3）检波器　中放后的信号，一路送入视频检波器解调出彩色全电视信号，另一路送入伴音通道。然后，由各路的二极管分别完成彩色全电视信号与伴音信号的分离。

（4）自动增益控制和自动消噪　为了保持视频检波器输出的视频信号电压基本不变，电视机内还设有自动增益控制（AGC）电路。它能调整高频放大器和中频放大器的放大量，使电视机在即使外来信号强度有较大变化的情况下，也能稳定地工作。同时，为了避免外来噪声影响到接收，机内还设有自动消噪（ANC）电路。AGC 电路和ANC 电路一起，以视频检波后的预视放为输入端，以高频放大器和中频放大器为受控端，整个公用通道就成了一个闭环自动控制系统。

（5）预视放　视频检波后的输出信号经过预视放放大到足够电平，并分成 4 路：第一路送到 AGC 电路，用来完成自动增益控制；第二路送到亮度通道，以完成亮度信号处理；第三路被加到色度通道，用来进行色度解码；第四路接到基准同步分离电路，分离出同步信号，以保证系统的同步。

（6）亮度通道　亮度通道主要由 4.43 MHz 陷波器、E_Y 延时器、E_Y 放大器和 E_Y 跟随器组成，它们的作用主要是：

1）4.43 MHz 陷波器主要用来滤除色度信号和色同步信号，这主要是因为色度信号通过亮度通道会在屏幕上形成点状干扰。它除带阻滤波器外，还接有视频放大器。带阻滤波器是为阻止 4.43 MHz 的色度信号通过而设立的，色度信号带宽是 2.6 MHz，所以，要完全消除色度信号的干扰，带阻滤波器的阻带宽度也应等于 2.6 MHz。

2）E_Y 延时器用来解决色度信号处理时多于亮度信号处理的矛盾，以保证色、亮同步，恢复的原景较为逼真。

3）E_Y放大器将亮度信号进行放大，同时对亮度和对比度进行调节，以使画面达到满意效果；E_Y跟随器用来隔离，并以足够的驱动能力输出给矩阵电路。

彩色电视接收机在接收黑白信号时将色度信号切断，同时让亮度通道中用于彩色副载波吸收的带阻滤波器不起作用，有利于提高黑白图像的清晰度，所以在彩色电视机中专门作了这种安排（参见图 22—22 亮度通道的 4.43 MHz 陷波器中的 ARC），并将这种处理方式称为自动清晰度控制（ARC）。

（7）色度通道　色度通道工作时，已调色度信号的频带为（4.43±1.3）MHz，因此进入色度通道的彩色全电视信号，首先经过带宽 2.6 MHz 的带通放大器进行放大和分离，输出信号中包括已调色度信号、色同步信号以及在此频带内的亮度信号（亮度信号高频分量）。亮度信号通过色度通道后，会形成亮度信号对彩色的串色干扰，但由于后面有延时解调器和同步检波器，它们对亮度信号都有一定的抑制作用。因此，保证延时解调器和同步检波器的质量，就可以把这种干扰减少到最小。通过带通放大器的信号分成两路：一路为色度信号的解调电路；另一路为保证解调工作正常进行的辅助电路，或称基准副载波恢复电路。

因为延时解调器的输入阻抗比较低，所以，进入解调电路的已调色度信号需再经激励级带通放大获得足够功率，以推动延时解调器。在接收黑白电视节目时色度信号通路继续工作有害无益，激励级可在消色信号的控制下切断，从而完成消色作用。从延时解调器输出的已调蓝色差信号 U 和逐行倒相的已调红色差信号 V，$\pm V$ 信号进入 V 同步检波器，在 $\pm 90°$ 的副载波配合下，检出 V 信号；U 信号进入 U 同步检波器检出 U 信号。U、V 信号进入解码矩阵，与亮度信号 Y 组合获得三基色信号 R、G、B。

（8）基准副载波恢复电路　经色度通道带通放大器后的另一路信号到达副载波恢复电路。它将首先通过色同步的选通放大，分离出其中的色同步信号。然后，由锁相环路将内设的副载波振荡器的相位和频率同步到分离出的色同步信号。副载波振荡器产生频率为 4.433 618 75 MHz 的振荡信号，经 90° 移相后送到鉴相器作为基准，色同步信号为断续正弦波，在色同步信号出现时，鉴相器才进行相位比较。PAL 制色同步信号相位在 135° 和 225° 两个角度上交替变化，因而鉴相器实际上输出的是 7.8 kHz 方波信号。此方波送到 PAL 识别电路取出基波，并进行移相和整流以获得 PAL 识别信号，由它控制双稳态触发器的工作状态。双稳的状态将决定 PAL 开关哪一路输出，PAL 开关相当于是单刀双掷开关，双掷端输入两路副载波信号，一路为零度，另一路为 180°，经 90° 移相后变为 $\pm 90°$ 的副载波，送到 V 同步检波器。而 U 同步检波器直接输入零度副载波而不经 PAL 开关。7.8 kHz 的 PAL 识别信号同时还送到消色器，产生一个直流消色信号，控制色度解调器的激励级和亮度通道的带阻放大器。当彩色电视机接收黑白信号时，色度通道不仅是多余的，而且是有害的。因为黑白亮度信号通过色度信号到达显像管会成为干扰，因此彩色电视机在接收黑白信号时应将色度信号切断，同时亮度通道中用于彩色副载波吸收的带阻滤波器也应不起作用。没有滤波器有利于提高黑白图像的清晰度，所以此种作用称为自动清晰度控制（ARC），另外在接收到彩色信号较弱时，此时消色器也发生作用。自动色度控制（ACC）为带通放大器自动增益控制。

色同步锁相环路是这样工作的：环路的副载波振荡信号与色同步选通放大电路选出

的基准振荡信号在鉴相器中进行频率和相位比较，若二者同频同相，则鉴相器给出副载波振荡器的控制信号为零，振荡器按原频率和相位振荡，电路处于锁相状态。当副载波振荡频率与色同步信号不同频或不同相时，送到振荡器的控制信号便会变为正或负。由于副载波振荡器为压控振荡器，在控制电压的作用下就会调整频率和相位，直到进入锁相状态为止。

2．伴音通道

电视是影、声并茂的精神生活用品，因此，优质的随影伴音必不可少。伴音通道包括伴音中放电路、鉴频器、音频放大器和扬声器等。它们将高频和中频通道送来的第二伴声中频信号（6.5 MHz）放大、鉴频后得到音频信号。音频信号再经过音频放大器进一步放大后，以足够的功率推动扬声器放出来电视伴音。

3．解码器

解码器由亮度通道、色度通道、基准副载波发生器和解码矩阵四部分组成。其中，亮度通道相当于黑白电视机中的视放电路，其他部分都是彩色电视机所特有的。这部分电路完成解码任务，即将彩色全电视信号转化为三基色电信号。

4．图像显示

图像显示包括同步分离电路、行场扫描电路、高压电路、枕形校正电路、末级视放电路和显像器件等，采用三枪三束彩色显像管（即荫罩式彩色显像管）的电视机还需要增加会聚电路。

来自预视放的一路视频信号，经同步分离使同步脉冲从全电视信号的复合同步信号中分离出来。然后，一路由 AFC 环路形成行扫描信号去驱动显示器件行的偏转，形成各种高压和低压供显示器件和其他电路使用；另一路经积分电路积分处理，将场同步信号从复合同步信号中分离出来，来控制场扫描电路完成场扫描的同步。枕形校正电路和会聚电路则起到校正三基色在显示屏上形成光栅时产生的枕形失真和做好三色的会聚。末级视放电路将三基色电信号放大后加至彩色显示器件去控制三基色的强弱，使显示屏显示出鲜活、生动的彩色图像。

5．电源

电源是电视机正常工作的基础，通常它是将市电提供的交流电经变压、整流、滤波和稳压产生出多种符合整机需要的、稳定的各种电压，供给各级电路。为了提高整机效率，现在的彩色电视机更多采用开关电源和线性集成稳压块相结合的方式形成各种不同性能要求的供电电压供给各级电路。

6．其他

现在的家用电视机一般都设有数字中央处理器、遥控接收器等，而且，更多地使用液晶显示器进行显示。

中央处理器主要用来完成对全机的控制和调整，以及作为人机交换的平台。

遥控接收器通常是红外遥控接收器，用它接收来自红外遥控发射器发射的、电视机认同的各种菜单代码信息，这些信息在制造时就被存储在电视机中央处理器中。电视机中央处理器收到遥控接收器送来的这些代码后，就会按代码发出相关控制、调整指令，完成电视机的遥控。

电视机遥控发射器主要由形成遥控信号的微处理器芯片、晶体振荡器、放大晶体管、红外发光二极管以及键盘矩阵组成。其大致工作原理是：微处理器芯片内部的振荡电路与外部的振荡晶体组成一个高频振荡器，产生 480 kHz 的高频振荡信号。此信号送入定时信号发生器后产生 40 kHz 的正弦信号和定时脉冲信号。正弦信号送入编码调制器作为载波信号；定时脉冲信号送至扫信号发生器、键控输入编码器和指令编码器作为这些电路的时间标准信号。微处理器内部的扫描信号发生器产生五种不同时间的扫描脉冲信号，输出送至键盘矩阵电路。当按下某一键时，相当于该功能按键的控制信号输入到键控编码器，输出相应功能的数码信号。然后由此编码器输出指令码信号，经过调制器调制在载波信号上，形成包含有功能信息的高频脉冲串，输出到晶体管进行放大，最后推动红外线发光二极管发射出脉冲调制信号。

液晶显示器中最主要的物质就是液晶。液晶是一种特殊的有机化合物，其性能介于液体和晶体之间，既具有液体的流动性，又具有晶体的光学、电学等特性。液晶屏采用的是多层结构，以 TFT TN（薄膜晶体管扭曲向列）型为例，它包括起偏振（光）板、玻璃板、TFT 和透明像素电极、定向膜和液晶、透明公共电极、RGB 滤光板液晶、玻璃板、检偏（光）板等。偏振片间无电场时，入射光通过扭曲 90° 的定向膜和液晶与出端偏振方向一致且呈透明状态（亮态）；偏振片间有电场，而且大过液晶特性的阀值时，液晶分子沿电场方向垂直于玻璃板，入射光不再扭曲 90° 而被检偏板吸收，不再透出，成为暗态。电场的大小将改变透光的多少，显示出不同的灰度。因为液晶材料本身并不发光，所以在显示屏两边都设有作为光源的灯管，而在液晶显示屏背面有一块背光板（或称匀光板）和反光膜，背光板由荧光物质组成，可以发射光线，其作用主要是提供均匀的背景光源。液晶屏包含成千上万液晶液滴组成的行和列液晶层，相当于液晶屏具有成千上万个像素。对于液晶显示器来说，亮度往往和它的背板光源有关。背板光源越亮，整个液晶显示器的亮度也会随之提高。光源的好坏将直接影响到画面的亮度和质量。彩色液晶屏是通过安排红 R、绿 G、蓝 B 三种颜色平面上分开排列的滤色片，从而对某一像素形成红、绿、蓝三色点，在驱动电路作用下，各个像素分别发出三色光，通过空间混色而实现了彩色图像的显示。

和传统彩电显像管相比，液晶屏的优势主要表现在：

（1）图像清晰度高　一般来说像素都能达到 1 024 × 758，可以符合高清数字电视要求。

（2）机身轻薄　其厚度在 4 cm 以内，仅有普通 CRT 电视厚度的 1/10 左右。

（3）外观时尚美观　十分吻合当代人们的审美情趣，尤其是年轻一代。

（4）使用寿命长　一般达到 50 000 h 以上，按一天使用 8 h 计算，可使用 17 年，比普通 CRT 彩电使用寿命还长。

（5）环保节能　液晶电视采用逐行扫描与点阵成像，图像无闪烁，不会对人眼造成伤害。21 英寸液晶电视功率为 40 W，30 英寸为 120 W，比普通 CRT 彩电省电。

由于液晶电视里面是要灌液晶，随着尺寸的增大，灌制的难度和成本会大幅提高，因此，宜用于制作 32 英寸及以下规格，比如 32 英寸、30 英寸、22 英寸、15 英寸等"中小屏幕"。

　　随着电子技术的发展，数字电视很快发展起来，现在，模拟电视机市场上特别是在城市里已少见了。新器件，包括液晶显示、大规模集成电路和数字技术等的应用，使电视机大大改观，不仅性能好，还屏幕大、体积小，人机友好，节能环保。

　　为了保证仍然能在有限的带宽内工作，模拟的全电视信号数字化时，利用其频谱分布上高频少，人视觉上对色彩不敏感等特性，用差值以减少数据量，对信号用 MPEG 标准进行压缩；另外，为了减少各种干扰的影响，在传输时又对压缩了的数字信号进行随机化（扰码）、纠错编码（冗余编码）、时间交织、正交调制（星座映射）、频率交织、反富利哀变换（IFFT）、组帧、余弦处理、D/A、正交上变频和调制等一系列处理。接收实际上是传输的逆过程。所以，数字电视接收机要作相应的下变频和解调、A/D、富利哀变换、解交织、纠错、解扰、解码、D/A 等处理。

第二十三章 微型计算机应用基本知识

第一节 微型计算机基本知识

自 1980 年美国 IBM 公司推出个人计算机——PC 机以来，这种微型计算机（简称微机）就风靡全球。随着技术、工艺的不断完善，用户需求的增强，微机在这十几年间迅速地更新换代，先后出现了 IBM PC，其改进型 PC/XT、PC/AT（286）、386、486、Pentium 等。十几年来，微机的各种软件、硬件层出不穷，并不断完善，极大地推动了微机的发展。

一、软件和硬件——构成计算机系统的两大支柱

一个完整的计算机系统由硬件系统和软件系统组成。硬件是构成计算机系统的各种物质实体的总称，是看得见、摸得着的。例如，计算机主机、硬盘、主板、显卡、显示器、键盘、电源、打印机等都是硬件，它们是微机的物质基础。软件是在计算机硬件上运行的全部程序的总称，是人发布给微机命令的集合。

微机的系统构成，如图 23—1 所示。

1. 微机的硬件

从硬件角度看，微机主要由中央处理器（CPU）、存储器（Memory）、输入设备（Input）和输出设备（Output）组成。中央处理器又由运算器和控制器构成，是微机的心脏，微机的一切运算、控制都是在这里汇总、处理、执行。存储器用来存放原始数据、程序及命令，并向运算器提供数据和接收运算后的中间结果或最终结果，也向控制器提供运算指令或存储控制信息。存储器分为内存储器和外存储器，内存储器又分为随机存储器（RAM）和只读存储器（ROM）。前者（RAM）存放的信息可随着需要而变更和清除，断电后，哪怕是瞬间的断电也会使其内部的信息全部丢失；ROM 中的信息是在生产时就已经将程序固化在内部的，在断电后，这种信息不会消失。微机的外存储器主要是磁盘、光盘或电子盘。过去，磁盘又有软盘和硬盘两种，现在软盘已很少使用。微机既可以把数据从外存读出，又可以将信息写到外存上保存。

微机依靠输入设备从微机外部接收信息，其主要输入设备是键盘和鼠标，人们编写的程序和初始数据都是通过输入设备输送给微机的。微机依靠输出设备将微机处理的结果向微机外部发送。微机的主要输出设备有显示屏、打印机和绘图仪。微机内部由总线（BUS）传递数据、地址和控制信息。

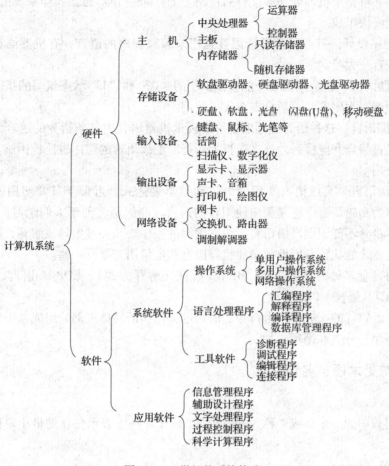

图 23—1　微机的系统构成

2．微机的软件

使用微机就是向微机发布命令，将命令按某种逻辑有机地连在一起，一起提交给微机，让它自动地一条一条执行。这些命令就是给微机编写的程序。

（1）微机的系统软件　微机的系统软件是微机系统中最靠近硬件的一层软件，其他软件一般都是通过系统软件发挥作用的。它包括操作系统、汇编程序、高级语言、编译程序、各种服务性程序和某些实用程序包等。

磁盘操作系统（DOS）是最常见的一种操作系统，用它管理微机的硬件和软件，并为用户提供一个良好的工作环境，是用户和 PC 机之间的"桥梁"。DOS 主要有五个方面的功能：设备管理、文件和数据管理、命令解释、内存管理和系统管理。

MS－DOS 的文件中，.COM 是命令文件，.EXE 是可执行文件，.BAT 是批处理文件，.BAK 是备份文件。文件主名由 1～8 个字符组成，扩展名由 1～3 个字符组成。DOS 的命令分为内部和外部命令，其中内部命令是在 DOS 启动后即可使用。DOS 的启动有冷启动（从未通电到通电的引导）和热启动（通电状态下重新引导）两种，引导又分为硬盘（从 C 盘）和软盘（从 A 盘）引导。DOS 启动的实质是将其系统文件引导接入内存，并将整个机器处在该文件的控制之下。MS – DOS 磁盘操作系统由一个 BOOT 和三个层次模块组成。

（2）程序设计语言　程序设计语言是用来编写程序的语言，有机器语言、汇编语言和高级语言三大类。

1）机器语言　这是微机唯一能直接识别的"0"和"1"状态编写的指令集合。这种语言，因编写太困难，只适合专业人员使用。

2）汇编语言　这种语言是用助记符来表示机器语言中各条指令的语言，由它编写的程序要经过编译和链接后才能在微机上运行。汇编语言的使用也比较困难，也只适合专业人员使用。

3）高级语言　高级语言所用的语言和数学表达式，近似于日常使用的语言和符号，所以称为高级语言。它是面向使用者的语言。高级语言便于人们学习，通用性强。但计算机本身并不能识别高级语言，由它编写的程序必须经过编译或解释，转换成二进制代码，机器才能执行，因此效率比机器语言和汇编语言要低一些。

高级语言有多种，常见的有：BASIC 语言（解释方式）、COBOL 语言、FORTRAN 语言、PASCAL 语言、C 语言等。

BASIC 语句行的一般格式由行号、语句定义符、语句体三部分组成，语句程序的结构形式有顺序、分支和循环三种。

二、常见术语、名词

1. 位（bit）

二进制数中的一个 0 或 1 称为一"位"，是计算机中表示信息的最小单位，又称为"比特"。

2. 字节（byte）

8 位二进制数称为一个字节，一个字节可存放一个英文字母（大写或小写）或一个十进制数或一个特殊字符。在工作过程中常作为操作的基本单位。

3. 字符（character）

任何字母、数字和符号都称为字符。

4. ASCII 码

ASCII 码是美国信息交换用标准代码（American Standard Code for Information Inter – change）的缩写。它是用 8 位二进制数来表示各个不同字符的集合，共收集有 128 个字符，如大写的字母"A"的 ASCII 码是 01000001B，或 $(65)_{10}$。它分为基本 ASCII 码和扩展 ASCII 码两部分。根据该标准，每个 ASCII 码占一个字节，表示一个字符，当计算机向屏幕、打印机等设备发送一个字符时，实际发送的是表示这个字符的 ASCII 码的二进制数。

5. 数据

数据是指计算机可以处理的信息，包括数值、字符等。

6. 命令

命令是指从键盘或其他输入设备、程序等发布给计算机要求其完成指定操作的指令。

7. 程序

程序是指在电子科学技术的数字技术中，用符合一定语法和格式的语句，对运算或处理对象和规则进行描述的一种文件，这种文件能通过有机地集中在一起的相关命令、数据、字符等，使数字设备自动、有序地按要求完成确定的任务。

8. 主频

计算机中控制运算、控制等部件有序地工作的主时钟脉冲的频率，即主时钟脉冲一秒内发出的脉冲数。一般以 MHz 为单位，1 MHz 表示每秒钟发出一百万个脉冲。主频是衡量计算机处理速度的重要标志之一。

9. 配置

配置是指为使机器能适应工作和人们的需要而装入的设备或程序。

10. 接口

接口是指不同系统、人机等的交接部分。例如，两个硬件设备的交接装置、两个程序块的连接程序、多个程序共同访问存储器的连接、人机界面等。

11. 串行和并行

串行和并行是指计算机设备之间通信的方式。串行数据传输是将组成字符的码元，从第一位开始，按照时间（或先后）顺序逐个传输的方式；并行数据传输是将构成数据的各二进制位，通过数据电路同时进行的传输方式。

12. 默认

默认是指在发布命令时，不指出命令操作的对象，而由计算机系统自动选定某个操作对象的认定方式。

13. 备份

备份是指为了防止存储的文件损坏或意外事故时丢失数据，复制并保存起来的工作或措施。

三、计算机的运算基础

在计算机系统中采用二进制数进行各种运算。8 位二进制数表示一个字节。但为了人们学习或编程时方便，所以又采用八进制数、十六进制数来描述计算机里的二进制数。

1. 二进制数

二进制数有两个元素"0"和"1"，按"逢二进一"的原则计算，如 1001011 + 1000101 = 10010000。二进制数在书写时，用下标表示，如 (01101)$_2$，或在数的末尾加一个大写字母 B，如 110011B。

2. 八进制数

八进制数有"0 ~ 7"8 个元素，按"逢八进一"的原则计算，如 23456 + 56342 = 102020。八进制数在书写时，用下标 8 表示，如 (12345)$_8$，或在数的末尾加一个大写字母 O 或 Q，如 123456Q。

3. 十六进制数

十六进制数有"0 ~ 9"和"A ~ F"16 个元素，按"逢十六进一"的原则计算，如

345AEC + ABCD98 = E02884。十六进制数在书写时，用下标 16 表示，如（129ADEF）$_{16}$，或在数的末尾加一个大写字母 H，如 129ADEFH。

4. 十进制数

十进制数有 "0~9" 10 个元素，按 "逢十进一" 的原则计算。十进制数在书写时，用下标 10 表示，如（129）$_{10}$，或在数的末尾加一个大写字母 D，如 129D，也可省略 D，写成 129。

5. 不同进制数之间的转换

（1）其他进制数转换成十进制数　要将某种进制数转换成十进制数，可方便地使用下式：

$$D = \sum a_i \times r^i$$

式中　D——转换成的十进制数；

i——需转换进制数的位，指一个数的位置权号，小数点左起第一位为 0，然后向左顺序按正整数递增，1、2…；小数点右第一位为 –1，然后顺序按负整数递减，–2、–3…；

a_i——需转换的进制数第 i 位的数码（系数）；

r——基数，不同的进制数基数不同，例如，二进制的基数是 2，十六进制的基数是 16 等；

r^i——i 位的权，它是基数对该位调整、支配能力或倍乘的大小。

常用的几种进制数的表示见表 23—1。

表 23—1　　　　　　常用的几种进制数的表示

进制	十进制	二进制	八进制	十六进制
规则	逢十进一	逢二进一	逢八进一	逢十六进一
基数	$r = 10$	$r = 2$	$r = 8$	$r = 16$
基本符号	0, 1, 2, …, 9	0, 1	0, 1, 2, …, 7	0, 1, …, 9, A, B, …, F
权	10^i	2^i	8^i	16^i
形式表示	$(\cdots)_{10}$，或…D	$(\cdots)_2$，或…B	$(\cdots)_8$，或…Q	$(\cdots)_{16}$，或…H

例如，十六进制数（2A. 7F）$_{16}$，转换成十进制数为：

$$(2A. 7F)_{16} = 2 \times 16^1 + 10 \times 16^0 + 7 \times 16^{-1} + 15 \times 16^{-2} = (42.4960937)_{10}$$

（2）十进制数转换成 r 制数　将十进制数转换为 r 进制数时，可将此数分成整数与小数两部分分别转换，然后拼接起来即可。

整数部分转换成 r 进制数采用除 r 取余法，即将十进制整数不断除以 r 取余数，直到商为 0，余数从右到左排列，首次取得的余数排在最右。

小数部分转换成 r 进制数采用乘 r 取整法，即将十进制小数不断乘以 r 取整数，直到小数部分为 0 或达到要求的精度为止（小数部分可能永远不会得到 0）。所得的整数从小数点自左往右排列，取有效精度，首次取得的整数排在最左。

例如，将（100.345）$_{10}$ 转换成二进制数，其转换结果为：

（100.345）$_{10}$ ≈ （1100100.01011）$_2$。

具体过程如下：

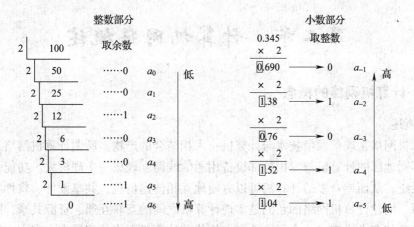

（3）二进制、八进制、十六进制数间的相互转换

由于二进制、八进制和十六进制之间存在特殊关系：$8^1 = 2^3$、$16^1 = 2^4$，即 1 位八进制数相当于 3 位二进制数，1 位十六进制数相当于 4 位二进制数。二进制、八进制、十六进制数间的对应关系见表 23—2。

表 23—2　　　　　　　　二进制、八进制、十六进制数之间的关系

八进制数	对应 二进制数	十六进制数	对应 二进制数	十六进制数	对应 二进制数
0	000	0	0000	8	1000
1	001	1	0001	9	1001
2	010	2	0010	A	1010
3	011	3	0011	B	1011
4	100	4	0100	C	1100
5	101	5	0101	D	1101
6	110	6	0110	E	1110
7	111	7	0111	F	1111

根据这种对应关系，二进制数转换成八进制数时，以小数点为中心向左右两边分组，每 3 位为一组，两头不足 3 位补 0 即可。同样二进制数转换成十六进制数只要 4 位为一组进行分组。例如，将二进制数（1101101110.110101）$_B$ 转换成十六进制数：

（0011　0110　1110.　1101　0100）$_B$ =（36E.D4）$_H$　（整数高位和小数低位补 0）
　　3　　6　　E　　　D　　4

又如，将二进制数（1101101110.110101）$_B$ 转换成八进制数：

$$(\underline{001} \quad \underline{101} \quad \underline{101} \quad \underline{110}. \quad \underline{110} \quad \underline{101})_B = (1\,556.65)_O$$
$$\quad\; 1 \qquad 5 \qquad 5 \qquad 6 \qquad\; 6 \qquad 5$$

同样，将八（十六）进制数转换成二进制数只要将1位化为3（4）位即可。

第二节　计算机网络概述

一、计算机网络的概念

1．概述

计算机网络是现代通信技术与计算机技术相结合的产物。所谓计算机网络，就是把分布在不同地区的计算机与专用外部设备用通信线路互联成一个规模大、功能强的计算机应用系统，从而使众多的计算机可以方便地互相传递信息，共享硬件、软件、数据信息等资源。组建计算机网络的目的是实现计算机之间的互联互通、资源共享，因此，网络提供资源的多少决定了一个网络的存在价值。计算机网络的规模有大有小，大的可以覆盖全球，小的可以仅由一间办公室中的两台或几台计算机构成。通常，网络规模越大，包含的计算机越多，所提供的网络资源就越丰富，价值也就越高。

不难看出，计算机网络涉及3个方面的问题：至少有两台计算机互联；通信设备与线路介质；网络软件、通信协议和网络操作系统。

计算机网络的应用正在改变着人们的工作与生活方式，计算机越普及，应用范围越广，就越需要互联起来构成网络。

2．计算机网络的分类

计算机网络的种类很多，根据不同的分类原则，可以得到不同类型的计算机网络。按网络覆盖的范围大小不同，计算机网络可分为局域网（Local Area Network，LAN）、城域网（Metropolitan Area Network，MAN）、广域网（Wide Area Network，WAN）；按照网络的拓扑结构来划分，计算机网络可以分为环形网、星形网、总线形网等；按照通信传输介质来划分，可以分为双绞线网、同轴电缆网、光纤网、微波网、卫星网、红外线网等；按照信号频带占用方式来划分，又可以分为基带网和宽带网。

（1）局域网　它是指在较小的地理范围（一般小于10 km）由计算机、通信线路（一般为双绞线）和网络连接设备（一般为集线器和交换机）组成的网络。

（2）城域网　它是指在一个城市范围内（一般小于100 km）由计算机、通信线路（包括有线介质和无线介质）和网络连接设备（一般为集线器、交换机和路由器等）组成的网络。

（3）广域网　它比城域网范围大，由多个局域网或城域网组成的网络。目前，已不能明确区分广域网和城域网，也可以说城域网的概念越来越模糊了，因为在实际应用中，已经很少有封闭在一个城市内的独立网络。互联网（Internet）是世界上最大的广域网。

3．计算机网络的构成

计算机网络主要由网络硬件和网络软件构成。

（1）网络硬件

网络硬件一般是指计算机设备、传输介质和网络连接设备。目前，网络连接设备有很多，功能不一，也很复杂。一些最常见的网络连接设备如下：

1）网卡（NIC）　网卡又叫网络适配器，是局域网联网的重要设备，是工作站和网络之间的逻辑和物理链路。一般内置于计算机内部 PCI 插槽上，有 RJ 45 接口（用于连接双绞线）或 BNC 接口（用于连接细同轴电缆）。

2）调制解调器（Modem）　调制解调器是数字信号和模拟信号转换设备，用于计算机通过拨号方式连入互联网或以远程终端方式访问服务器。通过它使计算机内的数字信号转换成可在普通电话线（PSTN）上传输的模拟信号，也可以使电话线上传输的模拟信号转换成计算机能够识别的数字信号。

3）集线器（Hub）　集线器在网络媒介中间用于连接的中央点。

4）交换机（Switch）　交换机是更高级的集线器，可合理分配网络负载。当信息传输时，在两点之间建立起虚拟链路。

5）网桥（Bridge）　它又称桥接器，是一种在链路层实现局域网互联的存储转发设备。

6）路由器（Router）　它是用来连接多个逻辑上分开的网络物理设备。路由器也称选径器，是在网络层实现互联的设备。它比网桥更加复杂，也具有更强的灵活性。路由器有更强的异种网互联能力，连接对象包括局域网和广域网。过去路由器多用于广域网，近年来，由于路由器性能有了很大提高，价格下降到与网桥接近，因此在局域网互联中也越来越多地使用路由器。

7）网关（Gateway）　它又称网间连接器、协议转换器。网关在传输层以上实现网络互联，是最复杂的网络互联设备，仅用于两个高层协议不同的网络互联。网关结构和路由器类似。网关既可以用于广域网互联，也可以用于局域网互联。

（2）网络软件

网络软件一般指的是网络操作系统和网络通信协议等。

1）网络操作系统　网络操作系统是用于管理网络的软、硬件资源，提供简单网络管理的系统软件。常见的网络操作系统有 UNIX、Netware、Windows NT 和 Linux 等。UNIX 支持 TCP/IP 协议，安全性、可靠性强，但操作使用复杂。Netware 目前的最新版本 Netware 5.0 也支持 TCP/IP 协议，安全性、可靠性较强，特点是具有 NDS 目录服务，缺点是操作使用较复杂。Windows NT（WinNT）操作简单方便，但安全性、可靠性较差，适用于中小型网络。Linux 是一个免费的网络操作系统，源代码完全开放，是 UNIX 的一个分支，内核基本和 UNIX 一样，具有 WinNT 的界面，操作较简单，缺点是应用程序较少。

2）网络通信协议　它是网络中计算机交换信息时的约定，规定了计算机在网络中互通信息的规则。互联网采用的协议是 TCP/IP，该协议也是目前应用最广的协议，常见的协议还有 Novell 公司的 IPX/SPX 等。

二、IP 地址及域名

1. TCP/IP 协议（传输控制协议/网际协议）

（1）TCP/IP 的概念　协议就是通信的计算机双方必须共同遵从的一组约定。互联网由数十万个网络和数千万台计算机组成；虽然互联网的管理结构是松散的，但接入互联网的计算机必须遵从一致的约定，如怎样建立连接、怎样互相识别等。只有遵守这个约定，计算机之间才能相互通信和交流。TCP/IP 就是这样的约定，它规定了计算机之间互相通信的方法，并通过预先制定的一簇大家共同遵守的格式和约定，使接入互联网的异种网络、不同设备之间能够进行正常的数据通信。之所以说 TCP/IP 是一个协议簇，是因为 TCP/IP 协议包括 TCP、IP、UDP、ICMP、RIP、TELNET、FTP、SMTP、ARP 等许多协议，对互联网中主机的寻址方式、主机的命名机制、信息的传输规则，以及各种各样服务功能均做了详细的约定，这些约定统称为 TCP/IP 协议。目前世界上最大的网络——互联网就采用了该协议。

（2）TCP/IP 协议的结构　TCP/IP 协议是一个分层的结构。协议的分层使得各层的任务和目的十分明确，这样有利于软件编写和通信控制。TCP/IP 协议分为 4 层，如图 23—2 所示。

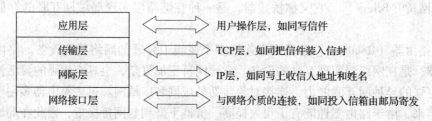

图 23—2　TCP/IP 协议分层结构

1）最上层是应用层　就是和用户打交道的部分，用户在应用层上进行操作，如收发电子邮件、文件传输等。也就是说，用户必须通过应用层才能表达出他的意愿，从而达到目的。

2）下面是传输层，即 TCP 层　它的主要功能是对应用层传递过来的用户信息进行分段处理，然后在各段信息中加入一些附加的说明，如说明各段的顺序等，保证对方收到可靠的信息。

3）再下面是网际层，即 IP 层　它将传输层形成的一段一段信息打成 IP 数据包，在报头中填入地址信息，然后选择好发送的路径。

4）最底层是网络接口层　网络接口层负责与网络中的连接介质打交道。

如图 23—2 所示那样，整个过程就像是写一封信，应用层写好信件，传输层将信件装入信封，网际层写好信封上的收信人姓名和地址，网络接口层负责将它投寄出去。TCP/IP 协议的 4 层结构很简单，实现起来比较容易，实用性很强，这正是它得以广泛应用、取得成功的关键。

2. IP 地址

互联网采用了一种通用的地址格式，为互联网中的每一个网络和几乎每一台主机都分配了一个地址，这就使人们实实在在地感觉到它是一个整体。

（1）IP 地址的概念　接入互联网的计算机与接入电话网的电话相似，每台计算机或路由器都有一个由授权机构分配的号码，称它为 IP 地址。IP 地址采用分层结构。地址由网络号与主机号两部分组成。其中网络号用来标志一个逻辑网络，主机号用来标志网络中的一台主机。一台互联网主机至少有一个 IP 地址，而且这个 IP 地址是全网唯一的；如果一台互联网主机有两个或多个 IP 地址，则该主机属于两个或多个逻辑网络，一般用于路由器。IP 地址实际是由 32 位二进制码组成的，在表示 IP 地址时，将 32 位分为 4 个字节，每个字节转换成十进制，字节之间用"．"来分隔。例如，北京电报局的互联网主机的地址为：202.96.0.97。这种地址的表示法叫作"点分十进制表示法"，显然这比全是 1 和 0 的二进制码容易记忆。

（2）IP 地址的分类　在互联网中，计算机之间相互通信如图 23—3 所示。可以看到，互联网在层次上有明显的划分。因此，IP 地址在设计时就考虑到这种层次特点，将号码分割成网络号和主机号两部分，网络号相同的主机可以直接互相访问，网络号不同的主机需通过路由器才可以互相访问。TCP/IP 协议规定，根据网络规模的大小分为 A、B、C、D、E 5 类地址，常见的有前 3 类，如图 23—4 所示。A 类 IP 地址常用于大型的网络。B 类 IP 地址用于中等规模的网络。C 类 IP 地址用于小型规模的网络。

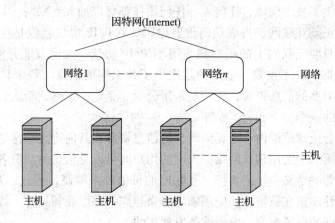

图 23—3　互联网中主机通信

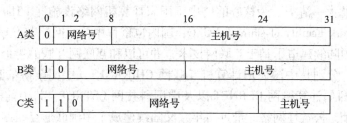

图 23—4　IP 地址的分类

可以这样来获知自己的 IP 地址。当通过拨号连接进入互联网后，事实上就已获得了一个由 ISP 动态分配的 IP 地址，当然这也是拨号连接的主要目的。拨号成功后，选择左下角的"开始"，再选择"运行⋯⋯"子菜单，在"运行"对话框中的"打开"栏中输入命令"WINIPCFG"，然后按下"确定"按钮。此时如果已拨号上网，或在局域网中，就可以在弹出的"IP 配置"对话框中看到自己的 IP 地址。拨号上网时，该地址一般是由 ISP 动态分配的，如果在局域网中，则是由局域网中的 DHCP 服务器动态分配，当然也可以手动设置 IP 地址，但在设置之前，必须向 ISP 或局域网的网络管理员申请。

三、互联网入门

1. 互联网的基本概念

（1）互联网的概念　互联网（Internet）又叫国际计算机互联网，简称互联网，是当今世界上是最大的信息网。通过互联网，用户可以实现全球范围的电子邮件收发，进行 WWW 信息、电子新闻查询与浏览，并提供文件传输，语音与图像通信服务等。目前，互联网已成为覆盖全球的信息基础设施之一。

互联网连接了分布在世界各地的计算机，并且按照统一的规则为每台计算机命名，制定了统一的网络协议来协调计算机之间的信息交换。互联网从一开始就打破了中央控制的网络结构，任何用户都不必担心谁控制谁的问题。互联网使世界变成了一个"地球村"，而每台计算机（一个人）就是地球村的"村民"。TCP/IP 协议为任何一台计算机接入互联网提供了技术保障，任何人、任何团体都可以加入互联网。对用户开放、对服务提供者开放正是互联网获得成功的重要原因。TCP/IP 协议就像是在互联网世界中使用的世界语，只要互联网上的用户都使用 TCP/IP 协议，大家就能方便地进行交谈。在互联网上"是谁"并不重要，重要的是提供了什么样的信息。每个自愿接入互联网的主机都有各种类型的信息资源，无论是跨国公司、企业、家庭、个人，都仅仅是互联网数千万网站中的一个。

互联网代表着全球范围内一组无限增长的信息资源，其内容之丰富是任何语言都难以描述的。它是第一个实用信息网络，入网的用户既可以是信息的消费者，也可以是信息的提供者。随着一个又一个的连接，互联网的价值越来越高，因此，互联网以科研、教育为主的运营性质正在被突破，应用领域越来越广，除商业领域外，政府上网也日益普及，借助互联网的电子政府、电子政务发展很快。

（2）我国的互联网　中国是第 71 个加入互联网国家级网络的国家，1994 年 5 月，以"中科院—北大—清华"为核心的"中国国家计算机网络设施"（The National Computing and Network Facility of China，NCFC，国内也俗称中关村网）与互联网连通。

随后，我国陆续建造了基于互联网技术，并可以和互联网互联的 4 个全国范围的公用计算机网络，分别是中国公用计算机互联网 CHINANET，中国金桥信息网 CHINAGBN，中国教育科研计算机网 CERNET 以及中国科技网 CSTNET，其中前两个是营利性网络，而后两个是公益性网络。最近两年，又陆续建成了中国联通互联网、中国网通和中国移动互联网等骨干网。

2. 互联网的功能

一般来说，互联网可以提供以下一些主要服务：

（1）万维网（WWW）服务　可以通过 WWW 服务浏览新闻、下载软件、购买商品、收听音乐、观看电影、网上聊天、在线学习等。

（2）电子邮件（E - mail）服务　可以通过互联网上的电子邮件服务器发送和接收电子邮件，进行信息传输。

（3）搜索引擎服务　可以帮助快速查找所需要的资料、想访问的网站、想下载的软件或者是所需要的商品。

（4）文件传输（FTP）服务　提供了一种实时的文件传输环境，可以通过 FTP 服务连接远程主机，进行文件的下载和上传。

（5）电子公告板（BBS）服务　提供一个在网上发布各种信息的场所，也是一种交互式的实时应用。除发布信息外，BBS 还提供类似新闻组、收发电子邮件、聊天等服务。

（6）远程登录（Telnet）服务　可以通过远程登录程序进入远程的计算机系统。只要拥有在互联网上某台计算机的账号，无论在哪里，都可以通过远程登录来使用该台计算机，就像使用本地计算机一样。

（7）新闻组（USENET）服务　这是为需要进行专题研究与讨论的使用者们开辟的服务，通过新闻组既可以发表自己的意见，也可以领略别人的见解。

3. 接入互联网的方法

用户接入互联网要通过互联网服务提供商（Internet Service Provider，ISP），它是用户连入互联网的入口点。计算机不管以哪种方式接入互联网，首先都要连到 ISP 的主机上。从用户角度看，ISP 位于互联网的边缘，用户通过某种通信线路，例如，普通电话网（PSTN）、综合业务数字网（ISDN）、数字用户线 DSL 和局域网等连接到 ISP，再通过 ISP 的连接通道接入互联网。

（1）通过普通电话网（PSTN）接入互联网　所谓通过电话网接入互联网，是指用户在访问互联网时，计算机用户用拨号方式通过调制解调器（Modem）连接到 PSTN 电话网，然后 PSTN 再连接到 ISP 的远程接入服务器（RAS），再由 ISP 的路由器访问互联网，即普通拨号 Modem 上网。在用户端，既可以将一台计算机直接通过调制解调器与电话网相连，也可以利用代理服务器将一个局域网间接通过调制解调器与电话网相连。

电话拨号线路除受速率的限制外，另一个特点就是需要通过拨号建立连接，由于技术等方面原因的影响，在大量信息的传输过程中，连接有时会断开，俗称掉线。

（2）通过综合业务数字网（ISDN）接入互联网　ISDN，按字面意思是综合业务数字网的意思，采用数字传输，在各用户终端之间实现以 64 kb/s 速率为基础的端到端的透明传输，上网传输速率最高为 128 kb/s。ISDN 能提供端到端的数字连接，用来承载包括话音和非话音在内的各种通信业务，可同时支持上网、打电话、传真等多种业务。

ISDN 采用两种标准的用户网络接口，即基本速率接口（BRI）和基群速率接口（PRI）。基本速率接口，即 2B + D；基群速率接口，也称一次群速率接口，即 30B + D。其中 B 为 64 kb/s 速率的数字信道，D 为 16 kb/s 速率的数字信道。B 信道主要用于传送信息流，D 信道主要用于传送电路交换的信息，也用于传送分组交换的数据信息。

普通电话线上网的速率大多为 40 kb/s，最多也不过 56 kb/s，而 ISDN 为 64 kb/s，最大可到 128 kb/s；模拟电话线只能传送模拟话音信号，提供单一的电话业务，而 IS-

DN 实现了用户线的数字化，可同时支持多种业务。ISDN 可同时接入多个设备，但不能像模拟电话一样把电话机直接接到电话线上，而需先接入一个被称为网络终端（Network Termination，NT）的设备（该设备是局端设备，一般由电信局提供），再接入电话机、传真机以及上网用的适配卡等，但 ISDN 传输速率还是较低。

（3）通过数字用户线路（DSL）接入互联网

1）数字用户线路　数字用户线路（Digital Subscriber Line，DSL）是以铜质电话线为传输介质的传输技术组合，它包括 HDSL（高比特率 DSL）、SDSL（对称 DSL）、VDSL（甚高数字速率 DSL）、ADSL（非对称 DSL）和 RADSL（速率自适应 DSL）等，一般称其为 xDSL。它们主要的区别就体现在信号传输速度和距离的不同，以及上行速率和下行速率对称性的不同这两个方面。

DSL 技术的主要特点是可以充分利用现有的铜缆网络（电话线网络），在线路两端加装 ADSL 设备即可为用户提供高宽带服务。ADSL 的另外一个优点在于它可以与普通电话共存于一条电话线上，在一条普通电话线上接听、拨打电话的同时进行 ADSL 传输而又互不影响。在现有的电话线上安装 ADSL，除了在用户端安装 ADSL 通信终端外，不用对现有线路作任何改动。使用 ADSL 技术，通过网络学习、娱乐、购物，享受到先进的数据服务如视频会议、视频点播、网上音乐、网上电视、网上 MTV 的乐趣，已经成为现实。

HDSL 与 SDSL 支持对称的 T1 或 E1（1.544 Mb/s 或 2.048 Mb/s）传输。其中 HDSL 的有效传输距离为 3 ~ 4 km，且需要 2 ~ 3 对铜质双绞电话线；SDSL 最大有效传输距离为 3 km，只需一对铜线。比较而言，对称 DSL 更适用于企业点对点连接应用，如文件传输、视频会议等收发数据量大致相应的工作。同非对称 DSL 相比，对称 DSL 的市场要少得多。

VDSL、ADSL 和 RADSL 属于非对称式传输。其中 VDSL 技术是 xDSL 技术中最快的一种，在一对铜质双绞电话线上，上行数据的速率为 13 ~ 52 Mb/s，下行数据的速率为 1.5 ~ 2.3 Mb/s；但是 VDSL 的传输距离只在几百米以内，VDSL 可以成为光纤到家庭的具有高性价比的替代方案。RADSL 能够提供的速度范围与 ADSL 基本相同，但它可以根据双绞铜线质量的优劣和传输距离的远近动态地调整用户的访问速度。正是 RADSL 的这些特点使 RADSL 成为用于网上高速冲浪、视频点播（IAV）、远程局域网络（LAN）访问的理想技术，因为在这些应用中用户下载的信息往往比上传的信息（发送指令）要多得多。

2）非对称数字用户线路　非对称数字用户线路（Asymmetric Digital Subscriber Line，ADSL）是一种通过现有普通电话线为家庭、办公室提供宽带数据传输服务的技术，是一种非对称的 DSL 技术。所谓非对称，是指用户线的上行速率与下行速率不同，它能够在现有的铜双绞线，即普通电话线上提供高达 1 ~ 8 Mb/s 的高速下行速率，而上行速率有 512 kb/s ~ 1 Mb/s，远高于 ISDN 传输速率，传输距离达 3 ~ 5 km。它具有传输速率高、频带宽、性能优等特点，特别适合传输多媒体信息业务，如视频点播（VOD）、多媒体信息检索和其他交互式业务，成为继 ISDN 之后的一种全新更快捷、更高效的接入方式。

现在比较成熟的 ADSL 标准有 G. DMT 和 G. Lite 两种。G. DMT 是全速率的 ADSL 标准，支持 8 Mb/s/l. 5 Mb/s 的高速下行/上行速率；但是，G. DMT 要求用户端安装 POTS 分离器，比较复杂且价格昂贵。G. Lite 标准速率较低，下行/上行速率为 1. 5 Mb/s/512 kb/s；但省去了复杂的 POTS 分离器，成本较低且便于安装。就适用领域而言，G. DMT 比较适用于小型或家庭办公室（SOHO），而 G. Lite 则更适用于普通家庭用户。

ADSL 是目前众多 DSL 技术中较为成熟的一种，其带宽较宽、连接简单、投资较小；但从技术角度看，ADSL 对宽带业务来说只能作为一种过渡性方法。

3）ADSL 与普通拨号 Modem 及 N－ISDN 的比较　①比起普通拨号 Modem 的最高速率 56 kb/s，以及 N－ISDN 的速率 128 kb/s，ADSL 的速率优势是不言而喻的；②它在同一铜线上能分别传送数据和语音信号，数据信号并不通过电话交换机设备，减轻了电话交换机的负载，并且不需要拨号，一直在线，属于专线上网方式。这意味着使用 ADSL 上网并不需要缴付另外的电话费。

（4）通过局域网接入互联网　所谓"通过局域网接入互联网"，是指用户局域网使用路由器通过数据通信网与 ISP 相连接，再通过 ISP 接入互联网。

数据通信网有很多种类型，如 DDN、ISDN、ADSL、X. 25 帧中继与 ATM 网等，它们均由电信部门运营和管理。

第三节　计算机病毒

一、计算机病毒的定义

当前，计算机安全的最大威胁是计算机病毒（Computer Virus）。在《中华人民共和国计算机信息系统安全保护条例》中计算机病毒被明确定义为"编制或者在计算机程序中插入的破坏计算机功能或者破坏数据，影响计算机使用并且能够自我复制的一组计算机指令或者程序代码"。

计算机病毒实质上是一种特殊的计算机程序。正像定义中指出的那样，这种程序具有自我复制能力，常常是非法的入侵，而隐藏在存储媒体的引导部分、可执行程序或数据文件中。一旦病毒被激活，源病毒就能把自身复制到其他程序体内，影响和破坏程序的正常执行和数据的正确性。

二、计算机病毒的特点

1. 寄生性

它是一种特殊的寄生程序，不是一个通常意义下的完整的计算机程序，而是寄生在其他可执行的程序中，因此，它能享有被寄生的程序所能得到的一切权利。

2. 破坏性

这里所说的破坏是广义的，不仅仅是指破坏系统，删除或修改数据，甚至格式化整个磁盘，而且包括占用系统资源，降低计算机运行效率等。

3. 传染性

它能够主动地将自身的复制品或变种传染到其他未染毒的程序上。

4. 潜伏性

病毒程序通常短小精悍，寄生在别的程序上使得其难以被发现。在外界激发条件出现之前，病毒可以在计算机内的程序中潜伏、传播。

5. 隐蔽性

当运行受感染的程序时，病毒程序能首先获得计算机系统的监控权，进而能监视计算机的运行，并传染其他程序，但不到发作时机，整个计算机系统看上去一切正常。其隐蔽性使广大计算机用户对病毒丧失了应有的警惕性。

三、计算机感染病毒的常见症状

计算机病毒虽然很难检测，但是，只要细心留意计算机的运行状况，还是可以发现计算机感染病毒的一些异常情况的。例如：

1. 磁盘文件数目无故增多。

2. 系统的内存空间明显变小。

3. 文件的日期/时间值在用户自己未作过修改的情况下，被修改成新近的日期或时间。

4. 感染病毒后的可执行文件的长度通常会明显增加。

5. 正常情况下可以运行的程序却突然因 RAM 区不足而不能载入。

6. 程序加载时间或程序执行时间比正常时的明显变长。

7. 计算机经常出现死机现象或不能正常启动。

8. 显示器上经常出现一些莫名其妙的信息或异常现象。

9. 从有写保护的软盘上读取数据时，发生写盘的动作。这是病毒往软盘上传染的信号。随着制造病毒和反病毒双方较量的不断深入，病毒制造者的技术越来越高，病毒的欺骗性、隐蔽性也越来越强。只有在实践中细心观察才能发现计算机的异常现象。

四、计算机病毒的分类

目前，常见的计算机病毒按其感染的方式，可分为如下五类：

1. 引导区型病毒

这种病毒感染到磁盘的引导区，感染主引导扇区的称主引导记录（MBR）病毒，感染引导扇区的称引导记录（BR）病毒。当硬盘感染病毒后，病毒就企图感染每个插入计算机进行读写的盘片的引导区。引导区病毒总是先于系统文件装入内存储器，获得控制权并进行传染和破坏。

2. 文件型病毒

文件型病毒主要感染扩展名为 .com、.exe、.drv、.bin、.ovl、.sys 等可执行文件。它通常寄生在文件的首部或尾部，并修改程序的第一条指令。当染毒程序执行时就先跳转去执行病毒程序，进行传染和破坏。

3. 混合型病毒

这类病毒既可以传染磁盘的引导区，也传染可执行文件，兼有上述两类病毒的特点。

4. 宏病毒

宏病毒与上述其他病毒不同，它不感染程序，只感染 Word 文件（. doc）和模板文件（. dot），与操作系统没有特别的关联。它能通过盘片文档的复制、E – mail 下载 Word 文档附件等途径蔓延。

5. Internet 病毒（网络病毒）

Internet 病毒大多是通过 E – mail 传播，破坏特定扩展名的文件，并使邮件系统变慢，甚至导致网络系统崩溃。"蠕虫"病毒是典型的代表，它不占用除内存以外的任何资源，不修改磁盘文件，利用网络功能搜索网络地址，将自身向下一地址进行传播。

五、计算机病毒的清除

一旦发现电脑染上病毒后，一定要及时清除，以免造成损失。清除病毒的方法有两类：一是手工清除，二是借助反病毒软件清除病毒。

用手工方法消除病毒不仅烦琐，而且对技术人员素质要求很高，只有具备较深的计算机专业知识的人员才能采用。

用反病毒软件消除病毒是当前比较流行的方法，它既方便又安全。此外，用反病毒软件消除病毒，一般不会破坏系统中的正常数据。特别是优秀的反病毒软件都有较好的界面和提示，使用相当方便。遗憾的是，反病毒软件只能检测出已知病毒并消除它们，不能检测出新的病毒或病毒的变种。所以，各种反病毒软件的开发都不是一劳永逸的，而要随着新病毒的出现而不断升级。目前较著名的反病毒软件都具有实时检测系统驻留在内存中，随时检测是否有病毒入侵。

六、计算机病毒的预防

感染病毒以后用反病毒软件检测和消除病毒是被迫的处理措施。况且已经发现相当多的病毒在感染之后会永久性地破坏被感染程序，程序如果没有备份将无法恢复。

计算机病毒主要通过移动存储设备（如软盘、光盘、U 盘或移动硬盘）和计算机网络两大途径进行传播。因此，像"讲究卫生，预防疾病"一样，对计算机病毒采取"预防为主"的方针是适宜和有效的。预防计算机病毒应从切断其传播途径入手。

1. 专机专用 制定科学的管理制度，对重要任务部门应采用专机专用，禁止与任务无关人员接触该系统，防止潜在的病毒侵犯。

2. 慎用网上下载的软件 Internet 是病毒转播的一大途径，对网上下载的软件最好检测病毒后再用；也不要随便阅读不相识人员发来的电子邮件。

3. 分类管理数据 对各类数据、文档和程序应分类备份保存。

4. 采用防病毒卡或病毒预警软件 在计算机上安装防病毒卡或个人防火墙预警软件。

5. 定期检查　定期用杀病毒软件对计算机系统进行检测，发现病毒就及时消除。

第四节　安全使用计算机

为使计算机能正常运行，充分发挥它的功能，延长它的使用寿命，应当掌握安全使用计算机的基本知识，以确保计算机的使用安全。

一、环境保障和注意

任何一个电子设备都有特定的环境适应能力，计算机也不例外。市售民用计算机是室内固定或移动办公设备，工作环境温度以 10～35℃ 和相对湿度在 30%～70% 为宜。温度太高、太低都会影响性能，甚至失效。湿度太高会使元器件引脚和其他金属件易于氧化，性能变坏，寿命变短，绝缘能力降低，甚至短路；湿度太低，又会产生静电干扰。另外，室内灰尘过多，也是极易损害计算机的一个因素，像常见的打印机、软驱故障多数是灰尘过多所致。还有，在市电不太稳定的地方最好配备有不间断电源 UPS 和注意随时存储数据，以免因市电电压不稳或突然断电而损坏机器或丢失数据。安全用电也十分重要，机器的电源一定要带地线接入。

二、正确使用，确保安全

通常在使用计算机时，往往因为做法上的某种不当，会出现诸如数据丢失、硬件损坏等一些事故。其实，如果平时使用中养成了良好的习惯，这些问题是可以避免的。这就需要：

1. 按顺序正确开、关机器

正确的开机顺序是：先开外围设备（显示器、打印机等），再开主机；关机顺序是：先关主机，再关外围设备。只有这样。主机才不会因开关机时的电压波动和干扰而损坏。

2. 加电后，不随便插拔和搬动

开机加电后，各种设备不得随便插拔和搬动，尤其不要带电插拔各种电缆线，更不能随意打开主机机箱或带电插拔板卡，否则容易烧坏接口卡。这些工作应该，也必须在所有设备断电的情况下实施（支持"热插拔"的设备例外）。

当驱动器正在读写时，不可关断电源，否则容易划伤盘片，甚至使盘片报废。已破损的盘片不能再放在驱动器中使用，以免损坏驱动器的读写机件。

3. 不频繁开关机

鉴于机器中的元器件通电时温度升高、断电时温度下降，经常冷热变化会使元器件加速老化，提前失效；而且，开关机时的电冲击，也容易使机器出现这样或那样的问题。

4. 避免机器靠近强的电磁场源和热源

有些设备像显示器等在磁铁、大功率音箱、电扇等器材附近的磁场作用下，图像会产生变形，如果长时间受其影响，显示器图像将会形成永久性扭曲。另外，计算机不宜距火炉、暖气等热源太近，以免机器温度过高，或者过于干燥。

5. 避免硬盘的非常规操作

厂家一般在厂内做好了计算机硬盘的初始化、分区和格式化，使用时应尽量少做或不做相关的操作。

6. 天天、时时防毒，经常、至少定期查毒、杀毒

网上一般就有免费的防毒、查毒、杀毒和操作系统的修补软件，坚持经常地防、查、杀毒、修补补丁是避免计算机中毒的好措施、好习惯。

网上不明、不良、猎奇或非正规渠道信息，常常会隐藏病毒，切忌阅看，更不能下载，以免中毒。上网或从网上下载文件，一定要有防毒、杀毒措施。

移动磁盘、电子读写盘也是病毒传播的一个重要媒介，接入时也一定要有防毒、杀毒措施。

必须使用外来软件时，需要在使用前，进行病毒查杀，以确保无毒。

7. 定期备份

定期备份后，当前文件感染病毒损坏后，还有备份可以使用。

第二十四章　装接的自动化

随着科学技术的不断发展，为了适应人们不断提高的物质、精神生活水平，电子产品的更新换代十分迅速，相关的新型元器件、装接器材层出不穷，小型化、自动化、人性化、多媒体化、高效、节能、环保等要求接踵而来，它们对电子产品要求越来越高，对产品的装接也相应地提出了更高要求，新的表面安装技术、微组装技术、装接工艺和装接设备及至装接自动化设备等也应运而生。本章将概要地介绍一下主要用于表贴元器件装接的再流焊方式。使用再流焊方式装接表贴元器件时的基本工序如图24—1所示，可见，其中将会主要使用到锡膏印刷机、自动贴片机和再流焊设备，为此，本章将主要对它们加以介绍。

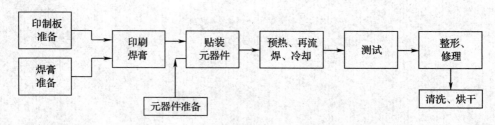

图24—1　再流焊表贴元器件时的基本工序

第一节　锡膏印刷机

一、印刷机结构及分类

当前，用于印刷焊锡膏的印刷机品种繁多，若以自动化程度来分类，可以分为：手动印刷机、半自动印刷机、视觉半自动印刷机、全自动印刷机等。PCB放进和取出的方式有两种：一种是将整个刮刀机构连同模板抬起，将PCB放进和取出，PCB定位精度取决于转动轴的精度，一般不太高，多见于手动印刷机与半自动印刷机；另一种是刮刀机构与模板不动，PCB平进与平出，模板与PCB垂直分离，故定位精度高，多见于全自动印刷机。

1. 手动印刷机

手动印刷机的各种参数与动作均须人工调节与控制，通常仅适用于小批量生产或难度不高的产品。手动焊锡膏印刷机的外观如图24—2a所示。

2. 半自动印刷机

半自动印刷除了PCB装夹过程是人工放置以外，其余动作机器可连续完成，但第一块 PCB 与模板的窗口位置是通过人工来对中的。通常 PCB 通过印刷机台面下的定位销来实现定位对中，因此 PCB 板面上应设有高精度的工艺孔，以供装夹用。半自动焊锡膏印刷机的外观如图 24—2b 所示。

a)　　　　　　　　　　　　　　　　b)

图 24—2　焊膏印刷机

a）手动　b）半自动

3. 全自动印刷机

全自动印刷机通常装有光学对中系统，通过对 PCB 和模板上对中标志（Mark/FI-DUCIAL）的识别，可以自动实现模板窗口与 PCB 焊盘的自动对中，印刷机重复精度 ±0.01 mm。在配有 PCB 自动装载系统后，能实现全自动运行。但印刷机的多种工艺参数，如刮刀速度、刮刀压力、漏板与 PCB 之间的间隙仍需人工设定。两种不同型号自动焊锡膏印刷机的外观如图 24—3 所示。

图 24—3　自动焊膏印刷机

无论是哪一种印刷机，都由以下几部分组成：

（1）夹持 PCB 的工作台　包括工作台面、真空夹持或板边夹持机构、工作台传输控制机构。

（2）印刷头系统　包括刮刀、刮刀固定机构、印刷头的传输控制系统等。

（3）丝网或模板及其固定机构。

（4）为保证印刷精度而配置的其他选件，包括视觉对中系统，干、湿和真空吸擦板系统以及二维、三维测量系统等。

二、丝网印刷涂敷法的基本原理

如图24—4所示为印刷机的工作过程。丝网印刷涂敷法的基本原理如图24—5所示。将PCB板放在工作支架上，由真空泵或机械方式固定，将已加工有印刷图形的漏印模板在金属框架上绷紧，模板与PCB表面接触，镂空图形网孔与PCB上的焊盘对准，把焊锡膏放在漏印模板上，刮刀（也称刮板）从模板的一端向另一端推进，同时压刮锡膏通过模板上的镂空图形网孔印刷（沉淀）到PCB的焊盘上。焊锡膏是一种膏状流体，其印刷过程遵循流体动力学的原理。假如刮刀单向刮焊锡膏，沉积在焊盘上的焊锡膏可能会不够饱满；而刮刀双向刮焊锡膏，焊锡膏图形就比较饱满。高档的SMT印刷机一般有A、B两个刮刀：当刮刀从右向左移动时，刮刀A上升，刮刀B下降，B压刮焊锡膏；当刮刀从左向右移动时，刮刀B上升，刮刀A下降，A压刮焊锡膏，如图24—5a所示。两次刮焊锡膏后，PCB与模板脱离（PCB下降或模板上升），如图24—5b所示，完成焊锡膏印刷过程。图24—5c描述了简易SMT印刷机的操作过程：

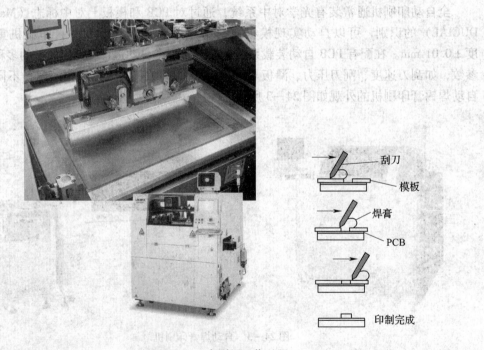

图24—4　印刷机工作过程

①模板和PCB表面直接接触。

②刮刀前方的焊锡膏颗粒沿刮刀前进的方向滚动。

③丝网模板离开PCB表面的过程中，焊锡膏从网孔转移到PCB表面上，完成印刷。

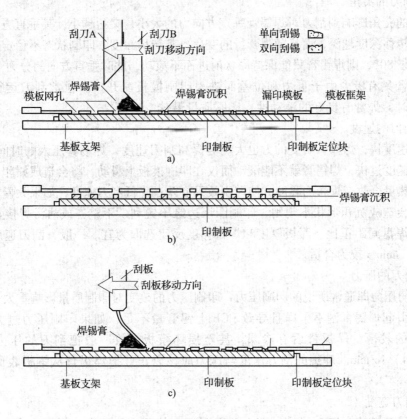

图 24—5　丝网印刷涂敷法的基本原理

a) 刮锡膏　b) 模板脱离　c) 工艺过程

三、印刷机的主要技术指标

1. 最大印刷面积，可根据最大 PCB 尺寸确定。

2. 印刷精度，根据印制板组装密度和元器件引脚间距的最小尺寸确定，一般要求达到 ±0.025 mm。

3. 重复精度，一般可为 ±10 μm。

4. 印刷速度，可根据产量要求确定。

四、机器工艺参数对印刷质量的影响及调整

焊锡膏是触变流体，具有黏性。当刮刀以一定速度和角度向前移动时，将对焊锡膏产生一定的压力，推动焊锡膏在刮板前滚动，产生将焊锡膏注入网孔或漏孔所需的压力。焊锡膏的黏性摩擦力使焊锡膏在刮板与网板交接处产生切变，切变力使焊锡膏的黏性下降，有利于焊锡膏顺利地注入网孔或漏孔。刮刀速度、刮刀压力、刮刀与网板的角度以及焊锡膏的黏度之间都存在一定的制约关系，因此，只有正确地控制这些参数，才能保证焊锡膏的印刷质量。

1. 刮刀的夹角

刮刀的夹角影响到刮刀对焊锡膏垂直方向力的大小，夹角越小，其垂直方向的分力 F_y 越大，转移深度越深，而且随焊膏量的变化，其转移深度、印刷状态不稳定；刮刀角度如果大于80°，则焊锡膏只能保持原状前进而不滚动，此时垂直方向的分力 F_y 几乎没有，焊锡膏只有极少由于重力和位差而进入印刷模板窗开口。通常刮刀运行角度在 45°～60°时，焊膏有良好的滚动性，印刷质量最佳。

2. 刮刀的速度

刮刀速度快，焊锡膏所受的力也大。但提高刮刀速度，焊锡膏压入的时间将变短，如果刮刀速度过快，焊锡膏就不能滚动而仅在印刷模板上滑动，将会造成漏印，同时摩擦产生的热量会改变焊膏的黏度，使印刷效果变差；降低刮刀速度，如果太慢，焊膏流动不畅，会造成沉积形状不规则，印刷图形边缘不锐利、不整齐或沾污焊接盘。刮印速度按与焊盘间距正比、漏板厚度和焊膏黏度反比选取为宜。一般，刮刀速度控制在 （10～25）mm/s 较为合适。

3. 刮刀的压力

刮刀的压力即通常所说的印刷压力，印刷压力的改变对印制质量影响重大。印刷压力不足会引起焊锡膏刮不干净且导致 PCB 上锡膏量不足，如果印刷压力过大又会导致焊膏印的较薄，模板背后有渗漏，甚至损坏模板。故一般把刮刀的压力设定在 （0.2～0.4）N/mm。理想的刮刀速度与压力应该以正好把焊锡膏从钢板表面刮干净为准。

4. 刮刀宽度

如果刮刀相对于 PCB 过宽，那么就需要更大的压力、更多的焊锡膏参与其工作，因而会造成焊锡膏的浪费。一般刮刀的宽度为 PCB 长度（印刷方向）加上 50 mm 左右为最佳，并要求保证刮刀头落在金属模板上。

5. 印刷间隙

通常保持 PCB 与模板零距离（早期也要求控制在 0～0.5 mm，但有 QFP 时应为零距离），部分印刷机器还要求 PCB 平面稍高于模板的平面，调节后模板的金属模板微微被向上撑起，但此撑起的高度不应过大，否则会引起模板损坏，从刮刀运行动作上看，刮刀在模板上运行自如，既要求刮刀所到之处焊锡膏全部刮走，不留多余的焊锡膏，同时又不应在模板上留下刮刀划痕。

6. 分离速度

焊锡膏印刷后，钢板离开 PCB 的瞬时速度是关系到印刷质量的参数，其调节能力也是体现印刷机质量好坏的参数，在精密印刷中尤其重要。早期印刷机采用恒速分离，先进的印刷机其钢板离开焊锡膏图形时有一个微小的停留过程，以保证获取最佳的印刷图形。

7. 刮刀形状与制作材料

刮刀头的制作材料、形状一直是印刷焊锡膏中的研究课题。刮刀形状与制作材料有很多，如图24—6所示。刮刀按制作形状可分为菱形刮刀和拖尾刮刀两种；从制作材料上可分为聚氨酯橡胶和金属刮刀两类。

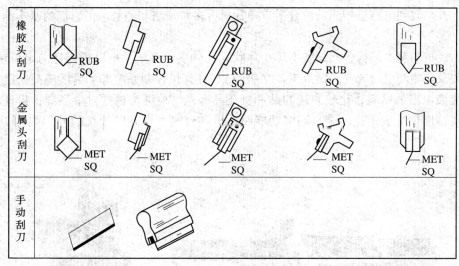

图 24—6　各种刮刀

（1）菱形刮刀　它是由一块方形聚氨酯材料（10 mm × 10 mm）及支架组成，方形聚氨酯夹在支架中间，前后成45°角。这类刮刀可双向刮印焊锡膏，在每个行程末端刮刀可跳过锡膏边缘，所以只需一把刮刀就可以完成双向刮印，典型设备有 MPM 公司生产的 SP – 200 型印刷机。但是这种结构的刮刀头焊锡膏量难以控制，并易弄脏刮刀头，给清洗增加工作量。此外，采用菱形刮刀印刷时，应将 PCB 边缘垫平整，防止刮刀将模板边缘压坏。

（2）拖尾刮刀　这种类型的刮刀最为常用，它由矩形聚氨酯与固定支架组成，聚氨酯固定在支架上，每个行程方向各需一把刮刀，整个工作需要两把刮刀。刮刀由微型汽缸控制上下，这样不需要跳过焊锡膏就可以先后推动焊锡膏运行，因此刮刀接触焊锡膏部位相对较少。采用聚氨酯制作刮刀时，有不同硬度可供选择。丝网印刷模板一般选用硬度为 75 邵氏（shore），金属模板选用硬度应为 85 邵氏。

（3）金属刮刀　用聚氨酯制作的刮刀，当刮刀头压力太大或锡膏材料较软时易嵌入金属模板的孔中（特别是大窗口孔），将孔中的焊锡膏挤出，造成印刷图形凹陷，印刷效果不良。即使采用高硬度橡胶刮刀，虽改善了切割性，但填充锡膏的效果仍较差。为此人们采用将金属片嵌在橡胶刮刀的前沿、金属片在支架上凸出 40 mm 左右的刮刀，称为金属刮刀，并用来代替橡胶刮刀。采用金属刮刀具有下列优点：从较大、较深的窗口到超细间距的窗口印刷均具有优异的一致性；刮刀寿命长，无须修正，模板不易损坏；印刷时没有焊料的凹陷和高低起伏现象，大大减少甚至完全消除了焊料的桥接和渗漏。

第二节　自动贴片机

一、自动贴片机的结构与特性

自动贴片机相当于机器人的机械手，能按照事先编制好的程序把元器件从包装中取出来，并贴放到电路板相应的位置上。贴片机有多种规格和型号，但它们的基本结构都相同。

贴片机的基本结构包括设备本体、片状元器件供给系统、电路板传送与定位装置、贴装头及其驱动定位装置、贴片工具（吸嘴）、计算机控制系统等。为适应高密度超大规模集成电路的贴装，比较先进的贴片机还具有光学检测与视觉对中系统，保证芯片能够高精度地准确定位。全自动多功能贴片机和台式半自动贴片机的外形如图 24—7 所示。

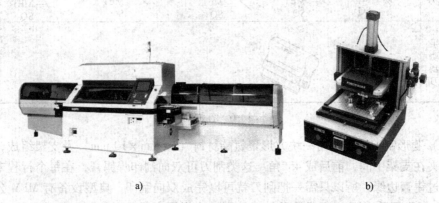

a)   b)

图 24—7　贴片机的外形

a）全自动多功能贴片机　b）台式半自动贴片机

1．设备本体

设备本体是用来安装和支撑贴片机的底座，一般采用质量大、震动难、有利于保证设备精度的铸铁件制造。

2．贴装头

贴装头也叫吸—放头，是贴片机上最复杂、最关键的部分，它相当于机械手，它的动作由拾取—贴放和移动—定位两种模式组成。贴装头通过程序控制，完成三维的往复运动，实现从供料系统取料后移动到电路基板的指定位置上的操作。贴装头的端部有一个用真空泵控制的贴装工具（吸嘴），不同形状、不同大小的元器件要采用不同的吸嘴拾放：一般元器件采用真空吸嘴，异形元件（如没有吸取平面的连接器等）用机械爪结构拾放。当换向阀门打开时，吸嘴的负压把 SMT 元器件从供料系统（散装料仓、管状料斗、盘状纸带或托盘包装）中吸上来；当换向阀门关闭时，吸盘把元器件释放到电路基板上。贴装头通过上述两种模式的组合，完成拾取—贴放元器件的动作。

贴装头的种类分为单头和多头两大类，多头贴装头又分为固定式和旋转式，旋转式包括水平旋转/转塔式和垂直旋转/转盘式两种。如图 24—8 所示是垂直旋转/转盘式贴装头，旋转头上安装有 12 个吸嘴，工作时每个吸嘴均吸取元件，吸嘴中都装有真空传感器与压力传感器。这类贴装头多见于西门子公司的贴装机中。通常贴装机内装有两组或四组贴装头，其中一组在贴片，另一组在吸取元件，然后交换功能以达到高速贴片的目的。如西门子的 HS - 50 贴片机贴片速度为每小时 5 万个，而该公司 2005 年推出的 SIPIACES - X 系列贴片机的贴片速度已达到每小时 8 万个。

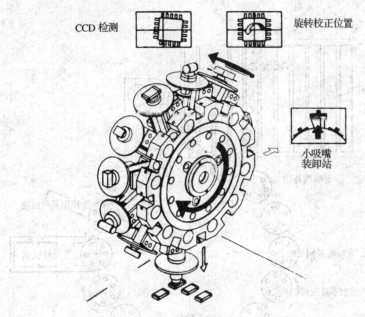

CCD 检测　　旋转校正位置

小吸嘴
装卸站

图 24—8　垂直旋转/转盘式贴装头

贴装头的 X – Y 定位系统一般用直流伺服电动机驱动、通过机械丝杆传输力矩。若采用磁尺和光栅定位，其精度高于丝杆定位，但丝杆定位比较容易维护修理。

如图 24—9 所示是松下公司 MSR 型水平旋转/转塔式贴片机的结构图，它由料架、X – Y 工作台、具有 16 个贴片头的旋转头组成。每个贴片头各有 6 种吸嘴，可分别吸取不同尺寸的元器件，贴片速度为每小时 4.5 万片。工作时，16 个贴片头仅做圆周运动，贴片机工作时贴片头在位号①处吸取元件，所吸取的元件由仅做 Y 方向来回运动的料架提供，当贴片头吸取元件后，在位号②处检测被吸起元件高度 Δt，接着在位号③处，根据位号②检测出元件的高度进行自动调焦，并通过 CCD 识别检测元件的状态 ΔX、ΔY 和 $\Delta \theta$，运动过程中在位号④校正转动修正 $\Delta \theta$，当贴片头运行到位号⑤时，X – Y 工作台控制系统根据检测出的 ΔX、ΔY 和 Δt，进行位置校正，并瞬间完成贴片过程。然后贴片头继续运行，完成不良元件的排除（在位号③判别不合格的元件将不贴装）和更换吸嘴，并为吸取第 2 种元件做准备，此时料架将第 2 种元件的供料器送到①号位。通常一个贴片周期仅为 0.08 s，在这段时间内，X – Y 工作台完成定位，料架完成送料的准备过程。

3. 供料系统

适用于表面组装元器件的供料装置有编带、管状、托盘和散装等几种形式。供料系统的工作状态根据元器件的包装形式和贴片机的类型而确定。贴装前，将各种类型的供料装置分别安装到相应的供料器支架上。随着贴装进程，装载着多种不同元器件的散装料仓水平旋转，把即将贴装的那种元器件转到料仓门的下方，便于贴装头拾取；纸带包装元器件的盘装编带随编带架垂直旋转；管状送料器定位料斗在水平面上做二维移动，为贴装头提供新的待取元器件。

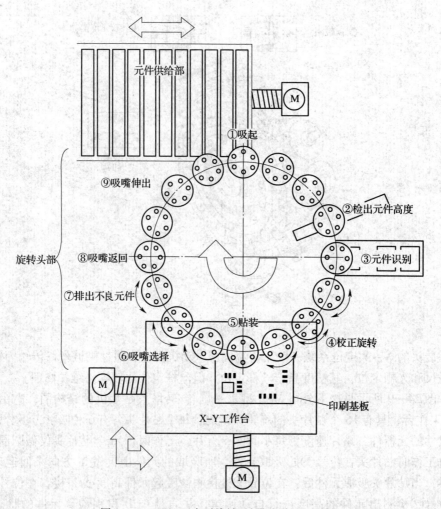

图 24—9　MSR 型水平旋转/转塔式贴片机结构

4. 定位系统

电路板定位系统可以简化为一个固定了电路板的 X – Y 二维平面移动的工作台。在计算机控制系统的操纵下，电路板随工作台沿传送轨道移动到工作区域内，并被精确定位，使贴装头能把元器件准确地释放到一定的位置上。精确定位的核心是"对中"。对中方式主要有：机械、激光、激光加视觉混合对中以及全视觉对中等。

5. 控制系统

贴片机的计算机控制系统如图 24—10 所示。贴片机的控制系统主要是由计算机和外围输入/输出单元组成的，是指挥贴片机进行准确有序操作的核心。目前大多数贴片机的控制系统采用 Windows 界面。可以通过高级语言软件或硬件开关控制，在线或离线编制计算机程序并自动进行优化，使贴片机自动有序地工作。通常，每个片状元器件的精确位置，都要编程输入计算机；具有视觉检测系统的贴片机可以免除输入位置信息，但视觉检测系统的检测和计算机对电路板上贴片位置图形的识别不可缺少。

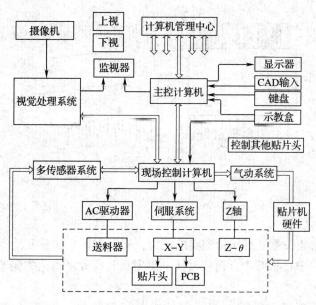

图 24—10 贴片机的计算机控制系统

二、贴片机的主要技术参数

一般贴片机提供的主要技术参数有 PCB 尺寸、贴片速度、贴片精度、标准 8 mm 供料器数量、贴装元件尺寸、机器动力参数（电压、功率、气压）以及几何尺寸、质量、外形尺寸、总质量等，其中衡量贴片机性能好坏的重要技术参数是精度、速度和适应性。

1. 精度

精度是贴片机主要的技术指标之一。精度与贴片机的对中方式有关，其中以全视觉对中的精度最高。一般来说，贴片的精度体系应包含：贴片精度、分辨率和重复精度，三者之间有一定的相关关系。

贴片精度是指元器件贴装后相对于 PCB 上标准位置的偏移量大小，定义为元器件焊端距离指定位置的综合误差的最大值。贴片精度由两种误差组成，即平移误差和旋转误差，如图 24—11 所示。平移误差主要因为 "X－Y" 定位系统不够精确；旋转误差主要因为元器件对中机构不够精确和贴装工具存在旋转误差。一般要求元器件宽度方向有3/4 以上焊接在焊盘上，否则，回流焊时就会产生立碑或移位。定量地说，通常贴装平移误差要求 < ±0.01 mm；贴装高密度、窄间距的 SMD 时，至少要求低于 ±0.06 mm。

分辨率是贴片机分辨空间连接点的能力，它是贴片机能够分辨的最近两点之间的距离。贴片机的分辨率取决于两个因素：一是定位驱动电动机的定位精度；二是传动轴驱动机构上的旋转位置或线形位置检测装置的分辨率。贴片机的分辨率用来度量贴片机运行时的最小增量，是衡量机器本身精度的重要指标。举个例子：丝杆的每个步长长度为0.01 mm，那么该贴片机的分辨率为 0.01 mm。但是，实际贴片精度包括所有误差的总和。因此，描述贴片机性能时很少使用分辨率，一般在比较不同贴片机的性能时才使用。

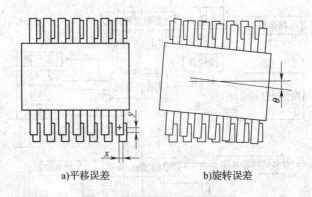

a)平移误差　　　　　　　b)旋转误差

图 24—11　贴片机的贴片精度

重复精度是贴装头重复返回标定点的能力，通常采用双向重复精度的概念，它定义为"在一系列实验中，从两个方向接近任一给定点时离开平均值的偏差"。

2. 贴片速度

贴片速度受诸多因素影响，如元器件供料器的数量、位置和 PCB 板的质量等。一般高速贴片机的贴片速度高于 5 片/s，最高可达 20 片/s 以上。高精度、多功能的贴片机一般为中速贴片机，为 2 ~ 3 片/s，贴片机的速度主要由以下几个指标来衡量：

贴装周期：指完成一个贴装过程所用的时间，它包括从拾取元器件、元器件定位、检测、贴放和返回到拾取元器件的位置这一过程所用时间。

贴片率：指在一小时内完成的贴片周期数。

生产量：理论上每班的生产量可以根据贴装率来计算，但实际的生产会受到许多因素的影响，与理论值有较大差距，影响生产量的因素有生产时停机、更换供料器、重新调整电路板位置的时间等因素。

3. 适应性

适应性是贴片机适应不同贴装要求的能力，包括：

（1）能贴装的元器件种类。

（2）贴片机能够容纳供料器的数目和种类。

（3）贴装面积。

（4）贴片机的调整需求。贴片机的调整需求是指当贴片机从组装一种类型的电路板换到另一种类型的电路板时，需要进行贴片机的再编程、供料器的更换、电路板传送机构和定位工作台的调整、贴装头的调整和更换等工作。

三、贴片机的种类

贴片机的种类繁多，目前没有一个固定模式的分类方法，习惯上将贴片机按贴装速度分为高速机与中速机，一般高速机主要用于贴装各种 SMC 元件和较小的 SMD 器件（最大约为 25 mm×30 mm）。但也不尽然，多功能贴片机就能贴装大尺寸（最大为 60 mm×60 mm）的 SMD 器件和连接器等异形元器件。

1. 按速度细分有：

（1）中速贴片机：3 000 片/h＜贴片速度＜11 000 片/h。

（2）高速贴片机：11 000 片/h＜贴片速度＜40 000 片/h。

（3）超高速贴片机：贴片速度＞40 000 片/h。

通常高速贴片机采用固定多头（约 6 头），贴装头安装在 X－Y 导轨上，X－Y 伺服系统为闭环控制，故有较高的定位精度，贴片的器件较广泛。这类贴片机种类最多，生产厂家也多，能使用于多种场合，并可以根据产品的生产能力大小组合拼装使用，也可以单台使用。

还有一种超高速贴片机，它们由较多（一般在 15 个以上）贴片头组合而成，其贴片速度可达 10 万片/h 以上。多个贴片头可以同时贴装，故整体速度快，但对单个头来说仅相当于中速贴片机的速度，因此贴片头的惯性小，贴装精度得到保证。

2. 按工作方式分有：

按照贴装元器件的工作方式，贴片机有四种类型：流水作业式、顺序式、同时式和顺序—同时式。它们在组装速度、精度和灵活性方面各有特色，要根据产品的品种、批量和生产规模进行选择。目前国内电子产品制造企业里使用最多的是顺序式贴片机。

所谓流水作业式贴片机，是指由多个贴装头组合而成的流水线式的机型，每个贴装头负责贴装一种或在电路板上某一部位的元器件，如图 24—12a 所示。这种机型适用于元器件数量较少的小型电路。

顺序式贴装机，如图 24—12b 所示，是由单个贴装头顺序地拾取各种片状元器件，固定在工作台上的电路板，由计算机进行控制，做 X－Y 方向上的移动，使板上贴装元器件的位置正好位于贴装头的下面。

同时式贴装机，如图 24—12c 所示，也叫多贴装头贴片机，是指它有多个贴装头，分别从供料系统中拾取不同的元器件，同时把它们贴放到电路基板的不同位置上。

顺序—同时式贴装机，是顺序式和同时式两种机型功能的组合。片状元器件的放置位置，可以通过电路板做 X－Y 方向上的移动或贴装头做 X－Y 方向上的移动来实现，也可以通过两者同时移动实施控制，如图 24—12d 所示。

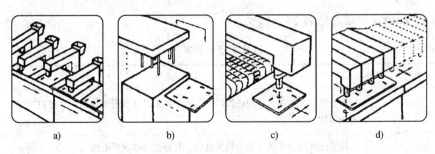

图 24—12　贴片机的类型
a）流水作业式　b）顺序式　c）同时式　d）顺序—同时式

贴片设备还可按照设备的灵活性和生产能力进行分类。灵活性越高，产额越低。例如，机器人是一种灵活性极高的贴片机，可用于贴装表面贴装元件、涂敷焊模或焊膏、焊接以及引线镀锡，其硬件成本相当低，但软件和硬件开发却十分昂贵。机器人虽然很灵活，但工作太慢，并且每种应用的后期开发工作量极大。

四、操作步骤

一般贴片机可按如下步骤操作：

1. 按指定顺序开机

取下挂锁→打开主电源开关→打开背面左上方的盖门→打开主气阀→将气压调节器调到指定位置→打开进气阀→关闭背面左上方的盖门→等待主屏幕显示出现→登录。

2. 运行当前程序。

3. 供料器供料进行贴装。

4. 选择新程序并运行。

5. 选择"操作"，并按下"开始"进行生产，如果没有错误，就会正常贴装。接着，要进行拼接料带、切割料带等维持生产工作。同时进行监视和改进机器性能，包括基板计数、循环时间、机器状态等方面。最后完成生产，点击"完成"按钮并确定。

6. 关机。

五、注意事项

1. 机器启动前要进行检查、清洁，不能使用压缩空气清洁。

2. 只有经过培训的合格人员才可以操作、调整、维护和修理本机器。

3. 不要在有易燃气体或很脏的环境下使用机器。

4. 注意检查吸嘴、贴片程序、准备好的基板支承板、准备好的供料器的可用性。

5. 在正确的位置安装供料器的料车。

六、自动化贴片机的简单维护与维修

1. 日常维护工作

（1）日检项目和要求见表24—1。

表 24—1　　　　　　　　　　　　日检项目和要求

部件名称	要求	备注
吸嘴	检查吸嘴尖端是否磨损或损坏，吸嘴上有无焊膏黏附或堵塞，必要时更换或清洁	
弹片	检查弹片是否正确安装、性能良好，若弹性不够就要更换	
激光部件	窗口是否有灰尘或碎屑，必要时用蘸酒精的纱布清洁	
供料平台	检查平台上有无元器件或遗留物	
独立视觉镜头	检查镜头有无污物或零件，必要时应清洁	

（2）周检项目和要求见表 24—2。

表 24—2　　　　　　　　　　周检项目和要求

部件名称	要求	备注
吸嘴夹贝	检查缓冲动作，如果动作不平滑，可涂上薄薄一层润滑剂；如果夹具松弛，则加以紧固	
移动镜头	清洁镜头上的灰尘和残留物	
X 轴丝杆	检查丝杆是否有灰尘或碎屑，必要时进行清洁	
X 轴导轨	检查润滑油脂有无硬化和残留物黏附，必要时进行清洁、重新涂油	
Y 轴丝杆	检查丝杆是否有灰尘或碎屑，必要时进行清洁	
Y 轴导轨	检查润滑油脂有无硬化和残留物黏附，必要时进行清洁、重新涂油	
W 轴丝杆	检查丝杆是否有灰尘或碎屑，必要时进行清洁	
空气接口	检查 Y 形密封圈和 O 形环有无老化，必要时更换	

（3）月检项目和要求见表 24—3。

表 24—3　　　　　　　　　　月检项目和要求

部件名称	要求	备注
移动镜头的 LED 灯	检查每个灯，如果亮度不够，应更换整个 LED 灯	
吸嘴轴	检查用于每个吸嘴轴的 O 形环，发现老化及时更换	
X 轴丝杆	去掉灰尘和残留物，涂上薄层油脂	
X 轴导轨	去掉灰尘和残留物，涂上薄层油脂	
Y 轴丝杆	去掉灰尘和残留物，涂上薄层油脂	
Y 轴导轨	去掉灰尘和残留物，涂上薄层油脂	
Z 轴齿条和齿轮	检查其动作，必要时用手在齿条传动部分涂薄层润滑油	
R 轴传动带	检查其磨损和松紧度，必要时更换或紧固	
W 轴丝杆	去掉灰尘和残留物，涂上薄层油脂	
供料阀	检查其电磁阀能否正常工作	
传送带	检查其磨损和松紧度，必要时更换或紧固	

2. 贴片机常见故障维修

随着 SMT（表面贴装技术）在电子产品中的广泛应用，SMT 生产中的关键设备——贴片机也得到了相应的发展，但在贴片机的使用过程中，会不可避免地发生一些故障。如何排除这些故障，确保机器处于最佳运行状态，是贴片机日常使用管理过程中的一个重要任务，本文将以美国环球公司的 HSP4796L 高速转塔贴片机为例，介绍贴片机日常使用过程中的一些常见故障与排除方法。

HSP4796L 以贴装片式元器件为主，采用 16 个一组的旋转贴片头，每个贴片头上有 5 种吸嘴，双供料平台，每个供料平台上可安装最多 80 种元件（8 mm），贴片速度 0.10 片/s，可贴装 0201 – 20 mm 尺寸芯片等。

（1）吸取错误　元器件由高速运动的贴片头，从包装编带中取出，贴装到印制板上的过程中，会产生未取到、吸取后失落等几种吸取不良的故障，这些故障会造成大量元件损耗。根据经验，通常造成元器件吸取不良的原因有：

1）真空负压不足　当吸嘴吸取元件时，吸嘴处的负压，把元件吸附在吸嘴上。在元器件吸取时，真空负压应该在 53.33 kPa 以上，这样才能有足够的吸力来吸取；若真空负压不足，将无法提供足够的吸力吸取元器件。判定吸嘴拾取元件是否异常，一般采用负压检测方式：当负压传感器检测值在一定范围内时，机器认为吸取正常，反之认为吸取不良。在使用中要经常检查真空负压，并定期清洗吸嘴，同时还要注意每个贴装头上对气源进行过滤的真空过滤芯的污染情况，对污染发黑的要予以更换，以保证气流的畅通。

2）吸嘴磨损　吸嘴变形、堵塞、破损也会造成气压不足，导致吸不起元件，所以要定期检查吸嘴的磨损程度，对磨损严重的予以更换。

3）供料器进料不良（例如，供料器齿轮损坏、料带孔没有卡在供料器的齿轮上、供料器下方有异物、卡簧磨损等）　压带盖板、弹簧及其他运行机构产生变形、锈损等，会导致元件吸偏、立片或者吸不起器件，因此应定期检查，发现问题及时处理，以免造成器件的大量浪费。

4）吸嘴下压的深度过大　理想的吸取高度是吸嘴接触到元件表面时再往下压 0.05 mm，若下压的深度过大，则会造成元件被压进料槽里反而取不起料。若某元件的吸取情况不好，可适当将吸取高度向上略微调整一点，如 0.05 mm。在实际工作过程中会碰到某一料台上的所有元件都出现吸取不好的情况，解决的方法是将系统参数中该料台的取料高度适当上移一点。

5）包装存在质量问题　有些厂家的包装存在质量问题，如齿孔间距误差较大、纸带与塑料膜之间的黏力过大、料槽尺寸过小等都是造成元器件取不起来的可能原因。

（2）元件识别错误　HSP4796L 的视觉检测系统由两部分组成：元器件厚度检测系统和光学识别系统，所以分析识别错误应从这两方面入手：

1）元器件厚度检测错误　元器件厚度检测是通过安装在机构上的线性传感器，对器件的侧面进行检测，并与元件库中设定的厚度值进行比较，它可判断出元器件的不良吸取状态（立片、侧吸、斜吸、漏吸等）。当元件库中设定的厚度值与实测值超出允许的误差范围时，会出现厚度检测不良，导致元件损耗，因此正确设定元件库中元件厚度至关重要，同时还要经常对线性传感器进行清洁，以防止黏附其上的粉尘、杂物、油污等影响器件的厚度及吸取状态的检测。

2）元件视觉检测错误　光学识别系统是固定安装的一个仰视 CCD 摄像系统，它在贴装头的旋转过程中经摄像头识别元件外形轮廓而光学成像，同时把相对于摄像机的器件中心位置和旋转角度测量并记录下来，传递给传动控制系统，从而进行 X、Y 坐标位置偏差与 θ 角度偏差的补偿的一个系统，其优点在于精确，且可灵活地适用于各种规格形状的元器件。它有背光识别方式和前光识别方式两种：前光识别以元件引线为识别依据，识别精度不受吸嘴大小的影响，可清晰地检测出器件的电极位置，即使引脚隐藏于元件外形内的器件 PLCC、SOJ 等也可准确贴装；而背光识别是以元件外形为识别依据，主要用于识别片式阻容元件和三极管等，识别精度会受吸嘴尺寸的影响。

出现元器件视觉检测错误的原因可能是：

①吸嘴的影响　当采用背光识别时，若吸嘴外形大于器件轮廓时，如图 24—13 所示，图像中会有吸嘴的轮廓，识别系统会把吸嘴轮廓当作元件的一部分，从而影响到元件识别对中。要视具体情况加以解决：

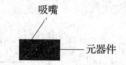

图 24—13　吸嘴轮廓影响元器件背光识别

a. 若吸嘴外径大于器件尺寸，则换用外径较小的吸嘴。

b. 若为吸嘴位置偏差导致吸嘴伸出，导致吸嘴轮廓变为器件轮廓，则应调整料位偏差。HSP4796L 具有元件吸取位置自动校正的功能，通过连续测量某元件的吸取位置，计算出平均误差并自动产生修正值加以补偿，该修正值存放在 Feeder（B）Offset 中，在该数据库中存放有每个料位自动生成的修正值，将该元件所在料位偏差值清零即可解决问题。

②元件库参数设置不当　这通常是由于换料时元件外形不一致造成，需要对识别参数重新检查设定，检查项目包括元件外形和尺寸等。一个有效解决办法是让视觉系统"学习"一遍元件外形，好让系统自动地产生类似 CAD 的综合描述，此方法快捷而且有效；另外，若来料尺寸一致性不好，可适当增大容许误差（tolerance）。

③光圈光源的影响　光圈光源使用较长一段时间后，光源强度会逐渐下降，因为光源强度与固态摄像转换的灰度值成正比，而采用灰度值越大，数字化图像与人观察到的视图越接近，所以随着光源强度的减小，灰度值也相应减少，但机器内设定的灰度值不会随着光源强度的减小而减小，只有定期校正检测，灰度值才会与光源强度成正比。当光源强度削弱到无法识别元件时，就需要更换灯泡。

④反光板的影响　反光板对背光起作用，当反光板上有灰尘时，反射到摄像机的光源强度减小，灰度值也小，这样易出现识别不良，导致元器件损耗，这就需要对反光板定期进行擦拭。

⑤镜头上异物的影响　在光圈上面有个玻璃镜片，其作用是防止灰尘进入光圈内，影响光源强度，但如果在玻璃镜片上有灰尘或其他异物，同样也影响光源强度，光源强度低，灰度值就低，也容易导致识别不良，所以，要经常注意贴片机镜头和各种镜片的清洁情况。

3）飞件　飞件指元件在贴片位置丢失，产生的主要原因有：

①元件厚度设置错误　若元件厚度较薄，但数据库中设置较厚，那么吸嘴在贴片时就会在元器件还没达到焊盘位置时就将其放下，而固定 PCB 的 X – Y 工作台又在高速运动，从而由于惯性作用导致飞件。所以要正确设置元件厚度。

②PCB 厚度设置错误　若 PCB 实际厚度较薄，但数据库中设置较厚，那么在生产过程中支撑销将无法完全将 PCB 顶起，元件可能在还没达到焊盘位置时就被放下，从

而导致飞件。

③PCB 的原因　通常有这样的几个情况：

a. PCB 本身翘曲超出了设备允许误差要求，如图 24—14 所示。

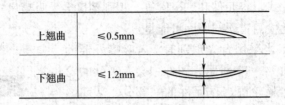

上翘曲　≤0.5mm

下翘曲　≤1.2mm

图 24—14　PCB 容许的翘曲

b. 支撑销放置出了问题　在做双面贴装 PCB 的第二面时，支撑销顶在 PCB 底部元件上，造成 PCB 向上翘曲，或者支撑销摆放不够均匀，PCB 有的部分未顶到，从而导致 PCB 无法完全被顶起。

第三节　再流焊和再流焊设备

再流焊，也称为回流焊，是英文 Re – flow Soldering 的直译，再流焊工艺是通过重新熔化预先分配到印制板焊盘上的膏状软钎焊料，实现表面组装元器件焊端或引脚与印制板焊盘之间机械与电气连接的软钎焊。

一、再流焊工艺流程

再流焊是伴随小型化电子产品的出现而发展起来的锡焊技术，主要应用于各类表面组装元器件的焊接。这种焊接技术的焊料是焊锡膏。预先在电路板的焊盘上涂敷适量和适当形式的焊锡膏，再把 SMT 元器件贴放到相应的位置；焊锡膏具有一定黏性，使元器件固定；然后让贴装好元器件的电路板进入再流焊设备。传送系统带动电路板通过设备里各个设定的温度区域，焊锡膏经过干燥、预热、熔化、润湿、冷却，将元器件焊接到印制板上。再流焊的核心环节是利用外部热源加热，使焊料熔化而再次流动润湿，完成电路板的焊接过程。

再流焊操作方法简单、效率高、质量好、一致性好、节省焊料（仅在元器件的引脚下有很薄的一层焊料），是一种适合自动化生产的电子产品装配技术。再流焊工艺目前已经成为 SMT 电路板组装技术的主流。再流焊技术的一般工艺流程和再流焊工序一样，如图 24—1 所示。

二、再流焊工艺的特点、要求

再流焊接的主要典型工艺过程如图 24—15 所示。它适用于各种表贴元器件的贴装。

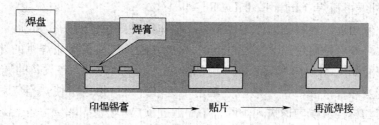

图 24—15　再流焊接主要典型工艺过程

与波峰焊技术相比再流焊工艺的技术特点：

1. 元件不直接浸渍在熔融的焊料中，所以元件受到的热冲击小。

2. 能在前导工序里控制焊料的施加量，减少了虚焊、桥接等焊接缺陷，所以焊接质量好，焊点的一致性好，可靠性高。

3. 假如前导工序在 PCB 上施放焊料的位置正确而贴放元器件的位置有一定偏离，在再流焊过程中，当元器件的全部焊端、引脚及其相应的焊盘同时润湿时，由于熔融焊料表面张力的作用，会产生自定位效应，能够自动校正偏差，把元器件拉回到近似准确的位置。

4. 再流焊的焊料是商品化的焊锡膏，能够保证正确的组分，一般不会混入杂质。

5. 可以采用局部加热的热源，因此能在同一基板上采用不同的焊接方法进行焊接。

6. 工艺简单，返修的工作量很小。

再流焊的工艺要求：

1. 要设置合理的温度曲线。再流焊接是 SMT 生产中的关键工序，假如温度曲线设置不合理，会引起焊接不完全、虚焊、元件翘立（"立碑"现象）、锡珠飞溅等焊接缺陷，影响产品质量。

2. SMT 电路板在设计时就要确定焊接方向，并应当按照设计方向进行焊接。一般应该保证主要元器件的长轴方向与电路板的运行方向垂直。

3. 在焊接过程中，要严格防止传送带振动。

4. 必须对第一块印制电路板的焊接效果进行判断，施行首件检查制度。检查焊接是否完全，有无焊锡膏熔化不充分或虚焊和桥接的痕迹，焊点表面是否光亮，焊点形状是否向内凹陷，是否有锡珠飞溅和残留物等现象，还要检查 PCB 的表面颜色是否改变。在批量生产过程中，要定时检查焊接质量，及时对温度曲线进行修正。

三、再流焊炉的结构和主要加热方法

再流焊炉主要由炉体、上下加热源、PCB 传送装置、空气循环装置、冷却装置、排风装置、温度控制装置以及计算机控制系统组成。再流焊的核心环节是将预敷的焊料熔融、再流、浸润。

再流焊对焊料加热有不同的方法，就热量的传导来说，主要有辐射和对流两种方式；按照加热区域，可以分为对 PCB 整体加热和局部加热两大类：整体加热的方法主要有红外线加热法、气相加热法、热风加热法、热板加热法；局部加热的方法主要有激光加热法、红外线聚焦加热法、热气流加热法、光束加热法等。

1. 红外线再流焊（Infra Red Ray Re – flow）

加热炉使用远红外线辐射作为热源时，称作红外线再流焊炉。目前已实现国产化，所以红外线再流焊是使用最为广泛的 SMT 焊接方法。红外线再流焊机的外观和工作原理及温度曲线如图 24—16 所示。这种方法的主要工作原理是：在设备的隧道式炉膛内，通电的陶瓷发热板（或石英发热管）辐射出远红外线，热风机使热空气对流均匀，让电路板随传动机构直线匀速进入炉膛，顺序通过预热、焊接和冷却三个温区。在预热区里，PCB 在 100～160℃的温度下均匀预热 2～3 min，焊膏中的低沸点溶剂和抗氧化剂挥发，化成烟气排出。同时，焊膏中的助焊剂浸润焊接对象，焊膏软化塌落，覆盖了焊盘和元器件的焊端或引脚，使它们与氧气隔离，并且让电路板和元器件得到充分预热，以免它们进入焊接区因温度突然升高而损坏。在焊接区，温度迅速上升，比焊料合金熔点高 20～50℃，漏印在印制板焊盘上的膏状焊料在热空气中再次熔融，浸润焊接面，时间为 30～90 s。当焊接对象从炉膛内的冷却区通过，使焊料冷却凝固以后，全部焊点同时完成焊接。

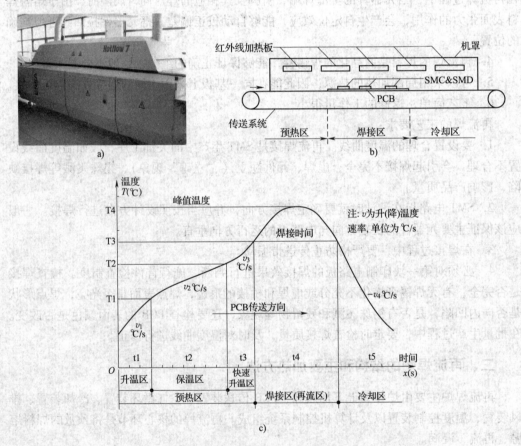

图 24—16　红外线再流焊机的外观和工作原理及温度曲线

a) 外形图　b) 工作原理　c) 再流焊温度曲线

红外线再流焊炉的优点是热效率高，温度变化梯度大，温度曲线容易控制，双面焊接电路板时，PCB 的上、下温度差别明显；缺点是同一电路板上的元器件受热不够均匀，特别是当元器件的颜色和体积不同时，受热温度就会不同，为使深颜色的和体积大的元器件同时完成焊接，必须提高焊接温度。现在，随着温度控制技术的进步，高档的红外线再流焊设备的温度隧道更多地细分了不同的温度区域，例如，把预热区细分为升温区、保温区和快速升温区等。在国内设备条件好些的企业里，已经能够见到7～10个温区的再流焊设备。

红外线再流焊设备适用于单面、双面、多层印制板上SMT元器件的焊接，以及在其他印制电路板、陶瓷基板、金属芯基板上的再流焊，也可以用于电子器件、组件、芯片的再流焊，还可以对印制板进行热风整平、烘干，对电子产品进行烘烤、加热或固化黏合剂。红外线再流焊设备既能够单机操作，也可以连入电子装配生产线配套使用。

红外线再流焊设备用来焊接电路板的两面时：先在电路板的A面漏印焊膏，黏贴SMT元器件后入炉完成焊接；然后在B面漏印焊膏，黏贴元器件后再次入炉焊接。这时，电路板的B面朝上，在正常的温度控制下完成焊接；A面朝下，受热温度较低，已经焊好的元器件不会从板上脱落下来。这种工作状态如图24—17所示。

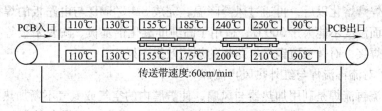

图24—17 再流焊时电路板两面的温度不同

2. 气相再流焊（Vapor Phase Re – flow）

气相再流焊的工作原理：把介质的饱和蒸汽转变成为相同温度（沸点温度）下的液体，释放出潜热，使膏状焊料熔融浸润，从而使电路板上的所有焊点同时完成焊接。这种焊接方法的介质液体要有较高的沸点（高于铅锡焊料的熔点），有良好的热稳定性，不自燃。

气相再流焊的优点是焊接温度均匀、精度高、不会氧化。其缺点是介质液体及设备的价格高，工作时介质液体会产生少量有毒的全氟异丁烯（PFIB）气体。气相再流焊设备的工作原理如图24—18所示。

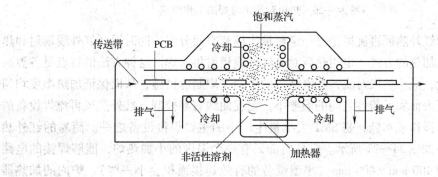

图24—18 气相再流焊的工作原理

3. 热板再流焊

利用热板传导来加热的焊接方法称为热板再流焊。热板再流焊的工作原理如图24—19所示。

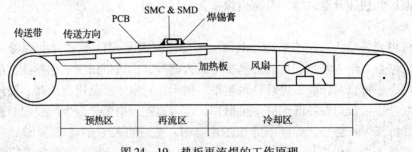

图24—19　热板再流焊的工作原理

它的发热器件为板型，放置在传送带下，传送带由导热性能良好的材料制成。待焊电路板放在传送带上，热量先传送到电路板上，再传至铅锡焊膏与SMC/SMD元器件上，软钎料焊膏熔化以后，再通过风冷降温，完成SMC/SMD与电路板的焊接。这种设备的热板表面温度不能大于300℃，适用于高纯度氧化铝基板、陶瓷基板等导热性好的电路板单面焊接，对普通覆铜箔电路板的焊接效果不好。

4. 热风对流再流焊与红外热风再流焊

热风对流再流焊是利用加热器与风扇，使炉膛内的空气或氮气不断加热并强制循环流动，热风对流再流焊工作原理如图24—20所示。这种再流焊设备的加热温度均匀但不够稳定，容易产生氧化，PCB上、下的温差以及沿炉长方向的温度梯度不容易控制，一般不单独使用。

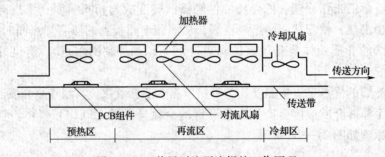

图24—20　热风对流再流焊的工作原理

改进型的红外热风再流焊是按一定热量比例和空间分布，同时混合红外线辐射和热风循环对流来加热的方式，也叫热风对流红外线辐射再流焊。这种方法的特点是各温区独立调节热量，减小热风对流，在电路板的下面采取制冷措施，从而保证加热温度均匀稳定，电路板表面和元器件之间的温差小，温度曲线容易控制。红外热风再流焊设备的生产能力高，操作成本低，是SMT大批量生产中的主要焊接设备之一。简易的红外热风再流焊设备如图24—21所示。它是内部只有一个温区的小加热炉，能够焊接的电路板最大面积为400 mm×400 mm（小型设备的有效焊接面积会小一些）。炉内的加热器和风扇受计算机控制，温度随时间变化，电路板在炉内处于静止状态，连续经历预热、再流和冷却的温度过程，完成焊接。这种简易设备的价格比隧道炉膛式红外热风再流焊设备低很多，适用于生产批量不大的小型企业。

图 24—21　简易的红外热风再流焊设备

5. 激光加热再流焊

激光加热再流焊是利用激光束良好的方向性及功率密度高的特点，通过光学系统将激光束聚集在很小的区域内，在很短的时间内使被加热处形成一个局部的加热区，常用的激光有 CO_2 和 YAG 两种。激光加热再流焊的工作原理如图 24—22 所示。

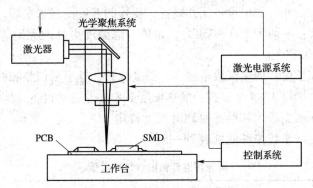

图 24—22　激光加热再流焊的工作原理

激光加热再流焊的加热具有高度局部化的特点，不产生热应力，热冲击小，热敏元器件不易损坏。但是设备投资大，维护成本高。

各种再流焊主要加热方法的优缺点见表 24—4。

表 24—4　　　　　　　　　　　再流焊主要加热方法的优缺点

加热方式	原理	优点	缺点
红外	吸收红外线辐射加热	(1) 连续，同时成组焊接 (2) 加热效果好，温度可调范围宽 (3) 减少焊料飞溅、虚焊及桥接	材料、颜色与体积不同，热吸收不同，温度控制不够均匀
气相	利用惰性溶剂的蒸气凝聚时放出的潜热加热	(1) 加热均匀，热冲击小 (2) 升温快，温度控制准确 (3) 可同时成组焊接 (4) 可在无氧环境下焊接	(1) 设备和介质费用高 (2) 容易出现吊桥和芯吸现象

加热方式	原理	优点	缺点
热风	高温加热的气体在炉内循环加热	（1）加热均匀 （2）温度控制容易	（1）容易产生氧化 （2）强风会使元器件产生位移
热板	利用热板的热传导加热	（1）减少对元器件的热冲击 （2）设备结构简单，价格低	（1）受基板热传导性能影响大 （2）不适用于大型基板、大型元器件 （3）温度分布不均匀
激光	利用激光的热能加热	（1）聚光性好，适用于高精度焊接 （2）非接触加热 （3）用光纤传送能量	（1）激光在焊接面上反射率大 （2）设备昂贵

四、再流焊设备的主要技术指标

温度控制精度（指传感器灵敏度）：应该达到 ±0.1～0.2℃。

传输带横向温差：要求 ±5℃。

温度曲线调试功能：如果设备无此装置，要外购温度曲线采集器。

最高加热温度：一般为 300～350℃，如果考虑温度更高的无铅焊接或金属基板焊接，应该选择 350℃以上。

加热区数量和长度：加热区数量越多、长度越长，越容易调整和控制温度曲线。一般中小批量生产，选择 4～5 个温区，加热长度 1.8 m 左右的设备，即能满足要求。

传送带宽度：根据最大和最宽的 PCB 尺寸确定。

再流焊温度曲线参数参考值见表 24—5。

表 24—5　　　　　　　　再流焊温度曲线参数参考值

温区		曲线参数名称	参数参考值	
			铅锡焊膏（63Sn37Pb）	无铅焊膏（Sn－Ag－Cu）
预热区	升温区	温度	25～100℃	25～110℃
		时间	60～90 s	90～120 s
		工艺窗口		要求缓慢升温
		升温速率	<2℃/s	<1℃/s
	保温区 （狭义预热区）	温度	100～150℃	110～180℃
		时间	60～90 s	90～120 s
		升温速率	（0.55～1℃）/s	<1℃/s
	助焊剂浸润区 （快速升温区）	温度	150～183℃	180～220℃
		时间	10～60 s	12～41 s
		工艺窗口	50 s	29 s
		升温速率	（0.55～3.2℃）/s	1.2～4℃/s

续表

温区	曲线参数名称	参数参考值	
		铅锡焊膏（63Sn37Pb）	无铅焊膏（Sn－Ag－Cu）
回流焊接区	峰值温度	210～230℃	235～245℃
	PCB 极限温度（FR－4）	240℃	240℃
	工艺窗口	240－210＝30℃	240－235＝5℃
	回流时间	60～90 s	50～60 s
	升温速率	（＋3.2～－3.2℃）/s	（＋4～－4℃）/s
冷却区	温度	220～183℃→100→60℃	245～217℃→100→60℃
	时间	60～90 s	90～120 s
	升温速率	（－3～－4℃）/s	（－4～－2℃）/s

激光加热再流焊流程各段温度如图 24—23 所示。

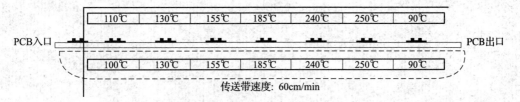

图 24—23　激光加热再流焊流程各段温度

63Sn－37Pb 锡铅焊膏普通再流焊温度曲线的参考性实例如图 24—24 所示。

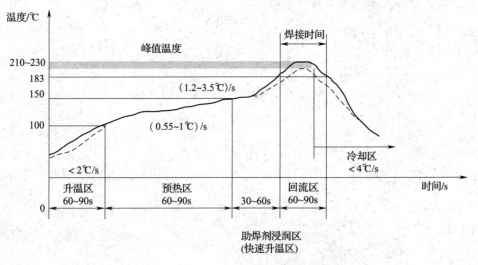

图 24—24　63Sn－37Pb 锡铅焊膏普通再流焊温度曲线的参考性实例

Sn – Ag – Cu 无铅焊膏普通再流焊温度曲线的参考性实例如图 24—25 所示。

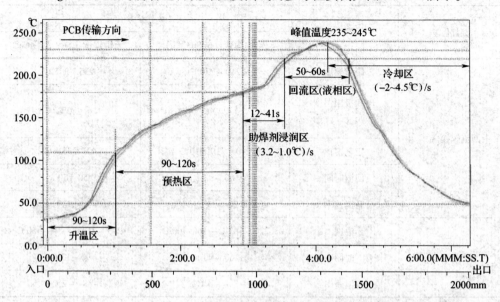

图 24—25　Sn – Ag – Cu 无铅焊膏普通再流焊温度曲线的参考性实例

第 6 部分

高级无线电装接工技能要求

第二十五章 复杂试制样机的装接

试制样机的装接主要指产品还未定型并处在研制的试装阶段。这种装接工作没有成熟的工艺文件作为依据，装接工作只根据设计文件对产品工作环境条件、电性能指标、可靠性和寿命周期、使用目的等要求结合常规工艺规范和积累的经验来拟定装接草案，设计合适工装进行试装配，并能随时解决装配过程中碰到的关键技术问题，为批量生产提供成熟的工艺文件。

第一节 试制样机装接草案的拟定

试制样机装配前，必须草拟好试装接工艺文件（装接所需的印制板图、接线图、组装图、装接材料明细表等），在拟定装接草案前，必须考虑以下因素：

一、产品的工作环境对产品的要求

1. 产品所适应的气候条件

气候条件对无线电设备的影响主要表现在温度、湿度、气压、盐雾等要求上。所以，在装接工作中应根据产品的需要选择装接材料、散热装置、密封装置，以及独到的结构设计。

2. 产品所适应的机械条件

无线电设备在使用和运输过程中，要经受各种类型的机械作用。这些作用可分为两类：一类是正常磨损、疲劳、老化等，是设备工作时固有的，如各种机构和活动部分长期工作所产生的磨损，使设备寿命缩短。另一类机械作用是产品在运输过程中所承受的外界机械力作用。它有时随机变化，可能造成严重后果。外界对无线电设备所施加的机械作用，通常有振动、碰撞、冲击、离心加速度等形式。在这些机械力的作用下，产品的电气指标会发生变化，甚至完全不能工作，这是由于产品内元件在机械力作用下电参数改变或失效所致。例如，元件引线断裂、焊点松脱；导线变形或移位使电容量（包括分布电容）变化、线圈磁芯移动使电感量变化等都会引起回路失谐，工作状态被破坏；对于电接触器件（如电位器、波段开关、继电器、微调电容、插头、插座等）会造成接触不良或完全不能接触；此外，在外力作用下还可能出现脆性材料破裂、电子管损坏、紧固失效（如螺丝螺母松动、电子管从管座中跳出以及接插体、印制板从插座中跳出或松脱）等。因此，在拟定装接草案中应充分考虑上述因素，在装配中增设各种减振装置。

3. 产品所适应的抗电磁干扰能力

在无线电产品内部和外部存在着由于各种原因所产生的电磁波。除无线电产品所欲接收的信号外，其余的外部电磁波均属于外部干扰。在无线电产品内部，电磁波除通过正常途径传输外，还有一部分通过非正常途径传输，这就是内部干扰。为了提高产品抗干扰能力，在装接中必须设计各种抗干扰的屏蔽装置。

二、产品的可靠性要求

可靠性就是产品（指设备或元器件）在规定的条件下和规定的时间内，完成规定功能的能力。可靠性是产品质量的一个组成部分，如果产品的可靠性差，就必然影响使用效果并增大使用和维修费用。影响可靠性的因素有元器件可靠性和系统可靠性。因此，为了提高产品的可靠性，就要在装接材料、装接工艺、装接设备和管理等方面采取相应措施。

三、产品的使用要求

1. 产品的体积和质量要求

无线电产品的体积大小和轻重已成为表征设备性能的主要指标，要求减小设备的体积和质量已成为无线电产品发展的必然趋势。从生产角度考虑，减小无线电设备的体积和质量，意味着原材料消耗降低，具有一定的经济意义。对于生产批量很大的产品，即使产品的体积、质量降低很少一点，但批量生产中所降低的费用都是很可观的。因此，在拟定试制装配草案时，要充分考虑产品的体积和质量因素，追求结构的紧凑性，但在讲究装配结构的紧凑性同时，下列因素也应以充分考虑：

（1）设备温升限制是大多数产品（尤其是大功率设备）提高紧凑性时遇到的困难。设备的平均密度增大则单位体积发热量增加，为了保证设备正常工作就需要装配一套冷却系统。

（2）随着紧凑性提高，元器件间距减小，会导致设备稳定度下降，尤其是超高频和高压设备，由于分布电容增大，易产生自激及脉冲波形变坏；由于元器件间距离小，容易产生短路和击穿。

（3）随着紧凑性提高，给生产时的装接和使用时的维护修理带来困难，降低了设备的可靠性。

（4）紧凑性高的设备，要求整机结构有较高的零件加工精度和装配精度。

2. 无线电设备的使用和维修要求

无线电装配结构的选择，要考虑使用性能如何，是否便于维修，有如下几点要求：

（1）操作设备简单，能很快地进入工作状态，不需要很熟练的操作技术。

（2）控制机构轻便，尽可能减少操纵者的体力消耗；设备安全可靠，有安全保险装置，当操纵者发生误动作时，不会损坏设备，更不会危及人身安全。

（3）在发生故障时，便于打开维修或能迅速更换备用件，如采用插入式和折叠式结构、快速拆装结构以及可换部件式结构等。

（4）可调元件、测试点应布置在机器的同一面；经常更换的元件应布置在易于装拆的部位；对于电路单元应尽可能采用印制电路板并用接插件与系统连接。

（5）元器件密度不宜过大，以保证有足够的空间，便于装拆、维修。

四、产品的装接必须适应生产条件的要求

任何无线电产品在完成它的试制阶段后，都要投入生产。生产厂的设备情况、技术和工艺水平、生产能力和生产周期以及生产管理水平等因素，都属于生产条件。无线电产品如要顺利地投产，必须满足生产条件。否则，不可能生产出优质的产品，甚至根本无法投产。在选择装接材料和制定装接工艺时必须考虑：

1. 产品装接材料的品种和规格应尽可能少，尽量采用专业厂生产的通用件，因为这样便于管理，有利于提高产品质量，降低成本。设备中的机械零部件，必须有良好的结构工艺性，能够采用先进的工艺方法和流程。原材料消耗低，加工工时短。

2. 产品装配用零部件的各种技术参数、形状尺寸等应最大限度地标准化、规格化，应尽可能采用生产厂以前生产过的材料，充分利用生产厂的成熟经验，使产品具有继承性。

3. 产品所用原材料的规格品种越少越好。应尽可能少用或不用贵重材料，立足于使用国产材料和来源广、价格低的材料。

4. 产品及其机械部件的装配应尽可能简单，不要选配和修配（当然为了提高某些机械部件的精度，允许作小范围的选配）。装接结构要便于使用先进的装配工具。要努力减少装配工时和体力消耗。

在考虑上述因素后，一般设备的试装接可按以下顺序进行并试拟装配工艺文件：

1. 安装附属零件　如安装橡层腿和缓冲底座等着地零件以及手柄等。

2. 安装黏接部件　如安装接合垫圈、绝缘孔圈和其他黏结部件。

3. 面板上的电气部件安装　如安装灯座、熔断器、指示灯、按钮开关等。

4. 螺钉紧固件的安装　安装须用螺钉紧固的仪表、电源变压器、插销、插座等部件。

5. 金属架和金属座的安装　安装组件装配用的支架、底座。

6. 组件的安装　安装印制电路板等组件。

7. 检查　检查装配尺寸及部件的装配状态。

8. 把线扎装入机内　把线扎和电缆装入机架和面板中。

9. 布线锡焊　用锡焊连接端子和电线。

10. 检查　检查锡焊质量和电路。

11. 清理　彻底清除焊锡屑、线头等物。

12. 外部零件的安装　安装机壳上的零件。

13. 安装铭牌

第二节　试装过程中关键技术问题及解决办法

在试制样机的装配过程中，经常要碰到如散热、密封、减振、屏蔽等关键技术问题。针对这些问题，本节将介绍各种防热、防渗漏、防振动、抗干扰等装置，供试装配时参考。

一、防热、散热措施及装置结构的选择

无线电设备或元器件的散热方式有自然散热、强制风冷、水冷、蒸发冷却等。常采用的是自然散热、强制风冷两种形式。自然散热是一种最简便的散热方式，它广泛用于多种类型的无线电设备，其主要任务是在结构上进行合理的热设计，将设备内部的热量畅通无阻地迅速排到设备外部，使设备工作在允许的温升范围内。

无线电设备的自然散热途径，对于密封的机箱，首先是设备内的发热元件，通过对流、传导和辐射把热量传给机壳。然后由机壳通过辐射、传导将热量传到设备周围的空气，从而达到冷却目的。对于非密封的机器，除上述散热途径外，还有设备内外的空气对流散热。因此，提高自然散热的作用，一方面需要加强设备内部各元器件向机壳传递热量的能力，减少其热流途径的热阻；另一方面需要提高机壳向外界传递热量的能力。所以，在散热设计中要注意重视机壳散热和产品内部元器件的散热。

1. 机壳散热

（1）为了提高机壳的热辐射能力，在试装配中可以选择涂有粗糙黑漆的机壳，有时为了美观，外表也可以涂有其他有色漆。

（2）在机壳上，可以合理地开通风孔，其位置可以开在机壳的顶部以及两侧，试验证明前者比后者的散热效果好。开通风孔时注意不能使气流短路，出进风口开在温差最大的两处，距离不能太近。通风孔的形式很多，常用的通风孔结构形式如图 25—1 所示，可供设计时选用。

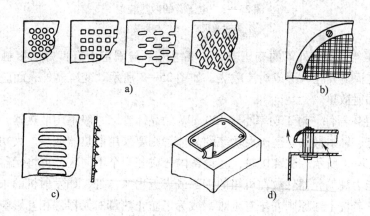

图 25—1　常用的通风孔结构形式

a）细小圆、方、长圆和菱形通风孔　b）加护网的通风口　c）通风窗　d）风口上加装挡尘、导风板

（3）机壳材料选用导热性较好的金属，最好用铝合金。机壳与内部金属构件的连接，尽可能做到接触热阻低，有利于热传导。

2. 产品内部元器件的自然散热

（1）电阻　电阻在正常环境温度下，功率小于 1/2 W 的碳膜电阻，通过传导散去的热量占 50%，对流散热占 40%，辐射散热占 10%。因此，在装配电阻时，引线尽可能短些，其安装位置应使发热最大的面积垂直于对流气体的通路，并且要加大与其他元件的距离。

（2）电子管　不带屏蔽罩的电子管主要依靠玻壳热辐射和热对流散热，热传导是次要的。带屏蔽罩的电子管散热条件要差些，一般在罩的顶部开风口，在罩的下部与玻壳间有气隙孔作为进风口，形成自然对流，使管子散热。另外为了加强热传导，对小型屏蔽罩可直接包住管壳，形成紧密接触。对一般电子管，可在屏蔽罩与玻壳之间夹入一层导热性好又有弹性的材料（如磷青铜）制成弹簧套。弹簧套必须和屏蔽罩与管壳紧密接触，使其散热效果好，并能防振。电子管的散热装置如图 25—2 所示。如果设备中有若干个电子管，为了改善散热情况，电子管之间应留一定距离，最好分成几排交叉排列，电子管之间的中心距不应小于管子直径的 1.5 倍，电子管最好垂直安装，与水平安装相比其散热较好。如果安装电子管座较大，安装的电子管又多，可在管座周围的底座上开孔，以便形成循环气流，加强对电子管的对流散热。

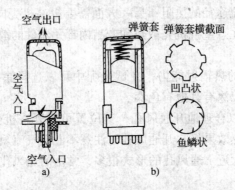

图 25—2　电子管的散热装置

a）有进出风口　b）有弹簧套

（3）变压器　对有外罩的变压器，除要求外罩与固定面有良好的接触外，可将其垫高并在固定面上开孔，形成对流散热，如图 25—3 所示。变压器外表面应涂无光泽黑漆，以加强辐射散热。

（4）半导体器件　对于功率小于 100 mW 的晶体管，一般不用散热器，可依靠管壳及引线的对流、辐射散热。至于大功率的晶体管则要采用散热器散热。大功率晶体管的散热器如图 25—4 所示。试装接时，将设备内分成若干个不同区，再将元器件发热量最大的、耐温能力高的元器件放在机箱的上部或靠近出风口处，如发射机的末级功放管应放在最上部，若按上述原则安排有困难，或为了防止热量对元器件相互影响，可以对发热量大的元器件和热敏元件进行热屏蔽。

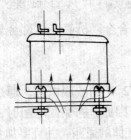

图 25—3　变压器的散热装置

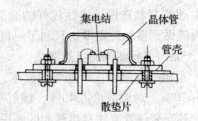

图 25—4　大功率晶体管的散热器

对于安装密度较高的小型设备，元器件的对流和辐射散热都会有困难，这时应采取加强金属传导散热的结构措施，如布置元器件时尽可能使元器件贴近底座，利用金属紧固件传导热量；利用屏蔽罩和金属隔板将元器件的热量传导出去等。

在具体排列元器件时，除了考虑形成气流通道外，还应设法减小气流阻力并且使气流形成对流。元器件交叉排列能加强散热效果。

为了加强设备的自然散热能力，对总体布局的要求：

设备内各温度区安排合理，温度区的排列顺序由低温到高温，它应与气流的路线相一致，进风口和出风口的位置应与温度区区别排列以及和气流路线相配合。增加整机机箱（柜）的高度，可以提高自然散热的效果，在高度无法增大时，应尽量增大进风口和出风口的距离，以增强自然对流。进出风口位置不当，会使局部散热不好。

设备内空气流动时的阻力力求最小，机箱内各部分元器件的排列对阻力有一定的影响，但影响更大的是机箱（柜）内的底板、隔热板、屏蔽板（匣）等大面积的结构件。如果设计和安装位置不合理，就可能切断气流通路或造成较大的阻力。因此机箱（柜）内的气流通路上不应该有大面积结构件。机内散热结构如图 25—5 所示，固定印制电路板采用"空格式"结构，用金属条支持印制板插座，具有流阻小、强度高等优点。

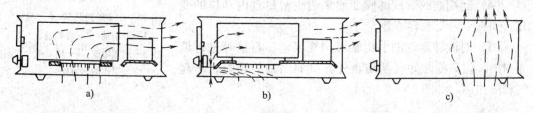

图 25—5　机内散热结构

a）发热体下端进风，侧端出风　b）由导风板导引，从发热体一端进风，另一端出风　c）底部进风，顶部直排

3. 选择和安装晶体管散热器时的注意事项：

（1）散热器选择原则是在保证充分散热的前提下，尽量选用体积小和质量轻的散热器。

（2）散热的好坏与安装工艺有关，应尽量增大接触面积，提高传热效果，设法提高接触面的光洁度。

（3）当晶体管外壳需要绝缘时，应尽可能不用在管壳下垫绝缘片的办法，而采取在散热器与机架（底座）间增加绝缘的方法。

（4）散热器表面应粗糙，黑度大，以加强散热效果。

（5）采用铝型材散热器时，应注意长度与宽度要相近，便于设备总体安排。

二、密封措施及其装置结构的选择

密封就是将无线电设备的整机、分机或部件装入密封盒内，使之和外界隔绝。它不仅是三防的有效措施，而且可以防止低气压和高气压的影响。装入密封盒的部件可先进行浸渍，对无须浸渍的应烘干。

1. 密封结构分为不可拆卸密封和可拆卸密封两种：

（1）不可拆卸密封采用金属板料冲压成的盒形结构，将无线电设备、分机或部件装入后，用焊接的方法与盒盖焊封。常用的焊封方法有钎焊、电阻焊、电弧焊，目前也有采用胶接密封工艺的密封结构，其结构与焊接密封基本相同，只是用胶接代替了焊接。它的优点是密封时不需加热且工艺简单，故应用逐渐广泛。不可拆卸密封结构，一般只适用于一次性使用的设备。对于需要经常修理维护的设备，应采用可拆卸密封结构。

（2）可拆卸密封结构的密封盒多用铝铸件，也有的盒体为薄板冲压件，盒盖为铝铸件。它的密封是把橡层填充在盒体和盒盖两金属面之间，当连接螺钉拧紧后，使橡层变形紧贴在金属表面上，从而形成密封。

2. 当密封的设备或元器件需要在外部控制其动作时，可用下列方法：

（1）在密封盒内装直流电动机，改变电流大小和方向来控制被调元器件的运动。

（2）密封盒内机械引出端（内半轴）装上磁铁，在密封盒外控制轴（外半轴）上也装上磁铁，此时密封外壳应为非磁性材料，如图25—6所示。

（3）将露在密封盒外面的运动件套以密封橡层套，将运动直接传入。如图25—7所示为钮子开关的密封。如图25—8所示为将旋转运动传入密封盒内的密封控制机构。

（4）运用波纹管或薄膜变形来适应密封盒内动作的变化，如真空可变电容器等。

（5）对旋转运动的引出轴可用橡层毡、石棉等进行填充封闭。但只能是短时期防止外界气象因素的影响，不起气密的作用，如图25—9所示。

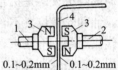

图25—6　密封装置（一）
1—外半轴　2—内半轴
3—永久磁铁　4—用非磁
性金属作的密封外壳

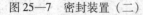
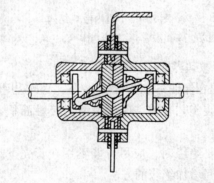

图25—7　密封装置（二）　　　　图25—8　密封装置（三）　　　　图25—9　密封装置（四）

三、无线电设备防振动和冲击的措施及装接结构选择

为了减少振动和冲击对无线电设备的影响，一般采取以下两种措施：

1. 安装减振器来隔离振动和冲击的影响

虽然振动和冲击是两种不同性质的机械因素，但在结构装配时，往往只采用一种装置来隔离振动和冲击的影响，这种既能减振又能缓冲的机械结构称为减振器。目前已经生产了各种类型的标准减振器，可以根据设备所处的机械环境，正确地选用减振器并合理地布局，使其组成一个较完善的防振缓冲系统（也称为隔离系统），以达到对设备进行机械防护的目的。减振器根据产品要求可选择：

（1）橡层—金属减振器 由于金属和橡胶的结合强度达（4～7）×10^6 Pa，所以能在一定的载荷下承受冲击和振动。这种减振器在环境温度改变时，抑振性能会恶化。这种减振器不宜用于阳光直射和无防寒措施的低温下工作的设备。还有一种橡层—金属减振器，其结构和在设备上的安装如图 25—10 所示。

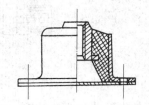

图 25—10 橡层—金属减振器

JCH 型为不耐油的，JCH—Y 型为耐油的，其结构完全一样，仅橡胶的牌号不同。特点是当橡层块损坏时，能防止被振设备从基础上脱开。因此，使用中不需要采取防止脱开的特殊装置。

（2）金属弹簧减振器 金属弹簧减振器用弹簧钢板或钢丝绕制而成，常用的弹簧有圆柱形螺旋弹簧和圆锥形弹簧两种。金属弹簧减振器的优点是对气候条件不敏感，可用于高温下，并在温度变化时刚度不变；它比橡层—金属减振器稳定。它的缺点是阻尼比较小，因此使用时需要外加阻尼器。

根据减振器安装的位置不同，可采用主动隔离和被动隔离，使振动源与支撑基座隔开。

2. 增强设备或元器件的耐振、耐冲击能力

采用隔离系统只是减小而不是消除外界机械因素对设备的影响，实际上常有一些机械因素会通过隔离系统（如安装减振器）而作用到无线电设备或其元器件上去，所以在采用隔离系统的同时，必须考虑提高设备或元器件的耐振、耐冲击的能力，如在结构设计时，采取措施提高部件本身及其连接的结构强度和提高元器件、零部件抗振动、碰撞、冲击和离心加速度的能力，以及合理地配置和安装元器件等。从提高元器件耐振和耐冲击的角度出发，在布置和安装方面应根据其特点作如下考虑：

（1）导线和电缆 在装配时，采用单股的硬导线不如采用多股软导线，因为后者具有较好的耐冲击能力。应消灭虚焊，不要使用钳伤的导线，导线两端缠绕处应避免来回弯拆而出现裂纹。在两端具有相对运动的情况下，导线适当放长。

穿过金属孔或靠近金属零件的导线，在振动的情况下和金属碰擦，其绝缘层可能损坏并引起短路。因此通过金属孔或靠近金属零件的导线，必须外套上绝缘管（或者在金属孔上安装橡层圈）。

（2）继电器 继电器和其他电气元件不一样，由于它的电气和机械结构组合在一起，它本身较容易失效，在冲击和振动的影响下，继电器的典型故障有：接触不良、衔铁动作失灵或移位、触点抖动使接触电阻不断变化等干扰电路工作。

采取单件备份能提高继电器的可靠性，其方法是用一个继电器的地方，使用两个固有频率不同的继电器。根据继电器的结构特点进行安装，也可以提高其抗冲击振动的能力。如图 25—11 所示的舌簧型继电器的防振装置，应该使触点的动作方向和衔铁的吸合方向垂直，不要同振动方向一致。显然，在图 25—11 中，以图 25—11a 为最好。

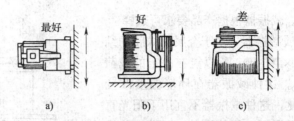

图 25—11　舌簧型继电器的防振装置

a）触点动作方向和振动、衔铁的吸合方向垂直　b）触点动作方向只和振动方向垂直

c）触点动作方向和振动方向一致

（3）电子管　在冲击和振动的情况下，引起电子管的主要故障是：开路、短路、颤噪效应、跨导 S 变化及漏气等。电子管脚插入管座上，类似于悬臂梁。安装时应使电子管的纵轴与振动冲击的方向一致；另外，在安装电子管时，应使用压紧装置，如各种压紧弹簧、帽盖或管罩等。正确安装的管罩，除给电子管以机械保护外，还可用作屏蔽和帮助散热。

（4）晶体管　晶体管虽然本身能抗冲击和振动，但如果安装不当，仍会发生故障。如图 25—12 所示为用不同的方法安装的五种类型的晶体管。其中图 25—12a 所示的晶体管，用螺钉固定在底座（或散热器、片）上；图 25—12b 所示的晶体管，则用一个接地螺栓固定。这两种安装方法要比其他三种耐振、耐冲击。采用如图 25—13 所示安装方法可以提高晶体管抗冲击和振动的能力，在实际工作中也酌情采用其他辅助方法固定。

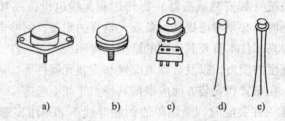

图 25—12　晶体管几种安装方法

a）用两个螺钉紧固于安装体或散热体　b）用一个螺钉紧固于安装体或散热体　c）插于管座　d）、e）直接焊接

（5）变压器　变压器从其结构本身的特性来说，是能抗冲击和振动的。但变压器是设备中比较重的元器件，如果事先对振动和冲击考虑不足，采用了刚性差的支架和较小的螺栓连接，就可能在冲击振动时产生位移，若变压器脱落将严重损坏设备。所以变压器等较重的元器件，应该安装在设备的底层，其位置也不宜偏离重心太远。为了

图 25—13　晶体管的减振装置

提高变压器的安装牢固性，最好是利用变压器铁芯的穿心螺栓将框架和铁芯牢固地固定在底板上，使用螺栓应有防松装置。

（6）电容器和电阻器　电容器和电阻器本身结构是耐冲击、振动的，但引出线和接点的连接处容易折断，引出线的缠绕处和钳子等工具夹持时所留的操作痕迹处最易断裂。

用本身引出线安装电容器和电阻器是最简单而经济的办法。试验指出，当它的固有频率处在干扰频谱之外时，即使加速度较大，也很少出现损坏。所以对电容器和电阻器之类的元件，利用本身引线安装时，关键在于避免谐振。为此，一般采用剪短引线来提高其固有频率，使之离开干扰频谱。对于小型电阻电容，可采用卧装，在元件与底板填充橡层，或用硅橡胶封装。对大的电阻电容，则需用螺钉螺栓或专用支架固定在底板上。另外，此类元件在跨接时，导线不宜绷得太紧，以免因材料不同的热膨胀引起的附加应力使导线断裂。

(7) 印制电路板 印制电路板较薄，易于挠曲，故需要加固。加固构件可以是金属或塑料板的成型框架，也可以完全灌封在塑料或硅橡胶中。对于小型的印制电路板，无须加固。印制电路板可用插接头、插座和两根轨条加以固定，必要时还须采用压板（条）压紧。从防冲击和振动的角度考虑，电路板的安装方向应使板面与冲击振动的方向一致。对于小型的印制电路板可以灌封成积木块，以提高其抗振动和抗冲击能力。

(8) 机架的底座 机架和底座的结构可根据要求设计成框架薄板金属盒或复杂的铸件。从抗冲击与抗振动的观点出发，不管机架和底座采用什么形式，通过刚度或强度设计，最终必然是提供一个最佳挠度。因此在这种情况下，在设计机架和底座时，应采取较高的刚度（即允许挠度不宜过大）较为合适。对于大面积的底座，应采用加强筋以提高其刚度，特别是负荷较大的底座更应如此。

(9) 其他 特别怕振动的元器件、部件如调谐机构应有锁定装置、紧固螺钉应有防松装置；陶瓷元件及其他较脆弱的元件和金属零件连接时，它们之间最好垫上橡层、塑料、纤维、毛毡等衬垫。

为了提高抗振动和抗冲击能力，应尽可能地使设备小型化。其优点是易使设备具有较坚固的结构和较高的固有频率；在既定的加速度作用下，惯性力也较小。

四、无线电元器件的抗干扰措施

1. 高频线圈

线圈及其屏蔽罩的安装：

(1) 线圈的安装 线圈应垂直地安装于底座上，如图25—14b 所示。此时，线圈的磁通与底座的交链最小，在底座中感应的电流也小，底座对线圈的参数 L、Q 和分布电容影响也小。线圈的高频低电位端应接在靠近底座的一端，这样高频高电位端与底座之间的分布电容小，分布电容流到底座的容性电流也小，高频击穿的可能性也减小。此外垂直安装也比较方便。

图 25—14 屏蔽线圈的安装
a) 不正确 b) 正确

(2) 屏蔽线圈的安装 屏蔽线圈要和一般线一样垂直于底座安装。如图25—14a 所示，线圈平行于底座的安装是不正确的，另外，还要注意屏蔽的正确连接。

(3) 多个线圈的安装 多个线圈同时安装在一个底板上，它们的屏蔽有时是不可缺少的，但有时也是多余的。多个线圈安装在一起，如果它们不同时工作或者相距较远，或者是成正交的布置（即线圈的轴线相互垂直），如何屏蔽，要根据实际情况具体分析，并通过实践来检验。

2．变压器及其安装

为了抑制电源变压器一次侧、二次侧之间的寄生耦合，往往在一次侧、二次侧绕组之间垫上一层接地的铜箔作静电屏蔽，但是，此铜箔不应阻碍磁场耦合，并应注意铜箔交接处的绝缘。

为了避免变压器对整机的电磁干扰，在安装变压器时，应注意以下几点：

（1）如果未采取措施，变压器应远离放大器，特别是带线圈的放大器和低电平的输入极。

（2）电源变压器的线圈轴线应避免与底座平行放置，而应采用垂直放置。这样，变压器与底座的寄生耦合最小。

（3）在安装变压器时，不要让硅钢片紧贴底座，特别是底座为铁板时的情况，应该用非导磁材料将变压器铁芯与底座隔开。

（4）输入、输出变压器、电源变压器、扼流圈等如安装位置较近时，应该使它们的线圈轴线相互垂直，以减弱相互间的耦合。

（5）有条件时，电源部分单独装在一块底座上，并与其他电路隔离开，以减小电源对其他电路的影响，有利于减少交流声。

（6）电源滤波电容器的接地端与电源变压器高压线包的接地点最好用导线连在一起，以免交流电通过底座耦合到各级放大器的输入回路中引起交流声。

（7）变压器应远离示波管的电子枪，它们之间的相对位置，最好通过测试来确定。

3．导线的屏蔽

（1）高频高电平信号线的屏蔽　　对于高频高电平信号线，主要是防止干扰外界。由于信号电流在导线的周围会产生电场和磁场，因此隔离层必须能够同时屏蔽电场和磁场。隔离层的接地很重要，一般必须两端接地才能起到电磁屏蔽的作用。

现在广泛应用的高频插头插座，均符合如图25—15所示的连接法。若插座与屏蔽盒的连接需要通过机架，则插座最好穿过机架而不与机架接触。有些高频插座虽然安装在机架上，但必须与机架绝缘，另用导线将插座与整机的高频地线连接起来，以减小高频地电流流入机架。

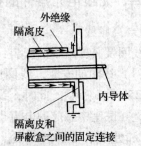

图25—15　高频插头插座的连接方法

（2）高频低电平导线的屏蔽　　对于高频低电平信号线，主要是防止外界对其干扰。若机架中有大的地电流，为防止机架中杂散电流流过隔离层而产生干扰电压降，直接或感应到芯线上带入内部而造成干扰，此时高频低电平信号线隔离层则宜一端接地而不宜两端接地。同时也要防止隔离层碰机架，为此隔离层外面应套有塑料套。

4．电子管和晶体管的屏蔽

（1）电子管的屏蔽　　由于电子管之间或电子管与外电路之间，可能存在有电场耦合，因此需要对电子管进行屏蔽，电子管的屏蔽比较简单，只要在电子管外面套上一个接底座的金属套即可。

示波管的屏蔽，其原理和变压器屏蔽一样，常用坡莫合金作屏蔽罩的材料，其形状和尺寸根据示波管的形状和尺寸确定，为了加工方便，常做成圆柱形和圆锥形的组合体。在要求高的情况下，也可采用双层屏蔽。

（2）晶体管的屏蔽　晶体管体积小，一般不单独屏蔽，而与整个电路一起屏蔽。此外，有的晶体管有四只脚，其中一只脚是接金属壳的，如果需要屏蔽，只要将这只脚接地，就能得到屏蔽效果。

对于大功率晶体管，为便于散热，集电极往往就是管子的金属外壳，使用时通常是集电极接地。这样运用的结果也就获得了屏蔽效果。混频、检波二极管，往往是玻璃外壳，为了防止混频或检波后产生的谐波干扰，就需对混频或检波二极管加以屏蔽。这时往往将晶体管与混频或检波电路一起加以屏蔽。

第二十六章 复杂产品总装和检验、检修

本章将通过两个实例说明较为复杂产品的总装、检验和检修，并将通常产品从总装到出厂的全过程以及相关的基本知识穿插其中做概要介绍，以利工作者了解全局，很快适应所任角色。

第一节 AM/FM 两波段收音机的总装

一、整机工作原理

这里以 R－218T 型收音机为例，进行简单的介绍。R－218T 型收音机是采用 CXA1191M 作为核心芯片的中波调幅和米波调频的两波段收音机。在此收音机中，CXA1191M 芯片将 AM 部分的高放、本振、混频、中放、检波、AGC 和 FM 部分的高放、本振、混频、中放、鉴频、AFC 以及调谐指示、音频功放、稳压电路等全部集成在一片 IC（集成电路）里。用它组成的收音机外接元件少，电压范围宽（2～7.5 V），输出功率大（V_{CC} ＝6V，负载为 8 Ω 时，输出功率可达 500 mW），电流消耗少（V_{CC} ＝3 V 时，AM：I_D ＝3.4 mA；FM：I_D ＝5.3 mA）等。R－218T 型 AM/FM 收音机电路原理图如图 26—1 所示。

1. 调幅（AM）部分

中波调幅广播信号由磁棒天线线圈 L3 初级和可变电容 C01、半可变电容 C0a 组成的调谐电路谐振，耦合至次级送入 IC 的⑩脚。此信号与由振荡线圈 T3 和可变电容 C02、半可变电容 C0b、C8 与 IC 第⑤脚相连的内部本振电路产生的本振信号进行混频，混频后产生的多种频率的合成信号，经过中频变压器 T1（包含内部的谐振电容）组成的中频选频网络及 465 kHz 陶瓷滤波器 CF2 双重选频，得到 465 kHz 的中频调幅信号。这个中频调幅信号被内部检波器检出音频信号，并由 IC 的第㉓脚输出，经外接电容 C18 耦合输入到 IC 的㉔脚，然后，在内部进行功率放大，放大后的音频信号由 IC 的㉗脚输出，推动扬声器发声。音量大小受 IC ④脚外接音量电位器控制。

2. 调频（FM）部分

由拉杆天线接收到的调频广播信号，经 L1、C2、L2、C3、C4 组成的带通滤波器（BPF），抑制掉调频波段以外的信号，使调频波段以内的信号顺利通过，进入 IC 的⑫脚进行高频放大，放大后的高频信号被送到 IC⑨脚外接的天线线圈 L4、可变电容 C03、半可变电容 C0c 组成的调谐回路，由它对高频信号进行选择和在 IC 内部混频。本振信号由振荡线圈 L5、C04、C0d 与 IC 脚第⑦脚相连的内部电路组成的本机振荡器产生。

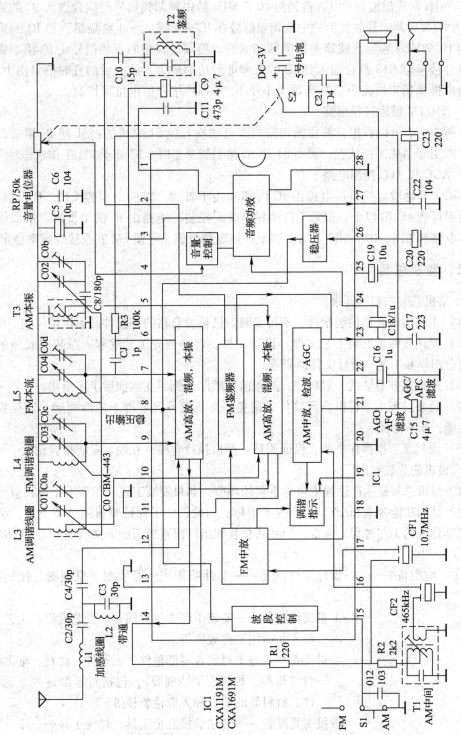

图 26—1 R—218T 型 AM/FM 收音机电路原理图

在 IC 内部本振与高频信号混频后得到多种频率的合成信号由 IC 的第⑭脚输出，经 R1 至 10.7 MHz 陶瓷滤波器 CF1，得到的 10.7 MHz 的中频调频信号经耦合进入 IC 的第⑰脚 FM 中频放大器，经放大后的中频调频信号在 IC 内部进入 FM 鉴频器，和 IC 的第②脚外接 10.7 MHz 鉴频滤波器进行鉴频和滤波。鉴频后得到的音频信号由 IC 第㉓脚输出，经外接电容 C18 耦合输入到 IC 的㉔脚进行功率放大，放大后的音频信号由 IC 的㉗脚输出推动扬声器发声。其音量大小受 IC ④脚外接音量电位器控制。

3. AM/FM 波段转换电路

由图 26—1 可以看出，波段的切换是通过切换开关 S1 完成的：S1 使 IC 第⑮脚接地时，IC 处于 AM 工作状态；而当 S1 使 IC 第⑮脚悬空时，IC 处于 FM 工作状态。

4. AGC 和 AFC 控制电路

AGC（自动增益控制）电路由 IC 内部和接于㉑脚、㉒脚的电容 C15、C16 组成，控制范围可达 45 dB 以上。AFC（自动频率微调控制）电路由 IC 的第㉑脚、第㉒脚所连内部电路和 C15、C16、R3 及第⑥脚所连接电路组成，它使 FM 波段接收频率稳定。

二、整机总装

1. 整机总装的基本要求

（1）未经检验合格的装配件，不得安装。已检验合格的装配件必须保持清洁。

（2）要认真阅读安装工艺文件和设计文件，严格遵守工艺规程。总装完成后的整机应符合图样和工艺、设计文件的要求。

（3）严格遵守总装的一般顺序，防止前后顺序颠倒，注意前后工序衔接。

（4）总装过程中不得损伤元器件，避免碰坏机箱及元器件上的涂覆层，以免损害绝缘性能，影响形象。

（5）应熟练掌握操作技能，保证质量，严格执行自检、互检、专职检验制度。

2. 整机的总装和出厂

电子整机总装是生产过程中极为重要的环节，如果安装工艺、工序不正确，就可能达不到产品的功能要求和/或预定的技术指标。因此，为了保证整机的总装质量，必须合理安排总装的工艺过程，通常，产品从总装到出厂都要经历如下文所示的①~⑦这样一些工序。

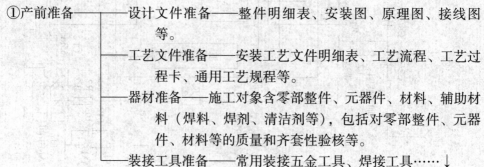

①产前准备——设计文件准备——整件明细表、安装图、原理图、接线图等。
——工艺文件准备——安装工艺文件明细表、工艺流程、工艺过程卡、通用工艺规程等。
——器材准备——施工对象含零部整件、元器件、材料、辅助材料（焊料、焊剂、清洁剂等），包括对零部整件、元器件、材料等的质量和齐套性验核等。
——装接工具准备——常用装接五金工具、焊接工具……↓

②组装与连接——预处理、装配、连接等。↓

③装接完的质量自检、互检和专职检验。↓

④测试和调整。↓ ←———————————————— 返修

⑤调完自检、互检和专职检验。↓

⑥下道工序或转至中间库、半成品、成品库。↓

⑦成品齐套、包装出企业（厂、公司）——→用户。

📝**提示：** 1. 只有检验合格的工件、产品才能放行和进行流转。

2. 注意安全文明生产，确保产品质量和不出人身设备事故。

3. 返修产品的流向与施工流向正好相反。

下面以 R-218T 收音机的手工装接过程为例进行一些说明。

（1）装接前的准备

1）文件准备　装接前应准备好并认真阅读整机明细表、装配图、原理图、接线图、工艺文件明细表、工艺流程图、装配工艺过程卡和通用装配工艺规范等一些技术文件和工艺文件，了解、熟悉被装产品的整机结构、装接工艺要求和工艺流程以及质量要求。

2）工具准备　准备好相关的五金工具（旋具：一字和十字旋具、扳手和套筒等；尖嘴钳、偏口钳、镊子、剥线钳等）、焊具（防静电烙铁和烙铁架、热风枪等）、量具（直尺、盒尺、游标卡尺、万用表等）、防静电腕带和各种辅助器材（焊锡丝、助焊剂、棉球、清洗剂等）……

3）领用零部件、整件和器材　按整机明细表进行领用。R-218T 型收音机器材清单见表 26—1。按清单清点全套器材，并负责保管。

表 26—1　　　　　　　　　　　　R-218T 型收音机器材清单

类别	代号、名称	规格	数量	类别	代号、名称	规格	数量
电阻类 4 只	R1	220 Ω	1 只	电容类 21 只	C16、C18	电解 1 μF	2 只
	R2	2.2 kΩ	1 只		C9、C15	电解 4.7 μF	2 只
	R3	100 kΩ	1 只		C5、C19	电解 10 μF	2 只
	RV1	电位器 50 kΩ	1 只		C20、C23	电解 220 μF	2 只
电容类 21 只	C7	瓷介 1 pF	1 只		C0	四联电容 CBM-443	1 只
	C10	瓷介 15 pF	1 只	电感类 11 只	L1	FM 加感线圈　线径 0.47 mm，圈数 16T	1 只
	C2、C3、C4	瓷介 30 pF	3 只				
	C8	瓷介 180 pF	1 只		L2	FM 陷波线圈　线径 0.47 mm，圈数 7T（直径小）	1 只
	C12	瓷介 0.01 μF（103）	1 只				
	C17	瓷介 0.022 μF（223）	1 只				
	C11	瓷介 0.047 μF（473）	1 只		L3	AM 天线线圈　线径 0.13 mm，圈数 100T + 30T	1 只
	C6、C21、C22	瓷介 0.1 μF（104）	3 只				

续表

类别	代号、名称	规格	数量	类别	代号、名称	规格	数量
电感类 11 只	L4	FM 选频线圈　线径 0.6 mm，圈数 7T	1 只	结构件	固定螺钉	M1.6×3.5	1 枚
						M2.5×4	4 枚
	L5	FM 振荡线圈　线径 0.47 mm，圈数 7T（直径大）	1 只		线路板		1 块
	T3	AM 本振线圈（红）10×10	1 只		跨接导线	BVR-0.75 长 70 mm（白）	4 根
						BVR-0.75 长 90 mm（黑）	1 根
	T2	FM 鉴频中周（蓝）10×10	1 只			镀银光铜线 φ0.5×50 mm	1 根
	T1	AM 中频变压器（白）7×7	1 只		指针（红）		1 个
	CF1	10.7 MHz 陶瓷滤波器	1 只	塑料件	调谐轮（大）		1 个
	CF2	465 kHz 陶瓷滤波器	1 只		音量轮（小）		1 个
	扬声器	内磁　8 Ω 55 mm	1 个		波段拨钮		1 个
结构件	磁棒		1 根		刻度盘（小）		1 个
	磁棒支架		1 个		刻度盘框（小）		1 个
	天线顶簧		1 个				
	拉杆天线		1 根		中框	配有网罩	1 个
	波段开关		1 个		后盖		1 个
	耳机插座		1 个		电池盖		1 个
	正、负极簧片		各 1	集成电路	IC1	CXA1191 或 CXA1691	1 只
	连接簧		1 件				

4）器材检测

①外观检查

a. 元器件　要求外观完整无损，标志清晰，引线没有锈蚀和断脚现象。

b. 结构件　要求外形符合图样要求：整体完整无损，结构坚实、牢靠，无毛边、毛刺，文字符号清晰、正确。可动件要求活动灵活、无卡滞现象；印制板要求平整、不翘曲，焊盘可焊性好，印制线正确，标记符号清晰、正确，铜箔线条完好，无断线及短路，特别是线条间距小的地方不应有短路，包括不残留电镀用的短接线等。

②检测　用万用表对电阻、电位器、电容、中周和扬声器等元器件进行检测；用量尺测量外形尺寸和安装尺寸（包括安装孔径）应与图样要求相符，避免领错或将不良元器件、零部件、整件装接到总装的整件上。

5）元器件引线成型和浸锡　按规范对元器件引线进行成型，必要时对引线进行浸锡或镀锡。

（2）整机装接

1）部件装接　这里主要是指对印制板上的元器件、连接电缆、线扎等进行装接。对本收音机就是装接印制电路板。部件的装接质量将直接影响整机质量与成功率。安装时应按常规装接规范要求，先装低矮的元件，如短路线、电阻、瓷片电容；然后再装大一点的元件，如中周、电解电容、四联电容等。同一规格的元器件应尽量安装在同一高度上。安装过程中，应严格按照如图26—2所示的AM/FM收音机印制电路板（装配图1）和如图26—3所示AM/FM收音机调节元件位置（装配图2）的标记符号所指示的元器件位置正确地装接：

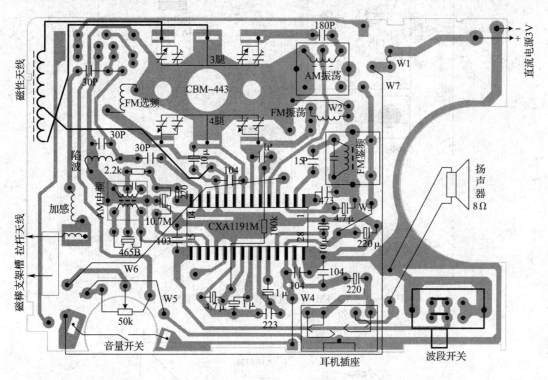

图26—2　AM/FM收音机印制电路板（装配图1）

①集成电路CXA1691M的装接　由于CXA1691M的封装采用的是SOP（小外廓封装），安装时应将其装在印制电路板的铜箔面（B面），所以要首先焊接，焊接之前应先找到CXA1691M的①脚及其在电路板上的位置，使两者位置对准，并将集成电路放正；然后焊接集成电路对角两点（①脚和⑮脚、⑭脚和㉘脚），焊完后检查每个引脚都应与其焊盘对齐；最后用拉焊的方法将所有引脚焊好。CXA1691M的外形和手工拉焊如图26—4所示。焊完后用万用表检测集成电路引脚两两之间是否有短路，若有，应将短路去除。

②短路线的安装　短路线共有7根（W1～W7）。其中，W1～W4首先装配，W5～W7待所有元件焊接完成后进行焊接。连接线材除了W1和W3可用裸线外，其余短路线一律用塑料导线。

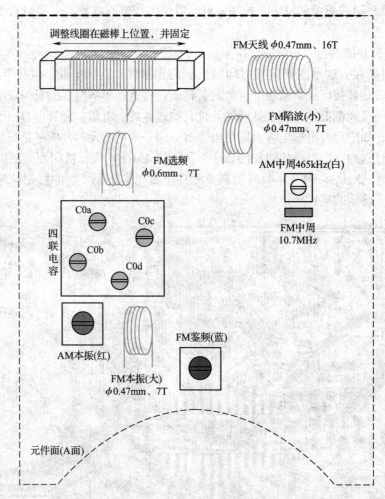

图 26—3　AM/FM 收音机调节元件位置（装配图2）

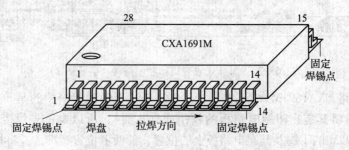

图 26—4　CXA1691M 的外形和手工拉焊

　　③电阻的装接　电阻共有 3 只，其中 R1、R2 立装、R3 卧装。首先焊接 R3，然后再焊 R1、R2。由于 R1、R2 采用立装方式，所以其一端可紧靠电路板，也可留出 1～2 mm，但留出距离不能过长。电阻焊接完成后，用偏口钳将多余的引脚剪掉。

　　④瓷片电容的装接　瓷片电容共有 12 只，按照器材清单和印制电路板装配图，将各瓷片电容焊接完成后，用偏口钳将多余的引脚剪掉。瓷片电容一律采用立式安装，安

装高度不得超过立装电阻。

⑤电感线圈的装接　根据器材清单和印制电路板装配图，将电感线圈 L1、L2、L4、L5 插到电路板对应位置。安装时应注意它们的线径、圈数和直径。其中 L1 圈数最多（16 圈），L4 所用漆包线线径最粗，L2 直径比 L5 小。焊接时，由于电感线圈均采用漆包线绕制而成，所以焊接前应将引腿部分的绝缘漆去除、镀锡后才能焊接，防止造成虚焊。

⑥电解电容的装接　电解电容共有 8 只，按照器材清单和印制电路板装配图，将电解电容分别插到电路板对应位置，并注意正、负极不能插反。电解电容应紧贴电路板立式安装，太高会影响后盖的安装。插完后，检查各电容的高度，正常后，进行焊接。焊接完成后，用偏口钳将多余的引脚剪掉。

⑦陶瓷滤波器和中周的安装　先装配陶瓷滤波器 CF1（10.7 MHz）和 CF2（465 kHz）。安装 CF1 时不要用力过大，否则会使其引线断裂，造成损坏。安装焊接完成后，用偏口钳将多余的引脚剪掉。然后装配中周 T3、T2 和 T1。安装前，应注意中周上磁芯的颜色，其中 T3（AM 本振中周）为红色，T2（FM 鉴频中周）为蓝色，T1（AM 中频变压器）为白色；安装时，将中周的所有引脚插入相应孔内，并要求插装时使其紧贴电路板不歪斜。焊接前，要核对中周位置是否插装正确。由于 T3 的 3 个引脚在调谐轮的下方，应在焊接前将屏蔽外壳的引脚压倒，并用偏口钳将其余的引脚剪去一部分，使引脚高出电路板 2 mm 左右。又因外壳既起屏蔽作用，又起导线作用，所以中周外壳引脚必须焊接。中周焊接完成后，应检查其周围的元器件不应碰触到中周的外壳，以防短路。

⑧波段开关、耳机插座、音量电位器的安装　波段开关、耳机插座、音量电位器在插装时应紧贴电路板。耳机插座的焊接时间不宜过长，以免烫坏插座的塑料部分。

⑨四联可变电容的安装　四联可变电容共有 7 条引腿，装接时 4 条腿的一端安装在电路板的内侧，3 条腿的一端安装在电路板的外侧。由于四联电容的引腿均在调谐轮的下方，所以安装后应将 7 条引腿全部压倒，然后用两个 M2.5 ×4 螺钉将四联电容固定，最后焊接。

⑩磁棒支架、磁棒和 AM 天线线圈的装接

a. 将磁棒套上 AM 天线线圈后插入磁棒支架。

b. 将磁棒支架放入电路板上的支架槽中，顺时针旋转 90°，支架即可固定在电路板上。

c. 将 AM 天线线圈的 3 根引线头镀锡后，焊接在相应的位置上。

2）扬声器、天线顶簧和拉杆天线的安装。

①用玻璃胶将扬声器固定在外壳上，然后将扬声器的负极接"地"，正极与 C23 的负极相接。

②将天线顶簧焊接在标有"拉杆天线"的槽内，拉杆天线固定在后盖上，然后将两者用导线连接。

3）安装电池卡子、短路线 W5 ~ W7。

4）安装红色调谐指针、调谐轮和音量轮。

5）将印制电路板装在盒体内，固定上盒后盖，完成总装。

（3）调试　装配结束后装上电池通电检查，若收音机的两个波段均能收到电台，可进行调试工作，否则，应维修后再调试。所需调节的元件在电路板上的位置如图 26—3 所示。

1）AM 波段的调整（波段开关置于 AM 位置）

①中频频率调整　AM 的中频频率为 465 kHz。由于本机使用 CF2 465 kHz 陶瓷滤波器，故只需调整 T1 中频变压器即可。先将 AM 振荡电路短路，把可变电容器调到最低端，高频信号调至 465 kHz，调制信号用 1 000 Hz，调制度为 30%，由环形天线发射供收音机接收，用无感旋具调节 T1 的磁帽，使接在输出端的交流毫伏表指示最大，扬声器声音最响，AM 中频频率即为调好，用蜡封固定中频变压器。

②频率覆盖调整　AM 波段的频率范围为 525 kHz～1 605 kHz。调低端时高频信号发生器调至 525 kHz，将四联可变电容旋至最大位置（即刻度最低端），用无感旋具调整本振线圈 T3 的磁帽，使收音机发声最强，毫伏表输出最大。再将高频信号发生器调至 1 605 kHz，将四联可变电容调至最小位置（即刻度最高端），调整与 AM 振荡线圈并联的 C0b 微调电容，使收音机发声最强，毫伏表输出最大。高、低端频率调整时会相互影响，因此上述过程要反复多次。调好后，线圈要注意进行蜡封。

③统调　统调通常仅在三个频率上进行，它们为低频端 600 kHz、中间频率 1 000 kHz、高频端 1 500 kHz，即通称"三点统调"。调整时，改变调谐回路电感可实现低端跟踪，改变调谐回路的微调电容可实现高频端跟踪，中间频率在上两步完成后也基本实现跟踪。具体方法：将信号发生器调到 600 kHz，调节收音机四联可变电容使指针指到 600 kHz 位置，然后调节 AM 磁性天线线圈 L3 在磁棒上的位置，使毫伏表输出最大。再将高频信号发生器调到 1 000 kHz，收音机调谐指示指到 1 000 kHz 位置，用无感旋具调整微调电容 C0a，使毫伏表输出最大，反复两次即可。调好后，线圈要注意进行蜡封。

2）FM 波段的调整（波段开关置于 FM 位置）

①中频频率调整　FM 的中频频率为 10.7 MHz。由于本机使用 CF1 10.7 MHz 陶瓷滤波器，故只需调整 T2FM 鉴频中周即可。先将 FM 振荡电路短路，把可变电容器调到最低端，高频信号调至 10.7 MHz，调制信号用 1 000 Hz，调制度为 30%，用无感旋具调节 T2 磁帽，使接在输出端的交流毫伏表指示最大，扬声器声音最响，FM 中频频率即为调好，用蜡封固定中频变压器。

②频率覆盖调整　FM 波段的频率范围为 87 MHz～108 MHz。调低端时高频信号发生器调至 87 MHz，将四联可变电容旋至最大位置（即刻度最低端），用无感旋具调整 FM 振荡线圈 L5 的线圈间距，使收音机输出最大。再将高频信号发生器调至 108 MHz，将四联可变电容调至最小位置（即刻度最高端），调整与 AM 振荡线圈并联的 C0d 微调电容，使收音机输出最大。高、低端频率调整时会相互影响，因此上述过程要反复多次。

③统调　将信号发生器调到 87 MHz，将收音机调谐指示指针指在 87 MHz 处，用无感旋具轻拨 L4 的线圈间距，使毫伏表输出最大。再将信号发生器调到 108 MHz，收音

机调谐指示指针指在 108 MHz 频率上，用无感旋具调整微调电容 C0c，使毫伏表输出最大，重复上述过程，使 FM 收音机的高、低端都获得良好的跟踪。调试结束后，用高频腊将天线线圈及 L4、L5 封固，以保持调试后的良好状态。

（4）检验

1）检验的作用

①评价作用　企业检验机构根据有羊法规和技术标准进行检验，并将检验结果与标准对比，做出符合或不符合标准的判断，或对产品质量水平进行评价，以指导生产活动。

②把关作用　检验人员通过对原材料、元器件、零部件、整机的检验，鉴别、分选、剔除不合格品，并决定该产品是否接收与放行，严格把住每个环节的质量关，做到：不合格的产品不下传、不出厂；不合格的原材料、零部件不投料、不组装；已规定淘汰的产品和质量无保证的产品不生产、不销售；假冒伪劣产品不进入市场销售。同时，通过检验，对合格品签发产品合格证，也是对内（原材料和半成品）和对外（成品）的一种质量保证。

③预防作用　通过入厂检验、首件检验、巡回检验和抽样检验，及早发现并剔除原材料、外购件、外协件、半成品中的不良品，以预防不合格品流入下道工序，造成更大的损失。

同时，通过对工序能力的测定和控制，监测工序状态的异常变化，掌握质量动态，为质量控制提供依据，及时发现质量问题，以预防和减少不合格品的产生，防止大批产品报废，甚至引起人身、设备安全质量事故，以及造成不必要的人力、物力浪费。

④信息反馈作用　通过质量检验，搜集数据，发现不符合标准的质量问题与现场质量波动情况，及时做好记录，进行统计、分析和评价，并及时报告领导，反馈给生产技术、工艺、设计等部门，以便采取相应措施，改进和提高产品质量。

2）装接工序检验　这种检验通常指各工序的自检、互检和专职检验。本产品装接中主要工序有元器件插装、焊接、安装等。

①元器件插装检验　本工序的检验主要是对以下几个方面通过外观，包括目测进行验查：

a. 标记方向的正确性　应按图样规定，安装后能看得清楚。若装配图上没有指明方向，则应使标记向外，并按照从左到右、自上而下的顺序排出。

b. 极性　有极性元器件的极性不能装错。

c. 安装高度　应符合要求，同一规格的元器件应尽量安装得一样高。

d. 发热元器件的安装　要求发热元器件与印制板面保持一定距离，不允许贴面安装，较大元器件应有固定措施。

e. 安装顺序　一般需遵循先低后高、先轻后重、先易后难、先一般后特殊的顺序安装原则。

②连接的正确性和焊接质量的检验

a. 连接正确性检验　这一检验主要是对照接线图或装配图，最好是对照原理图通过外观并用万用表检查连接的正确性，特别要注意检查有极性元件，如二极管、电解电容等元件的极性的连接，应保证连接正确。

b. 焊接质量　一般从外观、机械和电气性能3个方面进行检验。

● 外观——可通过眼看、手触完成。要求外形美观，焊点明亮、清洁、平滑，锡量适中并呈裙状拉开，焊锡与焊件之间没有明显的分界；焊点无毛刺和空隙。无松香焊、过热焊、虚焊、桥连等现象。

● 机械牢固性——常用手或镊子轻拨、轻拉，要求焊接处有足够的机械强度、能承受一定的作用力。保证使用过程中，不会因正常的振动而导致焊接处松动甚至脱落。

● 电气连通性——用万用表 $R×1\ \Omega$ 挡测试，应为 $0\ \Omega$，保证具有良好的电气接触和可靠的电气连接性能。不允许出现虚焊、连焊等现象。

c. 装配质量检查　对安装的正确性、牢固性以及活动件的灵活性进行人工检查。应保证所有固装件安装正确、坚实、牢固；活动件安装正确、活动灵活、自如。

对本节论及的收音机，就要对插装的电阻、电容、集成块、可变电容、调谐装置、音量电位器……进行全面的装接质量检查。

3）整机性能检验　整机性能检验应按照产品标准规定的内容进行。通常有三类试验，即生产过程中调试工序完成后的自检、互检和专职检验的交收试验、新产品的定型试验及定型产品的定期例行试验。例行试验的目的主要是考核产品质量和性能的稳定性。

①整机检验的一般流程　整机检验不论采取何种方式、方法，都必须按技术文件、工艺文件和技术标准、工艺规程进行。一般都要经过以下一些程序。

a. 定标　定标即了解和掌握质量标准。检验人员首先必须学习和掌握检验方法和相关的技术文件和技术标准的要求，了解产品技术原理，明确产品技术性能中的关键要求，在此基础上制订检验计划、拟定检验方法和检验操作规程。

b. 抽样和测定　抽样和测定指具体进行的检验。一般除大型单件、重要件全数检验外，都是抽检。抽验是指只从批量产品中抽出一部分进行检验。抽检分两个步骤：首先，检验人员按抽样方案随机抽取样品；然后按照检验方案或操作规程，运用检测设备、仪器、量具，进行检查、测量、分析或感官检验等方法，确定产品质量特性。检验时要认真负责，做好检验和原始记录，建立技术档案或卡片，重要问题要及时向领导报告。

c. 比较和判断　比较是指检验数据与标准的对比。检验人员将检测数据与技术标准或工艺文件规定的质量指标进行对比，做出合格与不合格的判定。有时还需将合格品进一步分等、分级。对判为不合格的产品，还要做出适用或不适用、返修与报废的认定。

d. 记录　记录即记录数据，填写相应的质量证明文件和反馈信息。以利于通过检验和记录的整理，掌握生产全过程中，包括进厂的原材料、元器件等各种器材，生产中零、部、整件和整机的质量数据和信息，评价产品，反馈信息，以利质量保证和质量改进的实施。

②检验方法 整机性能检验是检查产品经过总装、调试之后是否达到预定功能要求和技术指标的过程。整机检验主要包括：直观检验、装接正确性检查、功能检验、指标测试以及例行试验等内容。

a. 直观检验 装配好的整机虽然在装接工序进行过检验，但到整机性能检验阶段还必须复验，以确保质量万无一失。此阶段检验合格的产品，直观上，应保证表面无损伤，面板、机壳表面的涂层无划痕、脱落，铭牌标记等要齐全，金属结构件无开焊、开裂、锈蚀，结构件、元器件安装牢固，导线无损伤，元器件和端子套管的代号符合产品设计文件的规定；产品的各种连接装置完好，连接正确；量程覆盖符合要求；转动机构灵活，控制开关均能到位、机内无多余物等。

b. 装接正确性检查 装接正确性检查又称电路检查，目的是检查电气连接是否符合电路原理图和接线图的要求，导电性能是否良好。

通常用万用表的 $R \times 1\ \Omega$ 挡对各检查点进行检查。批量生产时，可根据预先编制的电路检查程序表，对照电路图进行检查。

c. 功能检验 对产品设计所要求的各项功能进行检查。不同的产品有不同的检验内容和要求。例如，本产品功能检验项目主要可有：控制功能——AM/FM 收音切换，调节和指示功能——电台调节。要求能正确、可靠切换和灵活调节，电台位置指示正确等。

d. 指标测试 产品的指标测试是整机检验的最主要内容。通过检验、查看确定产品是否达到了国家或企业的技术标准要求。现行国家标准或企业标准规定了各种电子产品的基本参数及测量方法。检验中一般只对主要性能指标进行测试。

e. 例行试验 例行试验包括环境试验和寿命试验，是保证产品可靠性的重要工序。电子整机一般都要进行环境试验。它可以分为现场试验、人工模拟试验和天然暴露试验。目前主要是模拟环境试验。它是在模拟产品可能遇到的各种自然环境条件下进行的试验，是一种检验产品环境适应能力的检验。环境试验的项目是从实际环境中抽象、概括出来的。因此，环境试验可以是单一的，也可以是综合的。

例行试验的样品应按标准规定在检验合格的整机中随机抽取。在试验中，受试整机如果出现故障，应及时分析处理，一般还应加倍抽样试验，如果仍出现同样故障，则停止试验，待采取措施、问题解决后再继续试验。环境例行试验项目主要是高温、低温和潮湿试验（气候条件试验）、振动试验（工作环境试验）、运输试验（包装运输试验）、安全试验（安全性检查）、可靠性试验（可靠性和寿命试验）和特殊试验（防盐雾、抗霉菌、防沙尘、抗干扰、防辐射等试验）等。

对于有些电子产品的质量，仅用客观测量是不够的，必要时还要通过主观评价试验来确定其质量。所谓主观评价试验就是由业内专家、权威人员作为评价人员，将被试产品与参考产品进行比较，或者通过数据、印象综合统计，来确定被试产品质量的方法。这种方法不是采用仪器仪表来测量，而是依靠评价人员的视觉、听觉、印象等感觉来判断、评价。评价试验内容随产品不同而不同。

4）检验结果（略）

第二节　计算机主机装配技术

本例主要介绍个人计算机的装配方法，通过了解计算机装配过程和步骤，掌握接插件装配技术及防静电措施。

一、装配前的准备

1. 准备配件和机箱

对所购部件质检一遍，特别是机箱、电源、显示器和键盘的检查。机箱可根据需要，选立式或卧式均可，不过如果需要安装大硬盘和双软驱，最好选用立式的，主要原因是立式机箱散热好、美观等。

2. 准备工具

准备好装配的工具，包括：

（1）万用表一块。

（2）十字形和一字形旋具一套。

（3）镊子。

（4）验电笔。

（5）尖嘴钳、平头钳子一套。

二、装机注意事项

为了防止因静电而损坏集成芯片，在用手去拿主板或其他各种板卡及其他驱动部件之前，最好先接地放掉人体的静电，即先触摸一下自来水管道或其他接地物。有条件的可戴上防静电腕带。

所有扁平电缆，如软、硬盘与驱动卡的连接电缆、串并口连接电缆均以带有颜色一端为一号线端。当这些电缆与卡和盘连接时，1 号线端分别与卡或盘上标注 "1" 和 "2" 或 "▲" 符号的那一端相对应。

在装机过程中，对所有板卡及配件要轻拿轻放，用钳子和一字（或十字）旋具等工具时，小心不要划到线路板上，铁屑渣等千万不要掉进并留在线路板上，以免引起短路，烧坏板卡。

三、装配计算机的步骤

1. 准备好机箱和电源，并在主机上装好电源。

2. 主机板的安装

（1）安装 CPU 处理器和 NPU 处理器　根据主机板 CPU 和 NPU 集成块插槽方位将相应芯片插上，如图 26—5 所示。

（2）在机箱中固定主机板　在主机板的周围和中间有一些安装孔，如图 26—6 所示为主板上的安装点。这些孔和机箱底部的一些圆孔相对应，用来固定主机板，如图 26—7 所示为机箱上的安装点。

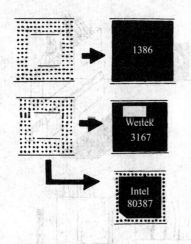

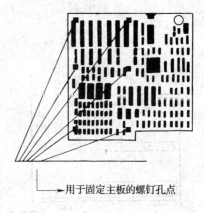

图26—5 CPU 与 NPU 芯片方位图　　　　图26—6 主板上的安装点

安装步骤如下：

1）在机箱的紧固件中找出塑料卡（尖型和槽型）和带螺纹的圆柱和螺钉。

2）用尖型塑料卡通过机箱和主板上对应的圆孔将主板固定在机箱底板上，塑料卡带尖的一头必须在主板的上面。尖形塑料卡及安装位置如图26—8 所示。

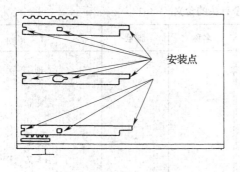

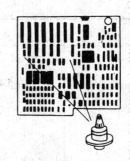

图26—7 机箱上的安装点　　　　　　图26—8 尖形塑料卡及安装位置

3）用槽形塑料卡卡在主板的边上，下面机箱上有相应圆孔，能固定这些塑料卡。连接机箱与主板的槽型塑料卡及安装位置，如图26—9 所示。

4）用螺钉将主板固定在螺柱上或直接固定在机箱上。主机板的螺钉孔靠近印制电路信号线时，必须使用垫绝缘。

5）连接主板上的电源。主板上有电源连接器，如图26—10 所示，在电源输出插头上找出带有六个针脚的插头（带有 4 个针脚的插头是软硬盘电源），插入主板的连接器时接地黑线必须在中间，连接器上 12 个针头的含义见表26—2。

3．内存条的安装

内存条的选择可根据需要做调整和扩充，一般主机板如 386sx 或 486slc 的存储器插槽分为两个体，每个体又分为两个插槽，可安装两条内存条。只装一个内存条是不能工作的，两个槽必须全插满内存条方可工作，且每个体只能用一种内存条。

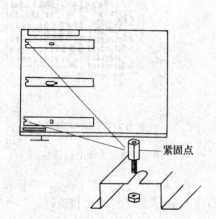

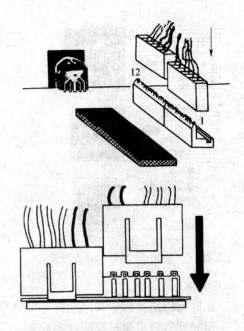

图 26—9　槽型塑料卡及安装位置　　　　图 26—10　主板上电源安装

表 26—2　　　　　　　　　　　　**连接器 12 个针头的含义**

名称	脚号	含义	名称	脚号	含义
	12			6	地
	11	+5 V DC		5	
	10	+12 V DC		4	−5 V
	9	−12 V DC		3	+5 V
	8			2	+5 V
	7			1	+5 V

在安装内存条时，要把内存条插在正确方向上，在插座中斜着放好，如果放反了是无法放好的，如图 26—11 所示。放好后用两个手指推内存条的两端的上面，推正之后，内存条两端的两个小圆洞应该被插座两端的卡子卡好。

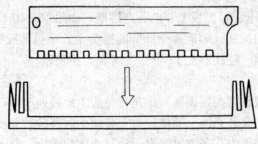

图 26—11　内存条的安装

4. 硬盘驱动器的安装

（1）硬盘驱动器固定在安全架上　机箱内一般都有安装硬盘用的硬盘安全架，可以直接用螺钉将硬盘驱动器固定其上。

（2）连接硬盘驱动器电源插头　插 D 形电源插头时，要注意内芯对准，不要用力猛插，应对准内芯插准、插牢、插紧。D 型电源插头与插座如图 26—12 所示。

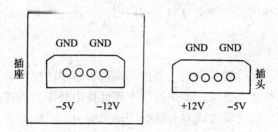

图 26—12　D 型电源插头与插座

（3）在硬盘驱动器上连接扁平电缆　目前新式 3 英寸硬盘体，只有一根 40 线的扁平电缆，要特别注意扁平电缆插头与硬盘插座的方向，要根据不同厂家硬盘要求实施装接。

5. 多功能卡的安装

（1）多功能卡插在主板上　软硬盘驱动卡是一块 16 位总线的接口卡，一般把它插在相应总线扩展槽内，然后用螺钉将挡板固定在机箱上。

（2）与硬盘驱动器连接　多功能卡上还有一个 40 针的插口插座，用 40 针的扁平电缆可与硬盘驱动器连接，注意插线时不要接反。

（3）与串并口连接　多功能卡上标有 COM 1 的九针接口和 COM 2 的 24 针接口插座，主要是用来接鼠标和各种异步通信，也可接串行打印机。

各种多功能卡上的跳线可参照各厂家使用说明书设置。

6. 显示卡的安装

在主板上找到一个合适相应的 16 位槽，将显示卡平行地插入槽中，用螺钉固定在机箱上。

至此主机装配完毕。

四、检验

参照本章第一节的相关内容做好计算机主机装配的检验工作。

第三节　整机的返修、检修和包装出厂

一、整机的返修、检修一般要求

电子整机装接、调试、检验过程中，有时产品被查出了瑕疵，或者质量不合格，抑或出厂产品由于某种原因出现当地无法恢复其正常工作而返厂的情况，这时就要对其进行返修、检修，也就需要有关人员掌握返修、检修技术方面的理论知识与实操技能。

返修、检修对理论知识的要求：

①学会看懂电路图，了解组成电路的各个单元，弄清信号的流向，并把原理图中的元器件与实际电路中的元器件一一对应。

②了解各个电路和机械传动部分的工作原理，会做一些必要的计算，并能画出简要的图样。

对实操技能的要求：

①能够熟练地识别和检测常用的元器件，能进行必要的修复和代换。

②掌握查找故障的基本方法，能快速、准确地找出故障的所在部位。

③在焊接、调试、拆装等方面具有良好的动手能力，养成耐心、细致的工作习惯。

④有一套得心应手的维修工具和仪器，品种齐全，使用熟练。

理论知识的学习和实操技能的掌握，可以交叉进行，总的原则是由浅入深，由表及里地通过学习、实践，再学习、再实践的循环方式，使维修水平得到不断提高。

二、返修、检修方法

自检或专职检验企业内部查出的问题，一般，可以针对问题进行检修，而对企业外部返回的产品或者只是指出了故障现象，而不知问题所在时，就需要检修人员查清故障原因，明确故障所在，确定处理方法。故障检查常用以下一些方法。

1. 直观检查法

直观检查法是指不借助仪器仪表，而是仅凭检修人员的眼，耳、鼻、手等感觉器官去发现故障的一种方法。

眼看：观察整机的各种开关、按键、旋钮是否处在正确位置或有无损坏；显示屏的显示及指示灯是否正常。打开机器，看内部连线和接插件是否脱落；印制板，集成电路块有无断裂损坏，晶体管、电容、电阻有无缺损和烧痕，是否爆裂、松动、开焊、相碰，转动机件有无失灵。通电试机后，机内有无冒烟和打火现象等。

耳听：开机通电，细听机内有无打火声，电源变压器有无较大的交流声等。

鼻闻：闻机内的变压器、电阻、电解电容等有无发热烧糊味或其他异味；有无高压放电的臭氧味。

手摸：在关机状态下，用手轻轻触摸电路中的元件。检查有无虚焊、开焊、松动、断裂现象。检查接插件是否接触良好。通电一段时间断电后，用手触摸电源变压器、电源调整管、电动机驱动集成电路及其他一些可疑零件是否过热。这项检查要注意安全。特别是大容量储能元件，往往在断电后还可能存有很高的电压，一定要养成注意放电的好习惯。

2. 测电阻法

测电阻法是指用万用表直接在印制电路板上测试元器件、部件对地的电阻值以发现和寻找故障。使用这种方法，一定要在关机状态下进行。在实际检测中，不用把元器件从印制电路板上焊下来，可直接在电路板上测量元器件性能的好坏。但是，被测元件是接在整个电路之中的，所以用万用表测得的阻值，反映的是被测支路和与之相并联的外部支路的并联值，故这一方法并不适于一切电路。一般来说，在外支路的等效电阻值远大于被测支路阻值时，使用这一方法效果良好，所测得的值可近似认为就是被测支路的电阻值。在外支路阻值与被测支路阻值接近的情况下，这一方法也能用。所以，在使用此方法之前，应先估计出被测电路的外支路等效电阻值的大小，才能确定能否用此种方法进行测量。运用测电阻法检修晶体管电路的接线图如图 26—13 所示。

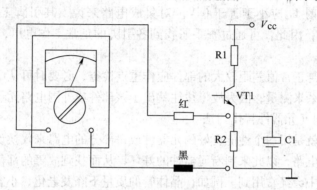

图 26—13　运用测电阻法检修晶体管电路的接线图

此外，也可以用脱焊电阻测量法，即把被测电阻的一端或整个元件从电路板上焊下来，再进行测量。它虽然比较麻烦，但准确、可靠。

在实际检测中，利用在线电阻测量法是为了迅速、及时地确定故障元件，它是最常用的方法。例如，对于交流和稳压直流电源各输出端、音频功放对地电阻的测量等。它可以检查这些电源的负载有无短路或漏电故障，或者相关地方对地是否有短路、击穿和漏电等故障。

在检测集成电路时，万用表电阻挡的内部电源电压不得大于 6 V，量程最好使用 $R \times 100$ 或 $R \times 1$ k 挡。在测量集成电路引出脚参数时，首先应判断外接电路部件的好坏。然后，将集成电路在线或脱焊状态下测得的各管脚对地电阻值，与正常状态下的典型值相比较，如果相差不大，可判定该器件是好的。但应注意，使用的万用表型号不同、电阻量程的挡位不同，所测数据会有偏差，因此维修人员最好用自己的万用表，并将常用集成电路各管脚或各电路连接点对地的正常电阻值测量出来，记录在案，以便作为检修时的参考。

测电阻法机器不用通电即可进行，因此在检修中具有重要价值，特别是对于有短路、过烫、冒烟等故障而不宜加电检修的部分更是一种重要的检修手段。此外，测电阻法对于检查电容失效、线圈烧断、线路的通断也十分有效。使用时，可将万用表的测电阻挡拨至适当的挡位。测通断时，数字万用表用其蜂鸣测量则更为有效。

3. 测电压法

测电压法是指利用仪表对故障电路中的各级直流电压进行检测，这是检修电路的最常用和最基本的方法。通过测量各级直流电压，可以查明器件的工作点或电路的工作电压是否正常，为进一步确定故障点提供依据。

采用测电压法的关键是要知道被测电路各点的正常电压值。最好事先准备好已标明各级电压值的图样，这对检修很有帮助。如果图样上未标电压值，可根据电路原理图进行计算后自己标上，或者对照质量完好的产品进行比较（做好记录，以备今后使用）。对晶体管，可以通过测量晶体管压降或测量 PN 结正反向电阻的方法来进行检测。对于工作在放大状态的晶体管，正常时硅晶体管的 V_{be} 应有 0.7 V 左右的直流压降，又称正向偏置电压，而锗晶体管应有 0.3 V 左右的正向偏置电压。一般各晶体管的 V_{ce} 又应大于其偏置电压的 2 倍以上，这也可以帮助判断晶体管损坏与否。工作在振荡状态的晶体管，正常时 V_{be} 应小于等于 0 V。对集成电路来说，其引脚工作电压是其正常工作状况的反应，因此，可通过查手册找到各引脚的正常工作电压，用它作为检测依据。

对于实测值与正常值差距较大的部件应作重点检查，必要时可从电路板上拆下来或切断与电路的联系来测量，因为故障往往就出于该部件或外围电路元器件。

4. 代换检测（元器件替代）法

代换检测法就是用一个性能良好的元器件或一部分的电路来代换认为有故障的相同型号的元器件和电路，以此来判断元器件的好坏，从而找到故障的部位。此方法在修理整机设备的过程中会经常用到。例如，晶体管的质量下降及老化、小容量的电容器内部断路、电解电容的失效、电感线圈的 Q 值降低以及变压器、分频线圈发生局部短路等。使用代换检测能较快地找到故障部位。

需要注意的是所代换的元器件要与原来的规格、性能相同，不能用低性能的代替高性能的，也不能用小功率电阻代换大功率电阻，更不能用大电流熔丝或铜线代替额定熔丝，以防烧坏整机设备。

注意，代换检测要谨慎，不可盲目乱换，在代换中也要避免损伤或短路其他部分，否则非但不能找到故障，还可能扩大故障，甚至损坏机器。

当遇到有些组件或电路，如光电管、集成电路、电源变压器等有可能存在故障，而不容易拆装时，可以利用一台型号相同的正常整机，把正常的信号引出来加在被怀疑的相应故障点上，如果故障消失，则说明被代换的部分确有故障，但在进行这种操作时要注意引线不能相碰，并要用电容隔去直流影响，还要做到匹配，否则只能得到更坏的结果。

5. 信号注入法和波形观察法

信号注入法和波形观察法是利用专用测试笔、信号发生器、双踪示波器、扫频仪等测试仪器对整机进行检修的方法。这种方法对故障的判断既快速又准确。

（1）信号注入法　信号注入法是将信号源产生的各种需要的测试信号注入被修整机的有关电路中，再通过负载的反应来判断故障的一种方法。有时，也可以通过一些测试仪器，测试出相应点的电压或波形，以判断故障所在。采用信号注入来检查电路有无故障的原理容易理解，给被怀疑电路的输入端送入一个幅频特性一致、中心频率一样、信号性质相同、幅度相当的信号，观察被测电路输出端是否输出正常，并根据输出情况，再结合信号性质和电路功能来判断电路是否正常，这是一种动态检查法，它可对整机的某一部分电路进行全面检查和测试。

用信号注入法对某一部分电路进行故障检查时，应遵循从后级往前级逐级检查的顺序，如图26—14所示。测试信号注入某一级，故障现象出现了，就表明故障是发生在这一级里。例如，对收音机电路进行故障检修，应将低频测试信号从扬声器前级输入起，然后逐级向前，直至到达解调器。若被检查级的电路正常，扬声器应发出低频声响。若低频测试信号输入至某点时，扬声器无低频声响，则表明故障发生在紧贴该点后面的电路。检查中，由于信号发生器输出的低频测试信号的幅度可以固定不变，因而用交流毫伏表监测扬声器输出电压的大小比用耳朵听要准确。如果用示波器来监视输出波形，则可同时检查这一部分电路的失真情况。检测中最好配合比较法，先测得无故障收音机电路在低频测试信号输入时扬声器上的电压值，然后再比较故障电路上对应输入点所测得的值，就能很快判断故障所在的位置。

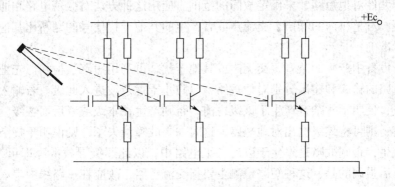

图 26—14　信号注入法

为了迅速找到故障部位，还应注意故障现象并进行分析、判断，这一故障可能涉及的电路。然后，利用分段注入测试信号的方法，大体确定故障范围，并在所确定的范围内分片分段进行检测，逐步缩小故障范围，这样才能很快找到故障点。另外，在检测三极管时，信号应注入管子的基极。

（2）波形观察法　在整机正常工作时，电路中各点的输出信号波形一定是符合标准要求的。波形观察法是指按照电路中信号流向的顺序，用示波器逐级观察信号波形，包括测出信号的宽度、幅度及周期等参数。将这些测试结果与电路正常时给出的波形及参数进行比较，从中发现故障部位。波形观察法一般可以从前级向后级逐级进行检测。如果前面电路的输出信号正常，测到后面某一级输出信号不正常，则故障就可能发生在这一级上。为使整个检测过程迅速有效，先要确定故障的大体范围，再从大体范围中分段查找，这样就能较快地发现问题。

总之，信号注入法和波形观察法是利用测试仪器查找电路故障，这不仅能提高检修速度，还能减少对元器件的损坏，对有些不易发现的潜在故障也能在检测中及时发现。

6. 断路检测法

断路检测法就是采用割断印制电路板的某一处，或者焊开某一元件、某一处接线来压缩故障范围。这种方法最适用于电路电流过大或有短路时的故障检测。通过把电路分割，消除与故障有关元件的影响，以此确认电路的工作状态，判断出故障所在。例如，直流熔丝熔断，说明负载电流过大。要首先弄清是哪一路电流大，可将电流表串在直流熔丝处（总直流电供电电路中），然后把有疑问的那部分电路断开，观察总电流的变化。如果断开后电流趋向于正常值，就可以判断故障就在此电路中。这种断路检测要与电流测量配合起来使用。

在使用断路检测之前，首先应在不影响其他电路工作的前提下才能确定断开某个元件，以免给其他元件造成损坏或击穿等严重后果。对一些高电压、大电流及直流耦合电路，不要随便断开元件，以免损坏其他元件，例如，滤波电容在断开后会烧毁调整管；若随便断开开关电源输出负载，会把滤波电容电压充到电源电压的峰值，导致电容爆炸。因此在使用断路检测时一定要谨慎行事。

7. 短路检测法

短路检测是用一根导线来短路电路的某一部分或某一个元件，即把电路中的某一部分和某一个元件对地短路，来确定故障的范围。应用这种方法对振荡电路和通道故障检修比较方便，对整机内的噪声、交流声或者产生的其他干扰信号的判断比其他的测量方法要迅速、准确。

在电子设备中产生的杂音、交流声或其他干扰，可利用短路法检测。先把设备内可疑部分的电路的输入和输出分别对地短路，以防止干扰杂波进入此级。若输入短路后故障立即消失，证明干扰杂音产生于该级之前，否则产生在本级或者后面各级。如果故障不在该级前，则可将该级输出对地短路，这时如果故障消失了，则说明干扰杂波是由这一可疑级产生，否则故障是发生于以后各级电路中，以此逐级寻找故障即可缩小范围，查出故障。需强调的是，这种短路检测主要指交流短路，故应在短路线中串入一个耐压和容量均合适的电容器，以防影响直流工作状态或者损坏元器件。如果干扰频率很高，可用 $0.01 \sim 0.1 \ \mu F$ 的固定电容。若干扰为低频交流声，则可用 $10 \sim 100 \ \mu F$ 的电解电容器。用短路检测其故障的顺序必须由前往后依次进行。

8. 敲击检测法

敲击检测是手持小镊子或旋具，轻轻敲击电路中的某一处或元器件如晶体管的基极或集成电路的输入端等，通过扬声器中有无声音的反应以及示波器上的波形变化来寻找故障的范围，压缩故障的范围。用这种方法来发现和判断故障，对于专业修理人员和业余的维修人员都是适用的。

这种方法的实质，就是对电路输入断续的干扰杂波信号，观察输出负载的反应是否正常。使用敲击检测一般是从后到前逐级检查。例如，检修功率放大器时，可以把音量电位器开大，手持旋具轻碰电路中各级三极管的基极，听扬声器中有无声音传出，如哪一级无声音反应，说明故障即出在该级。

采用这种方法一定要注意安全，千万别乱触，以免触电。

9. 跳级检测法

跳级检测实际上是根据故障的现象和修理实践中所积累的检修经验，直接越过认为无故障的某一级或几级，检查认为有故障的某一级，而不是逐级进行检修。例如，某一调谐器有正常电流噪声，而无节目声，可结合敲击检查，直接敲击双连的定片接点。当敲击天线连定片时"喀啦"声较大，而敲击振荡连定片时无响声，这说明本机振荡器停振。通过几部分的检测，即可快速找出其故障所在。

三、整机检修原则、程序和注意事项

1. 整机检修原则和一般程序

进行整机故障检修时，应遵循以下原则和程序。

（1）要进行故障现象观察和故障经过记录　整机或被调部件出现故障后，要观察故障现象，了解故障发生的经过，并做好记录。

（2）要进行故障分析与查找　根据产品的工作原理、整机结构及维修经验，正确分析故障，查找故障的部位，分析产生的原因。

查找故障一般程序：先外后内、先粗后细、先易后难、先常见现象后罕见现象。先断电检查后通电检查、先公用电路后专用电路。边检查边判断，压缩故障范围。初步判断后再认真检查测试，在查找过程中尤其要重视供电电路的检查和静态工作点的测试，这样会比较顺利的找到故障部位，以利再根据具体的故障采取相应的措施进行排除。

（3）要落实处理故障　对于线头脱落、虚焊等简单故障可直接处理。对有些需拆卸部件才能修复的故障，必须做好处理前的准备工作，如做好必要的标记或记录，准备好需要的工具和仪器等，避免拆卸后不能恢复或恢复出错，造成新的故障。在故障处理过程中，对于更换的元器件，应使用原规格、型号或者性能优于原损坏的同类型元器件。

（4）进行部件、整机的复测　修复后的部件、整机应进行重新调试，如修复后影响到前一道工序测试指标，则应将修复件从前道工序起按调试工艺流程重新调试，使整机各项技术指标均符合规定要求。可能的话，再提交专职检验或让用户进行验收，并出具有效合格文件确认合格。

（5）修理资料的整理归档　部件、整机修理结束后，应将故障查找方法、原因分析、修理措施和体会做好记录，并对修理的资料及时进行整理归档，以不断积累经验，提高业务水平。同时，它还是所用元器件的生产质量分析，施工工艺及产品设计改进的重要依据。

2. 整机检修的注意事项

进行检修时，一般应注意以下这些事项：

（1）在进行故障处理时，要注意安全，防止产生人身、设备事故。

（2）焊接时不要带电操作。

（3）不可随意用细铜线或大容量熔断器代替小容量熔断器。

（4）测量集成电路各引脚工作电压时，应防止引脚之间短路。

（5）更换晶体管、集成电路或电解电容时，应仔细核对型号、管脚，防止接错。

（6）不要随意改动高频导线的走向，一旦改动应仔细进行调整，不可随意调整电路中的微调元件，如微调电位器、中周磁芯等。

四、包装

包装是电子整机产品总装过程中保护和美化产品及促进销售的重要环节。电子整机

产品的包装通常着重于方便运输和储存两个方面。

五、入库或出厂

合格的电子整机产品经过合格的包装就可以入库储存或直接出厂运往需求部门，从而完成整个总装生产全过程。